生命科学前沿及应用生物技术

食品和农业中的高光谱成像技术

Hyperspectral Imaging Technology in Food and Agriculture

〔美〕B. 帕克　卢仁富　编著

王　伟　主译

本书的出版得到"十三五"国家重点研发计划项目"口岸食品安全控制与智能监控技术研究"（2018YFC1603500）和赣南油茶产业开发协同创新中心 PI 项目"油茶壳籽分拣及茶籽等级分离集成技术装备研究及示范"（YP201606）的资助。

科学出版社

北京

图字：01-2020-0894 号

内 容 简 介

本书旨在广泛而全面地介绍高光谱成像技术及其在食品和农业中的应用。全书分两部分，第 I 部分总体介绍了高光谱成像技术、高光谱图像处理和分析技术的仪器和实现。首先从基本的图像和光谱数据处理与分析方法入手，然后详细介绍了用于处理和分析农产品与食品质量安全分类及预测应用中高光谱成像的具体技术和方法。第 II 部分包括 10 章，涵盖了高光谱成像技术在食品质量和安全检测、植物健康检测与监测、精准农业、实时检测和高光谱显微成像等方面的系列应用案例。

本书适于那些致力于或有兴趣从事这方面工作的研究人员，以及希望获得有关高光谱成像基本概念、原理和应用等专业知识的高年级本科生和研究生。

图书在版编目(CIP)数据

食品和农业中的高光谱成像技术/（美）博松·帕克（Bosoon Park），卢仁富（Renfu Lu）编著；王伟主译. —北京：科学出版社，2020.5

（生命科学前沿及应用生物技术）

书名原文：Hyperspectral Imaging Technology in Food and Agriculture

ISBN 978-7-03-064562-3

Ⅰ. ①食… Ⅱ. ①博… ②卢… ③王… Ⅲ. ①光谱学–成像–应用–食品工业–研究 ②光谱学–成像–应用–农业–研究 Ⅳ. ①TS201.2 ②S126

中国版本图书馆 CIP 数据核字（2020）第 037053 号

责任编辑：罗 静 岳漫宇 / 责任校对：郑金红
责任印制：赵 博 / 封面设计：刘新新

斜 学 出 版 社 出版

北京东黄城根北街 16 号
邮政编码：100717
http://www.sciencep.com

北京厚诚则铭印刷科技有限公司印刷
科学出版社发行 各地新华书店经销

*

2020 年 5 月第 一 版 开本：787×1092 1/16
2025 年 1 月第二次印刷 印张：20 1/4
字数：475 000

定价：180.00 元
（如有印装质量问题，我社负责调换）

译 者 名 单

王 伟 褚 璇 姜洪喆 赵 昕 贾贝贝 杨 一

中 译 本 序

自 20 世纪 70 年代初高光谱成像(HSI)技术首次被应用于地球资源遥感以来,它的应用范围已扩展到生物学、化学和制造业、环境科学、生物医学诊断、食品和农业以及生物技术等领域。早期 HSI 应用的一个主要限制是图像采集和处理速度。然而,在过去的几十年里,HSI 技术的进步,再加上强大的计算能力和软件的更新迭代,使得实现在线和内联应用的实时高光谱成像成为可能。此外,商用 HSI 平台现在覆盖了从紫外线(UV)到中波长红外(MWIR)的宽带光谱带。在过去的 20 年里,HSI 技术已经在不同的光谱范围,即紫外可见光(VIS)(250~500nm)、可见近红外(VNIR)(400~1000nm)、扩展 VNIR(600~1700nm)、近红外(NIR)(900~1700nm)、短波红外(SWIR)(900~2500nm)和中波红外(MWIR)(3000~5000nm)被开发用于食品和农业。此外,近年来 HSI 的新应用也不断涌现,如将 HSI 与显微镜相结合的高光谱显微镜技术,又称高光谱显微成像(HMI)。HMI 的新应用包括检测/鉴定食源性和水源性病原体和对纳米材料进行表征。

这本书的英文版于 2015 年首次出版,旨在广泛、全面地介绍高光谱成像技术及其在食品和农业中的应用。本书是为目前从事或感兴趣的研究人员和想获得高光谱成像基本概念、原理和应用方面的专门知识的高年级本科生和研究生编写的。本书分两部分,第Ⅰ部分总体介绍了高光谱成像技术、高光谱图像处理和分析技术的仪器和实现方式,首先从基本的图像和光谱数据处理与分析方法入手,然后详细介绍了用于处理和分析农产品与食品质量安全分类及预测应用中高光谱成像的具体技术和方法。第Ⅱ部分包括 10 章,涵盖了高光谱成像技术在食品质量和安全检测、植物健康检测与监测、精准农业、实时检测应用和高光谱显微成像应用等方面的系列应用案例。自 2015 年英文版出版以来,HSI 技术及其在食品和农业方面的应用取得了长足的进步。我们很高兴这本书的中文版现在已经出版了。衷心感谢中国农业大学王伟副教授为这本书的翻译所做的努力。我们希望这版中译本能帮助中国的学生、研究人员、科学家和业界人士学习最先进的 HSI 技术,并促进进一步的研究和应用。

博松·帕克博士
美国农业部农业研究局东南部研究中心,国家家禽研究中心,
品质和安全评估研究所,美国佐治亚州雅典市
卢仁富博士
美国农业部农业研究局中西部研究中心,甜菜研究所,
美国密歇根州东兰辛市
2020 年 5 月 4 日

Foreword for Chinese Version

Since hyperspectral imaging (HSI) was first introduced for earth resources remote sensing in the early1970s, its applications have been expanding to the areas of biology, chemical and manufacturing industries, environmental sciences, biomedical diagnosis, food and agriculture, and biotechnology. A main limitation for HSI applications at the early stage was image acquisition and processing speed. However, advances in HSI technology, coupled with powerful computing capacity and software, over the past decades have made it possible to implement real-time hyperspectral imaging for online and inline applications. Furthermore, commercially available HSI platforms now cover broadband spectral bands from ultraviolet (UV) up to mid-wavelength infrared (MWIR). For the past two decades, HSI technology has been developed for food and agriculture using different spectral ranges, i.e., UV-visible (VIS) (250-500nm), VIS-near infrared (VNIR) (400-1000nm), extended VNIR (600-1700nm), NIR (900-1700nm), short-wavelength infrared (SWIR) (900-2500nm), and MWIR (3000-5000nm). Moreover, new applications for HSI have been emerging in recent years, such as hyperspectral microscopy that integrates HSI with microscope, which is also called hyperspectral microscope imaging or HMI. New applications for HMI include detection/identification of foodborne and waterborne pathogens and characterization of nanoscale materials.

The English version of this book was first published in 2015; it was intended to give a broad, comprehensive coverage of hyperspectral imaging technology and its applications in food and agriculture. The book was written for both researchers who are engaged or interested in this area of research and advanced-level students who want to acquire special knowledge about basic concepts, principles and applications of hyperspectral imaging. The book is organized into two parts.The first part gives readers a general introduction to the instrumentation and implementation modalities of hyperspectral imaging technology, hyperspectral image processing, and analysis techniques; it starts with basic image and spectroscopic data processing and analysis methods, followed by the specific methods and techniques for processing and analysis of hyperspectral images for quality and safety classification and prediction. The second part, consisting of ten chapters, covers a range of applications of hyperspectral imaging technology from food quality and safety inspection to plant health detection and monitoring to precision agriculture and real-time as well as microscope applications.Since the publication of the English version in 2015, considerable new progress has been made on HSI technology and its applications for food and agriculture. We are pleased that the Chinese version of the book is now made available. We want to express our sincere thanks to Professor Wei Wang at China Agricultural University for his effort in translating this book into Chinese. We hope that this Chinese-version book will help Chinese students, researchers, scientists, and industry personnel learn the state-of-the-art HSI technology and promote further research and applications.

Bosoon Park, Ph.D.

USDA, ARS, SEA, USNPRC, QSARU, Athens, GA, USA

Renfu Lu, Ph.D.

USDA, ARS, MWA, SBRU, East Lansing, MI, USA

May 4, 2020

译 者 前 言

众所周知，图像分析仅限于对检测对象的表观颜色和形态等分析，而不能用于检测物质的化学成分及其含量信息；而常规近红外光谱技术，虽能检测有机物的平均组分或含量，但不能获得被测对象的物理图像信息，因此无法体现和展示化学成分的含量或浓度在对象中的空间分布信息。而高光谱成像技术通过对被测对象的(点、线、面)扫描，可以获得对象在二维平面投影空间中每个像素的光谱数据，进而依托相应的多变量数据统计分析方法，可以解决上述两种技术不能解决的问题。

本书涉及的食品和农业中的高光谱成像技术最早来自美国国家航空航天局(NASA)的资深工程师，将遥感领域的光谱成像技术经特别设计引入美国农业部农业研究局(USDA，ARS)用于开展食品和农业研究。中国农业大学也是国内农业和食品领域最早引入和开展高光谱成像技术的单位之一，本人也已持续致力于该领域12年。目前国内越来越多的学者和研究机构已经开始或准备着手将高光谱成像作为科学研究的必要研究工具和手段。作为从事本领域研究的一员，非常了解目前国内研究人员急需一本参考书，既能够站在实用的角度，涵盖从图像到光谱再到光谱成像的，包括其技术原理、处理步骤、算法和硬件实现等的系统性描述，又能涵盖国际权威同行在相对广泛研究领域的典型案例。作为该领域的第一本参考书，本书着眼于食品和农产品高光谱成像的关键核心技术，以及这些技术在该领域的国际最新进展。原书的两位主编是美国农业部较早涉足该领域的两位杰出科学家、农业工程师和该领域公认的学术权威，同时各章(节)也均由在各自研究方向国际知名的专家学者主笔，相信中译本的出版一定能较好地方便国内研究人员和学生，并进一步推动我国在该领域的研究热潮。

全书由王伟负责统稿、审阅和定稿。初稿的翻译和校对分工如下：王伟(第 1、8、13 章)、褚璇(第 2 章)、姜洪喆(第 3、10 章)、贾贝贝(第 4、5、6 章)、赵昕(第 7、14、15 章)、杨一(第 9、11、12 章)。特别感谢科学出版社的编辑们，她们的高度负责和严谨求实的精神令译者感动，本书的顺利出版和她们的辛勤付出是分不开的。

本书的出版得到"十三五"国家重点研发计划项目"口岸食品安全控制与智能监控技术研究"(2018YFC1603500)和赣南油茶产业开发协同创新中心 PI 项目"油茶壳籽分拣及茶籽等级分离集成技术装备研究及示范"(YP201606)的资金资助，在此特别表达感谢。限于译者知识水平所限，书中定有不当之处，恳请业界专家学者和同行不吝赐教。

王 伟

2020 年 4 月 2 日于北京玉泉路

原 书 前 言

在过去的 15 年中,我们见证了高光谱成像技术在食品和农业领域的研发活动与应用的快速增长。高光谱成像集成了图像和光谱技术的主要特征,从而扩展了我们在空间和光谱维度上检测目标物的微小或更复杂特性或特征的能力,而这些是单一的图像或光谱技术所无法胜任的。本书旨在广泛而全面地介绍高光谱成像技术及其在食品和农业中的应用。本书是为那些目前致力于或有兴趣从事这方面研究工作的研究人员,以及希望获得有关高光谱成像基本概念、原理和应用等专业知识的有较高知识水平的学生撰写的。本书共分两部分,第 I 部分总体介绍了高光谱成像技术、高光谱图像处理和分析技术的仪器和实现方式,首先从基本的图像和光谱数据处理与分析方法入手,然后详细介绍了用于处理和分析农产品与食品质量安全分类及预测应用中高光谱成像的具体技术和方法。第 II 部分包括 10 章,涵盖了高光谱成像技术在食品质量和安全检测、植物健康检测与监测、精准农业、实时检测应用和高光谱显微成像应用等方面的系列应用案例。

美国佐治亚州雅典市　Bosoon Park
美国密歇根州东兰辛市　Renfu Lu

贡 献 者

Pepito M. Bato University of the Philippines Los Baños, Los Baños, Philippines

Deepak Bhatnagar U.S. Department of Agriculture, Agricultural Research Service, Southern Regional Research Center, New Orleans, LA, USA

Robert L. Brown U.S. Department of Agriculture, Agricultural Research Service, Southern Regional Research Center, New Orleans, LA, USA

James E. Burger (deceased)

Chris Calkins Animal Science, University of Nebraska–Lincoln, Lincoln, NE, USA

Haiyan Cen Department of Biosystems and Agricultural Engineering, Michigan State University, East Lansing, MI, USA

College of Biosystems Engineering and Food Science, Zhejiang University, Hangzhou, China

Thomas E. Cleveland U.S. Department of Agriculture, Agricultural Research Service, Southern Regional Research Center, New Orleans, LA, USA

Kim Cluff Department of Biological Systems Engineering, University of Nebraska–Lincoln, Lincoln, NE, USA

Stephen R. Delwiche U.S. Department of Agriculture, Agricultural Research Service, Food Quality Laboratory, Beltsville, MD, USA

Aoife A. Gowen School of Biosystems Engineering, University College Dublin, Dublin, Ireland

Zuzana Hruska Geosystems Research Institute, Mississippi State University, Stennis Space Center, MS, USA

Taichi Kobayashi University of Miyazaki, Miyazaki, Japan

Won Suk Lee Agricultural and Biological Engineering, University of Florida, Gainesville, FL, USA

Changying Li College of Engineering, University of Georgia, Athens, GA, USA

Renfu Lu U.S. Department of Agriculture, Agricultural Research Service, East Lansing, MI, USA

Fernando Mendoza U.S. Department of Agriculture, Agricultural Research Service, Sugarbeet and Bean Research Unit, East Lansing, MI, USA

Department of Biosystems and Agricultural Engineering, Michigan State University, East Lansing, MI, USA

Govindarajan Konda Naganathan Department of Biological Systems Engineering, University of Nebraska–Lincoln, Lincoln, NE, USA

Masateru Nagata Faculty of Agriculture, University of Miyazaki, Miyazaki, Japan

Bosoon Park U.S. Department of Agriculture, Agricultural Research Service, Athens, GA, USA

Ashok Samal Computer Science and Technology, University of Nebraska-Lincoln, Lincoln, NE, USA

Bim P. Shrestha Kathmandu University, Dhulikhel, Nepal

Jeyamkondan Subbiah Department of Biological Systems Engineering, University of Nebraska–Lincoln, Lincoln, NE, USA

Department of Food Science and Technology, University of Nebraska–Lincoln, Lincoln, NE, USA

Jasper G. Tallada Cavite State University, Indang, Philippines

U.S. Department of Agriculture, Agricultural Research Service, Manhattan, KS, USA

Weilin Wang College of Engineering, University of Georgia, Athens, GA, USA

Monsanto Company, MO, USA

Chenghai Yang Aerial Application Technology Research Unit, U.S. Department of Agriculture, Agricultural Research Service, College Station, TX, USA

Haibo Yao Geosystems Research Institute, Mississippi State University, Stennis Space Center, MS, USA

Seung Chul Yoon U.S. Department of Agriculture, Agricultural Research Service, US National Poultry Research Center, Athens, GA, USA

目　　录

第 I 部分　图像和光谱分析技术

第Ⅱ部分　应　　用

第 I 部分　图像和光谱分析技术

第1章 引 言

Renfu Lu 和 Bosoon Park[①]

在过去的 15 年中,我们目睹了成像和光谱技术在食品与农业领域的快速发展及广泛应用。传统的成像技术,无论是单色的(即白色/黑色)还是多色的(即基于颜色的),都允许获取关于目标对象的二维(2D)甚至三维(3D)空间信息。使用图像处理、分析方法和技术,我们对食品、农产品,以及在田间生长的作物或植物的空间特征或颜色属性进行了定量化或分类。由于表面或外部特征对于消费者对产品质量的认知很重要,并且在许多情况下,这些特征也是产品成熟度和/或内部质量的良好指标,因此成像技术被广泛用于对大量类别的农业和食品产品在采后处理、包装与加工过程中基于颜色、大小/形状及表面纹理进行检查、监控和分级(Ruiz-Altisent et al. 2010;Davies 2010)。成像技术在生产农业中的应用也在增加,如精密化学品应用、作物产量监测、空载车辆的视觉导航,以及从播种、除草到收获的机器人或自动农业作业(Lee et al. 2010)。尽管所有这些应用都很成功,但是传统成像技术通常不适用于检测或评估产品的内部属性和特征,无论这些特征是物理和/或化学的[如水分、蛋白质、糖、酸、坚实度(坚固度)或硬度等]。

光谱学则代表了另一种主要的光学技术,该技术近年来已越来越多地被用于食品和农业。它通常覆盖电磁波谱的一部分(例如,从 X 射线到紫外线甚至到可见光和红外线),并且能够获取待测对象的光谱吸收和散射信息。因为食品和农产品的吸收特性或光谱特征与化学性质或组成及结构特征有关,因此该技术特别适用于产品组成和性质的定量或定性分析。在早期,由于仪器成本高、速度慢或测量复杂性,光谱技术主要被用作实验室工具。当前,光学、计算机技术和用于分析光谱数据的化学计量学或数学分析方法的进步,以及仪器成本的显著降低,使光谱技术的应用范围远远超出了传统应用领域。例如,近红外光谱已被用于许多食品和农产品的物理、化学性质与组成的实时、快速在线分析、监测及检查(Nicolai et al. 2007)。分光光度计的小型化进一步使得现场、低成本测量收获前和收获后作物的质量或成熟度成为现实。与成像技术相比,光谱测量通常不提供关于产品的空间分辨信息。

今天,农业和食品工业越来越关注始终如一、高质量、安全的食品的可持续生产和配送。许多应用需要基于食品和农产品的固有特征与性质进行更准确的评估及分类,而这可能难以用常规成像或光谱技术实现。众所周知,食品和农产品的不同样品间及同一样品内部不同部位的性质与组成方面存在很大差异。例如,在蛋白质和水分含量方面,

① R. Lu(✉)
U.S. Department of Agriculture, Agricultural Research Service, East Lansing, MI, USA
e-mail: renfu.lu@ars.usda.gov
B. Park
U.S. Department of Agriculture, Agricultural Research Service, Athens, GA, USA
e-mail: bosoon.park@ars.usda.gov

相同批次小麦的不同籽粒的质量可能差别很大(Dowell et al. 2006)。同一果园甚至同一棵树上生长果实的成熟度和其他采后品质属性方面也会有很大差异。肉类的嫩度受肌肉类别、部位和肌纤维方向的影响很大(Prieto et al. 2009)。可溶性固形物含量和质地特性如坚硬度会随同一苹果与甜瓜果实的位置和/或检测方向的变化而变化(Abbott and Lu 1996；Sugiyama 1999)。在过去 10 年中，食品安全和保障得到政府与公众的更多关注。食品污染物和病原体的预防与早期检测对于确保食品安全生产及为消费者提供安全的食品至关重要。动物粪便引起的病原体污染是一种常见的食品安全问题，美国和许多其他国家已经强制要求对家禽和肉类产品的粪便污染采取零容忍制。使用彩色或单色成像技术难以从产品中准确检测粪便物质，因为在某些情况下牛或家禽胴体肉表面的粪便污染物并不明显。虽然可见/近红外光谱可以获得优异的检测结果，但它无法精确定位污染物，因此会漏检那些局限于小区域的污染物。在上述和许多其他情况下，传统成像或光谱技术已被证明不足以满足食品安全检查的要求(Park et al. 2006)。因此，需要或甚至有必要开发和部署一种新的更有效的检查系统，以测量食品和田间生长作物的质量与状况的时空变化，并检测收获或加工食品中存在的食品安全危害物。

鉴于成像和光谱技术各自的优点与缺点，若能将这两个平台的主要特征组合到单一平台中，显然可以获得很大的优势。成像和光谱学的结合导致了新一代光学技术的出现，称为高光谱成像或成像光谱学。高光谱成像结合了成像和光谱学的主要特征，可同时获取检测对象的光谱和空间信息。根据应用需要,高光谱成像系统可以覆盖紫外(ultraviolet,UV)、可见光、近红外(near-infrared，NIR)或短波红外(shortwave infrared，SWIR)区域中的特定光谱范围。高光谱成像的应运而生与过去 15 年中成像、光谱学和计算机技术的进步密切相关。在 20 世纪 80 年代末和 90 年代初,高光谱成像技术首先用于卫星遥感中，进行环境监测、地质勘探或矿物测绘，大气成分分析和监测，军事侦察或目标探测，以及作物产量或生长条件监测或预测(Moran et al. 1997)。用于农产品质量和安全检查的高光谱成像的开发与应用直到 20 世纪 90 年代末才开始(Lu and Chen 1998；Martinsen and Schaare 1998)。从那时起，得益于高光谱成像系统中的两个关键光学元件即高光谱数码相机和成像光谱仪的进步，用于食品和农产品评估的高光谱成像研发活动取得显著进步。在过去的 10 年中，许多专门针对食品和农业应用的高光谱成像技术研讨会已经由美国农业与生物工程师协会(American Society of Agricultural and Biological Engineers，ASABE)、国际光学工程学会(International Society for Optical Engineering，SPIE)及国际农业和生物系统工程委员会(International Commission for Agricultural and Biological Engineering，CIGR)等专业协会举办。国际期刊 *Sensing and Instrumentation for Food Quality and Safety*(现更名为 *Journal of Food Measurement and Characterization*)于 2008 年出版了第一本专刊"Hyperspectral and Multispectral Imaging for Food Quality and Safety"(《食品质量与安全的高光谱和多光谱成像》)(Lu and Park 2008)。近年来一些关于高光谱成像技术及其在食品和农业中的应用的综述文章也已发表(Gowen et al. 2007；Ruiz-Altisent et al. 2010)。过去 15 年来，相关科学出版物数量呈指数增长，充分说明了业界对高光谱成像用于食品和农业应用的浓厚研究兴趣。如今许多制造商[①](例如，Headwall Photonics Corporation，

---

① 提及商业公司或产品仅为向读者提供事实信息，并不意味着美国农业部(USDA)的认可或排斥那些未提及的公司或产品

MA，USA；Middleton Research in WA，USA；Specim，Finland）均已致力于制造适于食品和农业应用的高光谱成像仪器。

早期因为需要获取和处理大量数据，用于食品和农产品检测的高光谱成像主要被用作研究工具。随着光学和计算机技术迅速发展，在过去 15 年中我们已经看到了食品和农业中高光谱成像的更多样化与实际的应用，包括食品质量和安全的在线检测，以及用于食品安全或病原体检测的高光谱显微成像（Ariana and Lu 2008；Chao et al. 2010；Park et al. 2012；Yoon et al. 2009）。高光谱成像技术有望在食品和农业中得到广泛应用，该技术将在许多应用领域中取代单一的成像或光谱技术。

本书旨在广泛、全面地介绍高光谱成像技术及其在食品和农业中的应用。本书适用于当前已致力于此研究领域或对此研究领域感兴趣的研究人员和希望获得关于高光谱成像的基本概念、原理与应用等专门知识的高年级学生。本书首先涵盖了基本的图像、光谱数据处理和分析方法；接着介绍了处理和分析高光谱图像以进行品质安全分类与预测的常用方法及技术；最后介绍了高光谱成像技术的一系列应用，从食品质量安全检测到植物健康检测与监测，再到精准农业和实时应用。

参 考 文 献

Abbott JA, Lu R (1996) Anisotropic mechanical properties of apples. Trans ASAE 39 (4):1451–1459

Ariana DP, Lu R (2008) Quality evaluation of pickling cucumbers using hyperspectral reflectance and transmittance imaging: part I. Development of a prototype. Sensing Instrum Food Qual Safety 2(3):144–151

Chao K, Yang CC, Kim MS (2010) Spectral line-scan imaging system for high-speed non-destructive wholesomeness inspection of broilers. Trends Food Sci Technol 21(3):129–137

Davies ER (2010) The application of machine vision to food and agriculture: a review. Imaging Sci J 57(4):197–217

Dowell FE, Maghirang EB, Graybosch RA, Baenziger PS, Baltensperger DD, Hansen LE (2006) Automated single-kernel sorting to select for quality traits in wheat breeding lines. Cereal Chem 83(5):537–543

Gowen AA, O'Donnell CP, Cullen PJ, Downey G, Frias JM (2007) Hyperspectral imaging—an emerging process analytical tool for food quality and safety control. Trends Food Sci Technol 18(12):590–598

Lee WS, Alchanatis V, Yang C, Hirafuji M, Moshou D, Li C (2010) Sensing technologies for precision specialty crop production. Comput Electron Agric 74(1):2–33

Lu R, Chen YR (1998) Hyperspectral imaging for safety inspection of foods and agricultural products. In: Chen YR (ed) SPIE proceedings—pathogen detection and remediation for safe eating, vol 3544. SPIE, Bellingham, pp 121–133

Lu R, Park B (ed) (2008) Hyperspectral and multispectral imaging for food quality and safety—a special issue. Sensing Instrum Food Qual Safety 2(3):131–132

Martinsen P, Schaare P (1998) Measuring soluble solids distribution in kiwifruit using near-infrared imaging spectroscopy. Postharvest Biol Technol 14(3):271–281

Moran MS, Inoue Y, Barnes EM (1997) Opportunities and limitations for image-based remote sensing in precision crop management. Remote Sens Environ 61(3):319–346

Nicolaï BM, Beullens K, Bobelyn E, Peirs A, Saeys W, Theron KI (2007) Nondestructive measurement of fruit and vegetable quality by means of NIR spectroscopy: A review. Postharvest Biology and Technology 46(3):99–118

Park B, Lawrence KC, Windham WR, Smith DP (2006) Performance of hyperspectral imaging system for poultry surface fecal contaminant detection. J Food Eng 75(3):340–348

Park B, Yoon SC, Lee S, Sundaram J, Windham WR, Hinton A Jr, Lawrence KC (2012) Acousto-optic tunable filter hyperspectral microscope imaging for identifying foodborne pathogens. Trans ASABE 55(5):1997–2006

Prieto N, Roehe R, Lavín P, Batten G, Andrés S (2009) Application of near infrared reflectance spectroscopy to predict meat and meat products quality: a review. Meat Sci 83(2):175–186

Ruiz-Altisent M, Ruiz-García L, Moreda GP, Lu R, Hernández-Sanchez N, Correa, EC, Diezma B, Nicolaï BM, García-Ramos J (2010) Sensors for product characterization and quality of specialty crops - A review. Computers and Electronics in Agriculture 74(2):176–194

Sugiyama J (1999) Visualization of sugar content in the flesh of a melon by near-infrared imaging. J Agric Food Chem 47(7):2715–2718

Yoon SC, Lawrence KC, Siragusa GR, Line JE, Park B, Feldner PW (2009) Hyperspectral reflectance imaging for detecting a foodborne pathogen: campylobacter. Trans ASABE 52(2):651–662

第 2 章 图像分析基础

Fernando Mendoza 和 Renfu Lu[①]

2.1 简 介

图像分析是识别、区分和量化不同类型图像的基本工具，这里的图像包括灰度和彩色图像，含有少数离散光谱通道或波段(通常小于10)的多光谱图像，以及在特定光谱区间内(如可见光和近红外)有连续波段的高光谱图像。早期的图像分析工作主要局限于计算机领域，它们主要针对简单图像中的缺陷检测、分割和分类等应用。由于图像分析具有方便、快捷和低成本的特点，如今它越来越重要并得到更广泛的应用(Prats-Montalbán et al. 2011)。图像分析在很大程度上依赖于机器视觉技术(Aguilera and Stanley 1999)。硬件平台和软件框架的爆炸式增长也促使了数字图像分析技术的显著进步。

图像分析已应用在许多不同的科学技术领域，例如，用来评估或量化食品产品的外部特性(颜色、尺寸、形状和表面纹理)和内部结构(材料成分的结构和/或连接性)。商用机器视觉装置可满足食品加工和包装行业自动检测的要求。随着消费者对食品质量和安全的要求越来越高，对食品进行快速和无损质量评估的需求也日益增长。近年来，基于成像的检测技术，如多光谱和高光谱成像技术等，也已被开发用于各种食品的质量评估。这些技术克服了传统人工检测和仪器检测的一些缺点(Du and Sun 2007)。这些方法基于对图像特征的自动检测，而这些特征均与食物质量属性中感官、化学和物理性质相关(Valous et al. 2009a)。

需要注意的是，图像分析是图像处理的一部分，其基本思想是提高图像视觉质量和/或提取其中有用的信息或特征。图像分析基于不同的图像属性，如检测对象的颜色、光泽、形态和纹理。图像分析可分为 3 个子领域(Prats-Montalbán et al. 2011)。

(a)图像压缩，这种方法可以去除图像中的冗余，即去除人眼无法感知的图像信息，来降低对存储器的要求。

(b)图像预处理，即通过降低噪声、像素校准和标准化来提高图像的视觉质量，增强边缘检测，并根据客观和已定标准使图像分析步骤更加可靠。一般来说，图像预处理是指对图像进行的所有操作，每个操作都会生成一个新图像。

① F. Mendoza
U.S. Department of Agriculture, Agricultural Research Service, Sugarbeet and Bean
Research Unit, 524 S. Shaw Lane, Room 105A, East Lansing, MI 48824, USA
Department of Biosystems and Agricultural Engineering, Michigan State University,
East Lansing, MI, USA
e-mail: fmendoza@msu.edu

R. Lu (✉)
U.S. Department of Agriculture, Agricultural Research Service, East Lansing, MI, USA
e-mail: renfu.lu@ars.usda.gov

(c)图像分析，其通常返回关于图像特征的数值和/或图形的信息。这些图像特征可用于检测对象的分类、缺陷识别或一些质量属性的预测。当输出的结果是一个数字或决策而不是图像时，使用图像分析这一术语。

这些处理操作是相关的，并且对于每个应用可能具有不同的效果或输出。以下部分将介绍数字图像的基本概念和特征，以及它们的处理和转换(改进)；概述典型的图像分析方法和技术，并展示其在食品质量评估和控制中的一些应用实例。

2.2　数字图像

数字图像利用二维或三维数值表示真实物理对象或场景，从中我们可以获得精确的空间(几何)和/或光谱(对于高光谱图像)信息，这些信息都包含足够的细节(分辨率)以用于处理、压缩、存储、打印和显示。数字图像可以是矢量或光栅类型，这取决于图像分辨率是否固定(Wikipedia 2012)。光栅图像是由离散的图像元素(像素)组成的电子文件。与每个像素相关联的是一个数字，它是场景内相对较小区域的平均辐射值(或亮度)，用来表示图像中单个点的颜色或灰度级。

矢量图像格式是基于数学表达式的图像表示形式，它和光栅图像是互补的。与光栅图像中用单独的像素表示图像不同，在计算机图形学中，通常用向量(方向箭头、起始点和线段)定义形状。矢量图像与分辨率无关，这意味着图像可以在不影响输出质量的情况下进行放大或缩小。数字图像通常指的是栅格图像，也称为位图图像。此外，矢量图像还适用于与在三维区域上散布的点相关联的数据，如由断层摄影设备产生的数据。在这种情况下，每个数据称为体素。

创建光栅图像(数字成像或图像采集)最常用的方法是用 CCD 相机进行拍摄，称为数字化。数字化过程需要将图像映射到网格上，并对强度进行量化。数字化是将模拟信号转换成数字信号的过程，称为 A/D(模拟/数字)转换。对于光栅图像，来自任何一种成像传感器的模拟电压信号与被数字化的物品反射或透射的光的量成比例，其被分成离散的数值(Castleman 1979)。换言之，该过程将图像转换为一系列小的方形元素或像素，它们是黑色或白色的(二进制)，或有特定的灰色(灰度)或颜色。每个像素用 1 或 0 这些单个或系列二进制数字表示。通过在大量的点上测量图像的颜色(或黑白照片的灰度值)，我们可以创建图像的数字近似值，从而重建原始图像的副本。

图 2.1 是创建数字图像流程的一个示例。该图显示了场景元素(苹果)上反射的光源的能量投射到成像系统镜头上，成像系统收集入射能量并将其聚焦到一个成像平面上的过程。成像系统的前端是一个光学镜头，将观看的场景投射到镜头焦平面上。相机传感器是一组测量离散点光的光电池。该传感器不直接识别入射光的颜色，但在彩色相机(具有 3 个 CCD 传感器)中，棱镜将光分成 3 个分量或颜色通道，即红色(R)、绿色(G)和蓝色(B)。每个传感器的响应与焦平面一致，并与投射到传感器表面上的光能的积分成正比。一旦数字图像被创建并存储在任何媒体中，就有相应的数模转换使计算机在显示器或打印机上以人类可读的形式呈现图像。在计算机监视器上显示图像或在打印机上打印图像都是表示数字图像的例子。为了处理和分析计算机上的图像，我们首先必须对它们进行数字化。

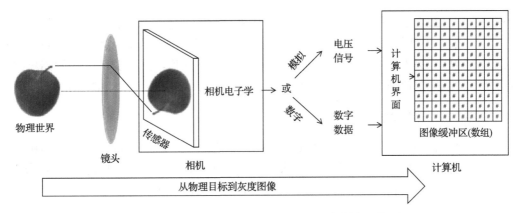

图 2.1 创建数字图像流程的例子(彩图请扫封底二维码)

图 2.2 显示了彩色数字图像的特征。所展示的彩色图像是一个由数千或数百万像素组成的二维矩阵,每个像素都有自己的地址、大小、灰度或颜色通道。通过放大这个数字图像,可以注意到图像由一系列成行和成列的方形像素组成。每个像素代表图像中的任意一个特定点在给定颜色通道(或灰度级)的亮度或强度值。通常,像素信息以栅格图像或栅格映射的形式存储在计算机内存中,形成一个二维的整数阵列。这些值通常以压缩形式传输或存储。

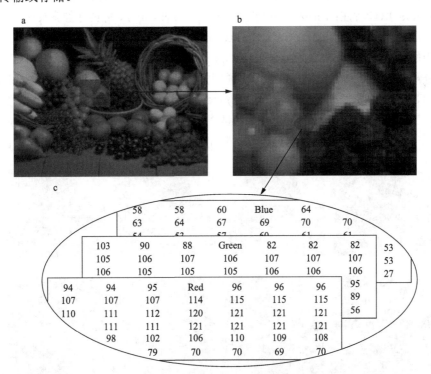

图 2.2 数字图像特征:(a)原始图像(340×256 像素);(b)放大彩色图像至可以看清像素(×1600);
(c)所选区域 R、G 和 B 的彩色强度值(彩图请扫封底二维码)

数字化表示的限制是其包含的信息比原始场景的信息少很多,这是由实际的三维场景被简化为二维表示导致的。任何采集设备中的传感器(静态或视频相机、扫描仪和其他传感器)一般都不能精确捕捉和再现真实场景的所有颜色信息,尽管人类视觉对其中一些信息并不敏感。另外,图像上物体的大小和位置都是估计值,其精度和准确度取决于采样分辨率。数字图像的优点是可以使用计算机以各种方式对其进行处理和分析。

2.2.1 图像基本评估方法

每个静态数字图像有 3 个基本度量标准:空间分辨率、像素位深和颜色(Puglia 2000)。每个测量选择的规格决定了捕获到的代表原始图像或场景的电子信息的数量。一般来说,这些测量量越高,其获取的数据就越多,代表的原始图像的细节也就越多。

2.2.1.1 空间分辨率

空间分辨率为采集或成像过程中图像采样的速率或次数。更具体地说,它是捕获被数字化对象空间中样本阴影的像素频率。空间频率是空间分辨率的同义词。通常每单位尺寸的像素越多意味着分辨率越高,但整体图像质量不能仅由空间分辨率来确定。在许多成像传感器中,像素(或像素分辨率)的典型阵列大小从 640×480 到 2048×1536 不等。作为参考,人眼的视觉像素大于 1 亿。

在数量上,空间分辨率(即图像中像素的数量)可以用多种方式来描述,最常见的度量方法是:每英寸(译者注:1in=2.54cm)点数(dots per inch, dpi)、每英寸像素(pixels per inch, ppi)和每英寸线对(line pairs per inch, lpi)(Gonzales and Woods 2008)。数字图像文件的分辨率称为每英寸像素或 ppi 最适合。dpi 和 lpi 是印刷术语,适合在涉及计算机打印机产生打印的分辨率时使用。然而,dpi 是一个更通用的术语,在图像复制和摄影中比 ppi 更常用。

然而,在科学和工程研究中,图像分辨率并不常用 dpi(每英寸所包含的点数)表示。通常情况下,图像分辨率以每像素的空间或单位距离表示,即 mm/pixel、μm/pixel 等,有时用同一图像上的水平条代表对应的实际空间长度(图 2.3b)。图 2.3 给出了图像的两

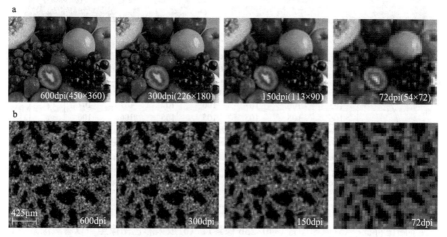

图 2.3 相同尺寸不同 dpi 级别的保存图像。(a)对彩色图像的典型影响;
(b)X 射线显微断层摄像采集空间分辨率为 8.5μm/pixel 的 Jonagold 苹果图像,
其中黑色区域表示毛孔,灰色区域表示细胞材料(彩图请扫封底二维码)

个示例，示例中的图像具有相同大小的尺寸，其 dpi 却在不同的水平级别。当降低原始图像的分辨率时，图像的像素通常会增大并且细节会变少。当以最低级别的 dpi 保存图像时，图像变得模糊并且对比度较低。通过降低苹果组织图像的分辨率(图 2.3b)，组织微观结构的最佳细节丢失了，导致最小结构的可视化和分析测定变得更加困难。

2.2.1.2　像素位深

该度量有时被称为像素深度或颜色深度。它定义了明暗的数量来表示每个像素保存的信息量。计算机在二进制系统工作，每个数据位不是 1 就是 0。光栅图像中的每个像素都由一串二进制数字表示，数字的数量称为位深。因此，1 位图像只能将两个值中的一个值分配给单个像素：0 或 1(黑色或白色)。一个 8 位(2^8)灰度图像可以将 256 种颜色之一分配给单个像素。一个 24 位($2^{(3×8)}$)RGB 图像(红色、绿色和蓝色通道各有 8 位)可以将 1680 万种颜色中的一种颜色分配给单个像素。位深决定了二进制数字的可能组合，因此决定了每个像素可以表示的灰度或色度的个数。计算公式如下(Puglia 2000)：

$$色度数=2^x，其中 x=位深 \tag{2.1}$$

位深影响图像的表现性。位深越大，记录的变化级别越精细。因此，计算机系统也就需要更多空间来处理和存储图像。尽管位深为 2、4、6、12、16 和 32 的灰度图像都存在，但是最常见的是 8bpp(每像素字节)灰度图像。这由两个原因造成，第一，8bpp 大小在计算机中更容易操作；第二，由于人眼能分辨的色度不到 200 个，8bpp 图像可以提供 256 级不同的灰度，已可以表示任何灰度图像。在许多情况下，作为折中方法，使用 8 位灰度图像文件和相应的 24 位 RGB 彩色图像文件来达到图像处理和分析目的。一些需要更宽或更高动态范围的科学应用(如多波段超光谱成像)通常使用 14 位(16 384 色调)或 16 位(65 536 色调)的相机传感器来降低噪声水平，从而提高信噪比。

为了在不丢失任何数据的情况下达到所需的位深，需要将具有较高位深的照片数字化，然后在一些图像处理操作后再将其缩小到所需的位深。除采集系统中的小波动导致的数据丢失之外，原始数字图像通常只需要最小限度的处理(如锐化或最小色调校正)。数字图像的任何处理都会导致一些数据丢失。以较高的位深采集和处理图像，然后降低到所需的位深，可以将数据丢失的影响降到最低并提供具有所需的质量的文件。

2.2.1.3　颜色表示

彩色图像可用几种不同的空间表示。最常见的是 RGB(加色空间)、CMYK(减色空间)、HSV 和 CIELAB 颜色空间。颜色空间是颜色模型的特定实现形式。有许多 RGB 和 CMYK 颜色空间是为特定的目的和应用程序定义的(如 sRGB 和 CMY)。颜色空间和颜色配置这两个术语通常可以互换使用，因为颜色配置是特定颜色空间的描述或数字模型。

为了正确地解释颜色，操作系统和程序需要访问描述颜色值含义的嵌入式配置文件。配置文件有两种类型：基于矩阵的和基于表格的。基于矩阵的配置文件使用数学公式来描述 3D 颜色空间。它们相对较小，最适合作为工作空间和嵌入式配置文件。基于表格的配置文件，顾名思义，是使用查找表(look-up table，LUT)的大型样本点表来定义 3D

颜色空间。这些配置文件更具可定制性，因此在将颜色信息从一个空间转换为另一个空间，或者在描述特定设备的颜色特性时更为有用。由于这些文件依赖于很多数据点，因此它们通常较大。

　　RGB 是一种颜色模型，它使用 3 种主要颜色(红色、绿色、蓝色)，也可以混合使用以生成所有其他颜色。它通过将不同颜色的光叠加在一起来构建模型，将 3 种颜色混合可产生白光。灰度值从黑色(坐标系的原点)到白色，如图 2.4a 所示。数码相机产生 RGB 图像，监视器显示 RGB 图像。不同颜色空间之间的数学转换分析和特殊的可视化也是可能的。

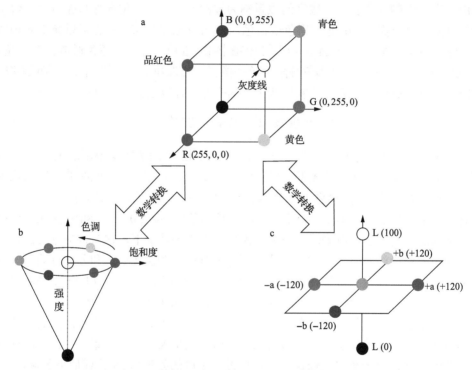

图 2.4　常用的颜色空间：(a) RGB 色块；(b) HSV 颜色锥；
(c) CIELAB 或 $L^*a^*b^*$颜色空间(彩图请扫封底二维码)

　　CMYK(CMY)是基于减光的颜色模型。青色(C)、品红色(M)和黄色(Y)是减色模型的基本颜色，代表 3 种原色的互补色(图 2.4a)。红色(R)、蓝色(B)、绿色(G)和黑色(K)的油墨用于大多数商业彩色印刷(书籍、杂志等)。墨水吸收彩色光，这就是这个模型被称为减色法的原因。CMYK 通常被称为印刷色，并且有许多单独的颜色空间使用 CMYK 颜色模型。从 RGB 到 CMY 的转换可通过以下简单的公式完成(Gonzales and Woods 2008)：

$$\begin{bmatrix} C \\ M \\ Y \end{bmatrix} = \begin{bmatrix} 1.0 \\ 1.0 \\ 1.0 \end{bmatrix} - \begin{bmatrix} R \\ G \\ B \end{bmatrix} \tag{2.2}$$

如果需要打印彩色图像，则将黑色(K)作为第四种颜色添加到模型中，以获得比其他 3 种颜色简单组合更纯的黑色，从而生成 $CMYK$ 模型。从 CMY 到 $CMYK$ 的转换是通过以下公式实现的：

$$K = \min(C_{CMY}, M_{CMY}, Y_{CMY}) \tag{2.3}$$

$$C_{CMYK} = C_{CMY} - K \tag{2.4}$$

$$M_{CMYK} = M_{CMY} - K \tag{2.5}$$

$$Y_{CMYK} = Y_{CMY} - K \tag{2.6}$$

HSV 是一个以用户为导向的色彩模型，其基于的是艺术家对色彩、明暗和色调的理念。它将颜色表达为 3 个 0～1 不等的分量。色调(H)可以区分感知的颜色，如红色、黄色、绿色和蓝色；饱和度(S)表示有多少光线集中在色调的每个特定波长处；V 值代表亮度(图 2.4b)。RGB 颜色空间中计算 H、S 和 V 值的方法如下(Du and Sun 2005)：

$$V = \max(nR, nG, nB) \tag{2.7}$$

$$S = \frac{V - \min(nR, nG, nB)}{V} \tag{2.8}$$

使

$$tR = \frac{V - nR}{V - \min(nR, nG, nB)} \tag{2.9}$$

$$tG = \frac{V - nG}{V - \min(nR, nG, nB)} \tag{2.10}$$

$$tB = \frac{V - nB}{V - \min(nR, nG, nB)} \tag{2.11}$$

进而

$$6H = \begin{cases} 5 + tB & \text{若 } nR = \max(nR, nG, nB) \text{ 且 } nG = \min(nR, nG, nB) \\ 1 - tG & \text{若 } nR = \max(nR, nG, nB) \text{ 且 } nG \neq \min(nR, nG, nB) \\ 1 + tR & \text{若 } nG = \max(nR, nG, nB) \text{ 且 } nB = \min(nR, nG, nB) \\ 3 - tB & \text{若 } nG = \max(nR, nG, nB) \text{ 且 } nB \neq \min(nR, nG, nB) \\ 3 + tG & \text{若 } nB = \max(nR, nG, nB) \text{ 且 } nR = \min(nR, nG, nB) \\ 5 - tR & \text{否则} \end{cases} \tag{2.12}$$

式中，$H, S, V \in [0, \cdots, 1]$。

在食品研究中，由于用 *CIELAB* 或 $L^*a^*b^*$ 表示的结果与人类的感知结果非常接近，因此颜色通常使用这两种颜色空间表示。L^* 是从 0（黑色）到 100（白色）的亮度或亮度分量，参数 a^*（从绿色到红色）和 b^*（从蓝色到黄色）是两个色度分量，变化范围为–120～+120（图 2.4c）。$L^*a^*b^*$ 的定义基于从 *RGB*（Rec. ITU-R BT.709-5 2002）派生的中间系统 *CIE XYZ*。因此，L^*、a^*、b^* 可通过以下公式定义：

$$L^* = 116\left(\frac{Y}{Y_n}\right)^{1/3} - 16 \tag{2.13}$$

$$a^* = 500\left[\left(\frac{X}{X_n}\right)^{1/3} - \left(\frac{Y}{Y_n}\right)^{1/3}\right] \tag{2.14}$$

$$b^* = 200\left[\left(\frac{Y}{Y_n}\right)^{1/3} - \left(\frac{Z}{Z_n}\right)^{1/3}\right] \tag{2.15}$$

式中，X_n、Y_n、Z_n 对应于参考白图的 X、Y、Z 值。

2.2.2　文件类型

文件类型用于编码数字图像，允许压缩和存储。图像文件可以有不同的大小和格式，较大的文件类型意味着较多的磁盘使用量和较慢的下载速度。压缩是一个描述减小文件的方法的术语。压缩方案可以通过有损或无损来实现（Shapiro and Stockman 2001）。无损压缩算法不会丢弃信息，通过寻找更有效的方式来表示图像，同时不会影响准确性。例如，无损算法可以在文件中查找重复出现的模式，并用简称替换每个出现的模式，从而减小文件。

相反，有损算法可能会使图像中的某些参数质量降级，以便得到更小的文件。例如，JPEG 或 JPG 文件格式可分析并丢弃图像中人眼最不可能注意到的信息。对人类视觉来说，亮度变化比色调变化更重要。因此，在 JPEG 压缩中，超过 20 的图像质量因数都是可以接受的。较好的图像软件（如 Paint Shop Pro 和 Photoshop）允许根据压缩级别查看图像质量和文件大小，从而可以方便地选择质量和文件大小之间的平衡。较高的 JPEG 压缩等同于较低的图像质量，因为单个像素中的颜色信息被数学算法压缩成像素块，这些算法有序地混合每个块中的所有像素颜色。加强压缩可产生更小的文件，而较少的压缩会获得较好的图像质量，但同时文件较大。

表 2.1 总结了最常见的数字图像文件类型及其主要特征。目前，几乎所有网页图像都使用 GIF 和 JPEG 格式。大多数最新一代浏览器都支持 PNG。TIFF 并未得到网络浏览器的广泛支持，所以应避免在网页中使用。PNG 可以实现 GIF 的一切功能，并且效果更好，因此有望在未来取代 GIF。但 PNG 不会取代 JPEG，因为当图像质量损失较小时，JPEG 能够对照片图像进行更大程度的压缩。

表 2.1　常见的数字图像文件类型

文件类型		描述
TIFF	标记图像文件格式	无损未压缩文件格式，有 24 位或 48 位颜色支持。文件非常大
		支持内嵌信息，如 EXIF[a]、校准颜色空间和输出配置文件等
		在 TIFF 格式中有一种称为 LZW 的无损压缩方法。LZW 的工作原理类似于压缩图像文件，但质量没有损失。一个 LZW TIFF 可在所有原始像素信息不变的情况下进行解压缩
PNG	便携式网络图像	无损压缩格式，灰度值最高可达 16 位深，颜色值最高可达 48 位深
		与普通 TIFF 格式文件相比，它在图像中寻找可以用来压缩文件大小的模式
		压缩是完全可逆的，所以图像是可完全恢复的
JPEG	联合图像专家组	有损压缩格式，针对包含多种颜色的照片，将信息存储为 24 位彩色，压缩程度可调
		JPEG 压缩比与分辨率无关。无论高压缩或低压缩都有可能获得高分辨率的 JPEG 图像
		支持内嵌信息，如 EXIF、校准颜色空间和输出配置文件等
		这是在网络上或电子邮件附件中显示的最好的照片格式
GIF	图形交换格式	无损的未压缩的 8 位文件格式，只支持 256 种不同的颜色。GIF 基于一个 1600 万的颜色库创建了一张 256 种颜色的表格
		它的颜色支持有限，不适合拍照。最适合应用于网络剪贴画和 logo 类型的图片
BMP	位图形式	无损未压缩文件格式，支持微软提出的 24 位颜色格式
		不支持内嵌信息，如 EXIF、校准颜色空间和输出配置文件
		BMP 产生的文件大小与 TIFF 格式相同，却不能包含 TIFF 格式的优点
RAW		无损压缩文件格式，适用于每个数码相机制造商和模型
		虽然这种格式无损，但这种格式的文件大小比相同图像质量的 TIFF 格式文件减少了 1/3 或 1/4
		原始图像文件包含来自传感器的全部颜色信息。被转换为 16 位 TIFF 格式的 RAW 文件可以生成最佳质量的图像，这些图像可以从任何数码相机中获得
		相机 RAW 格式支持内嵌 EXIF 数据
PSD，PSP	Photoshop 文件，Pain Shop Pro 文件	图形程序使用的专有格式
		在软件中编辑图像时首选的工作格式，因为只有专有格式才能保留程序的所有编辑功能
		这些文件包使用层构建复杂的图像，而在非专有格式中层信息可能会丢失，如 TIFF 和 JPG 格式

[a] EXIF 指可交换图像文件格式(exchangeable image file format)。这些数据包含有关每张照片的技术信息，包括校准颜色空间、输出配置文件设备信息、快门速度和使用的光圈、是否使用了闪光灯，以及拍摄照片的日期

2.2.3　数字图像类型

如上所述，光栅图像的每个像素通常与二维区域中的特定位置相关联，其值由与该

位置相关的一个或多个数量(样本)组成。数字图像可根据这些样本的数量和性质进行分类:二进制、灰度、彩色、假彩色、多光谱、专题和图像函数(Shapiro and Stockman 2001)。

对于图像处理和分析,输入图像应该是灰度或 RGB。然而,在图像处理中有 4 种基本类型数字图像经常用作中间步骤,其允许识别、增强、量化和表示图像上特定特征或感兴趣区。它们是:索引彩色图像、灰度图像、二值图像和标记图像。

2.2.3.1　索引彩色图像

数字彩色图像是包括每个像素的 R、G 和 B 颜色通道信息或其他颜色表示的图像。索引彩色图像由两个数组组成:图像矩阵和彩色图(也称为调色板)。彩色图是表示图像中的颜色的一组有序的值。对于每个图像像素,图像矩阵都包含一个值,该值是彩色图的索引。在计算中,通过这种方式编码彩色图像数据,可以节省计算机内存和文件存储空间,同时加快刷新和文件传输速度。它是矢量量化压缩的一种形式。

2.2.3.2　灰度图像

灰度图像或数字灰度图像指的是其中每个像素的值是单个样本的图像,也就是说,它仅携带强度信息。这些图像仅由各种深浅不一的灰度组成,灰度值可在 0(黑色)至 1(或白色为 255)的给定范围内的任何分数值变化。但必须指出的是,这并不能定义比色法中的黑色或白色。另一个惯例是使用百分比,该比例从 0 到 100%。这是一种更直观的方法,但如果仅使用整数值,则范围总共仅包含 101 个强度,这不足以表示广泛的灰度梯度。

灰度图像通常是测量电磁频谱(如红外线、可见光、紫外线等)单个频带中每个像素处的光强度的结果,在这种情况下,当只捕获给定的频率时,它们是单色的。多光谱或高光谱图像是这种强度图像的示例,它们具有更多波段或更精细的光谱分辨率。灰度图也可以从一个全彩色图像转换合成。由于灰度图像没有任何色彩变化(即一种颜色),它也被称为单色图像。

如果要将彩色图像转换为强度或灰度图像,可以使用以下公式实现。一种选择是 R、G、B 颜色通道的简单平均:

$$I=0.333 \cdot R+0.333 \cdot G+0.333 \cdot B \tag{2.16}$$

另一个考虑人眼亮度感知的方程是:

$$Y=0.2162 \cdot R+0.7152 \cdot G+0.0722 \cdot B \tag{2.17}$$

用于计算亮度的权重与显示器的荧光材料有关。公式中使用权重是因为在相同强度的颜色中,眼睛对绿色更敏感,随后依次为红色和蓝色。这意味着对于等量的绿光和蓝光,绿色将会更加明亮。因此,通过对图像的 3 个颜色通道进行正常平均得到的图像产生的灰度亮度在感知效果上并不等同于原始彩色图像。然而,利用加权和计算出的 Y(式 2.17)与原始彩色图像有相同强度的感知效果。

2.2.3.3 二值图像

二值图像对于每个像素只有两个可能的值(0 和 1)。用于二值图像的两种颜色通常是黑色和白色,但也可以使用其他任何两种颜色。图像中用于目标对象的颜色是前景色,其余部分是背景色。因此,二值图像中所有白色像素的集合是对图像的完整形态的描述(Gonzales and Woods 2008)。二值图像也称为一位、双色调、双级或二级图像。这意味着图像中每个像素都存储为一位(0 或 1,见第 2.2.1.2 节)。在数字图像处理中,二值图像通常会作为掩模出现,或者由分割、阈值化和混色等特定操作产生。二值图像通常作为位图形式存储在内存中,这是一个压缩的位数组(Wikipedia 2012)。

2.2.3.4 标记图像

标记图像是一种数字图像,其像素值是来自有限的字母表的符号。像素的符号值表示对该像素做的某些决策的结果。例如,在二值图像中标记对象,意味着对这些对象进行分类和编号。相关概念有主题图像、假彩色图像和伪彩色图像。在假彩色图像中,主体颜色和图像颜色之间的这种密切对应关系被改变。伪彩色一词通常用颜色描述电磁光谱可见部分之外的测量强度的图像。通过增加连续灰度级之间颜色空间的距离,伪彩色可以使一些细节更加明显。伪彩色图像与假彩色图像的区别在于,它仅由一个而不是两个或三个原始灰度图像构成。

2.3 图像处理和分析的步骤

图像处理是通过一系列图像操作来提高数字图像的质量,从而消除几何畸变、对焦不当、重复噪声、照明不均匀和相机运动等造成的缺陷。图像分析是将目标对象[感兴趣区(region of interest,ROI)]从背景中区分出来并产生定量信息用于决策的过程。可以对许多不同类型的图像数据进行处理和分析。这些图像数据按复杂程度递增的顺序排列为二值图像、灰度、颜色、偏振光、多光谱和高光谱、三维图像、多传感器和多媒体系统、图像序列和视频。

Gunasekaran 和 Ding(1994)定义了图像处理的 3 个级别,分别命名为低层次图像处理,包括图像采集和图像预处理;中间层次图像处理,包括图像分割、图像表示和描述;以及涉及一系列感兴趣区(ROI)识别和质量分级解释的高层次图像处理。机器视觉或计算机视觉这一术语通常用于整个学科,包括图像处理、分析及模式识别技术。因此,提出处理策略的过程包括一系列按顺序进行的多个步骤。并非所有情况都需要所有的步骤或操作,但所有这些都可能用于处理特定的问题。

机器视觉系统一般包含以下 5 个步骤或操作(图 2.5):①图像的获取,将图像转换为数字形式,见 2.2 节;②预处理操作,得到与原始图像尺寸相同的改进图像;③图像分割操作,将数字图像分割成不相交、不重叠的区域;④对象测量操作,测量对象的尺寸、形状、颜色、纹理等特征;⑤分类或排序操作,通过对对象进行分类来识别对象。

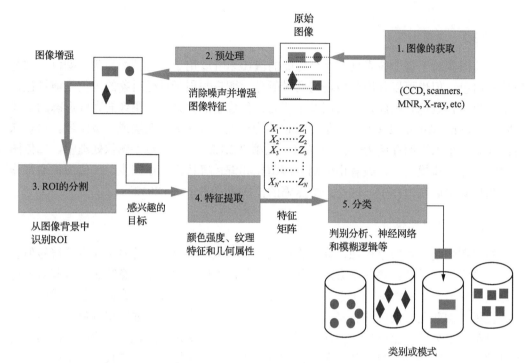

图 2.5　机器视觉系统操作步骤的概述(彩图请扫封底二维码)

2.4　图　像　处　理

　　图像处理或预处理涵盖的操作范围广泛，它们可以是最终操作，也可以是为了简化或增强后续分析的中间操作。预处理通过消除意外扭曲或增强一些对图像处理重要的图像特征来改善图像数据，也可以为特定应用创建比原始图像更合适的图像。这些操作可以在数字图像上的点、局部或邻域和全局操作。

　　像素点运算变换操作不考虑邻近像素。输出图像在一个特定像素处的灰度值只取决于输入图像中相同像素的灰度值。它们使用单一的映射函数将一个图像中的像素映射到另一个图像中。点运算不考虑图像的空间组织，这与其他类型的数据不同，可形成图像的基本特征。这些操作的示例包括对比拉伸、基于灰色值的分割和直方图均衡(Marchant 2006)。"对比度"一词是指图像中灰度变化的幅度。

　　局部或邻域操作或掩模操作可生成输出像素，其值取决于对应输入点附近的像素值。示例中包括卷积(如图像平滑或锐化)和空间特征检测(如线、边和角检测)。形态学方法是一个强大的非线性邻域运算方法，它们可自然地扩展到灰度(和多波段)图像(Soille 1999)。

　　如果特定坐标上的输出值依赖于输入图像中的所有值，那么这个操作是全局操作。空间域处理方法包括所有 3 种类型，但频域操作(根据频率和序列变换的性质)本质上是全局操作。仅基于局部邻域对小图像块而不是对整个图像进行变换时，频域操作可转换为掩模操作。本节简要描述了用于数字图像处理的算法类型。并且我们有意将讨论局限于食品应用中广泛使用的图像处理算法的类型。

2.4.1 用于图像增强的灰度操作

一旦获得灰度或彩色图像,可以使用几种不同的技术来提高图像的质量。图像增强技术用于强调和锐化图像特性以实现进一步分析,以便为特定应用问题制定解决方案。因此,增强方法一般在特定条件下应用,并且通常是根据经验开发的。

2.4.1.1 数学运算

在矩阵上执行的所有数学运算都可以在图像上执行。图像之间的数学运算是在对应像素对之间的操作。因此,图像通常必须是大小相同的。这些算子经常用于降低噪声和图像增强。这 4 个运算如下:

$$s(x,y) = f(x,y) + g(x,y) \tag{2.18}$$

$$d(x,y) = f(x,y) - g(x,y) \tag{2.19}$$

$$p(x,y) = f(x,y) \times g(x,y) \tag{2.20}$$

$$v(x,y) = f(x,y) / g(x,y) \tag{2.21}$$

式中,$x=0, 1, 2, \cdots, M-1$,并且 $y=0, 1, 2, \cdots, N-1$,另外,对于这张图像而言,M 为行数,N 为列数。

图像的加法是连续集成的离散形式,它是一个经常用于创建双曝光或复合体的操作。这个运算符只允许将一个指定的常量添加到图像的每个像素中,从而使图像更加明亮。图像的减法则经常被用来增强图像之间的差异,例如,找到两个图像之间的变化。

两个图像的乘法或除法操作主要分两种形式:第一种类型为获取两个输入图像,并产生一个输出图像,其中像素值为第一张图像的值乘以(或除以)第二个图像中相应值的值;第二种类型接收单个输入图像并生成输出,其中每个像素值乘以(或除以)一个指定的常量。后一种形式通常称为缩放,使用更广泛。

图像平均是一个用于校正噪声图像的操作。对同一场景的多个图片进行平均有助于减少噪声。然而,在实践中,必须预先注册(对齐)这些图像,以避免在输出图像中引入模糊和其他人工噪声。

其他相关的操作是逻辑运算符,如 And、Or、Not、If 等。在这之中,If 和 only If 经常被用来合并(主要是二进制)两个图像。利用掩模从图像中选择一个感兴趣的区域,可以作为说明这种用法的例子。

2.4.1.2 直方图均衡化

数字图像的直方图提供了关于每个灰度值的像素数量分布的数字(数量)信息。直方图是许多空间域处理技术的基础,其操作可以用于图像增强。除提供有用的图像统计信息之外,直方图中固有的信息在其他图像处理应用程序中也非常有用,如图像压缩和分割。利用数学公式表示,数字图像的直方图是一个离散函数:$h(k)=n_k/n$,其中 $k=0, 1\cdots$,$L-1$ 为第 k 个灰度级,n_k 为在图像中 k 灰度级下像素的个数,n 为图像中总的像素数。

通常，以这样的方式得到的图像，会造成所得到的亮度值不能充分利用可用的动态范围。直方图均衡化是一种常用的点运算方法，可以使像素级的直方图更均匀地分布。用函数变换灰度级，使得所有灰度值在直方图中均等地表示。在这个方法中，每一个原始的灰度级 k 都被映射到新的灰度级 i：

$$i = \sum_{i=0}^{k} h(j) = \sum_{j=0}^{k} \frac{n_j}{n} \tag{2.22}$$

其中计算图像中用于计算的像素的灰度级等于或小于 k，因此，新的灰度级是原始灰度级的累积分布函数，且这个函数是单调递增的。由于直方图均衡化操作在压缩直方图的其他部分的同时将原直方图的峰值分散开来，因此生成的图像将具有局部意义上平坦的直方图分布。在更复杂的情况下，全局直方图可能不能很好地表示图像中两个部分的局部统计信息。在这种情况下，最好使用自适应的直方图均衡化，将图像分割成几个矩形区域，计算一个均衡的直方图并修改级别，使它们能够跨越边界匹配(Macaire and Postaire 1989)。图 2.6 展示了使用全局直方图均衡化对面包片的图像增强。一般来说，这个函数是非线性的。重要的是，我们要认识到无论使用什么点操作，都不能分离 ROI。因此，尽管图 2.6c 中的图像看起来更容易分离成不同部分，但是机器视觉系统仍然不能在仅进行点运算的基础上完成图像分离。

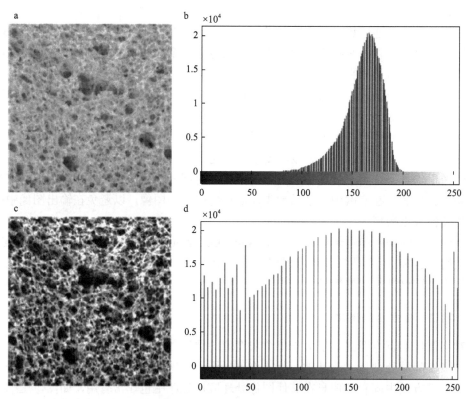

图 2.6　全局直方图均衡化增强图像质量：(a)面包片的灰度图像；(b)图像(a)的直方图；(c)通过直方图均衡化从图像(a)获得的图像；(d)图像(c)的直方图(彩图请扫封底二维码)

2.4.2 空间图像滤波

利用空间图像滤波技术，在整个图像中扫描有限尺寸和形状的窗口，从而改变图像的局部强度。带有权重的窗口称为卷积核滤波器。因此，滤波创造了一个新的像素，它的坐标等于该邻域中心的坐标，其值是过滤操作的结果。线性空间滤波的两个主要方法是相关滤波和卷积滤波。相关滤波是将一个滤波器掩模移动到图像上并计算每个位置的乘积和的过程。卷积滤波的机制是一样的，只不过滤波器首先 180°旋转（Gonzales and Woods 2008）。相关滤波通常用于测量图像或图像局部之间的相似性（如图案匹配）。当滤波器掩模对称时，相关滤波和卷积滤波得到的结果相同。尽管如此，但基本的图像处理技术主要是基于卷积的。

卷积是通过在图像上滑动卷积核函数来执行的，通常从左上角开始，然后将核函数移动到图像边界内的所有位置。因此在卷积中，一个卷积核函数 $I_{out}(x, y)$ 需应用到每个像素上，以创建一个过滤后的图像：

$$I_{out}(x,y) = I_{in}(x,y) * W(x,y) = \sum_{u=-\infty}^{\infty} \sum_{u=-\infty}^{\infty} I_{in}(u,v) W(u-x, v-y) \qquad (2.23)$$

其中，在右侧 W 中有负号（代表将其旋转 $180°$）。翻转和移动 W 而非输入图像 $I_{in}(u, v)$，是为了简化符号和遵循惯例，另外这与翻转和移动输入图像原理是一样的。应该注意的是，在空间滤波过程中，需要对新图像的边界进行特殊处理。Klinger（2003）提出了 4 种处理图像边界的可行方法。第一，如果卷积滤波器的大小是 3×3，将图像的边框缩小一个像素。第二，在新的边框像素保留与原始图像相同的灰度值。第三，在新的边界像素使用特殊值，如 0、127 或 255。第四，使用非边界的像素来计算新值。

2.4.2.1 图像平滑和模糊

所有平滑滤波器都建立了周围像素的加权平均值，其中还有一些滤波器使用中心像素本身的值。均值滤波器和高斯滤波器（Gaussian filter）是线性滤波器，通常用于降低噪声，可使图像平滑，但具有模糊边缘的效果。

均值或低通滤波器（average or low-pass filter）是一个线性滤波器，也是最简单的邻域操作类型之一。在均值滤波器中，新值为使用相同的权重计算的所有 9 个像素（对于一个 3×3 核）的平均值。掩模的元素必须为正，中心像素的系数为 0 或 1。使用均值滤波器，邻域中像素的平均值在新图像中用于形成一个像素，这个像素与原始图像邻域中的中心像素相同。与所有的平均操作类似，它可以用来减少某些类型的噪声，代价是失去图像锐度，如图 2.7 所示。平均值由如下公式计算：

$$I_{out}(x,y) = \frac{1}{9} \sum_{u=x-1}^{x+1} \sum_{v=y-1}^{y+1} I_{in}(u,v) \qquad (2.24)$$

图 2.7　使用 3×3 和 9×9 的均值滤波器的例子（彩图请扫封底二维码）

与其对所有输入像素都进行加权，不如随着输入像素与中心像素距离的增加来减少其对应的权重。高斯滤波器便是利用这个原理实现的，它可能是最常用的滤波器（Shapiro and Stockman 2001）。高斯核函数的中心像素系数总是大于 1，大于其他系数，因为它利用如下公式模拟高斯曲线的形状：

$$G_{out}(x, y) = \frac{1}{\sqrt{2\pi}\sigma} \exp\left(-\frac{d^2}{2\sigma^2}\right) \tag{2.25}$$

式中，$d = \sqrt{(x - x_c)^2 + (y - y_c)^2}$ 是应用滤波器后输出图像中邻近像素$[x, y]$与中心像素$[x_c, y_c]$的距离。它与这个核函数的卷积形成一个加权平均值，它强调了卷积窗口中心的点并且减少了在边界的像素的贡献。随着 σ 增加，必须获得更多的样本来准确地表示高斯函数。因此，σ 可控制滤波的数量。另一种基于高斯函数的二阶导数的滤波器称为对数滤波器（LOG filter）。图 2.8 中给出了使用 3×3 和 9×9 的高斯滤波器的例子。

图 2.8　使用 3×3 和 9×9 的高斯滤波器的例子（彩图请扫封底二维码）

有时，对邻域的非线性操作会产生更好的结果。一个例子是使用中值滤波器（median filter）来消除噪声。中值滤波用中位数取代邻域周围的像素。针对一个相对均匀的灰度区域，由于随机噪声的影响，生成的图像可能只有一个灰度异常的像素。均值滤波器的输出会包含这些离散像素值的一部分。然而，中值滤波器会将输出像素设置为中值（在 3×3 邻域中的第 5 灰度级），因此它不会受到异常值的影响。这种方法对去除椒盐噪声非常有效（例如，去除随机的黑白像素或脉冲）（Gonzales and Woods 2008），如图 2.9 所示。中值滤波器的缺点是可能会改变图像中物体的轮廓。

与计算一个邻域的平均值相比，计算中值需要较多的时间，因为其将附近的值分部分排序。此外，中值滤波在实时处理所需的特殊硬件中不太容易实现。但在许多图像分析任务中是值得花费这个时间的。

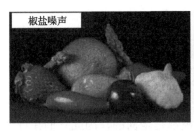

图 2.9 使用中值滤波器的例子(3×3)：输入图像(左)包含高斯噪声，
中值滤波(3×3)后的图像(右)消除了该噪声(彩图请扫封底二维码)

2.4.2.2 边缘检测和增强

图像边缘的检测是研究的一个重要领域。边缘是图像中灰度或亮度急剧变化的区域。边缘检测的过程可以减弱颜色的剧烈波动，如亮度的剧烈变化。在频域中，这个过程指的是高频的衰减。边缘检测滤波器包括：梯度滤波器(gradient filter)、拉普拉斯(Laplacian)和小波变换(wavelet transform)(Klinger 2003)。梯度和拉普拉斯核函数都是高通滤波器，其工作原理是对相邻像素进行差分，因为锐边可以用高频来描述。然而，就像在信号处理的其他领域一样，如果在图像中使用一个简单的边缘检测器来寻找目标边界，那么高通滤波会放大噪声(Marchant 2006)。

梯度滤波器可在一个特定的方向上提取显著的亮度变化，从而能够提取垂直于该方向的边界。这些滤波器被称为普瑞维特滤波器掩模(Prewitt filter mask)。Prewitt 算子基于在水平和垂直方向上一个小的、可分离的、整数的滤波器对图像进行卷积，因此在计算方面相对方便。另外由于梯度向量的分量是导数，因此它们是线性算法。

另一组梯度掩模是索贝尔滤波器(Sobel filter)或索贝尔核函数(Sobel kernel)。Sobel算子赋予指定的滤波器方向更大的权重。一般来说，梯度指定了某个方向上的值的变化量。图像处理中的第一阶导数是利用梯度的大小来实现的。在两个正交方向中使用的最简单的滤波核函数如下所示：

$$G_x = \begin{bmatrix} 0 & 0 & 0 \\ 0 & -1 & 0 \\ 0 & 1 & 0 \end{bmatrix} \tag{2.26}$$

以及

$$G_y = \begin{bmatrix} 0 & 0 & 0 \\ 0 & -1 & 1 \\ 0 & 0 & 0 \end{bmatrix} \tag{2.27}$$

由此可得出两个图像，$I_x = (S_x(x,y))$ 和 $I_y = (S_y(x,y))$。掩模系数之和为零，这与导数算子期望值一致。梯度的值和方向计算方法如下：

$$I = \sqrt{S_x(x,y)^2 + S_y(x,y)^2} \tag{2.28}$$

以及

$$\theta = \arctan\left(\frac{S_x(x,y)}{S_y(x,y)}\right) \qquad (2.29)$$

拉普拉斯(Laplacian)算子是一个二阶或二阶导数增强的例子。它擅长于从图像中找到精细的细节。拉普拉斯滤波器中的所有掩模都是全向的,因此它们在每个方向上均提供了边缘信息。拉普拉斯操作显示了两个有趣的效果。首先,如果所有系数的总和等于0,那么滤波器内核函数就会显示所有具有显著亮度变化的图像区域,这表明它是一个各向同性或全向的边缘检测器。换句话说,各向同性滤波器具有旋转不变性(Gonzales and Woods 2008),在某种意义上,先旋转图像,然后应用滤波器,得到的结果与先应用滤波器然后旋转的相同。其次,如果中心系数大于所有其他系数的绝对值之和,则原始图像将叠加在边缘信息上(Klinger 2003)。

拉普拉斯算子是最简单的各向同性的导数算子,它可由一个图像中两个变量 $f(x,y)$ 计算,定义为

$$\nabla^2 f = \frac{\partial^2 f}{\partial x^2} + \frac{\partial^2 f}{\partial y^2} \qquad (2.30)$$

拉普拉斯算子强调了图像中强度的不连续性,同时也强调了图像中不同强度水平的区域。这将产生具有灰色边缘线和其他不连续点的图像,这些图像都叠加在一个黑暗的、没有特征的背景上。因此,定义使用的拉普拉斯算子的类型十分重要。如果滤波器掩模中心系数为负,那么它就会减低而非增加拉普拉斯图像以获得一个锐化的结果。典型的拉普拉斯算子的掩模如下:

$$L_{\text{subtract}} = \begin{bmatrix} 0 & 1 & 0 \\ 1 & -4 & 1 \\ 0 & 1 & 0 \end{bmatrix} \qquad (2.31)$$

以及

$$L_{\text{add}} = \begin{bmatrix} -1 & -1 & -1 \\ -1 & 8 & -1 \\ -1 & -1 & -1 \end{bmatrix} \qquad (2.32)$$

使用这些拉普拉斯算子掩模进行图像锐化的基本表现形式是

$$g(x,y) = f(x,y) + c[\nabla^2 f(x,y)] \qquad (2.33)$$

式中,$f(x,y)$ 和 $g(x,y)$ 分别为输入图像和锐化图像。当使用 L_{subtract} 函数时,常数 $c=-1$;当使用 L_{add} 函数时,常数 $c=1$。由于导数滤波器对噪声非常敏感,因此在应用拉普拉斯算子之前,对图像进行平滑(如使用高斯滤波器)十分常见。这个两步过程称为高斯(对数)运算的拉普拉斯(Laplacian of Gaussian,LoG)变换。

2.4.3　频域滤波

频域滤波是对图像进行傅里叶变换（Fourier transform，FT）的修正，然后进行傅里叶逆变换的结果。因此，傅里叶基函数可以从图像的信号中去除高频噪声，提取出可以用来对图像区域中物体类型进行分类的纹理特征，也可以用于图像压缩。傅里叶变换定义如下：

$$F(u,v) = \int\limits_{-\infty}^{\infty} \int\limits_{-\infty}^{\infty} f(x,y)\,\mathrm{e}^{-i2\pi(xu+yv)}dx.dy \qquad (2.34)$$

式中，$F(u,v)$ 定义为频率，$f(x,y)$ 定义为像素强度。字符 $i = \sqrt{-1}$ 表示复数的虚数单位。式 2.34 中的指数函数满足欧拉公式：

$$\mathrm{e}^{-i2\pi\alpha} = \cos 2\pi\alpha - i\sin 2\pi\alpha \qquad (2.35)$$

对于任意的实数 α 都成立。因此，整组像素的强度可以用正弦和余弦函数来描述，但这种方法得到的结果十分复杂。

快速傅里叶变换（fast Fourier transform，FFT）相对于傅里叶变换更加有效，因为它通过在 $2^m \times 2^m$ 平方图像内不同 u、v 的公共操作来节省计算时间。它的计算公式如下所示：

$$F(u,v) = \frac{1}{m^2} \sum_{x=0}^{m-1} \sum_{y=0}^{m-1} f(x,y)\mathrm{e}^{-i2\pi\left(\frac{xu+yv}{m}\right)} \qquad (2.36)$$

假设图像是一个正方形的图像，其中，m 是 x 和 y 方向上像素的数量。尽管这种方法在图像处理中十分常见，但它是一个全局变换，在 $F(u,v)$ 的每个计算中都使用了所有图像像素，因此它会导致图像局部特征中出现一些不希望的降级（Shapiro and Stockman 2001）。图 2.10 所示为土豆片图像的 FFT 谱和频率滤波的示例。

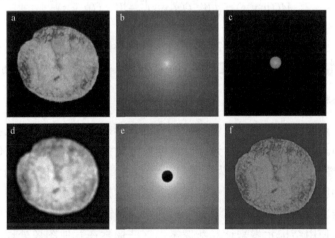

图 2.10　快速傅里叶变换（FFT）和频率滤波的例子：（a）土豆片的灰度图像；（b）图像（a）的 FFT 频谱，低频分量（较亮的像素）在中间，高频分量（较暗的像素）靠近边角；（c）半径=中心点周围 100 像素的低通滤波变换，并将傅里叶图像上超过此半径的每个点归零；（d）将低通滤波后的图像应用傅里叶逆变换平滑，但会失去锐利的轮廓和清晰的边缘；（e）使用与（c）相同的空间频率阈值进行高通滤波转换，只保留较高的空间频率分量；（f）应用傅里叶逆变换后的高通滤波图像，它保留了原始图像的所有锐利边缘，但丢失了较大的暗区域和亮区域

2.4.4　小波变换

小波变换主要用于平滑、降噪和有损压缩。在所有情况下，首先要进行一个正向小波变换，然后在转换后的图像上执行一些操作后再进行逆小波变换。重构后的图像显示了许多与压缩相关的伪影像素，但值得注意的是，与基于 FFT 的低通滤波器不同，小波变换的优点是图像包含了相当多数量的高频内容。

小波变换是信号与缩放和平移核(通常是平滑核的 n 阶导数，用于精确检测奇异点)的卷积积

$$Wf(u,s) = \frac{1}{s}\int_{-\infty}^{\infty} f(x)\psi\left(\frac{x-u}{s}\right)\cdot dx \qquad (2.37)$$

式中，s 和 u 是为了计算而离散化的实数(s 和 $u>0$)，小波变换将函数 $f(x)$ 变换为在尺度空间平面上定义的函数(一组 u 和 s 的值)。为了实现小波变换，通常选用的典型的小波基如下：阶数为 4 的 Daubechies 小波，第 2 和第 4 阶的 Symlet 小波，高斯和墨西哥帽(Mexican hat)小波的一阶导数。

用于图像处理的两个简单的多尺度小波变换为离散小波变换(discrete wavelet transform，DWT)和连续小波变换(continuous wavelet transform，CWT)。对于 DWT 计算，可以从图像中计算出许多离散的等级，并为每个等级提取 4 组系数：水平、垂直、对角和近似系数(Mallat 1989)。对于 CWT 计算，Piñuela 等(2007)将之前的概念从 1D 扩展到 2D(式 2.25)：

$$Mf(u,v,s) = \sqrt{\left|W^1 f(u,v,s)\right|^2 + \left|W^2 f(u,v,s)\right|^2} \qquad (2.38)$$

式中，u 和 v 表示 2D 坐标，而 $s=2j$ 通常表示比例参数。目前，研究者计算了两个独立的小波变换：W^1 指的是沿水平维度计算的小波变换，W^2 指的是垂直的小波变换。

2.4.5　二元形态学操作

形态学操作是基于形状处理二值图像的方法。形态学的操作基本上会改变图像中元素或粒度的结构。在二值图像中，元素或粒度被定义为一个分割的区域(或 ROI)，其中的像素值为 1。图像的其余部分称为背景(像素值 0)。在这些操作中，输出图像中每个像素的值都基于相应的输入像素及其相邻像素。形态学操作可用于构造与上述的空间滤波器类似的滤波器。二元形态的基本运算包括膨胀、腐蚀、闭运算和开运算。

形态学操作使用结构元素来计算新像素，这些像素在其他图像处理操作中起到邻域或卷积核函数的作用(如滤波器掩模操作所示)。图 2.11 显示了结构元素的两个典型示例。结构元素的形状可以是矩形、正方形、菱形、八角形、圆盘等。这些元素的连通性决定了是否使用周围 4 个或 8 个像素来计算新的中心像素值(在[3×3]结构元素的情况下)(Klinger 2003)。

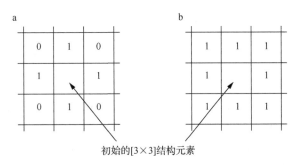

图 2.11　正方形结构元素示例：(a) 4 个连通像素；(b) 8 个连通像素

2.4.5.1　腐蚀和膨胀

这两个操作是几乎所有的形态学操作的基本操作(Gonzales and Woods 2008)。开运算与闭运算操作也是互补和反射的。因此，腐蚀是一种操作符，它可删除比结构元素小的多项，并从较大图像对象的边框中删除周边像素(将像素值设置为 0)。如果 I 是一个图像，M 是结构元素(掩模)，腐蚀(⊖)可被定义为

$$\text{erosion}(I) = I \ominus M = \cup_{a \in M} I_{-a} \tag{2.39}$$

式中，I_a 表示在 M 的 a 元素方向上的基本位移操作，I_a 表示反向位移操作。

相反，膨胀操作可扩展区域。膨胀在每个图像对象的周围增加了像素(将它们的值设置为 1)，来填充洞和被破坏的区域，并连接那些被空间分隔的小于结构元素面积的区域。膨胀(⊕)被定义为

$$\text{dilation}(I) = I \oplus M = \cup_{a \in M} I_a \tag{2.40}$$

2.4.5.2　开运算和闭运算

这两种操作都会对物体的轮廓有一定程度的平滑作用。开运算操作(腐蚀后膨胀)可以分离二值图像中连接的对象。开运算操作通常会使物体的轮廓平滑，打破狭窄连接，并消除细小的突出像素。在数学上，开运算操作可以用如下公式表示：

$$\text{opening}(I) = \text{dilation}(\text{erosion}(I)) \tag{2.41}$$

或者运用运算符∘：

$$I \circ M = (I \ominus M) \oplus M \tag{2.42}$$

闭运算操作被定义为在膨胀之后对相同的结构元素的腐蚀。闭运算操作可以填充一个区域中的内部孔和间隙，并消除边界上的沟壑。

$$\text{closing}(I) = \text{erosion}(\text{dilation}(I)) \tag{2.43}$$

或者运用运算符•：

$$I \bullet M = (I \oplus M) \ominus M \tag{2.44}$$

应该注意的是，在应用一次开运算或闭运算操作后，之后的多次操作都不再有效。

2.5　图　像　分　割

图像分割是整个图像处理技术中最重要的步骤之一，因为后续的数据提取高度依赖于这项操作的准确性。它的主要目的是将一个图像分割成与感兴趣对象区域有很强相关性的区域(如 ROI)。可以通过 3 种不同的技术实现分割：阈值、基于边缘的分割和基于区域的分割(Sonka et al. 1999；Sun 2000)。这些算法，以及它们的变形和与其他方法的组合，在食品质量检测应用中经常用到。

阈值或全局阈值是一种基于图像表面反射率或光吸收特性来表征图像区域的简单快速的方法。基于边缘的分割依赖于边缘算子的边缘检测。边缘算子在图像中检测灰度、颜色、纹理等明显的不连续点。基于区域的分割包括将相似的像素组合在一起，形成图像中表示某单一对象的区域(例如，种子区域生长(SRG)算法)。分割的图像可以表示为边界或区域。边缘表示适用于对大小和形状特征的分析，而区域表示可用于检测和评价纹理、缺陷或简单的 ROI(Brosnan and Sun 2004)。

以两个例子来说明图像分割过程。图 2.12 显示了使用简单的全局阈值法来分割绿色和黄色香蕉的图像。一般来说，在香蕉皮的强度分布和背景像素足够明显的情况下，可以成功检测香蕉的真实面积。其直方图呈现双峰，背景的峰是高而窄的，并且香蕉峰之间有很深的谷(图 2.12b)。

理想的分割过程应该是全自动的，这样才能提供完全客观和一致的数据。提出了几种自动确定阈值的方法。一个有趣的替代方法是大津法(Otsu)，它根据阈值操作符分隔的两组像素的组内方差最小化来选择阈值。因此，如果直方图是双峰的，则阈值问题是确定将直方图的两种模式彼此分离的最佳阈值 t(如图 2.12 所示)。每个阈值 t 确定一组小于或等于 $t(\leq t)$ 的值的方差和一组大于 $t(>t)$ 的值的方差。Otsu 建议的最佳阈值的定义是使组内方差的加权和最小化的阈值。权重是各个组的概率(Shapiro and Stockman 2001)。应用 Otsu 方法分割成熟期 1 和 5(图 2.12)香蕉的相同图像时，采用的阈值分别为 56 和 63。

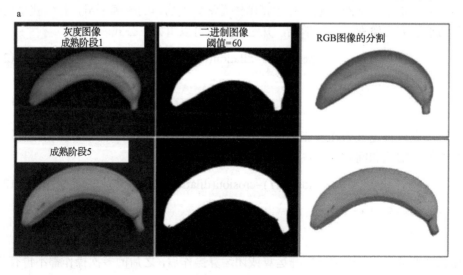

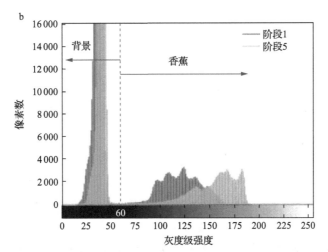

图 2.12　使用简单的全局阈值法对香蕉图像的分割过程：(a)在成熟期 1 和 5 的香蕉彩色图像进行预处理，包括前述提到的灰度变换和图像平滑，使用一个高斯(对数)运算的拉普拉斯变换滤波器(LoG 滤波器)[3×3]以便于边缘检测、二值化和分割；(b)两种香蕉的灰度图像的直方图显示所选的阈值为 60(彩图请扫封底二维码)

　　背景去除应该是相当直接的，但是去除一个与对象无关的子区域可能要困难得多。图像分割的难度因任务而异。图 2.13 比较了使用全局阈值法和基于克里格插值的分割方法(Kriging based segmentation method)在 X 射线计算机断层扫描(computed tomography，CT)图像中分割苹果组织孔隙与细胞物质的结果(Oh and Lindquist 1999)。为了从一系列 CT 图像中自动分割苹果的孔隙，使用全局阈值的一个常见做法是选择一个阈值，该阈值将匹配预先确定的孔隙度体积测量值(例如，Jonagold 苹果大约为 28%)。然而，这个过程是非常主观的，当我们试图从多个图像中分割和提取可重复的定量信息时，就可能会导致偏差(例如，从一系列 CT 图像中进行二进制 3D 重建)。在 X 射线图像中，由于衰减系数直方图的峰值重叠及 X 射线层析成像的性质(在 X 射线层析成像中，处理和分析是基于体素而不是像素)，空白和实心组织的区别通常并不明显(例如，不会显示双峰分布)。此外，使用 60 的全局阈值得到的苹果组织的二值图像是有噪声的(图 2.13b)，平均孔隙度高度依赖于所选的阈值。图 2.13e 绘制了苹果组织的重建断层扫描图像的透射 X 射线强度(实线，右轴)的概率分布，并显示了选取简单的全局阈值时所得到的分割图像的孔隙率(开圆，左轴)的典型依赖关系。

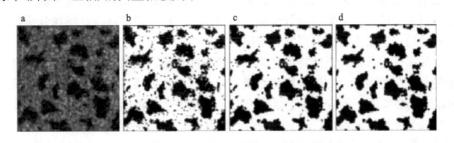

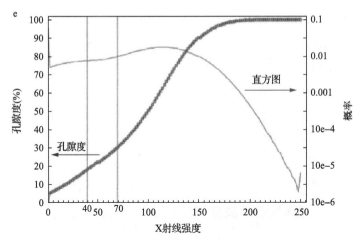

图 2.13　使用简单的全局阈值和基于克里格插值的分割法对苹果组织图像进行分割的过程：(a)原始灰度图像；(b)使用一个简单的全局阈值(60)的分割图像；(c)使用阈值窗口 T_0(40)、T_1(70)和边缘检测指示器之后的分段图像；(d)用腐蚀和膨胀操作清除后的分割图像(c)；(e)为苹果组织的断层扫描的 X 射线强度(实线，右轴)的分布，以及孔隙度(开圈，左轴)的典型依赖关系(图片来自 Mendoza et al. 2007b，并得到 Springer-Verlag 的许可)(彩图请扫封底二维码)

　　另外，由 Oh 和 Lindquist(1999)开发的阈值算法是一种非参数公式，能够基于图像空间协方差的估计和用于确定对象边缘的指标克里格 (IK) 来分析不确定区域(Mardia and Hainsworth 1988)。使用指标克里格法，使用指标克里格法，使得基于两个阈值 T0 和 T1 的阈值确定局部化，并保证了阈值曲面的平滑性。该方法要求先对图像的中对象比例进行识别。因此，苹果组织图像阈值的确定步骤为：首先设置灰度阈值为 40 和 70。然后根据这个阈值窗口，灰度值小于40的体素被识别为空隙，而灰度值大于70的体素(非边缘)被归类为细胞物质。最后，通过 Kriging 指标(图 2.13c)，确定其余对象的体素。使用开运算的形态学过程可以从每个图像中清除由物理或分割误差引起的小空隙或固相组分，其涉及简单的腐蚀和膨胀步骤(图 2.13d)。

2.6　定量分析

　　计算机视觉的很大一部分与从图像中提取相关特征有关。从图像中提取数值的技术在技术复杂性上有很大的不同。图像测量的过程通过从原始图像中挑选对进一步描述和分类样本很重要的一些对象与参数来减少数据量。这种挑选和减少是图像分析与测量的核心，它是通过忽略不相关的信息来实现的。

　　在食品图像中，最常见的特征是颜色、纹理和形态。这些特性揭示了食品有关的风味、质量和缺陷等信息。它们很容易测量，但很难简洁地描述。在对图像提取感兴趣区后，对该区域必须进一步结合基于标准的化学和物理等测量方法测量的特征(例如，通过色度计或分光光度计的颜色、透度计测得的硬度、折光仪的可溶性固形物等参数)，或者由专家或经验指定的标准来描述(食物表面的颜色、光泽和质地，以及感觉的评价)。许多针对二维图像开发的图像处理技术也可以扩展到多维图像分析，如多光谱或高光谱图像和层析图像。本节将详细讨论图像分析中使用的 3 种主要方法：颜色分析、图像纹理分析、几何或形态分析，并结合食品质量检验给出具体应用实例。

2.6.1 颜色分析

颜色是由光源、样品的反射率和观察者的视觉灵敏度这 3 个要素的几何与光谱分布确定的。每一项都是 1931 年由国际照明委员会(Commission Internationale de l'Eclairage，CIE)定义的。为了测量颜色，CIE 还定义了适用于普通观察者的光谱敏感度锥，并介绍了几种客观描述颜色的方法。这个定义基于 2°视场、一组原色(红、绿、蓝)和颜色匹配功能来刺激人类的颜色感知(CIE 1986)。由色温指定的几种标准光源也由 CIE 定义。最常见的一种是标准光源 D_{65}，它对应于一个黑色物体在 6500°K 下的辐射，是为了代表平均日光(Hunt 1991)。

2.6.1.1 颜色评估

为了准确地指定物体的颜色和颜色的差异，CIE 推荐了两种不那么依赖于光照的颜色空间，即 CIELAB 或 $L^*a^*b^*$和 CIELUV 或 $L^*u^*v^*$(Robertson 1976)。CIELAB 空间有一个校正的功能，可以对白色进行色彩的调整，并用于对象的颜色显示。CIELUV 空间的定义是类似的，坐标(L^*, u^*, v^*)是由给定的光源(u', v')和 Y 及白点计算出来的。

CIELAB 空间中的颜色差异是三维空间内两个点之间的欧氏距离，计算公式如下：

$$\Delta E_{ab}^* = [(\Delta L^*)^2 + (\Delta a^*)^2 + (\Delta b^*)^2]^{1/2} \tag{2.45}$$

式 2.45 称作 CIE 1976(L^*, a^*, b^*)色差公式，色度 C_{ab}^* 和色调角 h_{ab}^* 也是通过(L^*, a^*, b^*)计算的，公式如下：

$$C_{ab}^* = (a^{*2} + b^{*2})^{1/2} \tag{2.46}$$

$$h_{ab}^* = \tan^{-1}(b^* / a^*) \tag{2.47}$$

Mendoza 等(2006)提出了用彩色数码相机的机器视觉系统标定颜色测量和色彩还原的程序，并对水果和蔬菜进行了分析，Valous 等(2009a)也应用其对预切片火腿图像进行了分析。

2.6.1.2 曲面颜色测量

基于彩色数码相机的机器视觉系统可以方便、快速地量化任何食品的颜色(Segnini et al. 1999；Papadakis et al. 2000)。不同的颜色通道对图像的像素密度分布提供不同的颜色信息。因此，使用不同颜色组件进行评估能够体现出食品质量表征和分级的优势。然而，在许多新鲜食品中都有曲面和/或不均匀的表面。一个普通的机器视觉系统对带有曲面(香蕉和红辣椒)的样品进行颜色测量的灵敏度分析表明，$L^*a^*b^*$更适合于表示由光源照亮的表面或材料的颜色。这些颜色空间比 RGB 和 HSV 颜色空间受曲率、阴影及光泽度的影响更小，因此更适合于食物表面的颜色测量(Mendoza et al. 2006)。图 2.14 展示了黄色

香蕉曲率对 $L^*a^*b^*$ 和 HSV 颜色空间的影响。L^* 和 V 色阶对香蕉表面的曲率非常敏感，而 S 虽也很敏感，但程度较轻。a^*、b^* 和 H 的颜色变化最小或几乎没有。

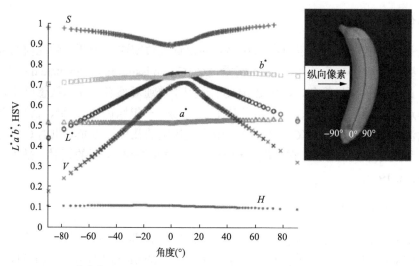

图 2.14　黄色香蕉的用 $L^*a^*b^*$ 和 HSV 色标表示的颜色剖面。使用分割图像纵向方向上像素的平均值构建轮廓，其角度位置从-90°到 90°（改自 Mendoza et al. 2006）（彩图请扫封底二维码）

2.6.2　纹理分析

图像处理中"纹理"一词的含义与食物中"纹理"的通用含义是完全不同的。图像纹理可以被定义为在不同波长的图像中强度变化的空间组织，如电磁光谱的可见光和红外部分（Haralick et al. 1973）。图像纹理是图像的一个重要方面，纹理特征在图像分析中起着重要的作用。在一些图像中，它可以是在获得正确的分析时至关重要的区域的定义特征（Shapiro and Stockman 2001）。这些特征提供了从场景的强度图中定义的摘要信息，并且它们可能与视觉特征有关（纹理的粗糙度、规律性和方向等），也与无法在视觉上区分的特征有关。

纹理是区域的属性，所以点并没有纹理。纹理涉及灰度级的空间分布，且需要大量的强度单位（如像素）来检测一个区域中的纹理特征。并且纹理涉及一个空间邻域的灰度级。有许多纹理分析技术可以应用于图像。最常用的表征和评价食品表面及生物结构的方法有：一阶统计量（first-order statistics，FOS）、灰度共生矩阵（gray level co-occurrence matrix，GLCM）和游程矩阵（run length matrix，RLM），以及分形（fractal）方法。

2.6.2.1　一阶统计量

图像直方图主要给出了图像的全局描述。灰度图像的直方图表示图像中每个灰度级出现的相对频率。FOS 的特征通常来自数字图像的标准化灰度直方图，它是通过灰度级为 $i(I)$ 的像素数（N）来构建的，并且可以写成：

$$H(i) = N \langle (x, y) | I(x, y) = i \rangle \tag{2.48}$$

直方图 $H(i)$ 通过以下公式进行标准化：

$$H'(i) = \frac{H(i)}{\sum_i H(i)} \tag{2.49}$$

偏最小二乘分析(partial least squares analysis)的提取统计特征包括：像素直方图的平均值(mean of the pixel histogram，MV)、方差(variance，VA)、熵(entropy，ET)和能量(energy，EN)，其定义如下(Cernadas et al. 2005)：

$$MV = \sum_i iH'(i) \tag{2.50}$$

$$VA = \sum_i (i - MV)^2 H'(i) \tag{2.51}$$

$$ET = -\sum_i H'(i) \log(H'(i)) \tag{2.52}$$

$$EN = \sum_i i^2 H'(i) \tag{2.53}$$

然而，这些 FOS 特征并没有提供任何关于图像中纹理差异可能的信息，因为它们不能提取任何关于像素的相对位置及它们的强度之间的相关性的信息。

2.6.2.2　灰度共生矩阵

当需要描述一个非随机的空间分布(或者一个图像中多个纹理)时，二阶统计更适合描述这些类型的关系。GLCM 是一个包含若干行和若干列的矩阵，其行列数等于图像的灰度强度级数，其中包含使用二阶统计信息获得的图像的纹理特征(空间关系)。灰度共生矩阵 $P(i, j | \Delta x, \Delta y)$ 是与图像中所有强度为 $I(i, j)$ 距离为 $(\Delta x, \Delta y)$ 的像素对的相关联的相对频率或概率。这个相对位置是由距离(d)和角度($\theta=0°$、$45°$、$90°$、$135°$)定义的。对于一个给定的方向和距离，可以利用 Haralick 等(1973)提出的矩阵，从灰度图像中提取 14 个纹理特征，其中最常见的是能量(energy)、熵(entropy)、对比度(contrast)、相关性(correlation)、局部同质性(local homogeneity)和方差(variance)。它们可以从以下公式计算出：

$$Energy = \sum_i \sum_j P_{d\theta}(i, j)^2 \tag{2.54}$$

$$Entropy = -\sum_i \sum_j P_{d\theta}(i, j) \cdot \log(P_{d\theta}(i, j)) \tag{2.55}$$

$$Contrast = \sum_i \sum_j (i - j)^2 \cdot P_{d\theta}(i, j) \tag{2.56}$$

$$\text{Correlation} = \frac{\sum_i \sum_j (i \cdot j) p(i,j) - \mu_i \cdot \mu_j}{\sigma_i \cdot \sigma_j} \tag{2.57}$$

$$\text{Homogeneity} = \sum_i \sum_j \frac{1}{1+(i-j)^2} P_{d\theta}(i,j) \tag{2.58}$$

$$\text{Variance} = \sum_i \sum_j (i - u_{ij})^2 P_{d\theta}(i,j) \tag{2.59}$$

式中，μ_i 和 μ_j 是均值，σ_i 和 σ_j 是标准差，能量测量图像纹理的均匀性，如像素对的重复。熵测量图像的无序或随机性，它指示图像中的复杂程度，越复杂的图像的熵值越高。对比度测量图像中的局部变化，因此，对比度越高表明局部变化越大。同质性，也称为逆差矩，在恒定的对比度下，其与能量成反比。最后，相关性是衡量像素之间图像线性的一种方法（Mendoza et al. 2007a）。图 2.15 展示了在成熟过程中，用 GLCM 描述一种香蕉（*Musa cavendish*）表面外观特征的应用。

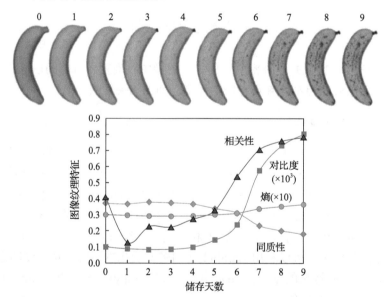

图 2.15　利用灰度共生矩阵（GLCM）对一种香蕉（*Musa cavendish*）的成熟过程进行量化分析（彩图请扫封底二维码）

2.6.2.3　游程矩阵

灰度游程矩阵（RLM）由 Galloway（1975）首次提出，灰度级的 RLM 方法通过计算有相同灰度级别的一组连续的像素来描述纹理。灰度游程是运行中像素的数量。因此，粗纹理的灰度游程将比细纹理的长度要长。在 RLM 方法中，一个包含图像灰度 y 游程信息的矩阵是根据亮度的值和运行的长度来构造的（Fardet et al. 1998）。

游程矩阵 $P(i,j)$ 是通过指定方向（如 0°、45°、90°、135°）来定义的，然后计算在这个方向上每一个灰度级和长度的运行次数。i-维对应于灰度级（bin 值），并且长度等于最大灰度级（bin 值）；j-维对应于灰度行程，并且长度等于最大灰度行程（bin 值）。Galloway（1975）提出了 5 个特性：短行程优势（short run emphasis，SRE），它衡量的是短行程运行的分布；长行程优势（long run emphasis，LRE），衡量长行程运行的分布；灰度不均匀性（gray-level non-uniformity，GLNU），测量整个图像中灰度值的相似性；灰度行程不均匀性（run length non-uniformity，RLNU），测量整个图像中灰度行程的相似性；灰度行程百分比（run length percentage，RLP），测量给定方向上图像的均匀性和分布。RLM特征量计算公式如下：

$$SRE = \frac{1}{n_r} \sum_{i=1}^{M} \sum_{j=1}^{N} \frac{P(i,j)}{j^2} \tag{2.60}$$

$$LRE = \frac{1}{n_r} \sum_{i=1}^{M} \sum_{j=1}^{N} P(i,j) j^2 \tag{2.61}$$

$$GLNU = \frac{1}{n_r} \sum_{j=1}^{N} \left(\sum_{i=1}^{M} P(i,j) \right)^2 \tag{2.62}$$

$$RLNU = \frac{1}{n_r} \sum_{i=1}^{M} \left(\sum_{j=1}^{N} P(i,j) \right)^2 \tag{2.63}$$

$$RLP = \frac{n_r}{n_p} \tag{2.64}$$

式中，n_r 是总运行次数，n_p 是图像中的像素数，M 是灰度级的数量（bins），N 是游程的数量（bins）。

2.6.2.4　分形方法

分形描述了一种可以被细分成多个部分的粗糙或破碎的几何形状，每个部分都近似是整体的一个缩小副本。这意味着这些形状通常是自相似且独立的（Mandelbrot 1983）。与经典的欧几里得几何（Euclidean geometry）相反，分形是不规律的，可能有整数或非整数维。因此，分形维数提供了一种系统的方法来量化不规则的模式，这些模式包含在一系列尺度上重复出现的内部结构中。自相似性在视觉上并不明显，但可能存在于跨尺度保存的数值或统计量中。由于自然对象的统计尺度不变性，它们可能表现出可统计的分形（Klonowski 2000）。

计算分形维数的方法可分为空间型和光谱型两类。第一种类型在空间域中运行，而第二种类型使用傅里叶功率谱在频域中运行。这两种类型是由分数布朗运动原理统一起来的（Dougherty and Henebry 2001）。

盒计数法（box-counting method）。分形维数通常是基于盒计数法来估计的。该技术可以通过覆盖一系列大小为 ε 的盒子来获得二维分形物体的缩放属性（如二值图像），并计算包含至少一个像素的盒子的数量来表示正在研究的对象。这意味着该项技术没有考虑每个盒子内的密度（像素密度）。因此，在一个均匀系统中特征数目 N 与特征大小 ε 成比例，如以下公式所示（Evertsz and Mandelbrot 1992）：

$$N(\varepsilon) \propto \varepsilon^{-D_0} \tag{2.65}$$

其中分形维数 D_0 的计算公式如下：

$$D_0 = \lim_{\varepsilon \to 0} \frac{\log N(\varepsilon)}{\log \dfrac{1}{\varepsilon}} \tag{2.66}$$

分形维数可以通过盒子数 N 来表征被检测对象，以增加盒子的大小 ε 和估计对数-对数坐标图的斜率。图 2.16 展示了苹果组织的二值图像的缩放属性。

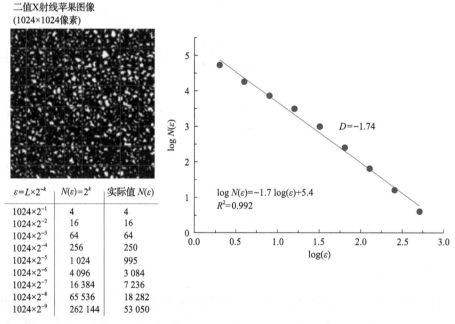

图 2.16　新鲜苹果组织的二值图像中分形盒计数理论的应用
（孔隙用白色像素表示）（彩图请扫封底二维码）

变异函数法。使用变异函数模型（variogram model）计算灰度图像的方向分形维数（directional fractal dimension，DFD）的公式如下（Kube and Pentland 1988；Mandelbrot 1983）：

$$v(d) = c \cdot d^a \tag{2.67}$$

$$v(d) = \frac{1}{N_d} \sum_{N(d)} [y(s+d) - y(s)]^2 \tag{2.68}$$

$$\text{DFD} = 3 - 0.5\hat{a} \tag{2.69}$$

式中，$v(d)$ 是图像的变异函数，a 是分形指数，c 是常数，d 是像素的分离距离，$y(s)$ 表示在 s 位置处的灰度级，$N(d)$ 表示一系列观察的基数。图像变异函数 $v(d)$ 代表两个随机变量之间的差异的方差或离散度。因此，a 和 $v(d)$ 之间的关系也可以用线性回归模型来表示。具体方法是将对数函数应用到方程的两边来得到分形指数 $\hat{a}$ 的估计，即可直接计算图像的 DFD。

图像的变量图和分形维数是在固定的图像分辨率水平上估计的，而不需要指定构成对观测值集的任何空间方向，这意味着图像被假定为各向同性的。由于许多食物和生物材料图像的分形纹理参数没有各向同性的模式，因此需要分别沿着 0°、45°、90° 和 135°(即水平、第一对角线、垂直和第二对角线)计算出 4 个变量。对于图像的给定像素位置，这些方差图应该进行分析和平均，然后用于进一步的分析和图像表征。

这种方法最近被应用于商业猪肉、火鸡和鸡肉火腿切片的外观特征与分类(Mendoza et al. 2009)。从灰度化的数字图像中提取 DFD 的特征，并在 3 个图像分辨率等级(100%、50% 和 25%)下计算 R、G、B、L^*、a^*、b^*、H、S 和 V 的颜色分量值。仿真结果表明，尽管火腿切片图像在颜色和纹理外观上具有复杂性与高度可变性，但采用 DFD 对处理的火腿切片图像进行建模，可以捕捉到 4 种商业火腿类型之间的纹理特征。与 4 个方向的平均值相比，独立的 DFD 特征有较好的区分效果。然而，DFD 的特征显示了在分形分析中对颜色通道、方向和图像分辨率的高灵敏度。使用 6 个 DFD 特征的分类精度为 93.9%，测试数据为 82.2%。

傅里叶分形纹理(Fourier fractal texture，FFT)。在计算傅里叶分形纹理时，首先计算灰度图像的二维傅里叶变换，然后推导出二维功率谱。通过对每个径向增量在越来越大的环空上的值上取平均值，将二维功率谱简化为一维的径向功率谱(与方向无关的平均谱，即所有可能的定向功率谱的平均值)。功率谱 $P(f)$ 随频率 f 变化，计算公式如下：

$$P(f)=k \cdot f^{(-1-2H)} \tag{2.70}$$

式中，k 是常数，H 是豪斯多夫-贝西康维奇维数(Hausdorff-Besicovitch dimension)。当把 $\log[P(f)]$ 绘制在 $\log[f]$ 上时，可以拟合出一条直线。根据傅里叶切片定理，图像平行投影沿着直线 h 方向的一维傅里叶变换与图像沿着同一条直线的二维傅里叶变换值相等。这意味着，穿过光谱的线可提供空间域中相同方向上投影获得的光谱信息。FFT 维度 D_f 是根据这个定理的方向函数来计算的，其中 24 是频率空间被频繁均匀分割的方向数。振幅与频率用对数-对数比例尺上的斜率表示，其斜率是用线性最小二乘回归确定的。因此，可从直线 c 的斜率[$c=(-1-2H)$]中计算出豪斯多夫-贝西康维奇维数 H。灰度图像的 D_f 维数与对数-对数图的斜率 c 有关，其关系式如下，其中 $H=D_f-3$，$2<D_f<3$ 同时 $3<c<1$ (Geraets and Van der Stelt 2000)：

$$D_f=\frac{7}{2}+\frac{c}{2} \tag{2.71}$$

为了便于分析，可以从每张图像中计算出所有方向的斜率和截距，并用于进一步的图像描述和分类。该算法是由 Russ(2005)提出的，Valous 等(2009b)针对火腿加工的需求进行了修改。

分形空隙（fractal lacunarity，FL）。各种研究表明，单独的分形维度只测量了空间的填充量，其本身并不能对大多数纹理特征进行描述。二阶分形维度指标，如孔隙度，通过测量数据填充空间的方式来补充分形维数，从而实现对纹理进行简约分析（Tolle et al. 2008）。在这种方法中，一个正方形结构元素或边长是 b 的移动窗放置在边长是 T（像素）的火腿切片图像的左上角，另外 $b \leq T$。该算法在运动窗口下记录与图像相关联的像素的数量或质量 m。然后，将窗口向右平移一个像素，再次记录基础质量下潜在的质量。当移动的窗口到达图像的右边界时，它会被移回图像左边的起始点，并向下平移一个像素。计算一直进行到移动的窗口到达图像的右下方时，此时它已经表征了每一个 $(T-b+1)^2$ 可能的位置。Allain 和 Cloitre（1991）定义了用边长为 T（像素）的正方形移动窗口来测量不均匀性 Λ 的方法，另外 $b \leq T$，公式如下：

$$\Lambda = \frac{\sigma^2}{\mu^2} + 1 \tag{2.72}$$

式中，当 σ（标准差）与 μ（平均值）的比率随窗口大小的变化而变化时，这意味着不均匀性的大小取决于计算尺度（相对于图像大小的移动窗口大小）。不均匀性可定义为介于 $1 \sim \infty$ 的任意值。不均匀性为 1 时表明，纹理内容在给定的范围内是均匀分散的，而值 $\neq 1$ 时表示其为不均匀的。

该技术可以在二值图像和灰度图像上应用。然而，计算出二值图像的不均匀性，将导致要计算每个滑动网格的数量，这些网格也将会被全部填满，输出将无意义。相反，在大多数情况下，当算法测量每个滑动框像素的平均强度时，这种结构分析的结果是足够的（Krasowska et al. 2004）。

Valous 等（2009b）基于对孔/缺陷和脂肪结缔组织的分割图像，应用滑动盒算法（gliding box algorithm）对火腿切片的纹理外观进行了表征。后来，Valous 等（2010）采用同样的方法，根据灰度信息来描述火腿切片。在 256×256 像素的强度图像中，在 $b_{min}=2$ 和 $b_{max}=256$ 之间，步长为 1 时，每一个 b 值都计算出了空隙率。在完成计算后，在二维散点图中，以空间响应函数的形式描述了移动窗口 b 的空腔度。其说明了在强度图像中空间非平稳的尺度依赖性。如图 2.17 所示，不均匀性图显示出重要的纹理信息，这些信息对应于空间异质性的强度等级和自相似行为水平。强度不均匀性的结果表明，10 个像素的窗口大小可能足以覆盖纹理特征并产生有意义的结果。

2.6.3 形态学分析

一旦通过图像分割确定了一组感兴趣区，就可以用它们的几何形状和性状来描述单个区域（对象）或轮廓。大多数图像分析系统都提供了一些与大小和形状相关的度量，并可产生适合进一步图像描述和分类的数字输出。大小和形状是食品质量评估的常见测量对象参数，与其他特性如颜色和图像纹理相比，这些参数更易用图像处理技术测量。形态学特征包括对物体的计数（如粒径、孔、颗粒、液滴、气泡等），并定义它们的位置、表面粗糙度和方向。

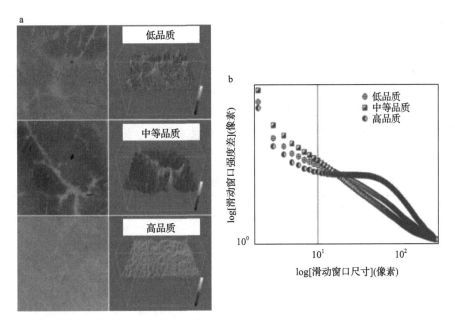

图 2.17　用不同的肌肉切片、盐水溶液百分比和加工方法对 3 种湿熟的猪肉火腿(高产量或低品质、中等产量或中等品质、低产量或高品质)进行表面视觉化。(a)B 色通道的强度图像及其三维网格图。(b)二维对数-对数散点图,其平均强度值为移动窗口 b 的函数(Valous et al. 2010)(彩图请扫封底二维码)

2.6.3.1　粒径

许多图像分析应用需要表示或描述二值图像中粒径大小的分布。对特定系统进行数据总结的常用方式是绘制一个特定大小粒径的频率直方图。此外,由于许多自然样品的形状大致呈正态分布或高斯分布,因此可以应用统计方法来评估置信参数,并寻找需要分析的最小粒径数,以达到合理的统计意义。另一种广泛使用的描述数据的方法是计算累积分布,这个累积分布可显示在特定尺寸之上或之下的材料的百分比(Aguilera and Stanley 1999)。

在食品质量评估中,有 3 种常用的特性来测量物体的尺寸:面积、周长,以及长度和宽度。面积是度量物体尺寸的最基本参数,它由区域内的像素数量表示,并且直接通过计数确定。物体的周长是其边界的长度,它特别适用于区分形状简单和复杂的物体。面积和周长可以很容易地从一个分割图像中计算出来,但是测量的质量高度依赖于测量对象的复杂性和图像分割的效果。对象的长度和宽度也可以用来测量一个对象的大小。有必要确定物体的主要轴,并测量其相对长度和宽度(Du and Sun 2004)。

虽然可以对图像上选定区域的像素百分比进行相对测量,以进行各种粒度评估。但在某些应用中,我们需要知道图像的 x 和 y 维度对应的实际维度。因此,在进行测量之前,必须首先指定一个像素大小与该图像中可见的已知长度(如 mm)的对象的大小之间的关系。x 和 y 方向的刻度因数(f)可以由以下公式计算:

$$f = \frac{实际距离(mm)}{图像距离(像素)} \tag{2.73}$$

2.6.3.2 形状描述

单独测量尺寸有时不足以检测样品之间重要但细微的差别。这是因为具有相似成分或结构的谷粒可以测量出相同的面积或周长，但它们的形状不同。

通常，同一类的对象可以通过它们的形状来区分，这些形状是表征对象外观的物理维度度量。形状特征可以单独测量，也可以结合尺寸测量。表 2.2 总结了一些食品产品的尺寸测量中广泛使用的形状特征。

表 2.2　常见形状描述

特征统计	计算方法
面积比	$=\dfrac{面积}{最大直径 \times 最小直径}$
长宽比	$=\dfrac{最大直径}{最小直径}$
紧密度	$=\dfrac{周长^2}{面积}$
圆度	$=\dfrac{4\pi \times 面积}{周长^2}$
直径范围	$=最大直径 - 最小直径$
偏心率	$=\sqrt{1 - \dfrac{短半轴^2}{长半轴^2}}$
伸长率	$=1 - 长宽比$
圆度	$=\dfrac{4\pi \times 面积}{\pi \times 最大周长^2}$
形状因子 1	$=\dfrac{4\pi \times 面积}{周长^2}$
形状因子 2	$=\dfrac{最大直径}{面积}$

粒子分析中特别有趣的是圆度，圆度是衡量偏离完美圆的一个很好的指标。然而，需要注意的是，一个单一的形状描述不太可能完全区分和描述所有的应用与不同的形状组合。圆度的范围为 0～1。一个标准圆的圆度为 1，而一个非常尖的或不规则的物体的圆度值接近于 0。圆度对整体形态和表面粗糙度都很敏感。

2.7　结　　论

近年来，图像处理和分析领域发展迅速，其应用也越来越广泛。开发新的、更有效的图像处理和分析算法，以及图像采集、计算机、数据存储和互联网的发展，使得处理越来越多的图像数据成为可能。数字图像处理在许多研究领域和工业应用中已经变得非常经济。虽然每个应用程序有其独特性或与其他应用程序不同，但它们都关注速度、可负担性、性能或准确性。在机器视觉领域，越来越多的研究和应用都专注于实时及交互式操作，在这些操作中，图像获取、处理、分析和决策几乎同时进行或并行执行。在过去的 10 年中，我们还见证了多光谱和高光谱成像技术在食品与农业应用领域的研究及开发活动呈指数级增长。虽然本章中描述的许多基本图像处理和分析方法依然适用于对于二维或三维多光谱与高光谱图像的处理及分析，但在处理这些类型的图像时也会有新的挑战。我们将在第 6 章和第 7 章中具体介绍多光谱与高光谱图像的处理及分析的方法和技术。

参 考 文 献

Aguilera JM, Stanley DW (1999) Microstructural principles of food processing and engineering, 2nd edn. Aspen, Gaithersburg

Allain C, Cloitre M (1991) Characterizing the lacunarity of random and deterministic fractal sets. Phys Rev A 44(6):3552–3558

Brosnan T, Sun D-W (2004) Improving quality inspection of food products by computer vision—a review. J Food Eng 61:3–16

Castleman KR (1979) Digital image processing. Prentice-Hall, Englewood Cliffs

Cernadas E, Carrión P, Rodriguez PG, Muriel E, Antequera T (2005) Analyzing magnetic resonance images of Iberian pork loin to predict its sensorial characteristics. Comput Vis Image Und 98:344–360

CIE (1986) Colorimetry, Official recommendations of the International Commission on Illumination, CIE Publication No. 15.2. CIE Central Bureau, Vienna

Dougherty G, Henebry GM (2001) Fractal signature and lacunarity in the measurement of the texture of trabecular bone in clinical CT images. Med Eng Phys 23:369–380

Du C-J, Sun D-W (2004) Recent developments in the applications of image processing techniques for food quality evaluation. Trends Food Sci Technol 15:230–249

Du C-J, Sun D-W (2005) Comparison of three methods for classification of pizza topping using different color space transformations. J Food Eng 68:277–287

Du C-J, Sun D-W (2007) Quality measurement of cooked meats. In: Sun D-W (ed) Computer vision technology for food quality evaluation. Elsevier/Academic, London, pp 139–156

Evertsz CJG, Mandelbrot BB (1992) Multifractal measures. In: Peitgen H-O, Jurgens H, Saupe D (eds) Chaos and fractals. New frontiers of science. Springer, New York, pp 921–953

Fardet A, Baldwin PM, Bertrand D, Bouchet B, Gallant DJ, Barry J-L (1998) Textural images analysis of pasta protein networks to determine influence of technological processes. Cereal Chem 75:699–704

Galloway MM (1975) Texture analysis using grey level run lengths. Comput Graph Image Process 4:172–179

Geraets WGM, Van der Stelt PF (2000) Fractal properties of bone. Dentomaxillofac Radiol 29:144–153

Gonzales RC, Woods RE (2008) Digital image processing. Prentice-Hall, Englewood Cliffs

Gunasekaran S, Ding K (1994) Using computer vision for food quality evaluation. Food Technol 6:151–154

Haralick RM, Shanmugan K, Dinstein I (1973) Textural features for image classification. IEEE Trans Syst Man Cybern 3:610–621

Hunt RWG (1991) Measuring of color, 2nd edn. Ellis Horwood, New York

Klinger T (2003) Image processing with LabVIEW and IMAQ vision. Prentice Hall Professional Technical Reference, Upper Saddle River

Klonowski W (2000) Signal and image analysis using chaos theory and fractal geometry. Mach Graphics Vis 9(1/2):403–431

Krasowska M, Borys P, Grzywna ZJ (2004) Lacunarity as a measure of texture. Acta Phys Pol B 35:1519–1534

Kube P, Pentland A (1988) On the imaging of fractal surfaces. IEEE Trans Pattern Anal Mach Intell 10:704–707

Mallat S (1989) A theory for multiresolution signal decomposition: the wavelet representation. IEEE Trans Pattern Anal Mach Intell 11:674–693

Mandelbrot BB (1983) The fractal geometry of nature. W.H. Freeman, New York

Marchant JA (2006) Machine vision in the agricultural context. In: Munack A (ed CIGR) Precision agriculture, CIGR handbook of agricultural engineering, vol VI. Information technology. The International Commission of Agricultural Engineering, St. Joseph, MI (Chapter 5)

Mardia KV, Hainsworth TJ (1988) A spatial thresholding method for image segmentation. IEEE Trans Pattern Anal Mach Intell 6:919–927

Macaire L, Postaire JG (1989) Real-time adaptive thresholding for on-line evaluation with line-scan cameras. In: Proceedings of computer vision for industry, Society of Photooptical Instrumentation Engineers, Boston, MA, pp 14–25

Mendoza F, Dejmek P, Aguilera JM (2006) Calibrated color measurements of agricultural foods using image analysis. Postharvest Biol Tech 41:285–295

Mendoza F, Dejmek P, Aguilera JM (2007a) Color and texture image analysis in classification of commercial potato chips. Food Res Int 40:1146–1154

Mendoza F, Verboven P, Mebatsion HK, Kerckhofs G, Wevers M, Nicolaï B (2007b) Three-dimensional pore space quantification of apple tissue using X-ray computed microtomography. Planta 226:559–570

Mendoza F, Valous NA, Allen P, Kenny TA, Ward P, Sun D-W (2009) Analysis and classification of commercial ham slice images using directional fractal dimension features. Meat Sci 81:313–320

Oh W, Lindquist W (1999) Image thresholding by indicator kriging. IEEE Trans Pattern Anal Mach Intell 21:590–602

Piñuela JA, Andina D, McInnes KJ, Tarquis AM (2007) Wavelet analysis in a structured clay soil using 2-D images. Nonlin Process Geophys 14:425–434

Puglia S (2000) Technical primer. In: Sitts MK (ed) Handbook for digital projects: a management tool for preservation and access, 1st edn. Northeast Document Conservation Center, Andover

Papadakis S, Abdul-Malek S, Kamdem RE, Jam KL (2000) A versatile and inexpensive technique for measuring color of foods. Food Technol 54:48–51

Prats-Montalbán JM, de Juan A, Ferrer A (2011) Multivariate image analysis: a review with applications. Chemometr Intell Lab 107:1–23

Rec. ITU-R BT.709-5 (2002) Parameter values for the HDTV standards for production and international programme exchange (1990, revised 2002). International Telecommunication Union, 1211 Geneva 20, Switzerland

Robertson AL (1976) The CIE 1976 color difference formulae. Color Res Appl 2:7–11

Russ JC (2005) Image analysis of food microstructure. CRC, New York

Segnini S, Dejmek P, Öste R (1999) A low cost video technique for color measurement of potato chips. Lebensm-Wiss U-Technol 32:216–222

Shapiro LG, Stockman GC (2001) Computer vision. Prentice-Hall, Upper Saddle River

Soille P (1999) Morphological image analysis. Springer, Berlin

Sonka M, Hlavac V, Boyle R (1999) Image processing, analysis, and machine vision. PWS, Pacific Grove

Sun D-W (2000) Inspecting pizza topping percentage and distribution by a computer vision method. J Food Eng 44:245–249

Tolle CR, McJunkin TR, Gorsich DJ (2008) An efficient implementation of the gliding box lacunarity algorithm. Phys D 237:306–315

Valous NA, Mendoza F, Sun D-W, Allen P (2009a) Colour calibration of a laboratory computer vision system for quality evaluation of pre-sliced hams. Meat Sci 42:353–362

Valous NA, Mendoza F, Sun D-W, Allen P (2009b) Texture appearance characterization of pre–sliced pork ham images using fractal metrics: Fourier analysis dimension and lacunarity. Food Res Int 42:353–362

Valous NA, Sun D-W, Mendoza F, Allen P (2010) The use of lacunarity for visual texture characterization of pre-sliced cooked pork ham surface intensities. Food Res Int 43(3):87–395

Wikipedia (2012) Binary image. http://en.wikipedia.org/wiki/Binary_image. Accessed 12 Dec 2012

第3章 光谱分析的基本原理

Stephen R. Delwiche[①]

3.1 振动光谱的定义

我们所感兴趣的电磁波谱区域位于紫外线(波长短至 400nm)和远红外(长至 50 000nm)之间。该区域包含可见光(400～780nm)、近红外(780～2500nm)和中红外(2500～25 000nm)区。与这一大段区域相邻的,短波这一端为 γ 射线(约 0.001nm)和 X 射线(约 0.01nm),长波这一端为微波(约 10^7nm)及无线电波(约 10^{10}nm)(图 3.1)。实际上,分子结构的信息包含在这个区域,尤其是中红外区域,这可由量子理论的波粒原理推导出来,我们从光子能量的表达式开始,

$$E = hv \tag{3.1}$$

式中,E 为光子的能量,v 为波的频率,h 为普朗克常量。我们可以看到光子的能量与它的频率成正比。

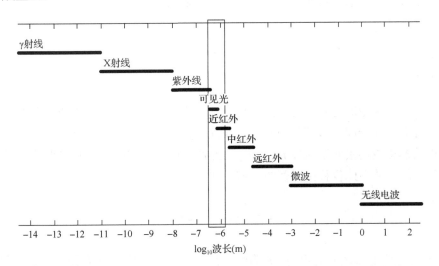

图 3.1 电磁波谱图,在高光谱成像中使用的区域(400～1700nm)已突出显示

① S.R. Delwiche(✉)
U.S. Department of Agriculture, Agricultural Research Service, Food Quality Laboratory,
10300 Baltimore Ave., Bldg. 303 BARC-East, Beltsville, MD 20705-2350, USA
e-mail: stephen.delwiche@ars.usda.gov

我们也知道波长(λ)和频率(v)互成反比，它们的乘积就是光在所穿越介质中的速度(c)，

$$c = \lambda v \tag{3.2}$$

基于频带振动的基础量子理论，光谱学家通常以一种频率的改进形式来定义波段的位置，这种频率形式定义为固定距离内的波周期数。根据惯例，距离的单位为 cm，波数可以认为是 1cm 厚的完整波周期数，因此其单位为 cm^{-1}。另外，物理学家和工程师通常用波长来作表述，且可见-近红外区域选用的单位是 nm，即一米的十亿(10^9)分之一。这两种单位之间具有倒数关系，即波长和波数之间的转换就是求其倒数后乘以 1×10^7（反之亦然）。由于近红外测量和分析的普及起源于物理学家/工程师团体，而使用中红外区域的定性分析则起源于光谱学家，因此在吸收光谱带的分配上我们今天仍然继续用这种二分法。尽管这两种尺度的转换很常规，但假如在某一尺度下仪器上任两个相邻刻度的增量是一致的，那么在另一个尺度上就不是一致的。随着傅里叶变换(FT)近红外光谱仪的普及，当将以波数为尺度的 FT 近红外光谱仪与以波长域均匀间距为基础的传统单色器色散光谱仪进行比较时，尤其要注意这一点。

量子理论认为，分子对光的吸收是由能级(量子能级)的离散变化产生的，对于中红外区域来说，当分子内部的原子间键吸收的能量等于两个相邻量子能级之差时即会产生。以一个双原子分子(两个原子)如一氧化碳为例，键的舒张及收缩振动频率是由量子理论选择规律所决定的。这些规律也适用于更复杂的多原子分子。

3.2　原 子 间 键

3.2.1　理论

原子键振动模型的起始点通常是经典力学中描述的谐振子。在这个模型中，两个原子通过回复力连在一起，该回复力与键长线性相关。在模型的最简单形式中，两个原子之间的键被模拟成连接着双球体 m_1 和 m_2 的弹簧。这两个球的总势能 V 取决于质量相对于静止位置的位移，此位移由弹簧的压缩或伸长引起。

$$V = \frac{1}{2}k(x - x_{\text{rest}})^2 \tag{3.3}$$

式中，$(x - x_{\text{rest}})$ 为质心之间的距离，k 为弹簧常数。在这个简单的模型中，势能随距离的二次方变化，如图 3.2 中所示呈抛物线状。用这个模型来近似模拟分子动作时有两个明显的问题：第一，其压缩距离必须要有限制，因为原子有其物理质量和尺寸，故压缩距离不可能为 0。第二，原子间键可能仅在原子快挣脱之前才拉长。

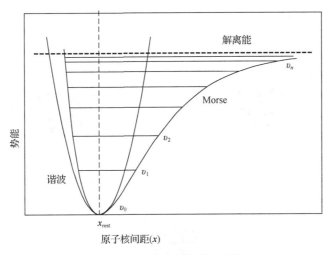

图 3.2　两个键合原子的势函数

另一个问题直到 20 世纪 20 年代引入量子力学理论后才得到充分解决，即首次考虑系统的总能量，也就是势能(V)和动能的总和。动能以动量(p)的形式表示，系统的总动能(E)为

$$E = \frac{p^2}{2m} + V \tag{3.4}$$

式中，m 为系统的总质量。经典力学中允许能量是一系列连续的值，但是在自然中这被证明是不可能的。这点可以由海森伯(Heisenberg)不确定性原理解释，该原理中的一部分指出，对于给定方向的物体不可能同时知道其位置和动量。与此相关的是能量被量子化的限制，这意味着在特定频率下，振子的能量被限制为离散的，即量子能级 v。谐振子波函数形式的解变为

$$E_\upsilon = h v \left(\upsilon + \frac{1}{2} \right) \tag{3.5}$$

式中，E_υ 为第 υ 个量子能级的能量(υ=0, 1, 2,···)，v 为振动的基本频率，与键的弹力常数(k)及减少的质量(μ)有关，

$$v = \frac{1}{2\pi} \sqrt{\frac{k}{\mu}} \tag{3.6}$$

双原子分子减少的质量定义为 $1/\mu=1/m_1+1/m_2$，其中 m_1 和 m_2 是原子的质量。经典力学理论中有这样的结论：分子内的原子键在这些基频或简正频率上同相振动，其独特振动频率即振动自由度的数目与分子大小(即原子数目)有关，为 3N–6。如图 3.3 所示，以三原子分子(如水)为例，可能会产生 3 种振动态：对称拉伸(两个氢原子同时向前移动并远离中央的氧原子)、不对称拉伸(一个氢原子远离氧原子，同时另一个移动接近氧原子)和弯曲(氢原子向前移动并远离彼此)。而水分子内的实际振动要复杂得多，我们将会在

下文中了解到。

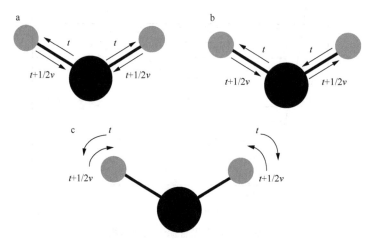

图 3.3　单个水分子的振动态

当光子的能量和键的两个连续量子能级之差相匹配时，键合原子之间就会发生振动。电场要把它的能量传递给分子，键上就必须存在或被诱导存在电荷或偶极子的极性分布。基态(υ=0)和第一激发态(υ=1)之间的跃迁表征了贯穿整个中红外区域的基本振动，波数范围为 4000～400cm^{-1}(波长 2500～25 000nm)。

事实证明，式 3.5 中的能量关系能够用来描述振动量子数为小值时键的行为，对应于能量曲线(图 3.2)的底部区域也就是左侧与右侧近似对称的区域。对于更大的量子能级来说，能级关系更加复杂，例如，描述机电非简谐振动的特征时，将使用非对称莫尔斯(Morse)型函数$[(1-\mathrm{e}^{-c(x-x_{\mathrm{rest}})})^2]$，这也在图 3.2 中进行了展示。由于原子具有一定尺寸和质量，键合原子的间距会受到物理上的限制，以阻止它们太近(重叠)或者太远(分离)，这就造成了机械的非谐振性。电的非谐振性是由键合原子之间距离变化时偶极矩的不均匀变化引起的，与机械模型的抛物线有本质不同，Morse 函数允许两个原子在能级升高时分离。波函数的解就变为

$$E_\upsilon = hv\left(\upsilon+\frac{1}{2}\right)-xhv\left(\upsilon+\frac{1}{2}\right)^2 \tag{3.7}$$

变量 x 是非谐性常数。非简谐振动的存在允许①泛音转换，其由非相邻振动量子水平之间的变化引起(如$|\Delta\upsilon|>1$)；②组频谱带，是当一个光子的能量在量子能级上同时产生两个或多个振动模态所引起的；③Miller(2001)所描述的量子态能级之间的不等差异。在量子力学群论产生的一组称为选择规则的条件下，这些可能性是不成立的(Wilson et al. 1985)。当我们从中红外区域的基频振动转变到近红外区域的泛音和组频振动时，就会彰显这些可能性的重要性。大致上，泛音频率是相应基频的整数倍，每个较高的泛音(第一，第二，……)都会比前一个弱。因此，随着波长的减小，相同化学键的泛音吸收会逐渐变弱。包括 C—H、N—H 和 O—H 等组频的波段常常比泛音的更长，但是在这两种波段类型之间是有重叠的。以液态水为例，它在近红外区域的两个最显著频段，一个是约在

1910nm 的组频段(v_2+v_3=非对称拉伸+弯曲)，另一个是约在 1460nm 的 O—H 的一阶泛音
(v_1+v_3)，值得注意的是，这些波段的位置及其他组频和较高泛音受温度的影响强烈，该
温度的影响由氢键变化引起。当水被生物基质吸收时，水、多糖、脂质和蛋白质分子之
间会产生氢键，从而导致进一步的复杂变化。以分别平衡到 53%相对湿度的小麦淀粉和
微晶纤维素为例(Delwiche et al. 1992)，随着温度从-80℃升高到 60℃，1940nm 水的组合
频突出峰所对应的波长位置分别降低了约 17nm 和 11nm，这导致水与基体之间的氢键强
度降低(图 3.4)。

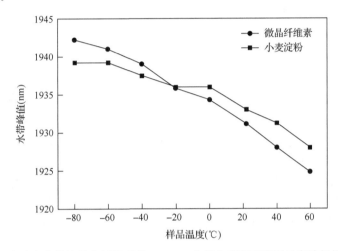

图 3.4　温度对含水的淀粉和纤维素的 1940nm 水组合频突出峰所对应波长位置的影响

3.2.2　近红外区域的实际应用

　　远离理想谐振子的情况给我们留下了固有的复杂性，而这正是近红外光谱大显身手
的机会。为了突出近红外的局限性和能力，我们做了以下 4 项一般性的陈述。

　　1. 与中红外区域的基本吸收谱带相比，近红外区域的吸收谱带较弱。乍一看似乎是
对近红外分析者不利，但实际上这是一件好事，因为在透射或反射模式下检测的物料不
必事先稀释，而这却是中红外分析的常规步骤。顶多是需要在反射率测量时把物料磨成
细小颗粒，以减少由化学或物理结构导致的样品不均匀性。

　　2. 近红外区域主要是由最轻的氢原子键所产生的泛音区和组频区构成。通常情况
下，这些键包括 C—H 键、O—H 键和 N—H 键，它们在有机分子中都普遍存在。因此，
近红外分析特别适用于农业、生物医药、制药和石油化工材料等领域的研究。

　　3. 由于氢原子比任何其他原子都要轻得多，它与碳、氧和氮结合的化学键会产生振
动动作，引起氢原子最大的运动，从而使振动动作仅局限在官能团。例如，C—C 键等的
键内振动在近红外区域并不活跃。

　　4. 由于近红外区域存在大量的重叠带，因此将键的振动精确匹配到某波长或频率下
几乎是不可能的，故近红外光谱并不是很适合定性分析。但是借助于一些先进回归算法
的强大功能，是可以进行如化学成分浓度等方面的定量分析的。

　　受非谐振性和偶极矩改变的影响，官能团的泛音和组频振动很难确定其确切位置及

宽度。一般来说，键的强度和减少的质量决定了频带的位置，而偶极矩和非谐振性影响了频带的宽度。例如，氢键和相邻基团之间的作用等其他方面是影响其位置及宽度的次要因素。

3.3　散射介质中的光吸收

由于认识到电磁辐射具有粒子和波两种表现形态，因此科学家建立了几种用来描述红外光谱响应的理论模型。我们将简单地介绍其中的一些，读者也可以通过直接阅读具体的开创性文章以获取更多细节。

3.3.1　无散射光

这是计算气体和透明液体中，换句话说也就是散射较少的介质中溶质浓度最常用的模型。这个理论最早是由 Bouguer(1729)和 Lambert(1760)独立创建的，后来被 Beer(1852)拓展到包含不同浓度物质的介质中。在 Lambert 定理 68 的拉丁文译文中说到，"当光在透明度较低的介质中被削弱时，不管光线沿着它的路径以何种方式、在何种路径曲率，以及阻拦物质是否散布在介质中，剩余光线的对数与介质中所有阻拦物质中占最大比例的物质相关"(第 391 页)。综合考虑 Beer 研究的贡献，该定律阐明了光的强度 I 随着穿透距离 d 和所感兴趣化合物的浓度[J]呈指数下降，

$$\frac{I(d)}{I(d=0)} = e^{-k[J]d} \tag{3.8}$$

式中，k 为吸收系数(以前处理摩尔浓度时，称为消光系数)。式 3.8 通常被称为 Beer-Lambert 定律，其次也称 Beer 法则，最后，很少情况下也称 Beer-Lambert-Bouguer 定律。当两边都取以 10 为底的对数时就出现了更熟悉的形式，

$$A = \log\left(\frac{1}{T}\right) = k'[J]d \tag{3.9}$$

式中，透过率(T)是深度 d 处的光强度与表面光强度的比值。实际上，可以用摩尔浓度(溶质物质的量/溶液总体积)、摩尔分数(溶质物质的量/溶液总物质的量)或质量分数(溶质质量/溶液总质量)来表示浓度 c，其中 k' 的单位是对应选择的，这样公式右端的乘积就是无量纲的。式 3.9 的直接应用是简单的分光光度计的使用，通常是在紫外线区域使用精密规格的比色皿来测量在某一波段下穿过透明溶液的透射光强度。一旦校准曲线开发好后，吸光度与生化分析中共轭物的浓度直接相关。植物和动物等天然材料的复杂性拓展了 Beer-Lambert 方程的应用，且方便又有效。

在漫反射分析中，采用 Beer-Lambert 定律将反射能量，或者用 Dahm DJ 和 Dahm KD (2007)的术语来说叫逸出能量，转换为透射的能量。漫反射的简化示意如图 3.5 所示。这种情况下，白色或单色光被准直，然后定向到样品表面，于是光可能①直接从它遇到的第一个粒子表面反射回来；②穿透第一个表面，后与其他粒子之间进行额外的内部反

射和透射；③从它进入的表面处变为逸出光；或者④被原子键吸收。这些现象的数学建模是正在进行研究的主题(Dahm DJ and Dahm KD 2007)。实际上，式 3.9 的右端通常被放在一起并统称为目标化合物的浓度，因此

$$\log\left(\frac{1}{R}\right) \approx [\text{analyte}] \tag{3.10}$$

图 3.5　光路示意图

用方括号表示浓度。这种关系的实现意味着样品间的光程长度是恒定的，其他化合物或分析物不会对其造成影响。以磨碎的小麦为例，中红外和近红外区典型未校正的 $\log(1/R)$ 光谱分别如图 3.6a 和图 3.6b 所示。尽管在光谱的波数或波长区域存在低的光谱吸收，但两种情况都缺乏明确的基线响应。这些光谱的非水平特性，特别是在近红外区

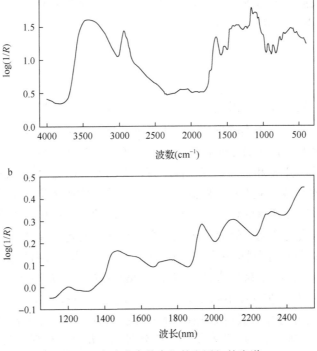

图 3.6　磨碎小麦的中红外和近红外光谱

域，是由散射引起的。因为在散射介质中测量光的传播路径，即使不是不可能，也是很困难的，所以当样品在粒径组成中具有相同分布时，最好假定光程长度是恒定的。而解决粒度问题的方法是对 $\log(1/R)$ 光谱采用数学校正，通常是应用多元散射（信号）校正（Martens and Naes 1989）、标准正态变量变换（Barnes et al. 1989）或者一阶或更高阶的导数，正如 3.4 节中所解释的。通过考虑多个波长的响应来解决干涉吸收体的问题，于是可以使用线性建模方法（多元线性回归、主成分、偏最小二乘法）或非线性建模方法（人工神经网络、支持向量机）等构建足够精确的定量模型，这些统称为化学计量学，关于这些用于光谱定量和定性分析的算法的大量细节，仍是若干研究的主题（Mark and Workman 2007；Naes et al. 2002；Varmuza and Filzmoser 2009；Jolliffe 2002；Cristianini and Shawe-Taylor 2000）。在遥感高光谱分析中经常采用的另一种简化方法即直接使用反射率 R，前提是假设 R 与其倒数的对数变换之间的非线性程度可以忽略不计[例如，在 0.2～0.8 的反射率范围内，R 与 $\log(1/R)$ 之间的决定系数是 0.97]。

3.3.2 Kubelka-Munk

不同于用于透射和漫反射的 Beer-Lambert-Bouguer 理论，Kubelka-Munk（K-M）理论基本上基于散射介质的反射，其主要应用在造纸和涂料产业。和 Beer-Lambert-Bouguer 理论一样，K-M 理论最适合用于低吸收的介质和分析物（Olinger et al. 2001）。该理论最初由 Kubelka 和 Munk（1931）提出，他们假设光通过的是一个连续体，一个没有内部边界的介质，如粒子表面。此外，光束被模拟成具有前向通量和后向通量，且假定表面是弥散光线照射，介质各向同性地发散辐射。辐射行为被记录成两个常数 K 和 S 的组合，它们类似于吸收和反射。通过求解前向和后向辐射的耦合微分方程，他们推导出了人们熟知的 Kubelka-Munk 函数（Kortüm 1969）：

$$F(R_\infty) = \frac{K}{S} = \frac{(1-R_\infty)^2}{2R_\infty} \tag{3.11}$$

在该等式中，R_∞ 是来自无限厚度介质的传输辐射量，其可以通过观察随样品深度的增加，何时 R 不产生变化来实验确定。在中红外和近红外区域，厚度大于几毫米时假设为无限厚度是合理的。正如 Dahm DJ 和 Dahm KD（2007）所解释的那样，方程在实践中的问题出现在尝试解开 K 和 S 时。理想情况下，人们希望用与 Beer-Lambert 相同的方式将 K 表示为纯吸收系数，从而可以精确地模拟吸收化合物的浓度。实际上，该方程有以下几方面的不足：①双通量的模型是一种对光线方向的过度简化；②样本没有用弥散光照明，而是采用准直光照明；③介质不是一个连续体，而是由单独反射和折射光的离散粒子所组成；④鉴于仪器测量的是传输的能量，该表达式本身没有提供一种将吸收（即组分的浓度）从散射中分离出来的方法。相比于 $\log(1/R)$，$F(R)$ 受基线误差的影响更大（Griffiths 1995）。另外，在测量不同比例的三组分混合物（NaCl 作为非吸收基质，石墨作为一般吸收化合物，咔唑作为具有 C—H 和 N—H 键的典型有机分析物）的反射率实验中，Olinger 和 Griffiths（1988）认为，当基质不吸收光时，$F(R_\infty)$ 与吸收光的化合物（在这种情况下为咔唑)浓度的线性关系最大,因为光子在离开样品表面前有更多的机会与很多颗粒发生相互作用。当基质变得吸收能力更强时,正如他们在 NaCl 基质中添加 5%的石墨(按重量计)时所观察到的那样,这种线性关系会变弱。相反,$\log(1/R)$ 与光子的许多粒子相互作用的线性关系理论上缺乏依赖性,这就是 $\log(1/R)$ 在粉末材料漫反射光谱中普遍展现出更好性能的原因。由于这些限制,Kubelka-Munk 理论在生物和农业物料的近红外漫反射光谱分析中并不常用。

3.3.3　扩散理论

这也是已经用于模拟生物组织中光衰减的一种连续的方法,并使用数学模型来推导逸出光的表达式,该函数包含光吸收的系数(μ_a)和另一个散射引起的被称为传输散射的系数(μ_s'),其中散射假定为各向同性(Farrell et al. 1992)。假设高散射矩阵中允许建立光子传播扩散公式,那么该等式就可以从 Boltzmann 辐射传输方程中推导出来。对于把光作为点源以垂直于表面的方向直接照射到半无限介质上的特殊情况,就能推导出释放的辐射 $R(r)$,其中 r 是入射点的径向距离(Farrell et al. 1992),

$$R(r) = \frac{a'}{4\pi}\left[\frac{1}{\mu_t'}\left(\mu_{\text{eff}} + \frac{1}{r_1}\right)\frac{e^{-\mu_{\text{eff}}r_1}}{r_1^2} + \left(\frac{1}{\mu_t'} + \frac{4A}{3\mu_t'}\right)\left(\mu_{\text{eff}} + \frac{1}{r_2}\right)\frac{e^{-\mu_{\text{eff}}r_2}}{r_2^2}\right] \tag{3.12}$$

式中,传输反照率 $a' = \mu_s'/(\mu_a + \mu_s')$,有效的衰减系数 $\mu_{\text{eff}} = \left[3\mu_a(\mu_a + \mu_s')\right]^{1/2}$, $r_1 = \left[(1/\mu_t')^2 + r^2\right]^{1/2}$,且 $r_2 = \left[(1/\mu_t' + 4A/3\mu_t')^2 + r^2\right]^{1/2}$。此外,总交互系数 $\mu_t' = \mu_a + \mu_s'$,A 是一个与内部反射有关的参数,可由 Fresnel 反射系数推导出。实际上,A 可以凭经验确定为相对折射率的函数(Groenhuis et al. 1983),并且通过进一步简化可以将其视为一个常数。有了这个假设,式 3.12 的右端变成了只有两个项的表达式,即吸收系数(μ_a)和传输散射系数(μ_s')。关于其他特征,扩散理论与 K-M 的不同之处在于吸收和散射在数学上是解耦的。

从不同径向位置的 $R(r)$ 的实验测量结果和式 3.12 的反向应用中可以知道,在感兴趣的波长范围内可分开确定 μ_a 和 μ_s' 的值,从而分别产生吸收光谱和散射光谱。Lu 及其同事(Qin and Lu 2008;Lu et al. 2010)就用这种方法结合线扫描的高光谱成像技术($\lambda=500\sim1000$nm)无损检测番茄的成熟度(Qin and Lu 2008)、苹果的擦伤(Lu et al. 2010)和腌黄瓜的机械损伤(Lu et al. 2011)。

3.4　近红外反射的实际效果

$\log(1/R)$ 是近红外光谱中最常用的格式,尽管许多变换可适用于前一节中提到的反射数据等其他格式,但接下来的讨论将采用 $\log(1/R)$ 这种形式。广义上称为光谱预处理的这些变换,是为了提高信噪比和将散射影响最小化,通常期望这些波段强度能与吸收化合物浓度线性相关。信噪比通常是通过平滑来提高的,如移动平均值法:

$$\overline{A}_j = \frac{A_{j-l} + \cdots + A_{j-1} + A_j + A_{j+1} + \cdots + A_{j+l}}{2j+1} \tag{3.13}$$

式中，A_j是波长j处的原始光谱数值，而$\overline{A}_j$是由j波长处原始值及左边和右边相邻的各l个点确定的平均值。l大小的选择应该基于光谱仪的固有带通(色散式扫描单色仪通常为10nm)和感兴趣吸收带的大小来确定。实际上，l的值要通过反复试验来选择，其值太小不足以达到降噪目的，而太大的值会使高频吸收波段出现衰减。利用模拟光谱数据，Brown 和 Wentzell(1999)警告了平滑对主成分(PC)回归等多元校正的有害影响。他们还指出，在高测量噪声及波长-波长间有相关关系的情况下，平滑最有可能有效，在这种情况下，可通过 PC 的减少来抵消光谱失真造成的损失，从而改善光谱子空间的表征。

光谱导数，或更准确地说是光谱差分，通常采用一阶导和二阶导来去除垂直偏移与斜率效应。最简单的形式是两点(一阶)和三点(二阶)的中心有限差分表达。尽管这些点不需要是连续的(在这种情况下，差分变成了对真实导数的不良近似，但仍然可以产生较好的校正效果)，但端点和中心点之间的间隔应该相等。借助于这些 $\Delta y/\Delta x$ 和 $\Delta^2 y/\Delta x^2$ 的差分表达式，当以化学计量学建模为目标时，通常省略分母项。这种省略没有问题，除非有人试图准确地显示导数光谱的值，或者试图比较具有不同 Δx 的导数值。

Savitzky-Golay 多项式逼近是一种更常见的光谱微分形式，最早由其作者普及出来(Savitzky and Golay 1964)。利用沿着波长轴的滑动窗口，假定波长间隔恒定，使用最小二乘回归将含点的窗口(通常是 5~25 的奇数)拟合为二至六阶的多项式，由此评估在每个点处多项式函数的解析导数。该程序在计算层面上讲可以简化为使用窗口中相同数量的点结合已知的系数值进行卷积运算，正如其原始论文中所述，而随后被 Steinier 等(1972)更正的那样。光谱微分如图 3.7 所示。将两个高斯函数(一个是另一个的两倍大小和两倍宽度)加到一条倾斜的直线上，然后加上随机噪声，就得到了一个频谱。在这个简单例子中，我们可以看到吸光度曲线中的垂直偏移，被一阶导数曲线中一个小的偏移量所取代(平均为 1/1500，即吸光度曲线上向上趋势线的斜率)，该偏移完全消失在二阶导数中。两个局部吸光度最大值在一阶导数曲线中成为零交叉点，但在二阶导数曲线中以局部最小值再现。这是标准特性，说明了为什么二阶导数通常比一阶导数更容易解释。然而，如果不考虑振动物理学的复杂性，对二阶导数的解释也很棘手。例如，在图 3.7 的简单例子中，较低波长的高斯频带幅度虽然只是另一高斯频带的一半，但在二阶导数中它具有较大的绝对值。因为较低波段的宽度只有高波段宽度的一半，所以它的曲率和二阶导数幅度也更大。其次，导数有放大噪声的趋势，如吸光度曲线(图 3.7a)中平滑外观到具有笔宽噪声的一阶导数曲线(图 3.7b)和具有非常明显噪声的二阶导数曲线(图 3.7c)的过程所示。实际上，噪声放大效应并不那么明显，因为谱中的"噪声"并不像图 3.7 中模拟的光谱那样完全随机，而是可能基本上由基线漂移组成，在噪声功率谱上具有低频优势。低频特性意味着相邻波长的噪声水平并不完全独立。Brown 等(2000)通过仿真研究了漂移噪声，发现导数可能会降低漂移噪声，但与此同时光谱相对于潜在的化学成分可能会失真，因此难以预测多元校正中这些预处理方法的优势。例如，如果图 3.7 中左边的高斯频带集中在 1750nm 而不是 1700nm 的话,所得到的吸收光谱(图 3.8a)将显示为将一个宽而不对称的带叠加到向上趋势的基线曲线上。在使用相同的 SG 卷积函数进行一阶微分时,两个过零点被一个位于 1770nm 左右处的零交叉点所替代(图 3.8b),这个交叉点位于 1750nm 和 1800nm 的吸收峰之间。二阶导数(与原函数相同)的局部最小值 1750nm(与原函数相同)和 1814nm(图 3.8c)比吸收峰的位置要多 14nm。这有助于解释为什么近红外校正常常需要反复试验操作,这些操作都是通过了解与感兴趣分析物相关的频带位置和幅度等先验知识而得到增强的。

　　由于散射-吸收效应的复杂性,通过前面描述的理论方法分离这些组分通常被作为光谱预处理一部分的校准工作取代。两种最常用的全光谱方法是多元信号(散射)校正 [multiplicative signal(scatter)correction,MSC]和标准正态变量(standard normal variate,

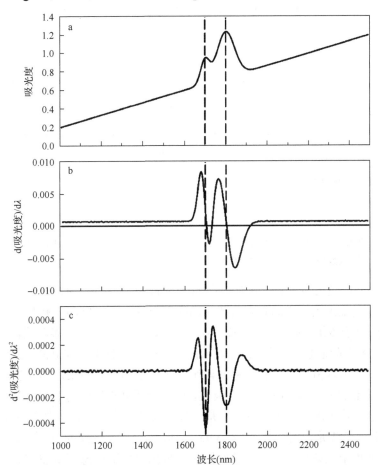

图 3.7　光谱微分示例。(a)通过将两个高斯频带(半峰全宽分别为 50nm 和 100nm,峰值分别为 0.25 和 0.50,分别以 1700nm 和 1800nm 为中心)添加到一条斜线[y(1000nm)=0.2,y(2500nm)=1.2]上,然后添加随机噪声(负峰-正峰,−0.0004~0.0004 均匀分布)。(b)Savitzky-Golay 一阶导(三次多项式,11 点卷积窗口)。(c)Savitzky-Golay 二阶导(三次多项式,11 点卷积窗口)

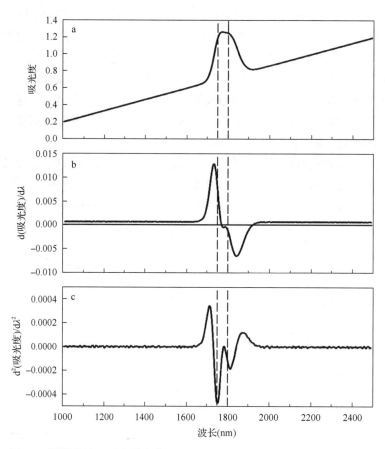

图 3.8　用微分法证明光谱失真。图(a)～(c)的生成条件与图 3.7 相同，
但低波段吸收峰位于 1750nm 处，并且虚线移动到了图中所示的位置

SNV)变换。MSC 是由 Martens 所推广的(Geladi et al. 1985)，该方法中样品的反射光谱被校正为与校正集内其他样品具有大致相同的散射程度。通常的步骤是计算校正集的平均光谱，然后对于该组内每个样品进行最小二乘校正(通常是一阶多项式，但是可以是更高阶的)，该校正是通过将光谱上的点对应回归到平均光谱上而建立的。然后用回归系数将光谱"校正"为均值谱。这具有将光谱压缩到一起的显著效果，因此在理想条件下所有样品-样品光谱的差异都归因于化学吸收。此变换需要保留参考(平均)光谱，以便在应用校正公式之前校正新的光谱。图 3.9 是这种变换的一个例子，其中包括 198 个研磨小麦样品的光谱，首先是没有变换的(图 3.9a)，其次是 MSC 变换的(图 3.9b)。另一种选择是，可以基于每个光谱独立地进行散射校正。被称为标准正态变量(SNV)变换的校正方法具有与统计中的标准误差类似的格式，这是在每个光谱的数值上都减去了平均值(在波长区域内)，然后用这个差值除以光谱值的标准差(Barnes et al. 1989)，如图 3.9c 中的实例所示，导致变换后的光谱均值为 0，标准差统一。与 MSC 一样，SNV 变换的意图是减少散射变化造成的光谱失真，以及所导致的任何化学信息的损失。

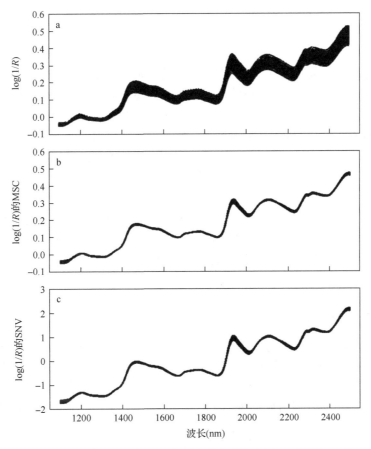

图 3.9　光谱散射去除方法，以一组 198 个研磨小麦样品为例。(a) 原始 log(1/R) 光谱。
(b) 使用多元散射校正(MSC)。(c) 使用标准正态变量(SNV)校正

3.5　在成像中的应用

近红外光谱学原理也适用于近红外高光谱成像，后者对宽表面释放的能量的测量(由一个或者一系列检测器读取)被相机传感器阵列的图像测量所取代，在该阵列中，每个元素或像素从样品表面的一个小区域捕获能量。光谱维度的产生源自以下两种通用配置中的一种，一种是可在一系列调谐波长下捕获二维图像的液晶可调谐滤波器，另一种是位于镜头和相机主体之间被称为光谱仪的色散装置。光谱仪和镜头之间有一条狭缝，将聚焦的图像缩小至一条窄线。光线穿过光谱仪，光谱仪再将采自每个"点"的光线沿着这条狭缝线散射到一系列波长点上。通过移动相机或移动物体来有条理地推进目标物体上线条的位置，以对其他线进行成像，直至整个物体扫描完成，并把线进行镶嵌。

在其最简单、最常见的形式中，相机阵列读数以高度反射的朗伯面(Lambertian)材料如"Spectralon"(Labsphere，North Sutton，NH)为白参考，同时针对传感器的暗电流进行校正。在这种情况下，反射率(R)变为

$$R = \frac{E_{sample} - E_{dark}}{E_{reference} - E_{dark}} \tag{3.14}$$

式中，E_x 是每个 x 分量的能量。参考材料被视为 100% 反射，且式 3.14 假定样本的反射是线性响应。或者，可以使用更高阶的多项式来描述响应以确定样品反射率（Burger and Geladi 2005）。在这种情况下，一组具有已知反射率值的反射率标准板（通常是 3～8 个掺杂有炭黑的 Spectralon 样品），其反射率跨度要大于样品的预期范围，用以开发校准方程。例如，假定存在二次响应，反射率可写成（Burger and Geladi 2005）

$$R = b_0 + b_1 E + b_2 E^2 \tag{3.15}$$

在校正中，式 3.15 左侧的值对于反射率标准板是已知的，E 是对每个标准板的测量值，系数 b_0、b_1 和 b_2 由最小二乘回归确定。在每个波长处执行回归过程，该过程也可以在逐个像素的基础上进行，或者使用从感兴趣区域内的像素所确定的中值光谱进行全局性的回归。

3.5.1　超立方体的采集

根据光的色散方法，可将高光谱系统分为两大类。如图 3.10a 所示，可调谐滤波器系统在每个"调谐"波长下收集二维空间图像。这将产生一个空间图像的堆叠，堆叠的每个页面代表单独的波长。推扫式系统（图 3.10b）建立起一个一维的空间光谱页面。不管仪器的操作模式如何，存储的数据（称为超立方体）都由一个光谱维度和两个空间维度组成。

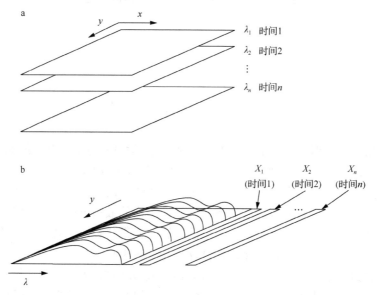

图 3.10　高光谱图像采集的两种模式示意图。(a) 堆叠波长——在给定的时间点，相机在液晶可调谐滤波器的某个通带 (λ) 下记录了两个空间维度 (x 和 y)，在下一个通带会继续记录。(b) 推扫式——在给定的时间点，相机记录一个空间 (y) 和一个光谱 (λ) 的维度，其中光谱分量是通过位于狭缝和相机主体之间的光谱仪的辐射色散产生的，记录会随着物体在垂直于该空间维度方向的另一方向 (x) 上的相对运动继续进行

　　举例来说，图 3.11 显示的是推扫式高光谱成像系统，从小麦籽粒上近似正方形区域（9 像素×9 像素）采集的 81 条光谱（系统和设置的详细信息可在 Delwiche et al. 2012 中找到）。在图 3.11 中，为了显示正方形区域的大致位置和大小，添加了一个小麦籽粒的数码照片作为插图。9 个元素的宽度只是扫描线的一小部分，扫描线共有 320 个元素。通过比较图 3.11 和图 3.9a 可以看出，单个像素点的光谱噪声水平比常规光谱仪采集到的要高。对正方形区域内的所有像素光谱进行平均，尽管失去了单个像素的细节特征，但可以减少噪声（图 3.11，实心黑色曲线）。应当指出的是，无论在单个像素层面还是在区域层面上，光谱学原理、建模之前的光谱数学变换及定性和定量建模都适用于高光谱成像。

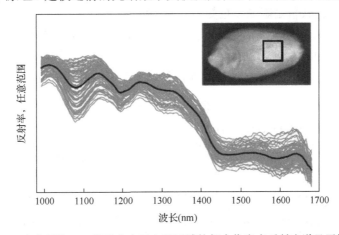

图 3.11　小麦籽粒 9×9 像素大小正方形区域的每个像素点反射光谱及平均光谱

3.6　拉 曼 光 谱

　　拉曼光谱是以窄带波段（如激光）的光子撞击样品时的性质为基础的，大多数光子的能量暂时提高了分子的能量状态，但随后能量被释放，分子返回其基态。然而，一小部分光子将一部分能量释放到分子中，这样该化学键就不会返回到基态，并且光子会以较低的能量出现，因此频率随之变低，这种现象被称为斯托克斯散射，斯托克斯位移是对入射和出射光子频率差异的测量。相反，当基质中已处于高于基态的分子恢复到较低状态时，光子也可以从中获取能量。在这种情况下，当光子在散射后从介质中释放出来时，其频率会大于入射频率，这被称为反斯托克斯散射，其发生的频率比斯托克斯散射低，因为已经处在激发态的分子相对较少。与红外光谱一样，拉曼跃迁也存在选择规则，这是基于光的极化率随分子振动而变化的要求。传统上，拉曼光谱用于测定力常数、离解能和键长。极化率的变化决定了拉曼光谱中谱带的强度。此外，光强与频移时激发的单色光的四次方成正比，

$$I_{\mathrm{Raman}} \propto \left(v_0 \pm v_j\right)^4 \left(\frac{\mathrm{d}\alpha}{\mathrm{d}Q}\right)^2 \tag{3.16}$$

式中，v_0 和 v_j 分别为原始和散射光频率，平方项是振动过程中极化率的变化量。了解这种关系的益处有两个。第一，它表明单色光的频率不是通过拉曼效应来确定的，而是可以在任何频率下获得拉曼光谱。实际上，单色光源由激光器发射，两种最常用的激光器是 785nm（12 740cm^{-1}）的红外二极管激光器和 1064nm（9400cm^{-1}）的 Nd:YAG 激光器。第二，拉曼强度随激光源波长的增加而以四阶关系衰减。因此，在没有复杂因素的情况下，更短的波长源是更可取的。事实上，荧光通常在低波长处普遍存在，而这就变成了一个复杂的因素，因为拉曼信号本身就很弱，荧光的发射有时会超过斯托克斯谱线。这对于植物样品来说尤其成问题。相反，通过激发出更长的波长可以避免荧光，例如，使用 Nd:YAG 激光器，但代价是降低了拉曼光谱的强度。

拉曼光谱和红外光谱虽然都是基于分子振动，但彼此互补。在红外光谱中表现出较强吸收的化学键，如水，在拉曼光谱中反而通常较弱，反之亦然。因此，通常对于按质量计含水量超过 50% 的生物样品，拉曼光谱提供了原位检测分子结构的手段。

参 考 文 献

Barnes RJ, Dhanoa MS, Lister SJ (1989) Standard normal variate transformation and detrending of near infrared diffuse reflectance. Appl Spectrosc 43:772–777

Beer A (1852) Bestimmung der absorption des rothen Lichts in farbigen Flüssigkeiten (Determination of the absorption of red light in colored liquids). Annalen der Physik und Chemie 86:78–88

Bouguer P (1729) Essai d'Optique Sur la Gradation de la Lumiere (Test of optics on the gradation of light) Claude Jombert, Paris, 164pp

Brown CD, Wentzell PD (1999) Hazards of digital smoothing filters as a preprocessing tool in multivariate calibration. J Chemometrics 13:133–152

Brown CD, Vega-Montoto L, Wentzell PD (2000) Derivative preprocessing and optimal corrections for baseline drift in multivariate calibration. Appl Spectrosc 54:1055–1068

Burger J, Geladi P (2005) Hyperspectral NIR image regression part I: calibration and correction. J Chemometrics 19:355–363

Cristianini N, Shawe-Taylor J (2000) An introduction to support vector machines and other kernel-based learning methods. Cambridge University Press, Cambridge, 189pp

Dahm DJ, Dahm KD (2007) Interpreting diffuse reflectance and transmittance: a theoretical introduction to absorption spectroscopy of scattering materials. NIR, Chichester, 286pp

Delwiche SR, Norris KH, Pitt RE (1992) Temperature sensitivity of near-infrared scattering transmittance spectra of water-adsorbed starch and cellulose. Appl Spectrosc 46:782–789

Delwiche SR, Souza EJ, Kim MS (2012) Near-infrared hyperspectral imaging for milling quality of soft wheat. Trans ASABE, submitted

Farrell TJ, Patterson MS, Wilson B (1992) A diffusion theory model of spatially resolved, steady-state diffuse reflectance for the noninvasive determination of tissue optical properties in vivo. Med Phys 19:879–888

Geladi P, McDougel D, Martens H (1985) Linearization and scatter-correction for near-infrared reflectance spectra of meat. Appl Spectrosc 39:491–500

Griffiths PR (1995) Practical consequences of math pre-treatment of near infrared reflectance data: log(1/R) vs F(R). J Near Infrared Spectrosc 3:60–62

Groenhuis RAJ, Ferwerda HA, Bosch JJT (1983) Scattering and absorption of turbid materials determined from reflection measurements. 1: theory. App Opt 22:2456–2462

Jolliffe IT (2002) Principal component analysis, 2nd edn. Springer, New York, 487pp

Kortüm G (1969) Reflectance spectroscopy: principles, methods, applications. Springer, Berlin, 366pp

Kubelka P, Munk F (1931) Ein beitrag zur optik der farbanstriche. Zeitschrift fur Technische Physik 12:593–601

Lambert JH (1760) Photometria sive de Mensura et gradibus Luminis, Colorum et Umbrae (Photometria or of the measure and degrees of light, colors, and shade) Augustae Vindelicorum Eberhardt Klett, Germany

Lu R, Cen H, Huang M, Ariana DP (2010) Spectral absorption and scattering properties of normal and bruised apple tissue. Trans ASABE 53:263–269

Lu R, Ariana DP, Cen H (2011) Optical absorption and scattering properties of normal and defective pickling cucumbers for 700–1000 nm. Sens Instrum Food Qual 5:51–56

Mark H, Workman J Jr (2007) Chemometrics in spectroscopy. Academic, Amsterdam, 526pp+24 color plates

Martens H, Naes T (1989) Multivariate calibration. Wiley, Chichester, 419pp

Miller CE (2001) Chemical principles of near-infrared technology. In: Williams PC, Norris KH (eds) Near-infrared technology in the agricultural and food industries, 2nd edn. American Association of Cereal Chemists, St. Paul, pp 19–37

Naes T, Isaksson T, Fearn T, Davies T (2002) A user-friendly guide to multivariate calibration and classification. NIR, Chichester, 344pp

Olinger JM, Griffiths PR (1988) Quantitative effects of an absorbing matrix on near-infrared diffuse reflectance spectra. Anal Chem 60:2427–2435

Olinger JM, Griffiths PR, Burger T (2001) Theory of diffuse reflection in the NIR region. In: Burns DA, Ciurczak EW (eds) Handbook of near-infrared analysis, 2nd edn. Marcel Dekker, New York, pp 19–51

Qin J, Lu R (2008) Measurement of the optical properties of fruits and vegetables using spatially resolved hyperspectral diffuse reflectance imaging technique. Postharvest Bio Technol 49:355–365

Savitzky A, Golay MJE (1964) Smoothing and differentiation of data by simplified least squares procedures. Anal Chem 36:1627–1639

Steinier J, Termonia Y, Deltour J (1972) Comments on smoothing and differentiation of data by simplified least squares procedure. Analytical Chem 44:1906–1909

Varmuza K, Filzmoser P (2009) Introduction to multivariate statistical analysis in chemometrics. CRC, Boca Raton, 321pp

Wilson EB Jr, Decius JC, Cross PC (1985) Molecular vibrations: the theory of infrared and Raman vibrational spectra (388pp.), originally published in 1955 by McGraw Hill and republished by Dover, New York

第4章　高光谱图像处理方法

Seung-Chul Yoon 和 Bosoon Park[①]

4.1　简　介

高光谱图像处理是指利用计算机算法从可见光/近红外(visible near-infrared，VNIR)或近红外(near-infrared，NIR)高光谱图像中提取、存储和处理信息，并将其用于各种信息处理和数据挖掘任务，如分析、分类、回归、目标检测和模式识别等(Chang 2013；Eismann 2012；Sun 2010；Thenkabail et al. 2011；Plaza et al. 2009；Gowen et al. 2007；Landgrebe 2003；Shaw and Manolakis 2002)。许多学科都为高光谱图像处理技术的发展做出了贡献。高光谱图像处理的基本理论和技术都是基于光学中处理一维时域及频域信号的数字信号处理，以及处理多维空间域和时空域信号(如图像和视频)的数字图像处理。由于高光谱图像本质上是多维信号，因此许多用于数字图像处理的技术都可以不加修改直接应用于高光谱图像处理。然而，高光谱图像也包含光谱域信号，即每个图像像素处的光谱信息。因此，研发者开发了专门的工具和技术来处理高光谱图像的空间与光谱信息。大多数高光谱图像处理工具和技术最初是由遥感领域开发的，用于目标检测(Manolakis et al. 2003；Manolakis and Shaw 2002)、变化检测(Rogers 2012；Eismann et al. 2008；Radke et al. 2005)、异常检测(Stein et al. 2002)、光谱解混(Keshava and Mustard 2002)和分类(Harsanyi and Chang 1994；Melgani and Bruzzone 2004；Chang 2003)。然而最近几年在各实验室或各科学和工程领域，对于适用于近距离检测的高光谱图像处理新工具和新技术的需求一直在增加(Sun 2010；Gowen et al. 2007；Lorente et al. 2012；Ruiz-Altisent et al. 2010；Davies 2009；Dale et al. 2013)。从多元统计的角度来看，高光谱图像也是多元数据。因此，近年来，化学计量学和多变量分析技术开始应用于高光谱图像的处理(Geladi and Grahn 1997；Grahn and Geladi 2007；Prats-Montalbán et al. 2011；Gendrin et al. 2008)。光谱学和化学计量学领域提供了许多可以应用于高光谱图像中光谱信息处理的分析工具及方法，如主成分分析和偏最小二乘回归分析。机器学习和数据挖掘也促进了高光谱图像处理工具与技术的进步。例如，随着科学和工程界越来越容易利用到处理高光谱图像的计算资源，新的机器学习技术和算法已被用于解决更复杂的问题，如过去不可

① S.-C. Yoon(✉)
U.S. Department of Agriculture, Agricultural Research Service, US National Poultry
Research Center, 950 College Station Road, Athens, GA 30605, USA
e-mail: seungchul.yoon@ars.usda.gov
B. Park
U.S. Department of Agriculture, Agricultural Research Service, Athens, GA, USA
e-mail: bosoon.park@ars.usda.gov

能做到的对复杂材料或目标的实时检测(Stevenson et al. 2005；Stellman et al. 2000；Yoon et al. 2011；Tarabalka et al. 2009；Heras 2011)。

高光谱图像处理的工作流程从根本上不同于传统彩色图像处理的工作流程,尽管这两种数据类型都是多维和多变量的。典型的高光谱图像处理工作流程包括校准和大气校正(仅用于遥感)、创建反射数据立方体、降维、波谱库及数据处理。在工作流程中同时需要做光谱和空间的预处理是高光谱独一无二的特征。然而,许多食品和农业研究领域的研究人员难以掌握、适当地修改高光谱图像处理的整个工作流程使其适用于自己的研究,其中部分原因在于该过程涉及了多学科,以及缺乏适当的工具和资源。本章讨论了高光谱图像处理算法和处理工作流程的最新进展。本章的内容包括了特征提取和选择的降维处理等高光谱图像处理技术的基础知识,如校准、光谱和空间预处理等。下图描述了典型的高光谱图像处理工作流程。

4.2　高光谱图像获取

高光谱成像系统通常在每个图像像素处获取几百个离散波长数据点,从而产生 xyz 坐标的三维(3D)数据立方体,其中 x 和 y 是空间坐标, z 是波长(即光谱)坐标。在高光谱成像仪中常用的检测器是获取二维(2D)数据的传感器,如电荷耦合器件(charge coupled device , CCD)和互补金属氧化物半导体(complementary metal oxide semiconductor,CMOS)图像传感器(CCD vs. CMOS)。因此,为了获得完整的高光谱图像数据立方体,高光谱成像仪器通常需要通过 2D 图像传感器在 xz (或 yz)或 xy 坐标采集几百次二维阵列的数据。一种高光谱成像仪器采用色散光学元件,如衍射光栅、棱镜和反射镜,并将其安装在前透镜的后面、探测器的前面。最常见的色散高光谱成像传感器是推扫式行扫描仪,其中一行扫描产生与行方向相同的空间坐标上所有波长的数据点(Lawrence et al. 2003；Robles-Kelly and Huynh 2013)。另一种类型的高光谱成像使用电光滤波器,来同时采集每个 z 坐标处具有 xy 坐标的空间图像,如液晶可调谐滤波器(liquid crystal tunable filter,LCTF)和声光可调谐滤波器(acousto-optical tunable filter,AOTF)(Robles-Kelly and Huynh 2013)。

无论高光谱成像的类型如何,产生的 3D 数据立方体通常以按波段顺序存储(band sequential,BSQ)、按波段行交叉存储(band interleaved by line,BIL)或按波段像元交叉存储(band interleaved by pixel,BIP)的格式构建。这些格式被称为 ENVI 文件格式,其中 ENVI 是用于高光谱图像分析和处理的商业软件产品。BSQ 格式中,在光谱范围(几纳米)内每个波段(或称为光谱带)图像按波段顺序依次排列,一个波段(或称为光谱带)图像之后是其下一波段的图像。在一个光谱波段中,每个扫描线从上到下、从左到右地存储在图像上。BSQ 格式适用于光谱波段的空间处理。因此,推荐在 BSQ 格式文件中进行感兴趣区创建、空间特征提取和图像处理。在 BIL 格式中,存储从第一个波段的第一条线(行)

开始，然后是位于后续波段中的第一行的信息。随后，其他波段的第二行按照第一行的
存储顺序开始存储，依此类推。这种格式推荐用于同时对空间和光谱处理的多元分类与
化学计量学。在 BIP 格式中，所有光谱波段的第一个像素按波长顺序存储，然后是第二
个像素、第三个像素，依此类推。这种格式最适合用于光谱处理，如访问 z 轴(光谱)。
总之，在保存或处理高光谱数据之前，选择最佳的数据格式是十分必要的。BIL 格式通
常能够在大多数高光谱图像处理任务中提供一个很好的折中方案。

4.3　校　　准

　　高光谱图像数据的校准对于保证高光谱图像系统所得结果的准确性和可重复性是很
重要的。本节简要概述了高光谱图像在光谱、空间和辐射域的校准方法。

　　光谱(或波长)校准是将波段数与波长联系起来的过程。铅笔式校准灯或单色激光光
源能够在几个已知波长处产生窄而强烈的峰值，从而被广泛用于波长校准。商用校准灯
的常用气体类型有氩、氦、氖、氙、汞-氖和汞-氩。结合线性或非线性回归分析来预测
未知波段处的波长。波长校准通常是由产品供应商在高光谱图像相机交付给客户之前完
成。因此，终端用户只需偶尔或仅在必要时执行波长校准。

　　空间(或几何)校准(或校正)是将每个图像像素与已知单位(如米)或已知特征(如网
格图案)相关联的过程。空间校准提供有关材料表面上每个传感器像素的空间尺寸或材料
绝对位置和尺寸的信息。同时空间校准也能校正光学像差(笑纹和梯形畸变效应)。笑纹
和梯形畸变效应是指二维图像检测器中的曲率。利用理想的成像光谱仪，可以将光谱和
空间线数据直接投射到区域探测器上。然而，成像光谱仪却受到笑纹和梯形畸变效应的
影响。"笑纹效应"是指沿空间方向弯曲的光谱信息，而"梯形畸变效应"指的是沿光谱
方向弯曲的空间线。光学畸变会导致图像模糊，从而降低光学分辨率。近年来，成像光
谱仪的制造商已经改进设计，以尽量减少笑纹和梯形畸变效应，使其远低于大多数应用
所必需的空间分辨率公差。

　　在遥感中，辐射校准是指将数字(原始数据)转换为辐射物理单位，然后通过大气校
正来计算地物表面的反射率的过程。在不使用远程传感器的食品和农业应用中，辐射校
准通常是指反射率(或透射率)校准或平场校正，而无须转换为辐射和大气校正。反射率
(或透射率)校准是利用光谱平滑和空间均质的标准(已知)材料，将测量的数字转换为反
射率(或透射率)百分比值的过程。由于使用了平面材料，因此也使用平场校正(或校准)
这一术语代替反射率或透射率校准。反射率校准利用已知漫反射材料(白色或灰色)，如
Spectralon(Labsphere)和 Teflon，计算视场中每个像素处的相对(百分比)反射率值。透射
率校准可以使用透明或半透明的已知材料，如 Teflon 和中性密度滤光片，进行类似处理。
然而，由于强散射现象，透射率校准更难估计出准确的相对或百分比条件下的透射率，
尤其是在测量生物材料等混浊介质时，这种估计会更加困难。一种常见的百分比反射率
校准方程如下。

$$R(x,y,\lambda) = \frac{I_{\text{white}}(x,y,\lambda) - I_{\text{m}}(x,y,\lambda)}{I_{\text{white}}(x,y,\lambda) - I_{\text{dark}}(x,y,\lambda)} * \mathbf{C}(\lambda) \tag{4.1}$$

式中，I_{white}、I_{dark} 和 I_{m} 分别是白色（或灰色）参考、暗电流和测量图像。x 和 y 是空间坐标，λ 是波长。$\mathbf{C}(\cdot)$ 是在每个波长处定义的乘法比例因子（如 100% 和 40%），其通常由制造商提供。如果 $\mathbf{C}(\cdot)$ 在所有波长上都不可用或几乎恒定，则反射值或 $\mathbf{C}(\cdot)$ 的平均值可当作常数使用。在实际应用中，因常使用 99% 的 Spectralon 反射白板，所以确定的常数 99（或 100）被广泛用于高光谱图像的校准（Lawrence et al. 2003）。

平场校正是计算表观（相对）反射率的另一种方法。当图像包含一个具有相对平滑光谱曲线和表面平坦的均匀区域时，平场校正是有用的。将每个图像光谱除以平场平均光谱，使得其转换为"相对"反射率（或透射率）。平均相对反射率转换也可以通过除以从整个图像计算的平均光谱来归一化图像光谱。

4.4　空间预处理

空间预处理是指增强或调整空间图像信息的过程。任何用于滤波和增强的传统图像处理技术都可以在这里应用。由于空间预处理可能影响光谱特征，因此除非特定的情况需要，否则降噪和锐化的空间预处理通常不用于原始或校准的高光谱图像。相对于空间预处理，空间后处理更常用，因为分类或预测的结果图是需要空间解释、调整和模式识别的。关于这些空间处理方法的细节已经在本章有所涉及。所以，在此我们省略了这些细节。相反，我们介绍了对于光谱预处理和后续处理任务（如图像域中的分类和回归）都很重要的空间预处理方法。

4.5　空间抽样和感兴趣区

高光谱图像处理的前期步骤之一是确定待检测的空间位置。此过程通常从图像二值化（或分割）开始，并在光谱波段图像上进行阈值运算。在必要时也可以用任意类型的图像分割方法替换阈值运算。图像二值化可产生背景被掩模的二值图像，所以，这个二值化过程也被称为背景掩模（Yoon et al. 2009）。一种启发式但实用的背景掩模的方法是浏览整个光谱波段范围的图像，并选取几个最佳波段，然后用相同的分割过程将所有波段的图像二值化。另一种有用的方法是构造一个成像条件，使背景掩模更容易。例如，当对白色物体进行成像时，黑色背景更好。寻找用于背景掩模波段的更系统的方法是，使用如主成分分析（principal component analysis，PCA）中的因子分析来找到反射率（或吸光度）方差最大的波段。例如，中值滤波和形态滤波等空间图像处理方法，通常可以用来消除二值掩模上的杂散噪声、多余的孔或过多的边缘。

背景掩模后，检查剩余像素是否存在镜面反射现象。通常反射率值接近或超过 100% 的镜面像素会产生高度无效的光谱响应。因此，在任何需进行光谱处理的数据集中都不建议包含镜面像素。镜面反射通常是由镜头中待测物潮湿或光滑的表面特征引起的，并且当入射光与相机之间的角度很小或有过多的光入射到待测物表面时这种现象更为明显。因此，无论镜面反射的来源如何，任何反射率值接近饱和度的像素都应被谨慎处理。如有必要，这些像素应该通过阈值处理或分类的方法来掩盖。与镜面反射相关的反射率值显著高于镜头中正常的场景特征，因此这些像素可以区分。

在高光谱图像处理中创建感兴趣区（ROI）类似于统计学中的采样或样本设计，它涉及对单个样本子集的选择，然后根据所选样本推断整个样本集（Yoon et al. 2013）。感兴趣区建立的关键思想是用每个感兴趣区内的样本来表示每种材料的总体。通常，如果有多种材料需要检测，在为每种材料创建感兴趣区时，感兴趣区内的像素点应具有纯净的光谱。同时感兴趣区不包括闪烁和阴影的区域，以及每种材料边缘的像素。经验法则是排除任何带有混合光谱响应的像素，除非有必要情况时才保留。也可以创建二进制掩模（感兴趣区内的每个像素为 1，其他像素为 0），或者一个带有与每个感兴趣区类型关联的类别标签的灰度图像。感兴趣区可用于构建波谱库、设计分类模型及评价分类模型的性能。

4.6　图　像　镶　嵌

一幅基于镶嵌的图像是将多个高光谱图像拼接成的一个高光谱图像，可以促进数据分析和分类算法的开发（Yoon et al. 2009，2013）。校准的高光谱图像根据预先定义的规则，如复制、重复、材料类型等，被不重叠地拼接在图像中。例如，每次重复试验获得的图像，如果测量重复两次，从每次重复试验获得的所有图像都可以被拖到两个相邻的列中。然后，下一组重复可以按时间顺序从左向右排列。图像镶嵌可以加快单个高光谱数据立方体的图像分析及分类的开发和评价。

4.7　光谱预处理

大多数高光谱图像的光谱预处理方法根据相关任务大致可分为两类。第一类是端元提取，其中端元是指纯光谱特征。端元提取是遥感中的一项重要任务，受矿物学影响很大。端元可以通过光谱仪在地面或实验室获得，以便建立一个具有纯净特征的波谱库。然而，如果要从给定的图像中提取端元，它们通常通过纯净像元指数（pixel purity index，PPI）和 N-finder 算法（N-FINDR）等光谱预处理方法获得（Chang 2013）。提取的端元被广泛应用于光谱解混、目标检测和分类（Eismann 2012）。第二类是化学计量学，也就是光谱数据的化学计量学分析。化学计量学光谱预处理是光谱学中的一项重要任务。通过化学计量学光谱预处理获得的光谱数据通常用于多变量分析，如 PCA 和偏最小二乘（partial least squares，PLS）（Ozaki et al. 2006；Williams and Norris 2001；Rinnan et al. 2009；Vidal and Amigo 2012）。从一个稍微不同的角度来看，使用端元的光谱解混，即遥感中的丰度估计，与在光谱学中应用 PLS 回归模型的浓度估计相似，因为高光谱图像在应用它们时，在图像的每个像素样本中都尝试预测纯净材料或者化学成分的含量是多少。这意味着需要根据当前数据，以及分析的目标来选择合适的预处理方法。尽管如此，将预处理后的光谱映射回（空间）图像域仍是一种不错的做法，可方便空间域处理算法的应用。在本章中，我们将重点讨论第二类：化学计量学光谱预处理方法，因为其可以根据需要应用于任何光谱数据。

4.8　转换为吸光度

光谱数据分析中可以将反射率或透射率转换为吸光度，该吸光度是入射到材料上的辐射与其反射或透过材料的辐射值的对数比。转换公式如下：

$$A = \log_{10}(1/R) \tag{4.2}$$

式中，R 是反射率（值在 0～1）。吸光度也可以通过公式 $R=10^{-A}$ 转换为反射率。应该注意的是，如果使用反射率的百分比形式，则 R 应适当按 C/R 进行缩放，其中 C 是百分比缩放因子，如 100。类似的，将公式中的 R 换成 T 就可以将透射率转换成吸光度。这种转换一定程度上减少了反射率或透射率测量中的非线性问题（Burns and Ciurczak 2007）。

4.9　降　　噪

高光谱数据通常会受到噪声的影响。在光谱学中，通过多次扫描测量来减少噪声是很常见的操作。在高光谱成像中，由于许多应用中的扫描时间有限或采集软件的局限性，实现多次扫描测量并不常见。如果可能的话，多次扫描测量并取平均值或中值来减少噪声是一个不错的方法。实际在多次扫描减少噪声之后，数据中仍可能包含噪声。在这种情况下，可以用降噪算法来减少数据中的噪声。对高光谱图像数据的光谱域进行去噪是得到高质量数据的重要预处理方法。大多数使用平滑滤波的去噪方法，如移动平均和 Savitzky-Golay 滤波器，都基于信号是局部平滑的这一假设，以保证邻域的光谱相似性（Savitzky and Golay 1964；Press et al. 2007）。选择合适的滤波器类型和大小是非常重要的，否则原始频谱信号可能会由于滤波而失真。

允许低频信号通过的低通滤波器是所有平滑滤波器中最简单的，其具有固定大小的窗口，如 3×3、5×5 和 1×3。低通滤波的净效果是明显地平滑数据。通过卷积实现的低通滤波器具有快速、简单的特点。我们假设 x 是一个测量的光谱，h 是一个滤波器，y 是平滑后的输出光谱。用滤波器进行光谱平滑可以由一维卷积来概括，

$$y[i] = x[i] * h[i] = \sum_{m=-k}^{k} x[m] \cdot h[i+m] \tag{4.3}$$

式中，i 是波段数，h 是有限脉冲响应（finite impulse response，FIR）滤波器，通常称为脉冲函数、核函数或者窗口（Proakis and Manolakis 2006）。卷积是通过在光谱域中的滑动窗口法或在频域中的快速傅里叶变换（FFT）方法来实现的。目前已开发了不同类型的滤波器并应用于光谱去噪，如等权值移动平均、加权移动平均和 Savitzky-Golay 滤波器。方形滤波器中的等权值移动平均滤波器在滑动窗口中每处的系数是相同的。加权移动平均

在窗口的不同位置给出了不同的权重，从而产生各种滤波形状，如三角形和指数型。Savitzky-Golay 滤波器是一个 FIR 滤波器，它执行局部最小二乘多项式回归(或近似)，以获得对所有输出都是常数的滤波器系数。因此，Savitzky-Golay 滤波器是一个加权移动平均滤波器，其系数已经针对不同大小的窗口和不同阶数的多项式计算出来。Savitzky-Golay 滤波器在光谱平滑方面的优点是，它只在一定程度上去除噪声，同时保持原始信号，这优于具有相同权重的移动平均。但是，与其他平滑滤波一样，随着窗口大小的增加，平滑会降低光谱的峰值并拉伸其波峰形状。其他用于光谱去噪的技术有小波变换、移动中值滤波和最小噪声分离变换。研究者还开发了同时利用空间和频谱域信号的去噪方法。

信噪比(signal-to-noise ratio，SNR)是衡量去噪滤波器性能的指标，定义为图像平均值与标准差的比值。

$$SNR(\lambda) = \frac{\mu(\lambda)}{\sigma(\lambda)} \tag{4.4}$$

式中，$\mu(\lambda)$ 是图像像素值的平均值，$\sigma(\lambda)$ 是波长 λ 处的标准差。

4.10　基　线　校　正

基线漂移(偏移)指的是在没有测量实际样本的情况下观察到的一种缓慢变化的低频非零背景信号(Ozaki et al. 2006；Williams and Norris 2001)。测量光谱中引入的非零基线漂移是由许多不同的原因造成的，如仪器、光散射和通过样品的不同光谱路径长度。基线校正的目标是从测量的光谱数据中减去漂移后的基线，使其恢复为零吸光度(或反射率)基线。一般来说，很难用一个统一的理论框架来模拟基线漂移。一个简单的手动校正基线的方法是用户手动从基线中选取几个代表点，然后使用线性、多项式或样条函数对基线上的其他点进行插值，或者也可以使用回归拟合。有几种自动的基线校正方法，如导数(离散微分)或高通滤波、去趋势、多变量或多项式基线建模、迭代加权等。基线校正可以作为数据归一化(如多元散射校正、标准正态变量与去趋势)的一部分，这将在之后的部分单独讨论。去趋势是一种基线校正方法，可以消除数据中的总体趋势或斜率。去趋势用诸如线性或二次等多项式函数来拟合整个数据，并从数据中减去这个多项式线或曲线。

4.11　导　　　数

导数只计算信号在某一点的斜率。微分是对信号求导的过程。微分可以去除基线偏移，还可以提取诸如光谱形状和峰宽等光谱特征(Ozaki et al. 2006；Williams and Norris 2001；Rinnan et al. 2009；Vidal and Amigo 2012)。微分可以减少基线漂移的影响，实际上，二阶导数和更高阶导数都会消除基线漂移。通过导数的分析，可以预测如高斯和 S 形等光谱形状。例如，高斯型光谱信号具有峰值。正导数意味着信号斜率上升，负导数意味着信号斜率下降，零导数意味着此处峰值位置斜率为零。因此，最大值(峰值)的位置可以通过一阶导数中过零点的位置来计算。信号的峰值(波峰)在其二阶导数中变成低谷(波谷)。第二个例子是具有"S"形状的 S 型光谱信号。斜率最大拐点对应于一阶导数的最大值和二阶导数的过零点。因此，拐点的精确位置可以通过其二阶导数中的过零点来计算。微分法预测的另一个重要特征是高斯型或任何峰值类型信号中峰宽与导数的振幅成反比。较窄的峰值产生较大的导数振幅，反之亦然。因此，当信号具有宽峰值时，其在峰值位置处的导数的振幅很小。应注意的是，如果在微分之前没有适当地应用平滑，则微分会降低信噪比。虽然任何去噪算法都可以使用，但将微分和平滑结合成一个卷积算法的 Savitzky-Golay 差分滤波器是其中常用的方法之一。

4.12 归一化和散射校正

数据标准化是校正光谱数据中倍增尺度效应(即尺度差异)的过程。光散射是造成倍增尺度差异的主要原因之一，这也解释了为什么一些归一化方法，如减少散射效应的多元散射校正(MSC)和标准正态变量(SNV)，也被称为散射校正方法(Ozaki et al. 2006；Williams and Norris 2001；Rinnan et al. 2009；Vidal and Amigo 2012)。最简单的归一化形式是用恒定的权重对每个光谱进行标准化，该权重是所有样本值(反射率、透射率或吸光度)的总和。标准化本身是一个简单的除以常数的除法。

MSC 旨在利用下面的线性回归方程去除比例效应(乘法因子 a)和基线漂移(加法因子 b)。

$$x_i = a\bar{x} + b \tag{4.5}$$

式中，x_i 是样本的光谱，$\bar{x}$ 是参考光谱(通常是校准数据集中的平均光谱)。对于每个样品，a 和 b 通过测量光谱 x_i 和平均光谱 $\bar{x}$ 的最小二乘回归来估计得到。每个 x_i 通过以下公式进行校正

$$\text{MSC} : \tilde{x}_i = \frac{x_i - b}{a} \tag{4.6}$$

SNV 也广泛用于散射校正。SNV 变换不需要参考光谱，适用于单个样本，而 MSC 需要校准集来计算参考(平均)光谱。对于 SNV 变换，每个样品的光谱以均值为中心，并由样品光谱本身的值进行缩放。

$$\text{SNV} : \tilde{x}_i = \frac{x_i - m_i}{\sigma_i} \tag{4.7}$$

式中，m_i 和 σ_i 分别是样本光谱 x_i 的平均值和标准差值。SNV 校正后的光谱均值为 0，方差为 1。在实践中，SNV 变换后通常跟随去趋势处理。去趋势也可以在没有参考光谱的情况下校正单个光谱。去趋势是从信号中减去通过线性最小二乘回归计算出的二次(即二阶)多项式基线。

4.13　降　　维

众所周知，因为维数灾难的影响，高光谱图像的高维度并不总能为高光谱图像处理任务提供所必需的能力和有效性。维数灾难也被称为休斯(Hughes)现象，当样本量大小固定时，增加维数并不能提高分类精度(Landgrebe 2003)。解决这个问题的一种方法是增加样本的数量。然而，在大多数应用中，预先确定统计上足够的样本大小并收集这些样本并不容易。因此，一种广泛使用的克服维数灾难的方法是减小数据维数并在较低维空间中提取空间和/或光谱特征。以下介绍了几种常用的高光谱图像降维方法：数据分箱、特征提取和特征选择。

4.13.1　数据分箱

数据分箱减少了空间和光谱分辨率，但增加了信噪比(SNR)。基于 CCD 的高光谱图像传感器在相机内部的硬件层上进行片内数据分箱，以减少读出的数据量，提高了帧速率及 SNR。在 CCD 器件上执行的片内数据分箱是一种求和操作，该操作组合了相邻像素的光子电荷，因此在合并的信号中没有噪声添加。信噪比的提升与 CCD 传感器上合并的像素数呈线性关系，N 个数素点合并可以将 SNR 提升 N 倍。然而，在传统的 CMOS检测器中由于电压信号附加了随机噪声，不可能实现真正的电荷叠加。一般来说，CMOS传感器中合并 N 个相邻像素点，可以将 SNR 提高合并像素数的平方根倍，即仅使 SNR提高 $\sqrt{N}$ 倍。因此，CMOS 图像传感器中的硬件合并与计算机硬件中的软件合并相似，除了数据合并，无论求和还是取平均值，都是在 CMOS 相机内进行的。在高光谱成像中，如果将空间合并应用于图像传感器上的一个方向(x 或 y 方向)，则在另一个方向上定义光谱合并。每个方向上合并尺寸的大小通常是 2 的幂，如 1、2、4 等。

4.14　特　征　提　取

高光谱图像在空间和光谱域中携带大量的冗余信息。特征提取是指通过线性或非线性变换过程，降低数据维度并减少空间和/或光谱域中的冗余数据。特征提取过程应仔细设计，只提取与期望的应用(如分类和回归)相关的信息。寻找最佳特征的经验法则是基于数据的专业知识提取与最终应用相关的特征。如果并不了解数据的专业知识，则可以使用一般的特征提取方法。一般特征提取方法包括 PCA(Pearson 1901)、PLS(Wold et al. 2001)、独立成分分析(independent component analysis，ICA)(Comon 1994)、核 PCA(Schölkopf et al. 1998)和空间图像处理等，用这些方法来检测空间特征的边缘、角、斑点和形状等。这些特征提取方法也可以用在涉及专业知识的特定问题中。如果一个应用需要实时图像采集和处理，具有多个波段比和/或植被指数的多光谱成像可能是一个切实可行的解决方案。在确定特征提取方法时，需要考虑几个重要因素。

无论如何提取特征，特征提取方法应该保留或揭示分类和检测等所选应用所必需的信息。对于分类，理想的特征必须是使分类误差最小化。然而，直接从原始数据中估计或预测分类误差通常是困难的。相反，可以直接从数据中测量的类可分性被广泛用于预测特征的分类或鉴别能力。常见的可分性度量是欧氏距离(类内和类间)、马氏距离(Mahalanobis distance，MD)(高斯密度模型)、巴氏(Bhattacharyya)距离(分布相似性)、Kullback-Leibler(KL)散度(似然比的期望)和熵。类可分性可以用以下公式计算：

$$\max_{\vec{w}} J(\vec{w}) \tag{4.8}$$

式中，$J(\vec{w})$ 是测量类之间可分性的一个目标(或称标准)函数，$\vec{w}$ 是将原始特征空间投影到另一特征空间(通常是降维空间)后的向量(如线性投影)。因此，特征提取是为了找到一个向量 $\vec{w}$，或称为线性预测器，使类可分性最大化。被称为 Fisher 准则的 Fisher 线性判别分析(linear discriminant analysis，LDA)(Duda et al. 2000；Hastie et al. 2009)考虑了以下目标函数

$$J(\vec{w}) = \frac{\vec{w}^T S_B \vec{w}}{\vec{w}^T S_W \vec{w}} \tag{4.9}$$

式中，S_B 是类间散射矩阵，S_W 是类内散射矩阵。在数学运算之后，通过求解广义特征值得到的使 Fisher 准则 $J(\vec{w})$ 最大化的最优解，是一个投影向量，$\vec{w}^* = S_w^{-1}(\mu_1 - \mu_2)$，其中 μ_1 和 μ_2 是每个类的平均向量。投影矢量 $\vec{w}$ 垂直于将向量空间划分为两个集合的超平面，每个集合都对应一个类。LDA 的限制是，如果判别信息嵌入数据的方差中，LDA 效果就会不理想。在这种情况下，PCA 是更好的选择。而且，LDA 是假定数据符合高斯分布的参数化方法。因此，如果数据分布是非高斯的，则 LDA 不能有效地分离重叠分布。这时候，与 LDA 和 PCA 等标准特征提取方法相比，支持向量机是一种值得关注的方法。PCA 是通过线性变换将原始数据空间投影到新的向量空间，使其具有不相关特征，即主成分。简言之，PCA 在域中的特征对于数据表示是最优的，但是由 LDA 获得的特征对于数据分类是最优的。

4.14.1　支持向量机和特征提取

线性支持向量机(support vector machine，SVM)(Hastie et al. 2009)是建立在定义良好的统计学习理论之上的，该理论将线性可分的特征空间分为具有最大距离的两类。如果特征空间不是线性可分的，则可以使用非线性 SVM 或将线性 SVM 修改为软间隔分类器，通过在目标函数添加误差变量(称为松弛变量)来允许分类误差。如果使用非线性 SVM，其基本概念是在较高(甚至无限)维度特征空间中表示数据，使得非线性数据在映射高维特征空间后可线性分离，从而可以将线性 SVM 应用于新映射的数据。然而，在高维空间中通过点积进行非线性映射的计算代价是很大的。另外，使用核技巧的非线性 SVM 提供了一个计算上可行的解决方案，其产生与非线性映射函数相同的结果。使用核函数的核技巧消除了对更高维数和非线性映射函数的明确认识的需要。常用的核函数是多项式、高斯径向基函数和 S 形函数。非线性 SVM 在原始特征空间中找到非线性决策边界。虽然 SVM 的局限性在于对于给定的问题需反复试验才能找到最佳核函数，但单独的核技巧或非线性 SVM 本身已经与许多流行的特征提取方法结合起来，从而建立了一个有效

的分类和回归分析的框架，如核 PCA（Schölkopf et al. 1998；Zhang et al. 2012；Zhu et al. 2007）、核判别分析（Mika et al. 1999），以及 PCA-SVM（Zhang et al. 2012）和 LDA-SVM。

4.15 特 征 选 择

4.15.1 搜索算法和选择标准

在机器学习中，特征提取是指在低维空间中将输入特征变换为一组新特征的过程，而特征选择指的是在不进行转换的情况下选择输入特征子集的过程。这就是特征选择也称为特征子集选择的原因。与特征提取一样，特征选择需要对目标函数 J 进行优化。对于特征选择，最优化的过程是在所有可能的子集集合上找到一个子集。因此，最优的子集 X 是通过优化以下目标函数找到的，

$$\max_{X \in X_d} J(X) \tag{4.10}$$

式中，X_d 是从输入特征获得的所有可能子集的组合。为了解决这一优化问题，特征选择通常需要一个搜索策略来选择候选特征子集，以及一个目标函数来评估候选特征子集。一些搜索算法的示例（Webb 2002）包括分支和绑定、贪婪爬山、详尽搜索（通常在计算上耗费最多）、顺序向前选择、顺序向后选择、双向搜索和投影追踪等。当搜索算法遇到局部最小值时，可以通过在搜索过程中采用随机搜索策略（如模拟退火和遗传算法的随机搜索策略）引入随机性来避免该局部最小值（Liu and Motoda 2007）。特征选择的目标函数分为 3 组：滤波、封装和嵌入式方法（Guyon and Elisseeff 2003；Molina et al. 2002）。滤波方法通过距离、分离性、相关性和交互信息等信息内容对候选子集进行评价。封装方法使用分类器根据统计重采样或交叉验证生成的测试数据的分类性能（准确率或错误率）来评估候选子集。封装方法通常为给定学习模型提供显式最佳特征子集，而滤波的方法通常提供了一个特征排序。封装方法可能存在过拟合的风险，并且计算成本很高。而滤波方法比封装方法的计算要快得多。嵌入式方法将特征选择过程结合到学习模型中。嵌入式方法的计算复杂度在滤波和封装之间。

4.15.2 波段选择

特征选择已被证明在许多多元数据分析和分类任务中是有效的，例如，DNA 微阵列分析和高光谱图像分类，特别是当特征量（即变量）比样本量更多时。虽然"特征选择"这一术语在许多领域已被广泛使用和认可，但在高光谱成像文献中该特征选择问题也被普遍称为波段选择问题（Bajwa et al. 2004；Nakariyakul and Casasent 2004；Martínez-Usó et al. 2006；Su et al. 2008）。实际上，波段选择问题是特征选择的一种特殊情况，特别是为了降低高光谱图像的维度并找出对分析、分类和回归重要且有用的特征（即波长）。因此，前面提到的任何一种特征选择的方法都可以用来解决波段选择问题。在本节中，我们介绍一种切实可行的基于 PCA 的波段选择方法。

波段选择指的是识别几个可以提供判别信息的波长的过程。虽然 PCA 作为一种特征

提取方法得到广泛应用，但它也可以用于特征选择（Yoon et al. 2009；Koonsanit et al. 2012；Song et al. 2010；Malhi and Gao 2004；Cataltepe et al. 2007；Cohena et al. 2013）。使用 PCA 进行特征选择的基本思想是根据载荷系数的大小来选择变量（即波长），因为载荷可以理解为每个输入变量对主成分的权重（或贡献量）。为了确定所有 n 个波段中每一个波长对新特性（在这种情况下是 PC 得分图像波段）的贡献，计算每个波段中载荷系数的平方，并通过下面的等式将其标准化为总和为 1：

$$W_k(i) = \frac{P_k(i)^2}{\sum_{i=1}^{n} P_k(i)^2} , \quad i \in \{1, \cdots, n\} \tag{4.11}$$

式中，$W_k(i)$ 是第 k 个主成分中第 i 个波段 $P_k(i)$ 的加权因子，即载荷向量。我们把所有 $W_k(i)$ 称为 PCA 波段权重。可以检查前几个主成分的 PCA 波段权重来选择波长。

4.16　空间和光谱数据融合

在本节中，我们简要介绍了高光谱图像处理的新趋势：在统一的数学框架或集成处理算法下将空间和光谱的信息融合用于对高光谱图像进行处理。在处理高光谱图像的过程中，普遍使用的是单独应用空间和光谱处理方法（Plaza et al. 2009）。无论光谱数据如何处理，通常用分离的空间处理方法，来提取和增强空间特征、抑制空间噪声，这些都是独立于光谱处理的操作。然而，在空间环境中，处理光谱数据或在光谱中处理空间数据的需求日益增加。Plaza 等（2009）概述了同时利用空间和光谱信息进行高光谱图像处理的最新进展。这些进展大致分为两类。第一类是利用核之间的交叉信息进行空间（纹理）和光谱特征提取的复合核方法，如由 Camps-Valls 等（2006）开发的复合核机被应用于高光谱图像分类。第二类是融合空间和光谱信息进行分类、分割与解混。融合了光谱特征与空间特征（如大小、方向、对比度和局部均匀性）的数学形态学（Fauvel et al. 2013）和马尔可夫随机场（Jackson and Landgrebe 2002）被用于分类。对于高光谱图像的分割，Gorretta 等提出了一种同时提取空间拓扑和光谱潜变量的迭代算法，称为蝴蝶法（Gorretta et al. 2009）。Mendoza 等（2011）利用 294 个空间和光谱特征，通过 PLS 回归模型预测了苹果的品质属性。Martín 和 Plaza（2012）结合空间均匀性信息与光谱纯像素进行了端元提取及光谱解混。

虽然近年来食品和农业应用中的高光谱图像分辨率与质量都得到了改善，但是定义在空间和光谱上同质的像素点或区域，从而提取有用的或相关的光谱仍然是一项艰巨的任务。为此，将空间信息和光谱特征结合到统一的高光谱图像处理算法中是非常必要的。所以我们预计在不久的将来这方面的出版物数量会越来越多。

4.17　总结与讨论

在本章中，我们介绍了在高光谱图像处理中从数据采集到降维处理的多种方法和技术。但仍有许多问题在本章中没有涉及。例如，本章没有讨论诸如监督分类和无监督聚类算法的模式识别技术。相反，我们将重点放在预处理、特征提取和选择方法上，这些方法可用作模式识别算法的输入。确定给定应用的最佳模式识别算法并非易事，因为有很多预步骤会影响最终算法的性能。本章提到的这些预步骤主要是关于如何获取、预处理高光谱图像，以及确定在给定的应用中可使用哪些特征。如果仔细设计和执行这些预步骤，那么最佳模式识别算法的选择常常会显得微不足道。虽然在一些应用中，不能将特征选择和/或提取从分类器设计中分离出来，但建议使用降维空间中的数据设计一种模式识别算法。

参 考 文 献

Bajwa SG, Bajcsy P, Groves P, Tian LF (2004) Hyperspectral image data mining for band selection in agricultural applications. Trans ASAE 47(3):895–907

Burns DA, Ciurczak DW (2007) Handbook of near-infrared analysis. CRC, Boca Raton

Camps-Valls G, Gomez-Chova L, Munoz-Mari J, Vila-Frances J, Calpe-Maravilla J (2006) Composite kernels for hyperspectral image classification. IEEE Geosci Remote Sens Lett 3(1):93–97

Cataltepe Z, Genc HM, Pearson T (2007) A PCA/ICA based feature selection method and its application for corn fungi detection. In: 15th European signal processing conference, pp 970–974

CCD vs. CMOS http://www.teledynedalsa.com/imaging/knowledge-center/appnotes/ccd-vs-cmos/

Chang C-I (2003) Hyperspectral imaging: techniques for spectral detection and classification. Springer, New York

Chang C-I (2013) Hyperspectral data processing: algorithm design and analysis. Wiley-Interscience, Hoboken

Cohena S, Cohen Y, Alchanatis V, Levia O (2013) Combining spectral and spatial information from aerial hyperspectral images for delineating homogenous management zones. Biosyst Eng 114(4):435–443

Comon P (1994) Independent component analysis: a new concept? Signal Process 36(3):287–314

Dale LM, Thewis A, Boudry C, Rotar I, Dardenne P, Baeten V, Piern JAF (2013) Hyperspectral imaging applications in agriculture and agro-food product quality and safety control: a review. Appl Spectrosc Rev 48(2):142–159

Davies ER (2009) The application of machine vision to food and agriculture: a review. Imaging Sci J 57(4):197–217

Duda RO, Hart PE, Stork DH (2000) Pattern classification, 2nd edn. Wiley–Interscience, Hoboken

Eismann MT, Meola J, Hardie RC (2008) Hyperspectral change detection in the presence of diurnal and seasonal variations. IEEE Trans Geosci Remote Sens 46(1):237–249

Eismann MT (2012) Hyperspectral remote sensing, vol PM210. SPIE, Bellingham

ENVI file formats. http://geol.hu/data/online_help/ENVI_File_Formats.html

Fauvel M, Tarabalka Y, Benediktsson JA, Chanussot J, Tilton JC (2013) Advances in spectral-spatial classification of hyperspectral images. Proc IEEE 101(3):652–675

Geladi P, Grahn H (1997) Multivariate image analysis. Wiley, New York

Gendrin C, Roggo Y, Collet C (2008) Pharmaceutical applications of vibrational chemical imaging and chemometrics: a review. J Pharmaceut Biomed Anal 48(3):533–553

Gorretta N, Roger JM, Rabatel G, Bellon-Maurel V, Fiorio C, Lelong C (2009) Hyperspectral image segmentation: the butterfly approach. IEEE first workshop on hyperspectral image and signal processing: evolution in remote sensing, WHISPERS '09, pp 1–4

Gowen AA, O'Donnell CP, Cullen PJ, Downey G, Frias JM (2007) Hyperspectral imaging—an emerging process analytical tool for food quality and safety control. Trends Food Sci Technol 18:590–598

Grahn H, Geladi P (2007) Techniques and applications of hyperspectral image analysis. Wiley, New York

Guyon I, Elisseeff A (2003) An introduction to variable and feature selection. J Mach Learning Res 3:1157–1182

Harsanyi JC, Chang C-I (1994) Hyperspectral image classification and dimensionality reduction: an orthogonal subspace projection approach. IEEE Trans Geosci Remote Sens 32(4):779–785

Hastie T, Tibshirani R, Friedman J (2009) The elements of statistical learning: data mining, inference, and prediction, 2nd edn. Springer, New York

Heras DB (2011) Towards real-time hyperspectral image processing, a GP-GPU implementation of target identification. In: IEEE 6th international conference on intelligent data acquisition and advanced computing systems

Jackson Q, Landgrebe DA (2002) Adaptive Bayesian contextual classification based on Markov random fields. IEEE Trans Geosci Remote Sens 40(11):2454–2463

Keshava N, Mustard JF (2002) Spectral unmixing. IEEE Signal Process Mag 19(1):44–57

Koonsanit K, Jaruskulchai C, Eiumnoh A (2012) Band selection for dimension reduction in hyper spectral image using integrated information gain and principal components analysis technique. Int J Mach Learn Comput 2(3):248–251

Landgrebe DA (2003) Signal theory methods in multispectral remote sensing. Wiley, Hoboken

Lawrence KC, Park B, Windham WR, Mao C (2003) Calibration of a pushbroom hyperspectral imaging system for agricultural inspection. Trans ASAE 46(2):513–521

Liu H, Motoda H (2007) Computational methods of feature selection. Chapman & Hall, Boca Raton

Lorente D, Aleixos N, Gómez-Sanchis J, Cubero S, García-Navarrete OL, Blasco J (2012) Recent advances and applications of hyperspectral imaging for fruit and vegetable quality assessment. Food Bioprocess Technol 5(4):1121–1142

Malhi A, Gao RX (2004) PCA-based feature selection scheme for machine defect classification. IEEE Trans Instrum Meas 53(6):1517–1525

Manolakis D, Shaw GA (2002) Detection algorithms for hyperspectral imaging application. IEEE Signal Process Mag 19(1):29–43

Manolakis D, Marden D, Shaw GA (2003) Hyperspectral image processing for automatic target detection applications. Lincoln Lab J 14(1):79–116

Martín G, Plaza A (2012) Spatial-spectral preprocessing prior to endmember identification and unmixing of remotely sensed hyperspectral data. IEEE J Sel Topics Appl Earth Observ Remote Sens 5(2):380–395

Martínez-Usó A, Pla F, García-Sevilla P, Sotoca JM (2006) Automatic band selection in multi-spectral images using mutual information-based clustering. In: Progress in pattern recognition, image analysis and applications. Springer, Berlin, pp 644–654

Melgani F, Bruzzone L (2004) Classification of hyperspectral remote sensing images with support vector machines. IEEE Trans Geosci Remote Sens 42(8):1778–1790

Mendoza F, Lu R, Ariana D, Cen H, Bailey B (2011) Integrated spectral and image analysis of hyperspectral scattering data for prediction of apple fruit firmness and soluble solids content. Postharvest Biol Technol 62(2):149–160

Mika S, Ratsch G, Weston J, Scholkoph B, Mullers KR (1999) Fisher discriminant analysis with kernels. In: Proceedings of the 1999 I.E. signal processing society workshop, neural networks for signal processing IX, pp 41–48

Molina LC, Belanche L, Nebot A (2002) Feature selection algorithms: a survey and experimental evaluation. In: Proceedings of IEEE international conference on data mining, pp 306–313

Nakariyakul S, Casasent D (2004) Hyperspectral ratio feature selection: agricultural product inspection example. SPIE Proc Nondestructive Sens Food Safety Qual Natural Res 5587:133–143

Ozaki Y, McClure WF, Christy AA (2006) Near-infrared spectroscopy in food science and technology. Wiley, Hoboken

Pearson K (1901) On lines and planes of closest fit to systems of points in space. Philos Mag 2(11):559–572

Plaza A, Benediktsson JA, Boardman JW, Brazile J, Bruzzone L, Camps-Valls G, Chanussotg J, Fauvelg M, Gambah P, Gualtierii A, Marconcinie M, Tiltoni JC, Triannih G (2009) Recent advances in techniques for hyperspectral image processing. Remote Sens Environ 113:S110–S122

Prats-Montalbán JM, de Juan A, Ferrer A (2011) Multivariate image analysis: a review with applications. Chemometr Intell Lab Syst 107(1):1–23

Press WH, Teukolsky SA, Vetterling WT, Flannery BP (2007) Numerical recipes: the art of scientific computing, 3rd edn. Cambridge University Press, Cambridge

Proakis JG, Manolakis DK (2006) Digital signal processing, 4th edn. Prentice Hall, New York

Radke RJ, Andra S, Al-Kofah O, Roysam B (2005) Image change detection algorithms: a systematic survey. IEEE Trans Image Process 14(3):294–307

Rinnan A, van den Berg F, Engelsen SB (2009) Review of the most common pre-processing techniques for near-infrared spectra. Trend Anal Chem 28(10):1201–1222

Robles-Kelly A, Huynh CP (2013) Imaging spectroscopy for scene analysis. Springer, London

Rogers J (2012) Change detection using linear prediction in hyperspectral imagery. ProQuest, UMI Dissertation

Ruiz-Altisent M, Ruiz-Garcia L, Moreda GP, Lu R, Hernandez-Sanchez N, Correa EC, Diezma B, Nicolaï B, García-Ramos J (2010) Sensors for product characterization and quality of specialty crops—a review. Comput Electron Agric 74(2):176–194

Savitzky A, Golay MJE (1964) Smoothing and differentiation of data by simplified least squares procedures. Anal Chem 36(8):1627–1639

Schölkopf B, Smola A, Müller K-R (1998) Nonlinear component analysis as a kernel eigenvalue problem. Neural Comput 10(5):1299–1319

Shaw GA, Manolakis D (2002) Signal processing for hyperspectral image exploitation. IEEE Signal Process Mag 19(1):12–16

Song F, Guo Z, Mei D (2010) Feature selection using principal component analysis. In: IEEE international conference on system science, engineering design and manufacturing informatization (ICSEM), vol 1, pp 27–30

Stein DWJ, Beaven SG, Hoff LE, Winter EM, Schaum AP, Stocker AD (2002) Anomaly detection from hyperspectral imagery. IEEE Signal Process Mag 19(1):58–69

Stellman CM, Hazel GG, Bucholtz F, Michalowicz JV, Stocker A, Schaaf W (2000) Real-time hyperspectral detection and cuing. Opt Eng 39(7):1928–1935

Stevenson B, O'Connor R, Kendall W, Stocker A, Schaff W, Alexa D, Salvador J, Eismann M, Barnard K, Kershenstein J (2005) Design and performance of the civil air patrol ARCHER hyperspectral processing system. Proc SPIE 5806:731–742

Su H, Sheng Y, Du PJ (2008) A new band selection algorithm for hyperspectral data based on fractal dimension. Proc ISPRS, pp 3–11

Sun D-W (2010) Hyperspectral imaging for food quality analysis and control. Academic, San Diego

Tarabalka Y, Haavardsholm TV, Kasen I, Skauli T (2009) Real-time anomaly detection in hyperspectral images using multivariate normal mixture models and GPU processing. J Real-Time Image Process 4(3):287–300

Thenkabail A, Lyon PS, Huete JG (2011) Hyperspectral remote sensing of vegetation. CRC, Boca Raton

Vidal M, Amigo JM (2012) Pre-processing of hyperspectral images. Essential steps before image analysis. Chemometr Intell Lab Syst 117:138–148

Webb A (2002) Statistical pattern recognition, 2nd edn. Wiley, New York

Williams P, Norris K (2001) Near-infrared technology: in the agricultural and food industries, 2nd edn. American Association of Cereal Chemists, St. Paul

Wold S, Sjöström M, Eriksson L (2001) PLS-regression: a basic tool of chemometrics. Chemometr Intell Lab Syst 58(2):109–130

Yoon SC, Lawrence KC, Siragusa GR, Line JE, Park B, Feldner PW (2009) Hyperspectral reflectance imaging for detecting a foodborne pathogen: campylobacter. Trans ASABE 52(2):651–662

Yoon SC, Park B, Lawrence KC, Windham WR, Heitschmidt GW (2011) Line-scan hyperspectral imaging system for real-time inspection of poultry carcasses with fecal material and ingesta. Comput Electron Agric 79:159–168

Yoon SC, Windham WR, Ladely S, Heitschmidt GW, Lawrence KC, Park B, Narang N, Cray W (2013) Hyperspectral imaging for differentiating colonies of non-O157 Shiga-toxin producing Escherichia coli (STEC) serogroups on spread plates of pure cultures. J Near Infrared Spectrosc 21:81–95

Zhang X, Liu F, He Y, Li X (2012) Application of hyperspectral imaging and chemometric calibrations for variety discrimination of maize seeds. Sensors 12:17234–17246

Zhu B, Jiang L, Luo L, Tao Y (2007) Gabor feature-based apple quality inspection using kernel principal component analysis. J Food Eng 81(4):741–749

第5章 分类和预测方法

James E. Burger 和 Aoife A. Gowen①

献词

在 James Burger 博士的记忆中

Jim Burger 是一位伟大的朋友、老师和指导者。

他通过自己的不屈不挠和积极乐观为高光谱成像领域带来了生机和活力。如果没有他的鼓励和坚持，本章就不能完成。Jim 的独特之处在于他看待科学总是像孩子一样充满了好奇与乐趣。这一点在他参与的高光谱研究研讨会中有所体现，尤其是"Hyperfest 2010 和 2012"和他主导的国际光谱成像协会(International Association for Spectral Imaging，IASIM)的会议。2014 年 9 月他永远地离开了，在我们的内心及在更广泛的高光谱成像领域，都留下了巨大的遗憾。

5.1 简 介

高光谱成像(hyperspectral imaging，HSI)的主要目标是根据对象的光学特性以非破坏性方式从中获取定量或定性信息。由于每个高光谱图像中有大量(>100)的光谱通道和空间位置(>10 000 像素)，因此对这些数据的视觉检查是受限的。而且，在过程控制环境中，几分钟内即可生成数千张高光谱图像，要对这些图像完成目视检查是不可能的。事实上，在这种环境下实施 HSI 是为了方便自动化质量控制，那么从 HSI 中提取有意义信息的自动技术应运而生。这通常意味着从单张高光谱图像包含的大量数据中导出极少数的汇总值。

幸运的是，得益于近 50 年来数字信号/图像处理技术的进步，现在已有大量的数据挖掘方法。这些方法已经被应用到用多元数据估计化学性质的其他领域，也就是构成多元图像分析基础的化学计量学。高光谱图像可以看作两种意义上的多元变量：每个像素由多个波长变量表示，每个波长同样由多个强度值(像素)表示。因此，化学计量学和MIA 工具非常适合用于 HSI 的数据分析。

表 5.1 列出了 HSI 数据分类和预测中最常用的数据分析技术。从中可以明显看出，有许多技术可以用来处理 HSI 数据，并且其类别似乎还在不断扩大。这源于没有"最好"的方法来处理这些数据。一般而言，非线性问题的解决得益于非线性技术的使用，如支持向量机(SVM)，而线性技术，如主成分分析(PCA)更适合用于线性数据。但是，必须

① J.E. Burger(deceased)

A.A. Gowen

School of Biosystems Engineering, University College Dublin,

Belfield, Dublin 4, Ireland

e-mail: aoife.gowen@ucd.ie

注意包含足够数量的独立数据集以避免模型过度拟合。表 5.1 中许多方法的基本理论虽然不在本章讨论的范围之内，但可以从其他书籍中找到（Brown et al. 2009；Otto 1999）。

表 5.1 高光谱图像分析中使用的信号处理技术的选择

分类/预测方法	频率[a]
支持向量机（SVM）	20
主成分分析（PCA）	8
模糊聚类	5
偏最小二乘法	4
人工神经网络	4
多元线性回归	4
波段运算	3
光谱角制图	3
随机森林	2
核主成分分析	2
线性判别分析	2
空间/光谱法	2
最大似然分类	2
幅度和形状参数的组合法	2
最小噪声分离	2
分类树	1
遗传算法	1
局部流形学习	1
马尔可夫随机场	1
张量模型	1
独立成分分析	1
随机场	2
监督式局部切空间排列算法	1
多尺度方法	1
k 最近邻算法	1
快速傅里叶变换	1
正则变换	1
最近成分分析	1
集群智能/小波分析	1
簇类独立软模式分类法	1
形态学剖面	1
自适应余弦估计法	1
匹配滤波	1
正则化最大似然聚类	1
基于高斯过程的贝叶斯学习	1

[a] 频率估计为基于 WOS 搜索的前 100 个出版物中使用的次数，标题=[高光谱和（分类或预测）]，时间跨度=所有年份，数据库=SCI-EXPANDED，SSCI，A&HCI。搜索时间是 03/02/2011

化学定量/分类是 HCI(hyperspectral chemical image)的基础。在本章中，HCI 数据开发分类和预测模型过程中涉及的步骤，将通过检查其应用到示例图像后所得到的结果来解释。这张样本图像代表了一个熟悉但具有挑战性的真实的例子，它包含了我们熟知的常见物品——葡萄干、木头、细绳、大米、核桃和回形针(图 5.1)。这张图片是为了说明和探索 MIA 的一些基本概念，以及后续结果的可视化解释。这些熟悉的对象展示了 HCI 数据中常会面临的一些难题。核桃和葡萄干具有深阴影的纹理，而木头和细绳是具有相似成分但不同物理特性的材料，大米表现出非均质性——胚与胚乳明显不同。为了便于在本示例图像中隔离出单个对象，所有对象都放置在黑色碳化硅砂纸的背景上，因为这种材料吸收近红外光的能力很低。除了它们不同的化学和物理组成外，所有的物体都是非平面的，并表现出不同的形态；这导致了阴影效应、不均匀的光分布，以及可变动的样品到探测器的距离，这些效应都增加了每个样品光谱的可变性。

图 5.1　超立方体的平均波长图像示例(通过在波长维度上对每个像素进行平均而获得)。
其中 1=木头，2=葡萄干，3=核桃，4=大米，5=细绳，6=回形针。
图像背景也可以被看作是一个图像特征或单独的一类

本讨论使用的 HCI 超立方体示例由 BurgerMetrics HyperPro NIR 成像系统采集得到，具有 600×318 像素(每个尺寸为 100μm×100μm)和 207 个波长通道(962~1643nm)的空间尺寸(Martens and Dardenne 1998)。

5.2　应用到 HSI 的多光谱图像分析

HSI 超立方体具有三维数据结构(空间×空间×波长)；然而，大多数化学计量学技术是基于二维结构(矩阵)操作的。因此，三维超立方体必须在分析之前进行重排，通常是把每个像素光谱依次叠加在一起，将三维超立方体展开为二维光谱矩阵，如图 5.2 所示。然后才可应用二维结构的化学计量学技术，如 PCA。处理的结果，也就是得分向量，可以被重新折叠以获得空间图像表示，构成得分图像。在许多 HCI 化学计量操作中，这种展开＞处理＞重折叠操作是很常见的。

5.2.1　主成分分析

PCA 是化学计量学发展的基石。这种无监督的多变量分析是许多探索和预测技术的基础。在 NIR 光谱中，一些波长区域包含重要信息，而其他区域则主要是冗余的噪声。

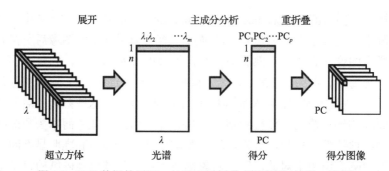

图 5.2　HCI 数据的展开、处理和重折叠(彩图请扫封底二维码)

PCA 的主要特征之一是数据压缩：将高维的光谱数据空间投影到较低维的潜变量空间，使信号与噪声有效地分离。PCA 双线性分解提供了一组由载荷和得分向量组成的主成分(principle component，PC)，这些 PC 的排列顺序解释了信号方差的顺序递减量。这是什么意思呢？当样本数据集仅包含数十或数百个光谱时，该 PCA 压缩可能难以理解。然而，对将 PCA 应用于 HCI 获得的得分图像进行可视化检查时，这种数据压缩就比较容易理解了。

最初的 HCI 图像包含 207 个波段。在任何单独的波段上检查数据无疑将产生一张空间图像，该图像同时结合了可识别特征和背景噪声——每一个波段都包含信号和噪声成分。而且，超立方体中的连续波段图像是高度相关的。207 个波段等同于 207 维的光谱空间。有没有办法将信号与噪声分开？需要 207 个维度来解释整个超立方体中的相关信息？PCA 通过在最大方差的方向上形成原始波段的线性组合来实现数据的较低维表示，但是真正需要多少维来表示我们的光谱数据？对得分图像进行可视化分析有助于我们找到这些问题的答案。

图 5.3 显示了示例图像对应于潜变量 1～12 的 PCA 得分图。PC-1 投影轴方向代表数据信号的最大方差，因此得分图像 1 显示出了图像中像素强度之间的最大对比度。从中可以看到，由样品不平坦表面引起的物理变化对 PC-1 所描述的方差有很大的影响。例如，核桃的中心区域与葡萄干和大米具有相似的灰度级，而核桃的边缘与木头具有相似的灰度级。这张得分图像不是在不同物质之间进行对比，而是根据样品的物理质地给出了对比。这表明 PCA 可以忽略数据的来源而找到其中方差最大的方向。这意味着可能需要进行光谱预处理，如标准正态变量或导数变换，以降低样品物理性质对光散射效应的影响。得分图像 2 表示投影到与 PC-1 正交的 PC-2 轴上的 HCI 数据。在此图像中，回形针和纤维素类物体(细绳和木头)与食品(葡萄干、核桃和大米)可以区分开。得分图像 3 可以将核桃和回形针与其他物体区分开，而得分图像 4 可以将回形针与其他物体区分开。PCA 的主要问题之一是要保留多少个 PC 才能完全解释数据空间。将连续的得分图像分开来看有助于进一步理解数据空间的维度。这是 HCI 展现图像优势的一个明显例子。随着 PC 数量的增加，噪声在图像中变得越来越突出。例如，PC-11 得分图像显得非常嘈杂，来自对象特征的信号非常少。超出此范围的 PC 和得分图像基本上只包含噪声，可以不用参与进一步的分析。在这样的图像序列中，我们可以清晰地看到 PCA 数据压缩的效果。

最大信号(对比)

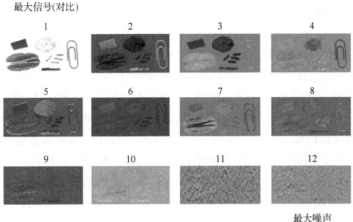

最大噪声

图 5.3 测试超立方体数据的主成分(PC)得分图像。超出第 11 个主成分的主要是噪声

还应该注意的是，在这个例子中，所显示的得分图像的灰度级已经被自动缩放，即图像中的最小灰度级对应最小得分值，同样对于最大值也是如此。在某些应用中，这些 PC 在信息内容方面可能不单调。在数据中存在的显著噪声通常会在很大程度上影响主要 PC 中的方差，而图像中对方差贡献较小的目标物，可能到后来的 PC 中才会出现。在这种情况下，自动缩放得分图像是特别有用的，并且有助于将这些次要对象的组分可视化。然而，保证自动缩放不被极端的异常值驱动同等重要。在自动缩放之前，应该删除得分空间中的任何极端异常值，否则它们会扩大图像的缩放比例，从而抑制细节。考虑每个得分图像对应的特征值也很重要，低特征值图像中的明显细节实际上可能只对应于噪声。如果得分图像按其各自的特征值缩放，则信号内容的连续减少甚至会更明显。

需要注意的另一点是，PCA 载荷向量的符号是不明确的。这意味着如图 5.4a、b 所示的得分图像同样重要。尽管它们仅仅是彼此相反的，但对两个倒置的得分图像，有可能有截然不同的视觉解释。例如，图 5.4b 中的葡萄干看起来比 a 中的含有更多的细节，而对于细绳来说则截然相反。因此，将得分图像的逆图像看作是附加的信息来源是非常重要的。

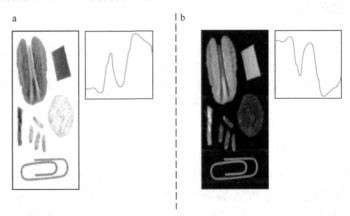

图 5.4 载荷矢量和得到的得分图像的符号模糊性。(a)原始得分图像和载荷矢量，
(b)在(a)中展示的得分图像和载荷矢量的逆图像

　　虽然滑动个别得分图像是很有用的，但还有其他更直观的方法来显示 PCA 的结果。图 5.5 给出了一些例子：伪彩色红绿蓝（"RGB"）映射图；显示所有像素点光谱子集得分的二维散点图和三维散点图。伪彩色 "RGB" 图是通过连接自动缩放后的 PC 得分图像 1、2 和 3 获得的，图像中每个像素点都具有对应于得分图像 1、2 和 3 的 R、G 与 B 通道强度。该图像显示了一些物体之间的"颜色"区别，但不同成分的物体(例如，木头和绳子，葡萄干和大米)之间也存在相似性问题。由 PC_1 和 PC_2 得分图像中所有像素点构成的 2D 散点图被彩色化以表示云密度(即得分 1 和得分 2 中具有重叠值的像素的数量)。通过这种方法，可以看到对应于单个物体的簇：主要的簇被标识为木头、核桃、葡萄干、回形针和背景，如图 5.5 所示。此外，从 6 个特征类中随机选择 500 个光谱(均值中心化)绘制在 3D 得分空间中。各种数据云中类的颜色显示出各个类的分离和重叠，以及类内方差的差异。特别是回形针(用品红色表示)有很大的差异，这很可能是由镜面反射造成的，在图 5.5 中可以清楚地看到。虽然超立方体包含大量数据，但是为了充分地探索样本数据的基本方差结构，这种与 PCA 相结合的视图工具始终应该被考虑。

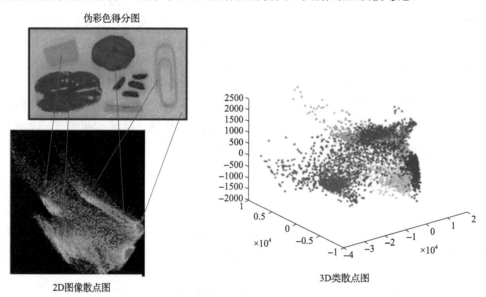

图 5.5　可视化 PC 得分图像的替代策略：连接自动缩放后的得分图像 1、2 和 3 得到的"RGB"伪彩色图；整个图像中每个像素点的 PC_1 和 PC_2 得分的 2D 散点图，以及从 6 个特征类中随机挑选的 500 个光谱(均值中心化)的 3D 散点图(深绿色=核桃，蓝色=葡萄干，品红色=细绳，青色=回形针，红色=木头，黄色=大米)(彩图请扫封底二维码)

5.2.2　偏最小二乘判别分析

　　利用包含在超立方体中的光谱和空间信息来识别具有相似特征的区域或对象，可以实现对高光谱图像的分类。与 PCA 等无监督方法相比，监督分类方法要求选择和标记代表性的校正与训练集，用于优化分类器。在这方面，HSI 的一个主要优点是，在每个超立方体中都有大量的可用数据，用来创建稳健的校正和训练集。PLS 是在 HSI 定量和分类研究中应用最广泛的化学计量学方法之一，这里以 PLS 判别分析(PLS discriminant analysis，PLS-DA)为例，说明 HCI 在解释监督化学计量学方法中的应用(反之亦然)。虽然不同的化学计量学方法在输入数据的处理方式上可能不尽相同，但它们在 HSI 数据中的应用基本是一致的。分类或预测模型的建立通常从数据预处理(空间或光谱)开始，选择感兴趣区(ROI)，简化数据，创建训练集，建立校准模型。独立测试集的评估对于模型验证至关重要。

建立监督分类模型的典型步骤如图 5.6 所示。建模过程的开始阶段为用户输入提供了影响最终模型性能的最大机会。首先，必须进行光谱预处理，如一阶或二阶导数、去趋势或归一化，以最大限度地提高类间方差，同时最小化类内方差，以及最大限度地降低如仪器不稳定性引起的系统误差。这种转换通常是针对具体应用的，必须进行简单的测试，以选择在不同的特定情况下最合适的转换。模型构建的第二步，也可能是最关键的一步，包括从高光谱成像数据中选择合适的光谱，来充分表示每个感兴趣目标的类别。必须选择能尽可能多地捕获每个类别方差的 ROI。当所需的类包含由物理条件(如样品高度或由表面纹理产生的阴影效应)导致的光谱变化时，这一点尤其重要。如果所有感兴趣类别的所有差异都存在于该图像中，则 ROI 可以仅从一幅高光谱图像中选择；然而，从多个超立方体中选择光谱也是可取的，以便在模型中包括由不同时间拍摄的图像引起的其他潜在差异(例如，由检测器响应或样品制备和呈现方法中的变化引起的光谱差异)。该 ROI 选择处理可能会产生包含数千个光谱的光谱数据集。高光谱成像的优点之一是可以将大量光谱集合分为训练和测试或模型验证子集。模型训练集的进一步数据简化，可以通过计算平均光谱或为每个类随机选择更小的光谱子集来实现。这些方法将在本章后面的节中进一步讨论。

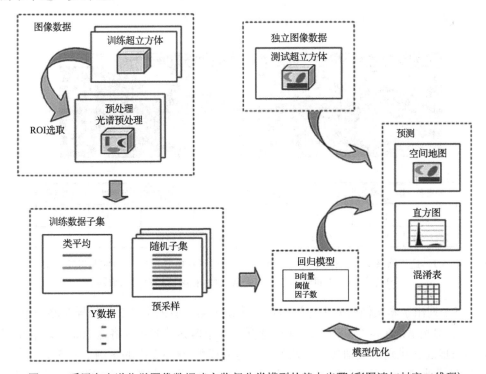

图 5.6　采用高光谱化学图像数据建立监督分类模型的基本步骤(彩图请扫封底二维码)

为了达到分类目的，必须保持一个与光谱数据矩阵长度相同的分类变量，且包含关于每个光谱所属类别的信息。每个类必须计算单独的分类模型。为每个类创建一个"Y"参考向量，通常包含值 1 或 0，指示每个光谱"是"或"不是"属于该类别。一旦训练出一个合适的分类器，它就可以应用于整个展开的超立方体(或用于新的超立方体的分类)，为每个光谱提供分类预测。由于高光谱数据量巨大，应该探索结果的其他表示方法。

1. 预测结果可以被重折叠，从而产生被称为"预测图"的空间图像。通常，每个类都被分配了唯一的颜色或灰度值，用于识别预测图像中被分类的像素。

2. 可以创建直方图来检查一个类的预测值分布。

3. 可以创建分类混淆表，汇总分类和错误分类数据的计数。可同时显示这些结果的交互式软件可能会产生优化的分类模型。例如，通过检查空间映射和混淆表，可以立即修改对类阈值(即限定类别成员的边界值)的定义。这些将在下面的案例研究中使用BurgerMetrics HyperSee™图像分析软件进行介绍。

5.2.3　案例研究说明

作为从 HCI 数据开发 PLS-DA 模型的案例研究，我们演示了对示例图像中 7 个类别的预测。如前所述，建立分类模型的第一步是选择要包含在校准集中的数据。对此我们将介绍多种方法，并根据预测图的视觉质量和最终模型的分类准确性对它们进行比较。我们提出的选择方法大致可以分为两组：在第一组中，从每个物体上的矩形 ROI 中选择校准光谱，如图 5.7a 所示；在第二组中，从代表完整对象的空间区域中选择光谱(除背景信息外，为了保持每个类别中像素光谱的数量具有可比性，在背景区选择了 3 个 ROI)，如图 5.7b 所示。ROI 是利用 HyperSee™软件交互选择的。

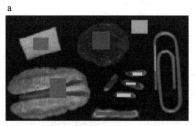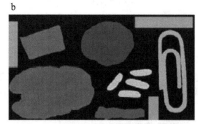

像素数	木头	葡萄干	核桃	大米	细绳	回形针	背景
矩形	1 715	2 800	3 074	958	1 500	350	2 050
完整对象	8 534	16 038	31 715	4 848	3 830	8 557	13 838

图 5.7　选择感兴趣区(ROI)以进行分类模型开发。(a)矩形 ROI，(b)完整对象 ROI，(c)每个 ROI 中每一类包含的像素点数(彩图请扫封底二维码)

表 5.2 列出了本案例研究中探讨的各种建模策略。所采用的 3 种抽样策略如下。

1. 平均光谱：在每个 ROI 内，随机选择 200 个像素的光谱。将这 200 个像素光谱的平均值与描述其类别的类别变量相匹配用于建立模型(表 5.2 中的示例 1 和 5)。

2. 像素光谱：在每个 ROI 内，随机选择 200 个像素的光谱。每一个像素光谱都与分

类变量相匹配用于建立模型(表 5.2 中的示例 2、3、6 和 7);

3. 重采样:在每个 ROI 内,随机选择 200 个像素的光谱。每一个像素光谱都被匹配到相同的分类变量进行模型构建。这个随机选择操作重复了 50 次(表 5.2 中的示例 4 和 8~13)。然后对 50 个模型校准结果的回归向量进行平均。

表 5.2　训练集详细信息(在所有的示例中,从每个类别的 ROI 中随机挑选 200 个光谱)

示例 #	平均光谱	感兴趣区	阈值	重采样	预处理
1	是	矩形	0.5	1	
2[a]		矩形	0.5	1	
3		矩形	自动	1	
4		矩形	自动	50	
5	是	完整对象	0.5	1	
6[b]		完整对象	0.5	1	
7		完整对象	自动	1	
8		完整对象	自动	50	
9[c]		完整对象	自动	50	
10[d]		完整对象	保守	50	
11[d]		完整对象	自由	50	
12		完整对象	自动	50	标准正态变量
13		完整对象	自动	50	一阶导数

[a] 基于示例 3 的模型,阈值手动设置为 0.5

[b] 基于示例 7 的模型,阈值手动设置为 0.5

[c] 示例 9 重复了示例 8

[d] 基于示例 9 的模型,阈值手动调整

通常有必要对 HCI 数据进行光谱预处理。预处理方法的选择有很多,从基线到多元散射校正;然而,在本研究中,我们只考虑两个:标准正态变量(standard normal variate, SNV)(表 5.2 中的示例 12)和 Savitsky-Golay(S-G)一阶导数预处理(表 5.2 中的示例 13)。

如前所述,我们希望为图像中的每个类建立一个 PLS-DA 模型。为了给一个给定的类建模,代表该类别的校准光谱被设定为分类值 1。校准组中剩余的"非此类"光谱被设定为分类值 0。在 PLS-DA 模型建立过程中,首先需要建立 PLS 回归(PLS regression, PLSR)模型来预测分类变量。必须确定分类模型中包含的潜在变量的数量。这并不是一项简单的任务,因为包含太多的潜在变量会过度拟合,导致独立测试集的预测性能较差。许多方法可用于辅助选择 PLSR 模型中潜在变量的数目(Martens and Dardenne 1998; WikLund et al. 2007; Gowen et al. 2011);但对它们的综述不在本章的范围。为了便于比较,在所提案例研究中,为进行比较,系统地估计了每个模型的最佳潜在变量数,即分类变量中除去所选择变量外,剩余的任一变量所能解释的方差均小于 1%。

在确定潜在变量数之后,可以对每个样本的预测类别进行研究。由于 PLSR 是一种回归方法,因此预测的类别是在 0 和 1 附近分布的数值,而不是确切的类别值。在 HCI 中,将这些预测值可视化为直方图是很有用的,如图 5.8 所示。为了从 PLSR 模型过渡到 PLS-DA 模型,有必要选择一个阈值,使得预测值大于阈值的样本被分类为类别 1,

反之分为 0。这个案例中，研究者研究了 4 种阈值选择方法。

1. "0.5"(表 5.2 中的示例 1、2、5 和 6)：阈值设置为 0.5。因为 0.5 位于区间[0,1]的中间，所以这个值通常被选择为阈值。

2. "自动"(表 5.2 中的示例 3、4、7、8、9、12 和 13)：阈值由 HyperSee™软件中的自动程序基于此类样本和"非此类"样本的均值与标准差设定，图 5.8a 给出了使用这种方法估计阈值的示例。

3. "保守"(表 5.2 中的示例 10)：当检查测试集的直方图时(图 5.8b)，自动选择的阈值出现在"非此类"分布的边缘。从视觉上看，一个较好的阈值将位于两个分布之间预测值较低的山谷。这就是我们所说的保守法。通过将预测值的直方图可视化，以交互方式选择每个类的模型阈值(图 5.8c)。

4. "自由"(示例 11)：这种阈值选择方法具有高度的交互性，它选择阈值时需同时考虑直方图和预测精度、查看空间类别预测图的显示、选择使混淆表的对角元素最大化且非对角元素最小化的阈值(图 5.8d)。

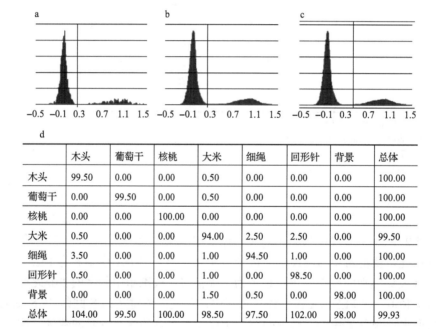

d	木头	葡萄干	核桃	大米	细绳	回形针	背景	总体
木头	99.50	0.00	0.00	0.50	0.00	0.00	0.00	100.00
葡萄干	0.00	99.50	0.00	0.50	0.00	0.00	0.00	100.00
核桃	0.00	0.00	100.00	0.00	0.00	0.00	0.00	100.00
大米	0.50	0.00	0.00	94.00	2.50	2.50	0.00	99.50
细绳	3.50	0.00	0.00	1.00	94.50	1.00	0.00	100.00
回形针	0.50	0.00	0.00	1.00	0.00	98.50	0.00	100.00
背景	0.00	0.00	0.00	1.50	0.50	0.00	98.00	100.00
总体	104.00	99.50	100.00	98.50	97.50	102.00	98.00	99.93

图 5.8　在 HCI 数据的 PLS-DA 模型中设置阈值。此处显示的是示例 9～11 中葡萄干这一类对应的直方图。(a)自动阈值设置为 0.27 的校准训练集直方图，(b)自动阈值设置为 0.27 的测试集直方图，(c)手动调整阈值为 0.46，(d)每个类别预测结果的混淆表(彩图请扫封底二维码)

5.2.4　预测模型结果的比较

图 5.9a 显示了示例 1～8(表 5.2 所述)的预测图。使用像素光谱(示例 2～4 和 6～8)比使用平均光谱(示例 1 和 5)的优势是十分明显的：由像素光谱建立的模型产生的预测图比利用平均光谱建立的预测图分类误差小得多。比较从方形 ROI(案例 1～4)中选择的光谱与从完整对象 ROI(案例 5～8)中选择的光谱构建的模型，后者的误分类明显较少。

这种情况对葡萄干尤其明显，在许多预测图中，葡萄干对应的区域被误分类为回形针或大米。这些差异将如何解释呢？设想在多维光谱空间散点图中查看不同类别的光谱，类似于图 5.5c。基于每个类平均光谱的分类模型仅利用不同类别中心的距离差异。当包含

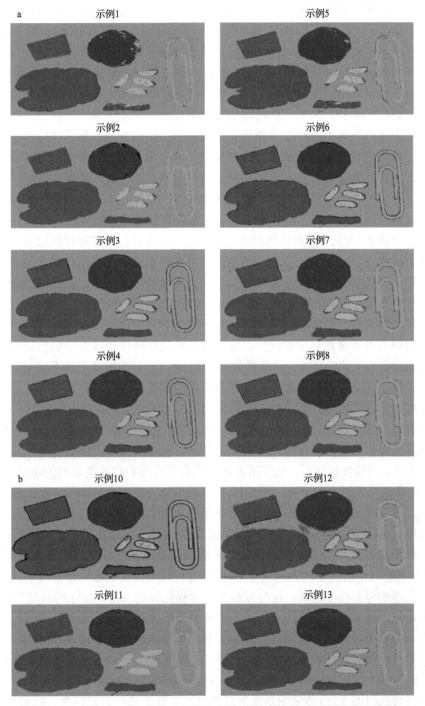

图 5.9　根据表 5.2 中描述的方法建立的模型预测图（彩图请扫封底二维码）

类内的变化时，可以找到改进的判别类边界，这些边界解释了每个类的大小和形状的变化。此外，当单个类别包含过多变化(如外围样本阴影效应)时，选择包含完整对象而不仅仅是矩形子集的 ROI，对充分定义完整的类别区域是很重要的。

与将阈值设置为 0.5(示例 2 和 6)相比，应用自动阈值法(示例 3 和 7)误分类的像素较少，尽管相对于完整对象 ROI(示例 7 和 6)，该优点在选择方形 ROI(示例 3 和 2)时更为明显。在使用自动阈值处理时，一些背景像素被误分类的情况变得更明显(示例 7)。使用重采样的阈值方法时分类效果略有改善，表现在基于方形 ROI(比较示例 3 和 4)的模型中葡萄干被误分类的像素较少，而在基于完整对象 ROI 的模型中背景像素的误分类较少(比较示例 7 和 8)。大米边缘区域的误分类在所有预测图像中都存在。在这个示例图像中，由于随机选择了 200 个光谱用于定义每个类中的差异，重采样的效果被削弱。对这 200 个光谱进行重采样几乎不会改变每个类别中的差异。当每类中有代表性的光谱较少时，重采样效果会更明显。示例 9 只是重复示例 8 以检查重采样方法的可重复性。在这种情况下，每个类别模型的因子数、自动阈值，以及训练和测试集计数与示例 8 中几乎完全相同，随机重采样方法似乎创建了非常可重复的鲁棒模型。

比较保守阈值(示例 10)和自动阈值(示例 8)，前者存在大多数对象边缘未被分类的问题。自由阈值(示例 11)给出了更好的结果，得到的预测图与使用自动阈值获得的预测图类似；然而，仍然有一些背景像素被误分类。类别阈值的重新定位是一个非常主观的过程，在不同的应用情况下都必须仔细考虑。结果也应该用真正独立的测试图像来确认，为简洁起见，这里没有包含这些图像。SNV 预处理(示例 12)产生了错误较多的预测图；例如，背景中的许多像素被错误分类。这可能是由使用该预处理方法后光谱中的噪声膨胀所致。如此高水平的噪声在一阶导数预处理(示例 13)后的图像上并不明显。这种预处理产生了类似于从完整图像中对原始光谱重采样的预测图(示例 8)。与阈值选择一样，光谱预处理也具有应用特异性，必须谨慎使用。

在检查每个模型预测图的同时，通过计算与每个模型相关联的正确和错误分类的百分比，来量化模型性能也很有用。如图 5.10 所示，可以为每个类或所有类的均值绘制这些百分比的值。应该注意的是，这些图表是在组合了训练和测试集数据的基础上统计的，是图 5.9 中全图像预测图的子集。图 5.10 中总结的统计信息内容非常丰富：我们可以很快判断出，基于平均光谱(示例 1 和 5)的效果是最差的。这与从这些模型产生的全图像预测图的可视化检查结果一致。通过比较示例 6 和 7，确定了与使用固定的阈值 0.5 相比，使用自动阈值更有优势。重采样的优势并不明显；使用重采样光谱建立的模型(示例 4 和 8)与没有重采样建立的模型(示例 3 和 7)相比，正确分类的百分比没有明显提高；但是重采样数据的假阳性率稍低。这与预测图的可视化分析一致。保守阈值法(示例 10)的假阳性率最低，然而，这是以降低光谱正确分类为代价的。自由阈值(示例 11)的方法保持了高的正确分类百分比，但同时也产生了较高的假阳性率。手动选择的阈值可以根据正确和假阳性分类的具体情况进行优化。图 5.9 和图 5.10 显示了示例 12 和 13 相互矛盾的结果，即示例 12 的预测图(图 5.9b)似乎包含更多的错误分类，而与示例 13 相比，示例 12 的总体统计(图 5.10)显示出更高的分类准确率和更低的假阳性率。这可以解释为，总结统计仅基于测试集和训练集，并不包括如图 5.9b 中所示的被严重错误分类的背景区域。

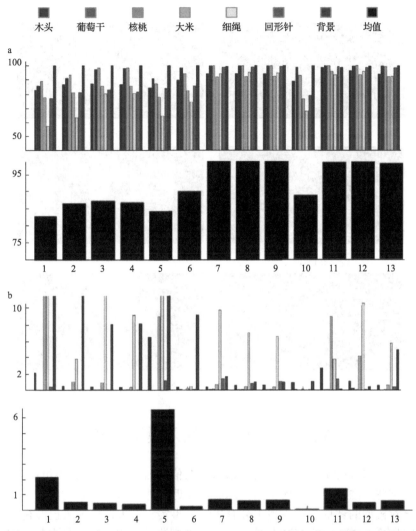

图 5.10　(a) 每类/每种建模方法的正确分类百分比和(b) 每类/每种建模方法的假阳性百分比
(见表 5.2)(黑白条形图显示了每种方法在不同样品上的平均分类效果)(彩图请扫封底二维码)

除了检查阳性预测或假阳性预测的数量外，有时建立未被正确分类的类成员预测图也是有益的。图 5.11 给出了一些示例中的目标被错误分类的预测图。很明显，大多数未被分类的像素分布是沿着特征对象边缘的，这些区域中黑暗的阴影使得光谱测量十分困难。如果这些像素不是很重要，那么手动调整阈值水平可能是比较好的选择。左边栏给出的 3 个示例反映了这点：示例 8 的预测图是默认的"自动"结果。增加阈值限制以使假阳性最小化(示例 10)，显著增加了未被分类的边缘像素。而降低阈值可以更好地对木材和大米边缘像素进行分类，但与此同时增加了回形针边缘和背景中未被分类的像素点。示例 5 中的预测图给出的是未被分类的对象区域，因为建模的平均光谱未能准确地捕获到它们的方差信息。示例 12 和 13 提供了关于光谱预处理对每个特定类别影响的附加信息；可以看到，SNV 预处理后(示例 12)产生的错误分类的像素数量，比一阶导数预处理后(示例 13)的要少。

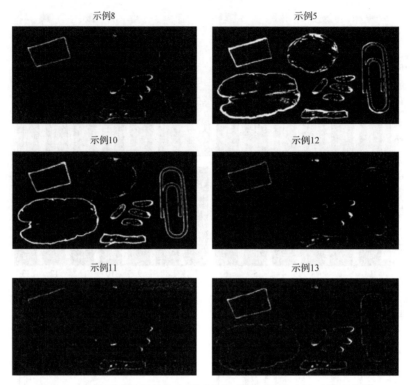

图 5.11　未检测到的训练集和测试集像素的识别也有助于模型优化

5.3　将空间信息纳入模型开发

以上讨论的 HSI 分类方法仅考虑光谱域中的信息,忽略了空间域中可用的额外信息。主要是因为这些方法是针对缺乏空间信息的常规近红外光谱数据开发的。这些方法忽略了空间信息对模型的评估和开发也十分有用这一事实。近来,研究者已经提出了许多新颖的将空间信息考虑在内的 HSI 分类方法。一类方法通过在特征向量中包含空间信息来扩展现有的聚类方法(Camps-Valls et al. 2006;Noordam and van den Broek 2002)。另一类方法连续地考虑光谱和空间域。Marcal 和 Castro(2005)提出了一种用于多光谱遥感数据的综合考虑光谱和空间信息方法。该方法将光谱域上操作的无监督分类器应用于原始多光谱图像,并将获得的分类图作为输入。然后基于聚合指数对分类图进行分层聚类,同时通过聚类指标中的平均光谱、大小(相对于图像)和两个空间指数(边界和紧密度)表征每个类别。该方法计算效率高,并且已被证明在测试图像上运行良好。然而,它受到调整系数不确定性的影响,这些调整系数权衡了聚合指标的每个元素。此外,根据无监督分类器的选择,所需的先验分类步骤可以产生不同的分类图。

最近,Gorretta 等(2009)提出了一种"蝶形方法",它结合拓扑概念和化学计量分析,并利用光谱和空间域中的数据迭代交叉分析。第一步,基于光谱结构定义图像中的空间结构;第二步是基于空间结构提取光谱结构。PCA 用于提取光谱结构,同时通过将区域分割算法应用于 PC 得分图像中来提取空间结构。该方法在用于遥感高光谱图像时表现出了令人满意的结果。

　　Tarabalka 等(2009)提出了另一种基于分区聚类的方法。该方法将基于光谱数据的无监督分类器(如 ISODATA 或期望最大化)与逐像素分类的 SVM 结合使用。两种方法的结果在空间域上叠加，并且应用最大投票规则对像素进行分类。然后再应用后处理步骤，该步骤使用从分类图像获得的空间信息，将每个像素分配给其邻域像素中最具代表性的类别。对"最具代表性"的定义取决于具有该类别的相邻像素的数量。虽然作者表示这种方法改善了一些遥感高光谱图像的分类效果，但他们同时提醒说，如果某一类只存在于一个或少数不相交的像素中，则这种空间后处理可能导致这些像素不能被正确分类。这个问题在一个像素可以代表几平方米面积的遥感图像中可能是很严重的，但是如果感兴趣的目标足够小，小到可以仅跨越一个像素，则这种方法在高分辨率成像中可以发挥作用。因此，任何关于物体区域预估大小与像素大小对比的先验知识都应纳入分析中。

　　为了演示如何以简单的方式将空间信息纳入分类模型，我们在案例研究中给出了示例 12 的空间后处理(图 5.9b)。基于对预测图的视觉观察，示例 12 是一个很差的模型，有许多背景像素被错误分类。通过空间滤波可以改善这个分类预测图的可视化结果。在每个像素周围选择一个窗口(例如，围绕中心像素的 3×3 的窗口)，并用该窗口中像素值的中值或模式值替换该窗口中的每个像素。在图 5.12 中，我们比较了改变窗口大小的效

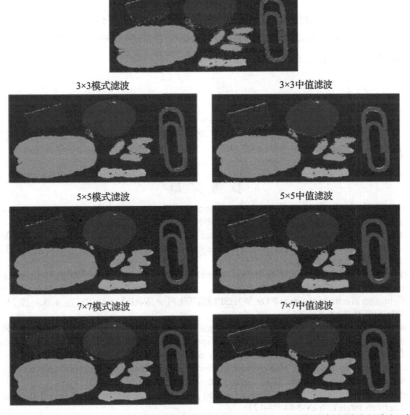

图 5.12　使用不同窗口大小的中值和模式滤波器对示例 12 的预测结果图进行空间滤波
(彩图请扫封底二维码)

果，以及使用窗口像素的中值或模式值进行滤波的差异。可以看出，这些类型的空间操作对于去除孤立的误分类像素是有用的。在这种情况下，模式滤波器比中值滤波器更有效；例如，中值滤波器保留了木材样本边缘被错误分类的像素，而模式滤波器没有。此外，增加窗口尺寸的效果是十分明显的：这改善了样本内部区域的分类效果。然而，这是以一定程度的"涂抹"为代价的，一些分离的物体，如大米，开始融合。诸如此类的影响在很大程度上取决于成像样品的类型，在选择空间后处理的窗口大小时应该予以考虑。

5.4 总　　结

在本章中，我们介绍了一些特定的可以提取信息的高光谱图像处理工具，重点集中在对代表图像中可识别的常见物体的数据探索(PCA)和分类(PLS-DA)。我们已经演示了如何使用各种图形数据表示，如直方图和颜色编码预测图，来进一步理解多元模型的建立。特别是我们展示了如何使用交互式软件工具来帮助优化模型性能。训练和测试数据集的选择对于捕捉各个类别完整的差异信息至关重要。模型参数的影响，如潜变量的数量、分类阈值和光谱预处理，可以在空间上可视化，以便进行比较。将空间滤波器应用于预测图，可以进一步改善预测结果。

光谱预处理、校准技术和模型参数(如潜在变量的数量、类边界阈值)的选择通常取决于特定的应用。而这里介绍的图形工具：混淆表、直方图分布和正/负预测的彩色编码图，无论采用哪种建模方法都可以用于模型效果的比较。然而，在所有情况下，模型预测的结果都应该用真正独立的图像数据进行验证。

致谢　第一作者感谢来自欧洲研究理事会启动资助计划下的欧盟第七框架计划(EU FP7)资金的资助。

参 考 文 献

Brown SD, Tauler R, Walczak B (2009) Comprehensive chemometrics: chemical and biochemical data analysis. Elsevier B.V., Amsterdam. ISBN 978-0-444-52701-1

Camps-Valls G, Gomez-Chova L, Munoz-Mari J, Vila-Frances J, Calpe-Maravilla J (2006) Composite kernels for hyperspectral image classification. IEEE Geosci Remote Sens Lett 3(1):93–97

Gorretta N, Roger JM, Rabatel G, Bellon-Maurel V, Fiorio C, Lelong C (2009) Hyperspectral image segmentation: the butterfly approach. In: Hyperspectral image and signal processing: Evolution in remote sensing, 2009. WHISPERS '09. First Workshop on, 1(1):1,4. doi: 10.1109/WHISPERS.2009.5289062

Gowen AA, Downey G, Esquerre C, O'Donnell CP (2011) Preventing over-fitting in PLS calibration models of near-infrared (NIR) spectroscopy data using regression coefficients. J Chemometr 25(7):375–381. doi:10.1002/cem.1349

Marcal A, Castro L (2005) Hierarchical clustering of multispectral images using combined spectral and spatial criteria. IEEE Geosci Remote Sens Lett 2(1):59–63

Martens H, Dardenne P (1998) Validation and verification of regression in small data sets. Chemom Intell Lab Syst 44:99–121

Noordam JC, van den Broek WHAM (2002) Multivariate image segmentation based on geometrically guided fuzzy c-means clustering. J Chemometr 16:1–11

Otto M (1999) Chemometrics statistics and computer application in analytical chemistry. Wiley-VCH, Weinheim. ISBN 3-527-29628-X

Tarabalka Y, Benediktsson JA, Chanussot J (2009) Spectral-spatial classification of hyperspectral imagery based on partitional clustering techniques. IEEE Trans Geosci Remote Sens 47(8):2973–2987

Wiklund S, Nilsson D, Eriksson L, Sjöström M, Wold S, Faber K (2007) A randomisation test for PLS component selection. J Chemometr 21:427–439

第Ⅱ部分　应　　用

第6章　植物产品的安全检测

Haibo Yao、Zuzana Hruska、Robert L. Brown、
Deepak Bhatnagar 和 Thomas E. Cleveland[①]

6.1　简　　介

　　食源性疾病的暴发已成为重大头条新闻。最近的一些事件(Food Safety News 2011)有美国出现了沾染肠炎沙门氏菌的苜蓿和辣豆芽，以及受单核细胞增生李斯特菌污染的哈密瓜；在德国因受污染的葫芦巴种子暴发了大肠杆菌 O104:H4。于消费者而言，对安全食品的需求是至关重要的。食品工业及其相关研究团体一直面临着满足公众安全要求的挑战，并在不断寻求食品安全检测和过程控制的新技术。在过去的 10 年中，高光谱成像技术已经在食品工业中的快速和非破坏性检测食品质量与安全方面取得了重大进展(Kim et al. 2001，2004；Park et al. 2002；Lawrence et al. 2003a；Lu 2003；Zavattini et al. 2004；Gowen et al. 2007；Chao et al. 2007a；Yoon et al. 2011)。高光谱成像技术将成像和光谱整合到成像传感器中，生成在光谱和空间都有很高分辨率的高光谱图像。单一的高光谱图像具有 1nm 到几纳米的连续光谱分辨率，波段数量从数十到数百不等。通常，具有较高光谱分辨率的图像，可以通过查看光谱反射曲线的形状来研究物体在每个像素点处的物理特性，或通过使用模式识别和图像处理的方法来研究不同类别光谱/空间的关系。高光谱技术利用空间和光谱信息来研究食品的物理、生物及化学性质，为食品安全评估提供了一种可选且常常十分出众的方法。

　　高光谱图像传统上被用于结合了航空或卫星图像数据的地球遥感。最近，低成本便携式高光谱传感系统开始用于实验室研究。通常，在研究项目的探索阶段，高光谱成像被用作全波长分析的研究工具。在大多数应用中，对于特定的情况，全波长数据可以减少到只有几个关键波长。这些波长可以在多光谱模式下进行更快的数据采集。这样就可

① H. Yao (✉) · Z. Hruska

Geosystems Research Institute, Mississippi State University,

1021 Balch Blvd., Stennis Space Center, MS 39529, USA

e-mail: haibo@gri.msstate.edu; hruska@gri.msstate.edu

R.L. Brown

U.S. Department of Agriculture, Agricultural Research Service, Southern Regional Research

Center, Room 2129, 1100 Robert E. Lee Blvd., New Orleans, LA 70124, USA

e-mail: Robert.Brown@ars.usda.gov

D. Bhatnagar · T.E. Cleveland

U.S. Department of Agriculture, Agricultural Research Service, Southern Regional Research

Center, Room 2131, 1100 Robert E. Lee Blvd., New Orleans, LA 70124, USA

e-mail: Deepak.Bhatnagar@ars.usda.gov; Ed.Cleveland@ars.usda.gov

以实现实时在线应用程序中的快速检测。文献中报道了许多使用高光谱技术进行与食品相关研究的应用。对这些应用进行一个不完整统计，包括小麦赤霉病（SCAB）检测（Delwiche and Kim 2000），苹果上的粪便污染（Kim et al. 2002a，2002b），玉米籽粒中的黄曲霉毒素检测（Pearson et al. 2001；Yao et al. 2010a），家禽胴体粪便污染的鉴定（Park et al. 2002；Lawrence et al. 2003a，2003b；Heitschmidt et al. 2007），苹果瘀伤检测（Lu 2003），谷物品质的在线检测（Maertens et al. 2004），樱桃坑斑的检测（Qin and Lu 2005），卵胚发育的检测（Lawrence et al. 2006），苹果硬度估计（Peng and Lu 2006；Lu 2007），腌黄瓜品质评估（Liu et al. 2006；Kavdir et al. 2007；Ariana and Lu 2008），健康和系统性患病鸡胴体的区分（Chao et al. 2007a），鸡胸肉中的骨碎片检测（Yoon et al. 2008），樱桃中昆虫的检测（Xing et al. 2008），切片蘑菇的质量鉴定（Gowen et al. 2008），新鲜猪肉质量评价（Hu et al. 2008），牛肉嫩度预测（Naganathan et al. 2008），产毒真菌检测（Yao et al. 2008；Rasch et al. 2010），柑橘溃疡检测（Qin et al. 2008），食源性病原体检测（Yoon et al. 2009），蔬菜粪便污染检测（Yang et al. 2010），以及加工设备污染检测（Cho et al. 2007；Jun et al. 2009）。本书中的其他章节讨论了高光谱技术的不同问题和应用，本章则重点介绍植物产品的安全检测。

　　在食品相关研究中应用高光谱技术的通用方法包括实验设计、样品制备、图像采集、光谱预处理/校准、样品真实特性表征、数据分析和信息提取。高光谱测量可以是点或图像数据，本章将讨论使用这两种类型数据的研究和应用。光谱仪通常用于点数据采集（Pearson et al. 2001；Hu et al. 2008）。对于高光谱图像数据的采集，可以使用两种方法。一种方法是基于帧的方法，在顺序采集过程中一次获取一个波段。基于液晶可调谐滤波器（LCTF）（Gat 2000；Peng and Lu 2006）的系统遵循基于帧的原理。另一种方法是使用线扫描方法，如推扫式扫描。扫描机制可以是移动目标（Kim et al. 2001）或者在相机系统内部移动镜头（Mao 2000）。有关高光谱成像和数据分析的更多细节，鼓励读者查看前面的章节。

　　在之后的章节中，我们将讨论高光谱成像研究和应用所涉及的主要食品安全问题。总结包括病原菌、物理和化学污染在内的最常见的食物污染物类型，以及使用传感技术检测它们的相关应用。接下来，将简要讨论高光谱技术。由于前面章节已经详细介绍了该技术，因此本章重点将放在高光谱数据的其他方面，如反射率、荧光和透射率。还将讨论此类数据在植物产品安全检验中的应用可行性。第三部分将讨论使用高光谱数据的不同应用。重点将放在谷物、农产品、坚果和香料上。不同的应用模式，包括实验室研究、在线检验和现场/远程监测，将在介绍完应用之后讨论。最后一节是本章的总结。

6.2　食　品　安　全

　　由于食物中任何致病微生物的存在都会对动物和人类的健康产生严重影响，因此食品安全备受关注。尽管全球食源性疾病的发病率很难估计，但据报道，2005 年有近 200 万人死于胃肠道感染，致病原因主要归于受污染的食物和水（WHO 2007）。发展中国家食源性疾病的发病率高是可以理解的；然而，即使在工业化国家，发病率也很高。报告显示，发达国家每年有高达 30%的人口患有食源性疾病。例如，美国疾病控制与预防中心(CDC 2011a)估计，美国每年约有 4800 万例食源性疾病，导致 12.8 万例住院和 3000 例死亡。显然，食源性疾病的预防仍然是一项重大的公共卫生挑战。

由于最近全球健康意识的提高，对植物产品(包括新鲜农产品、坚果和谷物)的消费增加了食物传播疾病的发生率，部分原因是食物生产(由"绿色"革命推动的非传统农业做法)和供应的变化(国际贸易的增长)。据国际贸易统计，世界贸易组织(WTO，2007)报告称，欧洲市场占世界农产品出口的 46%，其中出口农产品的 80%是食品(WTO 2007)。各国之间受污染食品的交易，增加了食品中存在的微生物病原体引发健康风险的可能性。2007 年，美国食品和药物管理局(Food and Drug Administration，FDA)制定了全面的"食品保护计划"，这意味着必须将食物视为故意污染的潜在载体(FDA，2007)。这种食物污染会导致人或动物的疾病和死亡，以及经济损失。

世界范围内污染的主要原因是农业的微生物毒素和化学物质。与植物产品有关的最突出的食源性致病菌有沙门氏菌、大肠杆菌、李斯特菌(Arora et al. 2011)和真菌毒素。在美国，国际贸易对全球食源性疾病发病率的影响在最近暴发的德国疫情中已有所体现，来自埃及的葫芦巴种子受到了大肠杆菌 O104:H4 志贺氏毒素的感染并导致了大量的死亡病例，其中一例是美国人(Giordano 2011)。除了食源性流行病之外，这起事件由于误将西班牙黄瓜卷入疫情中而给该国的农民造成了巨大损失(Giordano 2011)，还引发了德国与西班牙的外交冲突。另一个例子是最近美国 23 个州发生的沙门氏菌疫情，这是由墨西哥进口的受污染木瓜引起的。2008 年的圣保罗沙门氏菌感染事件给美国的番茄生产商造成了严重损失，原因是召回的番茄被误认为与感染传播有关。经确定，此次感染疫情是由来自德克萨斯州农场的墨西哥胡椒和来自墨西哥的 Serrano 辣椒引起的，这些辣椒被分发到美国的墨西哥餐馆，并用于制作萨尔萨酱(Behravesh et al. 2011)。另一个事件发生在 2011 年 9 月，当时美国科罗拉多州 Jensen 农场的新鲜哈密瓜引起美国 20 个州的单核细胞增生李斯特菌的暴发，估计有 100 例感染，18 例死亡(CDC 2011b)。最容易感染李斯特菌病的人群是孕妇、免疫缺陷患者和老年人。

用于微生物检测的常规微生物学技术包括培养和菌落计数(Allen et al. 2004)、免疫学测定(Van et al. 2001)、聚合酶链反应(polymerase chain reaction，PCR)(Burtscher and Wuertz 2003)、复杂食物系统的成像流式细胞术(Bisha and Brehm-Stecher 2009)及最近的生物传感器(Arora et al. 2011；Velusamy et al. 2010；Lazcka et al. 2007)。目前用于检测真菌毒素的方法很大程度上依赖于色谱法[TLC——薄层色谱法(thin-layer chromatography)、HPLC——高效液相色谱法(high performance liquid chromatography)、免疫亲和柱色谱法]和酶分析法[如 ELISA——酶联免疫吸附测定(enzyme-linked immunosorbent assay)]。虽然这些方法灵敏、便宜，可以提供测试微生物的定性和定量信息，但当使用它们检测食源性病原菌和毒素时依然存在不足。这些技术既费时又费力。有些需要精密的仪器，并且大多数必须由技术人员来完成。此外，结果并不总是准确的，且每种方法都需要破坏样本。为了克服这些局限性，最近的研究重点是开发生物传感器检测病原体。生物传感器可以为易腐或半易腐食品提供多种快速的实时分析。然而，应用生物传感器在灵敏度、成本及样品预处理检测病原体方面也存在一些局限性(Arora et al. 2011)。这也是一种会受到取样误差和样品破坏影响的分析方法。实施安全农业(Kay et al. 2008；Umali-Deininger and Sur 2007)和制造实践(Mucchetti et al. 2008；Umali-Deininger and Sur 2007)，以及应用危害分析和关键控制点(hazard analysis and critical control point，HACCP)程序(Jin et al. 2008)可以显著减少食物中的病原体。然而，为了更有效地解决与健康和食品安全有关的问题，仍然需要快速、可靠、简单、特异和灵敏的检测技术，该技术同时适合于以低成本进行实时监测。通过有效地检测微生物病原体，如沙门氏菌、大肠杆菌(E. coli)和真菌毒素，高光谱成像技术被证明是一个降低食品污染风险的有效工具。

6.2.1 污染物和检测

6.2.1.1 病原体污染

在科学文献中已经描述了超过 250 种不同的食源性疾病。这些疾病大多是由各种细菌、病毒和寄生虫引起的。最近，许多研究人员报道了高光谱成像在鉴定食物中所关注的微生物方面的潜力。Dubois 等(2005)论证了近红外(NIR)高光谱作为细菌高通量检测技术的潜在应用价值。使用 InSb 焦平面阵列检测器在 1200～2350nm 的光谱范围内，获得了含有测试和校准细菌样品的特定食物涂片的 NIR 图像。一些细菌可以从特定波长下观察到的光谱差异中识别出来；然而，在寻找特定微生物时，偏最小二乘(PLS)分类更适合分离现有的细菌属。

研究者使用可见近红外(VNIR)高光谱技术检测和区分孵育了 48h(Yoon et al. 2009)与 24h(Yoon et al. 2010)的弯曲杆菌培养物，这些与人类胃肠道感染有关的弯曲杆菌培养物来自半生的禽肉和未经巴氏消毒的牛奶。此后的研究发现，在 426nm 和 458nm 处的双波段比值运算对培养在血琼脂上的培养物检测准确率达到了 99%，并确定 24h 培养后，血琼脂培养基为用于 VNIR 反射的最佳培养基。Yao 等(2008)对真菌培养进行了类似的 VNIR 研究。在他们的研究中，5 种真菌菌株的分类准确率为 97.7%。另外，所有 5 种真菌可以仅使用 3 个以 743nm、458nm 和 541nm 为中心的窄波段(波段宽为 2.43nm)进行分类。Jian 等(2009)将主成分分析(PCA)和支持向量机(SVM)应用到 VNIR 高光谱数据中，对黄曲霉产毒和非产毒菌株进行分类，并得出结论，尽管 VNIR 技术很有前景，但把光谱范围扩大到包括紫外和红外的区域将使分类更加简化。

研究者还评估了拉曼高光谱成像对水生病原体计数的适用性(Escoriza et al. 2006)。使用含有液晶可调谐滤波器的拉曼化学成像显微镜，从接种的液体样品获得 3200～3700nm 的高光谱图像。结果表明，拉曼高光谱成像可以提供水样中细菌浓度的定量信息。然而，有人指出，拉曼信号对低浓度细菌来说较差，需要在检查前在稀释水样上使用过滤器。

6.2.1.2 化学(毒素)污染

除微生物污染外，某些食源性疾病是由来自天然或工业的化学食品污染物引起的(Peshin et al. 2002)。天然毒素包括植物(植物毒素)产生的凝集素和糖生物碱等化合物，这在马铃薯和豆科植物中也有发现(Peshin et al. 2002；Rietjens and Alink 2003)。天然毒素的其他来源还包括一些真菌中存在的某些真菌毒素和一些海藻中存在的藻毒素(Peshin et al. 2002；Rietjens and Alink 2003)。在一定环境下，某些真菌会产生有毒的次级代谢产物，污染诸如谷物、坚果、种子及其他各种农产品。真菌毒素可以进入食物链中，并在运输、储存或生产过程中的任何时候，给生产者造成严重的经济损失（Bennett and Klich 2003）。影响农产品及对食品检验员来说主要的产毒真菌包括一些曲霉属、镰刀菌属和青霉属（Peshin et al. 2002；Bennett and Klich 2003）。总的来说，这些真菌产生多种毒素（如黄曲霉毒素、赭曲毒素、伏马菌素等），其中一些具有急性或慢性健康影响（Peshin et al. 2002；Bennett and Klich 2003）。环境污染物包括重金属和有机污染物，如二噁英和多氯联苯，以及农药和清洁化学品，它们是在食品运输、储存或加工过程中偶然发现的，并且在很大程度上被视为工业污染物（Peshin et al. 2002；Rietjens and Alink 2003；Schrenk 2004）。特意用来增加味道或改善外观的食品添加剂，如硫化物和味精被认为是掺杂物，并且可能对敏感个体的健康产生有害影响（Peshin et al. 2002；Lipp 2011）。最近一个严重影响健康的不正当掺假的案例，是在奶制品中添加三聚氰胺（Lipp 2011）。不幸的是，全球化加剧了供应安全食品的挑战。快速验证产品的真实性会是食品生产和制造中一个有用的过程。

　　基于农产品和生物制品光学特性的无损分析技术的开发与应用，将会有利于食品质量控制和评价（Deshpande et al. 1984）。Yao 等（2010a）利用荧光高光谱成像技术，检测在田间条件下接种了黄曲霉的玉米粒中的黄曲霉毒素。在污染了不同浓度的黄曲霉毒素的籽粒中发现荧光峰移（fluorescence peak shift，FPS）现象，显示出荧光高光谱技术用于检测谷物中真菌毒素的潜力。Hiroaki 等（2002）使用傅里叶变换红外漫反射光谱（Fourier transform infrared diffuse reflectance spectroscopy，FT-IR-DRS）来测量从田间采获的莴苣头部的农药残留物。范围为 2800～800cm^{-1} 的漫反射光谱被转换成与 NIR 透射光谱特征非常相似的光谱（Birth and Hecht 1987）。研究结果表明，利用 PLS 回归模型对农产品中的农药进行最佳标定，农药测量系统可以实现更快速（2min）的检测。Carrasco 等（2003）测试了具有反射和荧光输出的高光谱系统，以评估遥感在食品质量检测中的可行性，并发现高光谱成像会是检测农产品中农药含量的有效工具。为确定食品安全中的掺假物质，September（2011）应用近红外高光谱成像和多变量图像分析[PCA、偏最小二乘判别分析（PLS-DA）、PLS 回归]，来测定在磨碎的黑胡椒样本中荞麦和小米等外来物质的存在与含量。总体研究结果表明，近红外光谱成像会是一种用以识别掺假黑胡椒的很有前景的技术，并且还可能在其他粉末食品的掺假成分鉴定中发挥作用。

6.2.1.3　物理污染

　　当玻璃、头发、污垢和油漆屑等物体与食物混合时，也就产生了食品的物理污染。例如，在烟草行业，包括塑料、纸张和绳索在内的各种物品，以及其他碎片，由于人工收割而与烟叶混合在一起。尽管烟草并不完全被认为是一种食品，但它是广泛用于口腔（如咀嚼用烟草和雪茄等）的植物产品，因此需要不含物理污染物。Conde 等（2006）开发了一种基于实时光谱图像的系统，用于鉴别烟叶与不需要的碎片及其他非烟草植物材料。作者利用 PCA 和人工神经网络（artificial neural network，ANN）分类方法来有效识别烟草碎片。此外，该技术还可以用于其他分选的需要，只要将 ANN 基于所述材料的光谱特征进行适当的训练即可。

透射高光谱成像适用于在线评估内部成分浓度和检测食品内部缺陷（Schmilovitch et al. 2004）。Qin 和 Lu（2005）应用高光谱透射成像技术检测酸樱桃中有窒息危险的樱桃核。放置在样品架下方的光源发出的光通过单个樱桃，被置于样品上方的成像光谱仪记录。他们测试了 4 种不同样品方向的透射图像，结果表明样品取向和颜色对分类精度没有显著影响。

包装坚果中的果壳也被认为是造成窒息的潜在危险。正因为如此，开心果行业的食品加工商对于果壳或果壳碎片的存在容忍度非常低。遗憾的是，自动分选机并不精确，因此机器分选之后还要进行手动分选，这给该行业带来了额外的成本（Haff et al. 2010）。最近开发的（Pearson 2009）成本相对较低的高速彩色分选机被用于从开心果果仁中分选出小的和大的果壳。该系统由样品流周围的 3 个摄像头组成，以确保检测到每个样品的所有表面。该研究利用相机配置提供的空间信息，采用了 DA 和 k 最近邻（k-nearest neighbor，KNN）两种算法。两种算法都成功（99%的准确率）实现了开心果果壳和果仁的区分。当区分尺寸较小的果壳和果仁时精度有所下降，此时 KNN 算法显著优于 DA 算法（Haff et al. 2010）。

6.3　高光谱成像

6.3.1　反射率

高光谱技术常被用来测量反射率。反射率是表面反射所占全部入射电磁功率的分数。典型的反射信息位于电磁波谱的可见光和近红外区域。对于植物产品安全检测来说，使用反射率测量的一些例子包括玉米中的真菌毒素检测（Berardo et al. 2005），小麦中脱氧雪腐镰刀菌烯醇（deoxynivalenol，DON）的估测（Beyer et al. 2010），污染赤霉病的小麦籽粒分类（Delwiche and Hareland 2004），产毒真菌的检测（Del Fiore et al. 2010；Jian et al. 2009；Yao et al. 2008），蔬菜叶片上粪便污染的鉴定（Yang et al. 2010），以及镰刀菌对小麦籽粒的损害评估（Shahin and Symons 2011）。综上所述，高光谱反射图像已被证明是用于食品质量外部检查和食品品质安全评估的有效工具。

在处理反射数据时，作为图像辐射校准的一部分，由相机记录的原始计数通常会转换为相对反射率。例如，可以用以下公式将反射率的原始计数转换为百分比反射率：

$$\text{Reflectance}_\lambda = \frac{S_\lambda - D_\lambda}{R_\lambda - D_\lambda} \times 100\% \tag{6.1}$$

式中，$\text{Reflectance}_\lambda$ 是波长 λ 处的反射率，S_λ 是波长 λ 处的样本强度，D_λ 是波长 λ 处的暗电流强度，R_λ 是波长 λ 处的参考强度。最终，校准的反射率值在 0 到 100%的范围内。更多关于高光谱图像校准的内容可以在 Yao 和 Lewis（2010）的研究中找到。

6.3.2　透射率

高光谱技术还可以用来测量透射率。透射率是通过样品的部分所占全部入射电磁功率的分数。高光谱透射测量包括将光投射到目标的一侧，并通过高光谱成像仪记录目标另一侧透射的光。因此，高光谱透射率图像可用于研究食品的内部特性。据报道，与反射模式相比，透射模式下的 NIR 光谱可以穿透水果更深的区域（＞2mm）（McGlone and Martinsen 2004）。目标的内部属性可以用探测器光谱范围内的光吸收来分析。透射成像的缺点是光散射和吸收造成光衰减信号的电平较低。

已发表的利用高光谱透射技术来检测植物产品安全的相关研究包括，检测玉米黄曲霉毒素（Pearson et al. 2001）和伏马菌素（Dowell et al. 2002），玉米籽粒成分分析（Cogdill et al. 2004），检测樱桃中的核（Qin and Lu 2005），以及检测单粒小麦籽粒中的镰刀菌（Polder et al. 2005）。研究表明，高光谱透射率数据可用于植物产品的安全检测。

在反射率标定中使用的方程（式 6.1）也适用于计算校准的相对透射率。同样，在校准方程中需要暗电流图像和参考透射图像。

6.3.3　荧光

除了测量反射率和透射率之外，荧光高光谱成像也被用于食品和农业应用。荧光是由吸收了电磁辐射的样品发出的光。通常，发射的光（发射）比吸收的入射辐射（激发）有更长的波长。例如，某些有机和无机物质在紫外（ultraviolet，UV）光源（＜400nm）激发时表现出天然的、固有的荧光。在紫外激发下，植物可以发出 400～800nm 的荧光光谱。因此，荧光光谱适用于研究样品成分及与安全检查相关的化学成分的性质。

在过去的 10 年中，荧光高光谱成像技术已经发展到能够采集具有高的光谱分辨率和空间分辨率的荧光图像数据（Kim et al. 2001；Zavattini et al. 2004）。荧光高光谱成像系统通常基于成像光谱仪或高光谱成像仪。荧光发射可以通过长波紫外线辐射激发（Kim et al. 2001；Jun et al. 2009；Yao et al. 2010a）或由激光光源诱导（Kim et al. 2003a，2004；Lefcourt et al. 2004）。荧光高光谱图像用于植物产品安全检测的一些研究和应用，包括检测苹果（Kim et al. 2002a，2005a）和香瓜（Vargas et al. 2005）上的粪便污染物，评估不锈钢表面的细菌生物膜（Jun et al. 2009），研究黄曲霉毒素污染的玉米（Yao et al. 2010a），以及分析镰刀菌对小麦穗的影响（Bauriegel et al. 2011b）。

6.4　植物产品安全检测的应用

6.4.1　谷物

6.4.1.1　黄曲霉毒素污染的玉米

由某些曲霉菌产生的次级代谢产物黄曲霉毒素，是已知毒性最强的天然物质之一（Bennett and Klich 2003）。持续食入自然界中毒性最强的黄曲霉毒素 B1（AFB_1）可导致肝癌，长期摄入的话则会导致曲霉病以及肺癌（Peshin et al. 2002；Bennett and Klich 2003；Wild and Turner 2002）。受污染的饲料通常会对几种农场动物的健康造成有害的影响甚至导致死亡（Peshin et al. 2002；Bennett and Klich 2003）。因此，黄曲霉毒素会给食品和饲料产品带来严重的安全隐患。图 6.1 展示了黄曲霉毒素 B_1、B_2、G_1 和 G_2 的化学结构。由于黄曲霉毒素分布不均，特别是在谷物中，在不大量破坏产品并给农民带来重大经济损失的前提下难以将其剔除。2003 年报告的黄曲霉毒素及其他真菌毒素的管理费用估计在 150 万美元到 5 亿美元之间(Robens and Cardwell 2003)。黄曲霉毒素被认为是世界上引起食品安全问题最严重的因素之一(Robens 2008)。

图 6.1　黄曲霉毒素 B_1、B_2、G_1 和 G_2 的结构

黄曲霉毒素污染是一个很重要的问题,特别是在玉米中,因为玉米是食品和饲料生产中的主要作物之一。在收获前的玉米植株中,当产毒真菌感染田间玉米籽粒时,问题通常就开始了。图 6.2 显示了(a)在马铃薯葡萄糖琼脂(potato dextrose agar,PDA)培养基上培养的黄曲霉(Aspergillus flavus)菌和(b)在扫描电子显微镜(scanning electron microscope,SEM)下的黄曲霉孢子化菌丝体。图 6.3 展示的是黄曲霉菌(Aspergillus flavus)侵染的玉米。当寄主玉米植株在蜡熟早期受到高温和干旱胁迫时,真菌开始产生黄曲霉毒素。食品和饲料中的黄曲霉毒素水平受到美国食品和药物管理局(FDA)及全球各机构的管制。在美国,人类消费食品的黄曲霉毒素监管水平是 20ppb(十亿分率),饲料的是 100ppb。

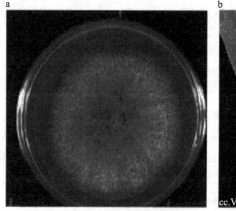

图 6.2　培养的黄曲霉菌和其扫描电子显微镜图片(彩图请扫封底二维码)
(a)培养的黄曲霉菌图片,(b)黄曲霉菌扫描电子显微镜图片

图 6.3　人工接种黄曲霉菌（*Aspergillus flavus*）的玉米（彩图请扫封底二维码）

这些标准（USDA 2002）允许农民、食品工业和联邦谷物检验局（Federal Grain Inspection Service，FGIS）在食品或饲料中发现黄曲霉毒素时采取适当的行动。为了筛选黄曲霉毒素，研究者采用了常规的化学分析方法，如薄层色谱法和高效液相色谱法。这些方法耗时且昂贵（Collison et al. 1992；Brown et al. 2001），并且需要破坏样品。

因此，能够对玉米中的黄曲霉毒素进行快速、非破坏的检测非常重要。基于高光谱技术的检测为该应用提供了一种潜在可行的方法。Pearson 等（2001）在单粒玉米中利用光谱反射率（1700～5050nm）和透射率（500～950nm）进行污染检测。实验利用光纤光谱仪进行光谱测量。在实验中总共使用了 200 个接种黄曲霉 NRRL A-27837 的玉米粒和另外 300 个随机选择的玉米粒。光谱测量后，用亲和层析方法对每个玉米粒进行化学分析，以确定黄曲霉毒素的实际浓度。光谱数据用窗口大小为 19 个像素点的 Savitzky-Golay 二阶滤波进行去噪处理，并将反射率转换为吸光度[$\log(1/R)$]。图 6.4 是玉米粒的平均光谱。在该图中，玉米粒分为 3 类，即毒素浓度<1ppb、≥100ppb、≥1ppb 且<100ppb。在反射光谱中，吸光度在波长小于 850nm 处的值较高，在波长 850～1700nm 的值较低。在透射光谱

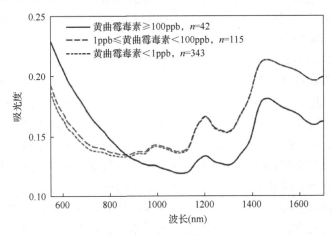

图 6.4　不同黄曲霉毒素污染水平的玉米粒的平均反射光谱

中，对于污染程度越高的籽粒，吸光度一般越高。作者推测，这种差异可以通过玉米粒中真菌引起的散射和吸光度特性来解释。随着真菌入侵，籽粒胚乳变为粉状。因此在反射模式下，散射会使得较少的 NIR（>750nm）辐射被吸收。而在透射模式下，更多的 NIR 辐射将被污染的玉米粒吸收。

使用判别分析和偏最小二乘回归分析上述玉米籽粒光谱与化学数据。对黄曲霉毒素含量>100ppb 或<10ppb 的玉米粒，分类准确率超过 95%。对于含量在 10~100ppb 的玉米粒，分类准确率为 25%。该研究还指出，使用传输数据的双特征判别分析有最好的结果。这种方法涉及使用两个波段比率进行分析。

另一项研究（Fernández-Ibañez et al. 2009）也使用了光谱仪（400~2500nm）和傅里叶变换近红外（FT-NIR）分光光度计（9000~4000cm^{-1}）用于测定玉米（66 个样本）与大麦（76 个样本）中的黄曲霉毒素 B_1。光谱数据以反射模式获得并保存为 $\log(1/R)$ 格式，其中 R 是反射率。自然感染后，将谷物样品在室温（20±2）℃下培养 3 个月。对每个颗粒进行化学分析，以确定其黄曲霉毒素污染浓度，20ppb 以上被归类为阳性，低于 20ppb 为阴性。数据处理基于偏最小二乘判别分析。基于反射率数据检测玉米和大麦中黄曲霉毒素的最佳模型分别有 $R^2=0.8$ 和 $R^2=0.85$ 的结果。当使用 FT-NIR 数据时，以上模型 R^2 的数值分别为 0.82 和 0.84。本研究探讨了不同化学计量学模型的分析。对谷物样品制备的描述没有详细说明。

荧光测量可以提供另一种筛选黄曲霉毒素污染的玉米籽粒的方法。当用紫外线激发时，黄曲霉毒素发出荧光（Carnaghan et al. 1963；Goryacheva et al. 2008）。黄曲霉感染的谷物在 UV 激发下也发出明亮的亮绿黄色荧光（BGYF）。Marsh 等（1969）指出，发出荧光的能力是活细胞表现出过氧化物酶活性的一个特征。对于黄曲霉来说，真菌必须感染植物组织并在其中生长一段时间，产生已知的黄曲霉的另一种代谢物酸，并在氧化酶型反应中将其转化为一种或多种 BGYF 化合物。换句话说，BGYF 复合物和黄曲霉毒素的产生之间存在明显的重叠。BGYF 现象被广泛应用于玉米黄曲霉毒素的推测试验中（Shotwell and Hesseltine 1981；Maupin et al. 2003），以确定是否需要化学分析来测量给定样品的黄曲霉毒素浓度水平。该方法需要使用 365nm 紫外线进行荧光鉴定。然而，它仅揭示了来自样品的广泛荧光响应而没有识别荧光发射的来源。因此，BGYF 方法不被用于黄曲霉毒素污染的定量或定性测量。

窄带荧光光谱为更好地检测玉米中的黄曲霉毒素提供了可能的选择。高光谱成像系统可以在同一个籽粒样本上捕获数百个像素点，而不是使用光谱仪对每个颗粒样本进行单点数据采集。因此，高光谱成像可以优化数据采集，特别是在空间领域。一项研究（Yao et al. 2010a）中使用了荧光高光谱成像检测玉米黄曲霉毒素。这项研究的重点是解释感染真菌的玉米粒中的 BGYF 现象，目的是确定接种黄曲霉的玉米粒的荧光发射与玉米内的黄曲霉毒素污染水平之间的关系。荧光高光谱成像系统基于推扫式线扫描，并搭载一个光谱仪用于光谱色散。成像传感器是 14 位的 CCD 相机。以 365nm 为中心波长的长波紫外线灯作为荧光激发光源。总样本由 504 粒玉米粒组成。成像后，对每粒玉米进行化学分析以确定黄曲霉毒素浓度水平。所有玉米粒样本均取自田间人工接种产毒黄曲霉菌的玉米。

对荧光高光谱图像数据进行预处理,并生成每个玉米粒的感兴趣区(ROI)。提取 ROI 的荧光光谱信息,并与化学测量结果进行统计学比较。研究发现不同浓度黄曲霉毒素污染的籽粒之间有荧光发射峰移现象。结果显示,荧光发射峰向波长较长的高污染玉米粒偏移(图 6.5)。研究还发现,与污染程度较低的籽粒相比,高度污染籽粒的荧光峰有较低的强度水平。另外,测量的黄曲霉毒素与蓝色和绿色区域中的荧光图像之间存在普遍的负相关关系。多元线性回归模型的相关系数 R^2 为 0.72。多变量方差分析显示,在 0.01 的 α 水平下,<1ppb、1~20ppb、20~100ppb 和≥100ppb 这 4 种黄曲霉毒素组的荧光平均值存在显著性差异。在两级模式下,当使用 20ppb 或 100ppb 的阈值时,分类准确度介于 0.84~0.91。其他分类算法的研究有相似的结果(Yao et al. 2010b,2011b)。

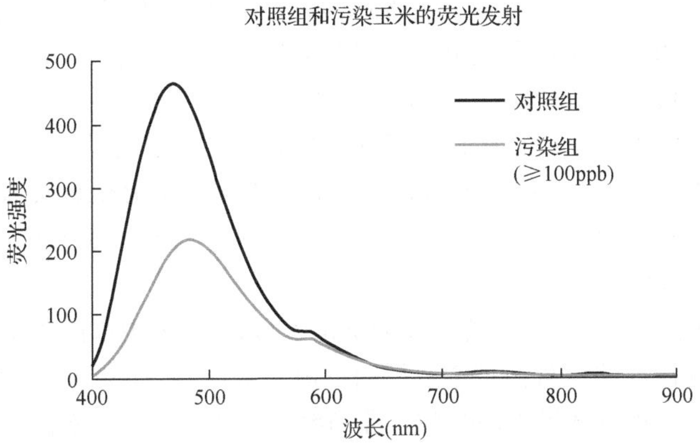

图 6.5　对照组和污染黄曲霉毒素的玉米粒之间荧光发射峰位移的图示

6.4.1.2　镰刀菌毒素和其他真菌毒素污染的玉米

玉米中另一种常见的真菌毒素是伏马菌素。伏马菌素由镰刀菌产生。与黄曲霉毒素类似,伏马菌素被认为具有促癌作用。根据 FDA 的规定,用于人类消费的玉米和玉米产品中伏马菌素的最大浓度水平是 2~4ppm(百万分率)。对不同的动物饲料,动物消耗的最大水平为 5~100ppm(FDA/CFSAN 1978)。目前的抽样程序统计了结果中高达 90%的变异性。伏马菌素的测定是以分析方法为基础的。将玉米样品研磨并进行化学分析以准确测定伏马菌素浓度水平。

可见和近红外反射、透射光谱是玉米粒中伏马菌素快速与非侵入检测的可行方法。Dowell 等(2002)使用反射(400~1700nm)和透射(550~1050nm)的光纤光谱仪检测单个玉米粒中的伏马菌素。玉米样本总数为 300 粒。在玉米乳熟后期到蜡熟早期,人工接种串珠镰刀菌 NRRL 25457。光谱测量之后,对每个玉米粒进行化学分析以确定伏马菌素的实际浓度。数据分析采用偏最小二乘法和判别分析。结果表明,污染浓度>100ppm 和<10ppm 的玉米粒可以被准确地分类为伏马菌素阳性或阴性。在另一项研究中,Berardo 等(2005)获得了镰刀菌感染的 280 个玉米粒的 VNIR 反射光谱。光谱仪的光谱范围在 400~2500nm,采集的数据以 log(1/R)格式记录。每个玉米粒用高效液相色谱法进行化学分析以检测伏马菌素的浓度。采用改进的偏最小二乘回归方法进行数据分析。模型预

测的 R^2=0.78。

6.4.1.3　真菌污染的玉米

通常，由真菌破坏的玉米粒质量低，被真菌毒素污染的可能性较高。如果这些籽粒被去除，玉米的整体品质可以大大提高。去除这种籽粒也可以防止被感染的/被污染的物质进入食物链。因此，除了真菌毒素检测之外，研究者还使用光谱方法对检测真菌感染的玉米粒进行了研究。

研究表明真菌的光谱差异很大。例如，Yao 等(2008)试图使用高光谱图像来区分产毒真菌。在该研究中，他们使用 VNIR 推扫式线扫描高光谱相机采集了其中可产生毒素的 5 种不同类型真菌的图像，包括产黄青霉菌、轮枝镰刀菌、寄生曲霉菌、绿色木霉菌和黄曲霉菌。得到的反射率数据表明，这些真菌是高度可分的，分类准确率为 97.7%。在另一项研究中，Jian 等(2009)使用高光谱图像对一种产毒黄曲霉菌和 3 种非产毒黄曲霉菌进行了区分。数据采集过程中使用了紫外灯和卤素灯这两种不同的光源。为了处理图像，首先使用遗传算法(genetic algorithm，GA)来选择基于 Bhattacharya 距离的主分量。然后使用支持向量机来对真菌进行分类。分类准确率平均为 0.67~0.85。成对分类的准确率达到了 0.8~0.99。

Pearson 和 Wicklow(2006)发现，以 715nm 和 965nm 为中心的 NIR 反射光谱可以准确区分出现广泛变色，并被黄曲霉菌、黑曲霉菌、玉蜀黍壳色单隔孢菌、禾谷镰刀菌、轮枝镰刀菌或绿色木霉菌感染的玉米粒，准确率达到了 96.6%。光谱数据由光谱仪采集。该领域的其他研究也使用高光谱图像。Williams 等(2010)着重区分了被镰刀菌感染的和完整的玉米粒。所使用的高光谱图像在 NIR 和 SWIR 范围(960~2498nm)。结果表明，利用主成分分析法可以有效地识别个体感染的和非感染的区域。具体而言，沿第一个主成分(PC1)的方向，被分为两个聚类的感染和健全玉米粒之间有明显差异。利用偏最小二乘判别分析，针对研究中使用的两个相机系统得到的决定系数分别为 0.73 和 0.86。

Del Fiore 等(2010)利用高光谱反射数据对真菌感染的玉米粒和健康对照玉米粒进行区分。成像系统基于推扫式线扫描。对于样品制备，使用 4 种曲霉菌株、两种镰刀菌菌株和一种青霉菌株接种 12 种玉米杂交种。对于成像，将玉米粒分成 20g 的样品。成像后，将反射数据转换为以 $\log(1/R)$ 格式表示的表观吸光度单位，然后转化为主成分进行统计分析。在这项研究中，在接种后，对真菌感染诱导的玉米粒表面每日的变化进行成像。结果表明，ANOVA 和之后 Fisher 的 LSD 测试可以识别出两个具有高辨别力的、可用于检测真菌存在和/或生长的波长。此外，该研究证明在玉米上接种黄曲霉和黑曲霉 48h 后，可以进行真菌感染的早期检测。

6.4.1.4　污染赤霉菌和其他真菌的小麦

小麦的主要问题之一是枯萎病或赤霉病。该病是在潮湿条件下，由镰刀菌引起的小麦植株在开花期或发育早期的一种真菌病害。镰刀菌枯萎病的症状是籽粒外观皱缩，并呈现垩白或粉红颜色(图 6.6)。赤霉病的存在会使小麦品质降低，最终造成生产者和消费者的损失。目前 USDA(美国农业部)/GIPSA(美国谷物检验、包装和储存管理部)检测小麦赤霉病使用的方法是人工视觉检查，这种方法费力且主观；因此，人们总是希望找到更为快速的检查方法。在本节中，将对几种光谱方法进行综述，包括光纤光谱仪的使用，光谱数据在分选中的应用，以及高光谱成像技术。

图 6.6　小麦枯萎病。由 USDA ARS 提供(彩图请扫封底二维码)

在一项研究中，Delwiche(2003)将单个小麦籽粒样本分为健康的、霉菌损伤的和赤霉菌感染的 3 类。每个类别至少有 138 个籽粒。用 940～1700nm 的光谱仪测量每个籽粒的反射率。然后将反射率数据以 log(1/R) 格式存储。详尽地搜索各个波长的最佳组合、最佳波长差、最佳波长比以及上述波带运算方法的结合。最佳分类模型是籽粒质量与两个波长(1182nm 和 1242nm)差异的组合，检测精度达到了 95%。如果仅区分两个类别(健康的和损伤的)，则准确度从 95%提高到 98%。研究指出，籽粒放置的方向也会影响分类精度。Delwiche 和 Hareland(2004)将硬质红色春小麦籽粒分为健康的和赤霉菌损伤的两组，每组用 868 粒进行第一次试验并用 1790 粒进行第二次试验。与前面的研究相同，光谱仪的波长范围为 1000～1700nm。数据分析过程中采用线性判别分析和 k 最近邻法等统计分类方法。结果显示，宽碳水化合物吸收带(约 1200m)的低波长侧斜率对从镰刀菌感染的籽粒中分离出健康籽粒是相当有效的(95%的准确度)。

Peiris 等(2009)报道了健康的和镰刀菌感染的小麦籽粒的近红外吸收特征。在波长 1204nm、1365nm 和 1700nm 处的吸收峰高度上发现了差异。这些差异可能是由谷物中诸如淀粉、蛋白质、脂质和其他结构化合物的储备水平变化引起的。在波长 1425～1400nm 和 1915～1930nm 处，两种籽粒之间的吸收峰位置也有变化。最后，在最近的一项研究中 Rasch 等发现(Rasch et al. 2010)，组合来自不同光谱分析方法的数据(例如，优化的激发和发射波长、荧光衰减时间和荧光量子效率，以及近红外光谱数据)，有望用于真菌和真菌毒素的定性和定量鉴定。

　　研究者还进行了分选镰刀菌感染小麦的相关调查。一般来说，分选基于可见光或近红外波长区域的单色光或双色光。Delwiche 和 Gaines（2005a）的目标是在可见光和近红外区选出最佳的单色与双色波长用于分类。结果表明，在可见光区域 500nm 和 550nm 处的分类准确率为 94%，NIR 区域 1152nm 和 1248nm 处的准确率为 97%，混合区域 750nm 和 1476nm 处的准确率为 86%。分选过程中面临的一个挑战是识别并移除受损的颗粒。Delwiche（2008）采用了高功率脉冲发光二极管（light emitting diode，LED）灯与一个硅光电二极管检测器相结合的设计。在分选过程中籽粒自由落体，LED 灯以 2000Hz 的频率闪烁。在此设置中，籽粒的反射光在其自由落体期间将被探测器捕获到约 20 个周期的脉冲光。用线性判别分析法对结果数据进行分析，对镰刀菌感染籽粒的分类准确率达到了 78%。尽管结果与以前的研究没有可比性，但这是朝着实际操作迈出的一步，并且是对传统双色设计（效率为 50%）的改进。进一步的研究（Yang et al. 2009）提高了同一分选系统的检测精度。综合准确率为 85%。在另一个实验中（Wegulo and Dowell 2008），研究者对单籽粒近红外分选系统（来自瑞典斯德哥尔摩的波通仪器公司）的性能与镰刀菌感染小麦籽粒的视觉分选进行了比较。结果表明，由于检测范围更广、一致性更高，分选系统的效果更好。

　　上述对感染赤霉病的小麦籽粒的分选以分光光度计的读数为基础。每一个籽粒都有一个测量得到的光谱读数。另外，高光谱图像可以为一个小麦籽粒提供数百个像素（或数百个光谱读数）。因此，能够提取更多空间和光谱信息的高光谱图像也被用于检测小麦赤霉病。图像采集通常由推扫式线扫描技术来实现。在一项研究中，Delwiche 和 Kim（2000）对 3 个小麦品种进行了成像，每个品种有 32 个正常的和 32 个赤霉病损伤的籽粒。反射图像的光谱范围为 424～858nm。小麦籽粒在黑色天鹅绒布上以 8×8 矩阵排列。正常和赤霉病感染籽粒以行交替的顺序排列。在图像校准和预处理之后，每个籽粒的反射率被平均为一个反射值。研究发现赤霉病感染籽粒的反射率通常比正常籽粒的高。统计分析包括逐步判别分析和判别分析。第一个过程选择出 22 个最佳波段进行分类。然后由该 22 个波段选择出最佳的双波段组合用于判别分析。误判率与样本品种相关，相关系数为 2%～17%。另外，Shahin 和 Symons（2011）使用反射图像（400～1000nm）来检测加拿大西部红色春小麦中镰刀菌感染的籽粒。在这项工作中，800 粒小麦被分成健康的、轻度感染的和严重感染的 3 类样品。用主成分分析和线性判别分析对图像进行分析。在分为两类（健康的和被感染的）的情况中，总体准确率达到 92%。这项工作还指出，压缩的图像空间（6 个波长）和全光谱图像的性能是可比的。

　　为了利用更广泛的光谱数据，Polder 等（2005）使用 VIS-NIR（430～900nm）和 SWIR（900～1750nm）高光谱图像检测单一小麦籽粒中的镰刀菌。记录的成像数据是透射光谱。为了捕获透射率数据，两个成像系统需要不同的物理配置。在样品制备过程中，从人工接种镰刀菌的样品中选择包括受损和健康外观的 96 个籽粒。通过 TaqMan 实时PCR 分析，确定每个籽粒中镰刀菌的实际侵染量（即镰刀菌 DNA 的量）。通过无监督模糊 c-均值聚类和监督偏最小二乘回归分析光谱吸收数据。结果表明，SWIR 数据比 VNIR 数据具有更好的性能。该分析可以清楚地识别出含有超过 6000pg（皮克）镰刀菌 DNA 的籽粒。

此外，研究者还对其他真菌感染的小麦籽粒进行了研究。Singh 等(2007)使用波长范围 1000~1600nm 的近红外高光谱图像进行小麦的真菌检测。真菌感染是由青霉菌、灰绿曲霉和黑曲霉引起的。应用 PCA 来减少图像维度。然后用 k-均值聚类和判别分析实现分类。在两类判别的情况下，检测到受感染籽粒的平均准确率为 97.8%。当判别 4 类时，95%的青霉菌感染籽粒和 91.7%的健康籽粒可以被正确识别。误判发生在灰绿曲霉和黑曲霉感染的籽粒上。对相同的数据，Zhang 等(2007)使用支持向量机进行分析。上述青霉菌、灰绿曲霉、黑曲霉感染籽粒及健康籽粒这 4 类的分类准确率分别为 99.3%、87.2%、92.9%和 100%。灰绿曲霉和黑曲霉之间的误判率为 10%。

6.4.1.5　呕吐毒素污染的小麦/大麦

除了引发赤霉病外，镰刀菌还能产生一种叫作脱氧雪腐镰刀菌烯醇的代谢产物，也称为呕吐毒素。在美国，FDA 对成品小麦产品中呕吐毒素水平的规定是：用于人类消费的不得超过 1ppm，用于牲畜和家禽饲料的不得超过 5~10ppm。传统的检测方法基于化学分析，如高效液相色谱法或酶联免疫吸附测定。通常，人们希望能够使用快速、非侵入式的方法来检测并准确地量化小麦样品。

早期的研究集中在使用光谱方法检测单一小麦籽粒。例如，Dowell 等(1999)使用光谱仪(400~1700nm)来测量感染了呕吐毒素的小麦籽粒的吸光度。PLS 模型预测呕吐毒素的 R^2=0.64。该模型是在 DON>5ppm 时建立的。他们还研究了大批样品(多于一个籽粒)的实际呕吐毒素与其光谱测量值之间的关系。Ruan 等(2002)利用光谱仪吸光度数据(400~2500nm)非破坏性测定大麦中脱氧雪腐镰刀菌烯醇的含量。重点开发用于预测的神经网络模型。当使用全波段 NIR 数据时，模型 R^2 为 0.933。当使用 700~1000nm 的数据时，R^2 为 0.912。结果表明，神经网络方法优于 PLS 分析。Pettersson 和 Aberg(2003)使用 NIR 透射率数据(570~1100nm)测定小麦籽粒中的 DON。分析中使用了 PCA 和 PLS 方法。最佳回归模型是在 670~1100nm 波长范围内建立的，相关系数为 0.984。Beyer 等(2010)采用更彻底的方法，首先根据目测将镰刀菌感染的小麦籽粒分成 6 个损伤等级，分别为 0%、20%、40%、60%、80%和 100%。每一组的样本数量多于 120 个。用 ASD 光谱仪收集反射光谱(350~2500nm)，并对每组的呕吐毒素进行化学测定(HPLC)。分析中使用偏最小二乘回归和线性判别分析。相关系数 R^2 为 0.84。然而得出的结论是，当呕吐毒素含量在 1.25ppm(1.25mg/kg，欧盟标准)的法定限度下时，仅靠这种方法不足以区分出含有呕吐毒素的谷物样品。

研究也包含自动检测和分选 DON 污染的小麦籽粒。Delwiche 等(2005b)从事软质小麦的高速光学分选，以减少脱氧雪腐镰刀菌烯醇。对商业高速双色分选机用 675nm 和 1480nm 两个波长进行了改进。波长选择是基于先前关于单粒小麦研究的结果。分选机的容量为 0.33kg/(channel-min)，剔除率为 10%。第一轮分选后，分选小麦与原始小麦的 DON 污染水平的比例介于 18%~112%，平均值 51%。如果使用多次分选，将其中分选过的样本重新分选，那么可以将比例降低至原始水平的 16%~69%。Peiris 等(2010)评估了用于估计 DON 水平的自动化单核新红外光谱分选仪。结果表明单粒小麦可以被预测为含有低(<60ppm)或高(>60ppm)水平 DON，准确率达到 96%。对于 DON 浓度高的籽粒，预测结果的相关系数 R^2=0.87。分选机可以以 1 粒/s 的速度运行，并且可以帮助育种者得到更多关于单粒种子的相关信息。

6.4.1.6　真菌污染的大豆

Wang 等(2004)使用近红外反射光谱(400～1700nm)对真菌损伤的单个大豆种子进行分类。在偏最小二乘和神经网络分析中，反射率被转化为吸光度。这些样品是由训练有素的谷物检查员手工挑选的，包括 800 粒真菌损伤的和 500 粒健康的大豆种子。在490～1690nm 波长范围内，这两类种子的偏最小二乘模型准确率超过99%。这项研究进一步将真菌损伤的种子根据损害程度分成 4 个不同类别，建立区分 5 种籽粒的模型。在这种情况下，神经网络模型具有更高的分类准确率，训练集样本的判别准确率达到94.6%。

6.4.2　生产

高光谱成像除了应用在粮食安全检测中，在检测产品的潜在污染物、食品加工的关键控制点上也有成功的应用。水果和蔬菜等新鲜农产品的主要安全问题之一是产品表面的粪便污染。因此检测这种污染对于生产者和加工者来说是非常重要的。

6.4.2.1　苹果的荧光检测技术

一些早期的研究通过苹果来证明使用光谱和成像技术检测表面污染物的可行性(Schatzki et al. 1997；Wen and Tao 2000；Leemans and Destain 1998)。在 20 世纪 90 年代，研究发现经常导致溶血性尿毒症综合征的细菌菌株大肠杆菌 O157:H7 的暴发与未经高温消毒的苹果汁和苹果酒有关(Steele et al. 1982；Besser et al. 1993；CDC 1996，1997；Cody et al. 1999)。来自牛和鹿的动物粪便被认为是果汁中发现的污染的主要来源(Riordan et al. 2001；Uljas and Lngham 2000)。由于这对美国群众特别是儿童造成了威胁，因此 FDA 出台了一项旨在减少食物链中苹果粪便污染的政策(FDA 2001)。FDA还表示需要快速、非侵入性技术来检测苹果上的粪便污染物。为响应联邦政府的要求，以及建立一个自动化、无损的产品质量和安全检查的成像系统的需求，美国农业部研究人员在马里兰州贝尔茨维尔开发了基于实验室(Kim et al. 2001，2003b；Lefcourt et al. 2005a)和在线 (Kim et al. 2008b)高光谱与多光谱的成像系统用于可能的商业应用。采用不同品种的苹果作为评估各种系统和技术的测试模型。

一项早期研究(Kim et al. 2001)比较了正常苹果与有真菌污染、瘀伤的苹果的荧光和反射图像。这些图像是通过基于实验室的高光谱反射和荧光成像系统获取的，该系统专门为食品质量和安全研究开发。该系统的光谱范围在 430～930nm，光谱分辨率为10nm，空间分辨率为 1mm²，配备了卤素灯和 UV-A 照明光源用以测量反射率与荧光发射。这项研究的结果提供了无瑕疵的金冠苹果的基线光谱特征，以及由反射和荧光发射图像中的污染与缺陷造成的影响(Kim et al. 2001)。在两个后续实验中，上述成像系统获得的高光谱反射率(Kim et al. 2002a)和荧光(Kim et al. 2002b)数据被用于确定可应用到在线多光谱系统中的最佳波长。主成分分析用于帮助可视化高光谱数据并制定多光谱检测的标准。选择 4 个不同品种的苹果(蛇果、富士、嘎拉和金冠)作为样本。将一个奶牛场的粪便用贴片和透明隐形涂片涂在苹果上。反射结果确定了 3 个可见近红外区域和两个近红外区域的波长,它们可能会在多光谱成像系统中用于苹果上的粪便检测。对不同品种苹果的粪便污染采用单一阈值方法进行分类,这种方法对厚粪便涂片效果良好,但对透明的粪便涂层效果不佳(Kim et al. 2002a)。

相比之下,荧光成像实验的结果更好。通过 PCA 和检测荧光发射极大值确定了 4 个波长(450nm、530nm、685nm 和 735nm)作为判别受污染苹果表面的最佳波长。另外,一个简单的双波段比率(685nm 除以 450nm)减少了正常苹果表面的变化,并突出了受污染区域和未受污染区域之间的差异(Kim et al. 2002b)。作者还指出,由于粪便物质的自发荧光较低,因此在线商业应用中需要增强荧光信号并使用更适合于粪便检测的激发波长(410~420nm)(Kim et al. 2003b)。

在荧光成像之前,研究者对用稀释的(1∶2、1∶20、1∶200)粪便处理的 96 个金冠苹果进行了更大规模的实验(Kim et al. 2004)。使用之前为食品安全研究而开发的系统的更新版本(Kim et al. 2001)获取荧光高光谱图像。成像系统的主要区别是包含了一个热电冷却电子倍增电荷耦合器件(electron multiplying charge coupled device,EMCCD)相机,该相机能够衰减低荧光信号,从而取代原来的 CCD 相机获得更好的信噪比。高光谱成像后,用 PCA 确定用于苹果上粪便分类的几个波长。PCA 选择的波长组合中,556nm 和 663nm 的双波段荧光比率图像在对金冠苹果表面上的几种粪便稀释物自动检测时具有最小的假阳性。无论单个苹果的颜色变化如何,结果都可以复现(Kim et al. 2004)。

先前获得的所有信息都被用于多光谱成像系统的后续开发中。Lefcout 等(2006)概述了包括算法开发和测试在内的各个步骤。

研究者开发的多光谱成像系统之一是便携式多光谱荧光系统,用于选择检测蛇果上粪便的最佳红色波段(Kim et al. 2005a)。该系统由紫外光源、带有六位滤光轮的增强型 CCD(intensified CCD, ICCD)相机及用于控制系统和图像自动分析的软件组成(Kim et al. 2005a;Lefcourt et al. 2005a)。研究发现 670nm 处的荧光发射波段提供了苹果表面污染和未污染位点之间的最佳对比。并进一步证明使用无监督自动阈值算法及双波段比率的多光谱融合,将系统的检测能力提高到了 100%(Kim et al. 2005a)。该系统在公共示范区展出,目的是提高公众对可能不容易看到的粪便污染的认识。事实上,只要在洗涤之前粪便留在苹果表面 5h 以上,该系统就能够检测到苹果被清洗后的粪便残留物(Lefcourt et al. 2005a)。

6.4.2.2　苹果的激光诱导荧光检测

对苹果粪便污染在线自动检测装置的下一步探索是引入多光谱激光诱导荧光(laser-induced fluorescence,LIF)成像系统。该系统由 Kim 等(2003a)开发,旨在捕获来自包括肉类和农产品在内的大型生物样品,在蓝色、绿色、红色和远红外区域 450nm、550nm、678nm 与 730nm 波段的多光谱荧光发射图像。该系统由脉冲激光器、扩束器、透镜、通用孔径适配器和快速门控增强型 CCD 相机组成(Kim et al. 2003a;Lefcourt et al. 2003)。

多光谱激光诱导荧光成像系统的应用之一是测试激光诱导荧光检测蛇果上粪便污染物的能力和灵敏度。将来自奶牛、鹿和废弃奶牛牧场的连续稀释的粪便施用于苹果。在苹果表面处理 1 天后、7 天后、冲洗后及冲洗和刷洗后采集图像。由于被处理区域的荧光中有一个宽而陡峭的梯度，因此应用梯度法进行检测。结果显示在粪便稀释物质施用于苹果 1 天后，1∶2 和 1∶20 稀释度的检测率接近 100%，1∶200（<15ng）稀释度的检测率超过 80%。污染来自牧场粪便的苹果在被冲洗和刷洗之后的检测率最低，稀释度 1∶2、1∶20 和 1∶200 分别对应检测率 100%、30% 和 0%。红与蓝波段图像比率的分析提高了对 1∶2 稀释度的检测效果，然而当仅使用红色波段对应的图像进行分析时，对 1∶200 稀释度的检测效果更好。结果表明，激光诱导荧光成像是一种检测苹果（包括花萼等隐蔽区域）粪便污染的有效方法（Lefcourt et al. 2005b），然而，在可行的在线检测系统开发之前仍有几个实际问题需要解决（Lefcourt et al. 2003）。

接下来的几项研究集中在完善多光谱激光诱导荧光系统鉴别不同品种的非污染苹果和污染粪便苹果的检测方法中。Lefcourt 等（2005c）分析了提高 LIF 系统选择性和特异性的潜在方法，即利用先前确定的用于检测粪便的 417nm 最佳激发波长（Kim et al. 2003b）；和一种带有参量振荡器的脉冲激光，用于调谐到特定波长。该研究考察了脉冲激光激发下的荧光响应时间在检测苹果粪便污染中的作用。结果显示，时间是加强粪便污染区域信号的重要因素。利用荧光信号的时间依赖性，Kim 等（2005b）研究了苹果上粪便物质的纳米荧光发射衰减特性，以便找到检测污染的最佳红色波段和门延迟时间。结果显示，最能显示处理与未处理苹果间时间依赖性荧光最大差异的发射波长是 670nm，且距离激光激发峰的门延迟为 4nm（Kim et al. 2005b）。最终，图像经过通用能量转换后进行边缘检测，达到最佳检测效果（Lefcourt et al. 2005b）。通过转化，苹果之间的典型强度变化减小了，污染和未污染区域的差异增加了（Lefcourt and Kim 2006）。

研究者开发了更新的时间分辨多光谱激光诱导成像系统，该系统具有用于激发波段选择和荧光响应的纳秒级表征（寿命成像）的可调谐波长能力。该系统用受牛粪污染的蛇果进行测试。使用了几种激发-发射波长，并且证实了 670nm 发射波长和 418nm 激发波长在区分干净苹果和有处理斑点的苹果时有最佳效果（Kim et al. 2008a）。该系统的另一个好处是有用于荧光寿命成像的广阔视场（13cm×13cm），可以容纳相对较大的生物样本（Kim et al. 2008a）。

6.4.2.3　苹果的反射率检测

尽管荧光高光谱和多光谱成像在用于苹果粪便检测时被认为是更为灵敏的（Kim et al. 2001），但研究也探索了反射图像在食品安全检测方面的特性。

Mehl 等（2002）采用反射模式的高光谱系统（Kim et al. 2001）用 153 个样品进行实验，分离出 3 个波段用于区分正常和受污染的金冠、蛇果及嘎拉苹果。使用 PCA 和叶绿素吸收峰值方法来阐明应用在多光谱成像系统中的最佳光谱波段，该系统由基于棱镜的三通道（RGB）相机组成,该相机具有置于棱镜和 3 个 CCD 之间的特定带通滤波器以获得光谱特异性用以检测各种异常苹果，包括缺陷、疾病和污染。在区分正常和被污染的苹果样品时，嘎拉(95%)和金冠(85%)的效果较好；然而，蛇果(76%)的分离结果要差些(Mehl et al. 2002)。尽管 PCA 是分析高光谱数据时最常用的多变量方法，但根据数据集的需求还可以开发其他方法。Mehl 等(2004)比较了几种高光谱反射图像的分析方法，用于检测蛇果、金冠、嘎拉和富士苹果表面上的缺陷及污染物。作者还提出了一种不对称的二阶差分法，该方法使用 685nm 处及近红外区域两处的叶绿素吸收波段。该方法在与颜色或品种无关的苹果缺陷和污染检测中得到了可与 PC 图像分析相媲美的结果。由于该方法仅需要 3 个波段并且处理时间相当短，因此被认为适用于在线多光谱成像系统(Mehl et al. 2004)。

进一步的高光谱反射实验(Liu et al. 2007)揭示了蛇果和金冠苹果在可视-近红外区域的 675～950nm 处，清洁和粪便污染表面之间表现出最明显的光谱差异。作者应用了几种图像分析方法，并确定双波段比率(725nm/811nm)算法能够最好地检测两个品种被污染的区域。由于两个波段(725nm 和 811nm)远离天然色素对应的光谱区域，因此不同品种的苹果之间不存在颜色变化的干扰。此外，该算法可有效识别水果表面的瘀伤。通用双波段算法的发展提高了在线检测系统中应用反射率的可能性。

结合荧光和反射研究的结果来测试在线系统。将高光谱线扫描成像系统(Kim et al. 2004)与商业苹果分选机集成在一起，用于苹果质量(切割和瘀伤)和安全(粪便污染)检测的成像。结果表明，双波段比率分析荧光成像对人工污染牛粪的苹果的检测率为 100%，并且没有假阳性。近红外双波段反射比与基于比值异质性的简单分类方法相结合，实现了 99.5%的苹果缺陷分类，假阳性率为 2%。系统在高光谱模式下实现了约 3 个苹果/s 的速度(Kim et al. 2007)。后续的"多任务"多光谱成像系统是利用更新的 EMCCD 相机开发的，该相机设计用于与商业苹果分选机配合操作。Kim 等(2008b)的研究中描述了该系统的细节。测试线扫描图像以 200s 的曝光时间获得，处理速度超过 4 个苹果/s。每秒总共 333 行及每个苹果 40 个像素为基于图像的在线检测提供了足够的空间分辨率(Kim et al. 2008b)。

一个未充分解决的问题是相机在自动检测系统上看到单个水果所有表面的能力。Reese 等(2009)提出了使用凹形抛物面镜，这是一个有意义的想法，但需要进行一些调整才能得到实际应用。自动化在线检测多任务系统的软件正在开发中。该系统具有结合几种分选组件的潜力，以及检测粪便污染物的附加效益，因此还适用于除苹果之外的其他食品的安全和质量检测(Kim et al. 2011)。

6.4.2.4　其他水果(哈密瓜、草莓)

荧光高光谱系统(Kim et al. 2001)也被用于检测哈密瓜(Vargas et al. 2004，2005)和草莓(Vargas et al. 2004)的粪便污染。哈密瓜的图像数据分析表明，由于果实表面的天然变化，单波段和双波段比率的方法都会出现一些假阳性结果。对整个高光谱数据集采用 PCA 方法，能更有效地在粪便污染和假阳性之间做出判别，并挑选特定波段用于多光谱的应用中。据推测，由于水果含水量高及光照条件不理想，因此草莓的成像效果不太好(Vargas et al. 2004)。

6.4.2.5　蔬菜(绿叶蔬菜、黄瓜)

自 20 世纪 90 年代初以来,美国报道的大肠杆菌感染的案例中至少有 26 次与受污染的菠菜和莴苣等绿叶蔬菜有关(Maki 2009)。尽管各种食品安全机构为防止这些感染蔓延做出了巨大努力,但事实是,美国每年仍有数以千计的人感染大肠杆菌,其中许多人没有存活下来(Maki 2006)。由于遥感的非侵入性和适应性,它可能非常适用于叶菜类蔬菜及其他蔬菜的污染监测。

为了验证这一理论,研究者采用高光谱技术对绿叶蔬菜粪便污染进行分类,其中荧光高光谱成像(421~700nm)和双波段比率(666nm/680nm)图像分析方法成功地将菠菜与生菜叶上的粪便污染物区分出来(Yang et al. 2010)。成像系统基于推扫式线扫描的 EMCCD 相机。样品用 365nm 紫外线激发。蔬菜样品是生菜和嫩菠菜叶。人为地将粪便污染物放到每片叶子的表面。叶片的发射峰位于与叶绿素强度有关的 660~690nm。与叶峰相比,粪便污染点的发射峰向较短的波段蓝移。在长波 UVA 激发下,叶绿素通常发出红色和远红色荧光。这与 Yang 等(2010)研究的观察结果一致。研究人员在所有可能的双波段组合上进行了详尽的探索,选择与粪便污染具有最高相关性的双波段比率(666nm/680nm)开发分类算法。结果表明,该分类实验能准确地检测到所有的污染点,但不能检测到所有的污染像素。另一项研究(Siripatrawana et al. 2011)对污染了大肠杆菌的新鲜包装菠菜进行高光谱反射率分析,联合 PCA 和人工神经网络(ANN)化学计量分析,快速、定量地检测大肠杆菌的感染。

Lu 和 Ariana(2011)应用反射与透射高光谱技术检测腌制黄瓜的果蝇感染。采用偏最小二乘判别分析方法对被感染和未被感染样本进行分类。结果表明,高光谱成像系统在两种模式下的检测精度均优于人工检测(75%)。在反射率模式下,分类准确率在 82%~88%,而在透射率模式下是 88%~93%。

6.4.3　坚果

6.4.3.1　杏仁

内部受损的杏仁在烹制后发生褐变,这种杏仁味道苦涩、颜色发暗,不被加工工厂和消费者所接受。由于损害不明显,因此很难区分受损的坚果与正常的坚果。1999 年,Pearson 发现可以利用全波段(700~1400nm)的透射高光谱成像技术将未损坏的与受损的杏仁进行区分。虽然前景广阔,但由于全波段高光谱系统会产生大量的数据集,这种方法是很烦琐的。最近研究者开发出一种只需要两组特征比值的新特征选择算法,用于内部受损杏仁的分类检测。结果表明,与使用离散最佳特征波段子集或使用所有波长数据的特征提取算法(Nakariyakul and Casasent 2011)相比,该方法有更高的分类准确率。该方法可以被用于其他的实时多光谱传感器系统中,包括与黄曲霉毒素污染有关的杏仁中的昆虫损伤评估(Schatzki and Ong 2001)。

6.4.3.2　核桃

经过高光谱图像分类的另一种特产作物是黑核桃。由于吞食壳体的风险，核桃壳与果肉自动鉴别技术的应用已成为美国核桃采后加工行业十分关注的安全问题。Jiang 等(2007)采用高光谱荧光成像及基于高斯核的支持向量机(SVM)方法对核桃壳和果肉进行分类。实验结果显示，基于 6257 个样本的总体识别率为 90.3%。Zhu 等(2007)使用荧光高光谱图像与避免高光谱数据冗余的 ICA-KNN 最佳波长选择方法，来区分核桃壳和果肉。两项研究的结果都显示了为防止可能的窒息危险或口腔损伤，使用荧光高光谱对黑核桃壳和果肉进行分类的可行性。

6.4.3.3　开心果

由于味鲜可口并对健康有诸多好处，开心果在世界各地都十分受欢迎，并且在几个国家具有重要的经济作用。不过与其他坚果一样，由于受到储存条件变化的影响，开心果也容易受到与产黄曲霉毒素的曲霉属相关的真菌污染(Farsaie et al. 1978；Pearson and Schatzki 1998；RahaieI et al. 2010)。全球出口开心果中可接受的毒素含量标准为：黄曲霉毒素 B_1 不超过 10ppb，黄曲霉毒素总量不超过 15ppb(RahaieI et al. 2010)。早期利用光谱方法对污染和未污染黄曲霉毒素的开心果进行鉴别尝试的是 Farsaie 等(1978)。他们从伊朗开心果中提取出激发和发射光谱，以建立基于自然 BGY 荧光的黄曲霉毒素污染和未污染坚果的分类指标。用 360nm 和 420nm 的激发波长测试 6 个指标。结果表明 BGY 荧光发射峰位于 490nm 处，最可能与纯物质有关，并且与其他发射峰明显不同。因此证明了使用机器视觉的可行性。在后来的研究中，Pearson 和 Schatzki(1998)根据受污染坚果的特定染色模式，使用机器视觉自动检测含有黄曲霉毒素的开心果。他们的研究指出，使用基于图像的自动化系统的分类效果优于手工分类。他们的方法也存在一些未解决的问题。一个明显的问题是，并非所有的开心果品种都有与本研究中所述的黄曲霉毒素污染相关的特定标记。最近似乎没有解决开心果黄曲霉毒素问题的成像研究，因此问题依然存在(Rahaie et al. 2010)。

6.4.3.4　其他坚果(榛子、花生)

由于出口商品允许标准的差异，出口到某些国家时必须加以注意。尤其是欧洲，其对黄曲霉毒素含量的限制非常严格。由于黄曲霉毒素污染有高度异质性，而且受污染的种子或坚果往往分布不均匀，因此非侵入性地预先筛选用于出口的物品并去除受污染的坚果或种子是十分有用的，这样可以避免被拒装运的结果。在最近的一项研究中，Kalkan 等(2011)应用多光谱成像技术检测黄曲霉毒素污染的榛子。作者采用了一种二维局部判别基算法，用于识别多光谱成像系统中光学滤波器的最佳带通宽度和中心频率。对黄曲霉毒素污染和未污染榛子的分类准确率为 92.3%，使得黄曲霉毒素浓度从 608ppb 降低到 0.84ppb。Hirano 等(1998)在尝试将受黄曲霉毒素污染的带壳花生从未受污染花生中分离出来时，使用了 T700nm/T1100nm 的透射比。

6.4.4　香料

通过国际贸易获得的香料和草药成分使用量的增加，使人们注意到长时间贮存或未经过适当加工处理的产品，可能会被微生物污染。与被污染香料相关的沙门氏菌暴发是一个需要引起注意的问题，特别是草药和香料被添加到可立即食用的食品中时(Sagoo et al. 2009)。香料中的其他污染物可能以真菌毒素的形式存在(Hernandez-Hierro et al. 2008)。尽管已有关于干草药和香料取样与检测的既定准则(EC 2004；ICMSF 2005)，但实际应用和监测或执行指导准则时还是可能会有问题。目前，预防香料和香草的微生物污染很大程度上取决于从农场到餐桌的各个生产阶段的良好卫生习惯。如果采用步进监测系统来确定产品的完整性，则可以避免依赖昂贵的分析方法(如 HPLC)来测试最终产品的安全性。基于光谱学的系统可以提供快速和经济高效的可行性选择。最近在土耳其进行的一项研究(Atas et al. 2010)使用高光谱图像数据对黄曲霉毒素污染的辣椒进行分类，并应用 ANN 对黄曲霉毒素进行检测。该研究成果促使这几位研究者设计了一套基于高光谱成像和机器学习的机器视觉系统(Atas et al. 2011)。

另一项研究(Kalkan et al. 2011)使用多光谱成像检测红辣椒片中的黄曲霉毒素。利用二维局部判别基算法，分类精度达到了 80%。另一种易受真菌毒素影响的常用香料是红辣椒粉。Hernandez-Hierro 等(2008)发现使用近红外光谱检测红辣椒中的黄曲霉毒素和赭曲毒素是一种比常规化学分析方法成本更低、速度更快的替代方法。

6.5　检　查　模　式

6.5.1　研究中

使用高光谱图像对食品的质量和安全进行检查，是其在空间或地面遥感应用的自然延伸。上述研究活动均采用人造光源，而与之不同的是在传统的地面高光谱遥感应用中，太阳辐射是目标照明的唯一光源。人造光可以是光纤光源(Armstrong 2006；Cho et al. 2007；Kim et al. 2001；Lawrence et al. 2003b；Lu 2003；Pearson and Wicklow 2006)、卤钨灯(Haff and Pearson 2006；Yao et al. 2008)、漫射照明室中的卤钨灯(Naganathan et al. 2008)或发光二极管(Chao et al. 2007b；Lawrence et al. 2007)。这种类型的实验是在室内环境中近距离的条件下实现的。

利用高光谱成像进行植物产品安全检测的应用，几乎都遵循类似的研究来实现检测。在研究过程中检查样品在不同成像模式(反射率、透射率和荧光)和照明条件下的全波长响应。一旦获得了对某个目标物足够的了解，就可以选择关键波长以适应专门设计的检测设备，来加快检测进程。前一项任务通常在实验室条件下进行，后者用于在线检测设备中。

在实验室中，所有成像因素都得到了良好的控制，以便从样本中收集最佳的图像数据。一般来说，使用的仪器是光谱仪或高光谱相机(成像光谱仪)。由于检查速度在实验室研究中不是主要关注的问题，因此一般会收集全波长数据，调整人造光线，为成像实验提供最佳的照明条件，样品在实验者设定的受控条件下处理。天然样品经过精心挑选，以提供自然条件下具有代表性的样品。上面讨论的大部分应用都属于"探索"范畴。

图 6.7 提供了用于探索研究目的的一种典型高光谱成像相机。该相机基于推扫式线扫描。

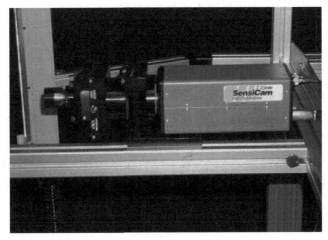

图 6.7　高光谱相机系统，展示了 CCD 检测器、棱镜-光栅-棱镜摄谱仪的外壳和电机
控制的镜头定位组件(Lawrence et al. 2003b)(彩图请扫封底二维码)

6.5.2　在线检测

在线检测使用光谱信息对大量特定产品进行快速的安全检测。应用环境一般在工业或模拟工业情况下。在这种情况下，照明条件是预定义的并且受到良好的控制。大量样品在传送带上高速移动。通常将光谱信息缩小到几个关键波长以加快数据采集。为了收集这些波长处的光谱信息，可以使用窄带滤光片(Kise et al. 2008)或滤光轮(Kim et al. 2005a)，波长转换装置如 LCTF(Gat 2000)或声光可调谐滤光器(acousto-optic tunable filter，AOTF)(Park et al. 2011)，或者线扫描器上的波长寻址(Yoon et al. 2011)。

对于在线谷物检测，图 6.8 提供了用于玉米黄曲霉毒素检测的仪器概念图。使用安

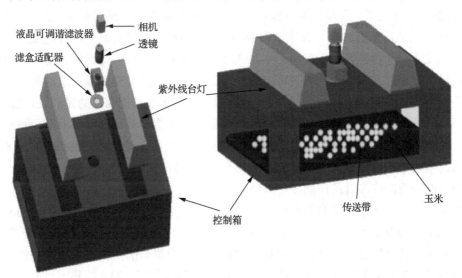

图 6.8　玉米黄曲霉毒素自动检测仪器原理图(彩图请扫封底二维码)

装在相机前面的 LCTF 来选择窄带荧光波长。在一项研究中（Yao et al. 2011a），研究者使用了 25g 和 1000g 玉米样本模拟该检查仪器的操作与快速检测的可行性。检测精度一般在 80%～90%。

在线检测的主要应用之一是分选。在使用高速双波长分选法减少玉米中黄曲霉毒素和伏马菌素污染的测试中（Pearson et al. 2004），使用的是 750nm 和 1200nm 处的吸光度。这两个波长是从全波长数据的判别分析过程中选择的。这两个波长的筛选是通过安装在硅和铟镓砷（InGaAs）探测器前面的双峰滤波器来实现的，该探测器配备有大容量光学分类器。据报道，该分选机能够使黄曲霉毒素水平从初始平均值 53ppb 降低 81%。伏马菌素的含量从最初的 17ppm 降低了 85%。在其他研究中，Delwiche 等（2005）修改了商业高速双色分选机，使用了 675nm 和 1480nm 两个波长来高速分选软质小麦，以减少脱氧雪腐镰刀菌烯醇。

Pasikatan 和 Dowell（2001）概述了用于检测与去除被昆虫或真菌侵染的种子的光学分选系统。文章的重点是根据为不同谷物和应用选定的波长对指标进行分选。被测指标包括谷物中的黄曲霉菌、黄曲霉毒素、镰刀菌与内部的昆虫。得出的结论是波长确定及正确的分选标准选择对高分选准确性是很重要的。分类标准的选择与产品性质密切相关，因为可接受和不可接受的样品可具有从非常明显到非常微小的光谱特征。结果是产品没有被明确分类为"接受"和"拒绝"。因此很难定义分界点来降低假阳性率和假阴性率。假阳性被定义为好产品被错误标记为受污染，反之则为假阴性。当决定是出于经济原因时，商业分选机将提供允许操作员调整阈值的选项。

在线检测苹果是苹果产业的重要应用。Cheng 等（2003）采用了双摄像头的方法来检测苹果缺陷。该方法使用了近红外和中红外（mid-infrared，MIR）相机。结果表明，MIR 相机只能识别苹果的茎端/花萼部分，而 NIR 相机可以识别茎端/花萼部分和真正的缺陷。当两台相机一起工作时，好苹果的识别率和缺陷苹果的识别率分别达到 100% 和 92%。Kim 等（2008a）开发了一种线扫描成像系统，以同时获取多光谱反射和荧光的混合信息，用于检查苹果的质量和安全。该系统能够以每秒 3～4 个苹果的速度在分选线上工作。图 6.9 描述了这个检测系统。使用 UV-A（320～400nm）灯和卤钨灯两种光源，进行荧光激发和反射照明。在运行时，系统可以收集可见光范围内的荧光图像和近红外范围内的反射数据。成像系统包含一台 EMCCD 相机和一台用于线扫描成像的光谱仪。EMCCD 相机可以通过配置进行波长寻址，表明可以采集一些选定的波长而不是对整个波长进行成像。论文中（Kim et al. 2008a），530～665nm 的荧光比率用于检测粪便污染。750～800nm 的反射比率用于缺陷检测。这个在线系统将是一个很好的验证工具，用于测试从全波长高光谱图像获得的许多食品检测应用的结果。

制药行业中关于在线检测的类似概念是过程分析技术（process analytical technology，PAT）。如美国食品药物管理局（FDA）（Kourti 2006）所述，PAT 是"用于分析和控制制造过程的系统，其基础是在生产过程中对原材料和过程中材料的关键质量参数与性能属性的及时测量，以确保在生产过程完成时成品质量的可接受性"。PAT 的基本组成部分包括

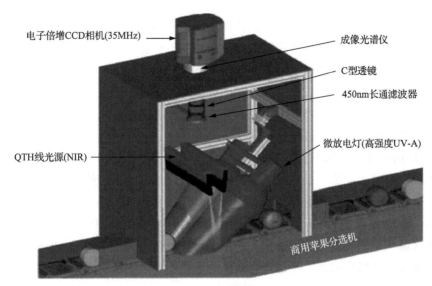

图 6.9 用于苹果质量和安全检测的多光谱线扫描成像仪(彩图请扫封底二维码)

过程分析、实时测量和监测，多元统计分析和原位控制也适用于农产品的在线检测。Gowen 等(2007)综述了高光谱成像在食品质量和安全控制方面的应用。与制药工业类似，预计食品工业将越来越多地采用高光谱成像作为 PAT。例如，在食品加工业中，保持工作环境的清洁并保持食品加工设备免于污染是重要的。具体而言，细菌可以在食品加工设备的表面材料，如不锈钢上，建立生物膜群落。生物膜会引起加工食品的交叉污染。虽然有许多方法可以检测生物膜，但对大型设备表面生物膜的快速无损检测技术的需求是一直存在的。一项研究(Jun et al. 2009)中探索了用高光谱荧光成像技术来检查不锈钢材料表面细菌生物膜的可行性。在这项工作中，大肠杆菌和沙门氏菌这两种生物病原体样本被施加于不锈钢表面。在长波长紫外线(320～400nm)的激发下，两种生物病原体膜都在 480nm 附近呈现出蓝色发射峰。在发射峰处生物病原体膜和不锈钢背景之间有最高的对比度。结果表明，来自高光谱荧光数据的第二主成分图像在大肠杆菌和沙门氏菌的浓缩生物膜之间具有最明显的形态差异。作者建议，这种方法可以用于预筛选食品加工设备的表面，并可以与为特定微生物目标设计的其他生物传感器相媲美。

6.5.3 野外/远程监测

尽管之前讨论过的研究集中在诸如室内和实验室的受控环境下，但研究者在室外环境中也做了工作。使用高光谱成像技术识别或检测植物产品的食品安全问题在这种情况下更具挑战性。这种类型的研究通常使用从野外或远程平台收集的冠层反射率来与所讨论的安全问题相关联。因此，在研究中使用了多种遥感方法。本节将讨论从叶片水平的光谱反射率数据到野外级航空高光谱数据的研究。

植被指数通常用于植被反射率的分析。植被指数已经在遥感中得到了广泛的应用。最重要的植被指数是使用红色和近红外范围的波长计算的归一化植被指数(normalized difference vegetation index，NDVI）。高光谱图像的使用，使得利用不同的窄波段与改进土壤背景效应校正指数来构建更精确的植被指数成为可能。许多高光谱植被指数已被开发用于不同的应用，其中最简单的植被指数基于单一波段。

一些研究使用光谱数据的点测量。Muhammed 和 Larsolle（2003）及 Muhammed（2005）用光谱仪采集冠层反射率，用于小麦真菌病害严重程度的评估。小麦可自然感染导致褐斑病的小麦德氏霉（*Drechslera tritici-repentis*）。在上述研究中使用了几种分析方法，包括独立主成分分析、PCA 和最近邻分类。随着疾病严重程度的增加，研究者观察到影响光谱曲线的因素有两点。第一个是绿色反射峰的平坦化，以及近红外区域反射率的普遍下降。第二个是近红外反射曲线平稳期的减少，以及在可见光区域 550～750nm 平稳期的普遍增加。Mahlein 等（2010）还使用光谱仪测量了由甜菜真菌病原体尾孢菌、甜菜白粉菌和甜菜锈病菌引起的褐斑病、白粉病和锈病的叶子的反射光谱（400～1050nm）。该研究的目的是研究高光谱传感器系统对植物病害的无损检测和鉴别能力。在所评估的植被指数中，光谱植被指数 NDVI、花青素反射指数（anthocyanin reflectance index，ARI）和修正叶绿素吸收积分（modified chlorophyll absorption integral，mCAI）在疾病发展的早期阶段或在第一症状变得可见之前，对不同疾病的评估能力是有差异的。结论是，当使用两种或更多种指数的组合时，可以使用光谱植被指数来区分 3 种甜菜病。

利用高光谱成像的其他研究有 Bauriegel 等（2011a，b）使用高光谱图像来检测小麦中的镰刀菌感染（赤霉病）。高光谱图像采用推扫式线扫描成像系统（400～1000nm）获取。采集的是单个小麦穗的图像（图 6.10），而不是冠层的反射率。人为引入真菌感染并采集时间序列高光谱图像。研究发现在接种 7 天后疾病严重程度达到 50%时用成像的方法可以容易地检测到赤霉病。成熟开始后，健康和患病的麦穗几乎不可辨别。检测的最佳时间是灌浆中期。根据光谱在 665～675nm 和 550～560nm 的差异，利用赤霉病指数（head blight index，HBI）检测赤霉病。以上结果为可能的选择性收获作业提供了有用的信息。

图 6.10　感染镰刀菌的小麦穗样品分类(a)RGB 图像，(b)赤霉病指数的灰度等级图像，(c)分类结果（深灰/红色：染病的，浅灰/绿色：健康的）（Bauriegel et al. 2011a）（彩图请扫封底二维码）

Zhang 等（2003）还将高光谱遥感技术应用于实地大规模疾病检测，应用于番茄晚疫病胁迫的检测。在生长季节，使用在波长范围 0.4～2.5m 的具有 224 个波段的机载可见红外成像光谱仪（airborne visible infrared imaging spectrometer，AVIRIS）来采集图像及野外数据。研究人员根据野外样品的光谱反射率（用光谱仪测量）发现，近红外区域，特别是 700～1300nm,在检测作物病害时比可见光区域更有价值。疾病水平从轻症状到严重损害可分为 4 级。波谱角填图(spectral angle mapper,SAM)的分类结果表明,疫病感染在阶段 3 或 3 以上的番茄可以与健康番茄区分开,但是早期(阶段 1 或 2)感染的番茄则很难与健康植株区分开。

6.6　概要/总结

高光谱成像技术的进步,为食品工业和研究领域开发快速与非侵入性的食品安全检测提供了巨大机遇。本章对该技术在植物产品安全检验中的应用进行了综述和讨论。由于生活水平和保健意识的提高,全球对新鲜植物产品的需求不断增加。在与食品生产有关的问题中,食品安全一直是人们关注的主要问题。本章讨论了 3 类主要的污染物,包括与食品安全有关的病原体、化学污染物和物理污染物。食物中的病原体污染是由某些微生物如细菌、病毒、真菌和寄生虫引起的。食用被病原体污染的食物很容易引起疾病甚至死亡。化学污染可能发生在自然或工业环境中。与病原体污染类似,摄取含化学污染物(如毒素)的食物,也可能致命。当异物与食物混合时,会发生食品的物理污染。与其他两种污染源不同,物理污染物通常不会引起急性生物反应,但该污染仍然是一个非常重要的食品安全问题。目前的安全检查方法可能无法充分解决上述所有安全问题;因此,需要适用于食品安全的新颖、快速、非侵入性和经济有效的技术。安全检测研究表明,高光谱技术是解决上述食物污染问题的可行方法。

以下步骤通常用于以应用为基础的高光谱技术研究:实验设计、样品制备、图像采集、光谱预处理/校准、样品真实特性描述、数据分析和信息提取。在这个框架内,通常先研究样品的全波长响应。当对某个目标已得到足够的信息时,可以为特别设计的检查设备选择关键波长,以加快检查过程。高光谱技术被用作将从实验室获得的信息转移到现实环境的一种研究工具。反射率、透射率和荧光格式的高光谱数据通常用于不同植物的安全检测。反射率数据可用于外部检查和表面污染物的评估,而透射高光谱图像可用于研究食品内部安全问题。荧光高光谱数据适用于研究样品成分的性质及对相关化学成分的安全检查。在某些情况下,可以使用不同光谱数据的组合。例如,反射和荧光被用于在线检测苹果(Kim et al. 2008b),在此应用中,利用反射率数据检测缺陷和疾病,使用荧光数据检测粪便污染。

本章讨论了如何利用高光谱成像对谷物、农产品、坚果和香料等植物产品进行安全检测。讨论的产品有玉米、小麦、大麦、大豆、苹果、蔬菜、杏仁、核桃、开心果、花生、香料等。讨论的主要污染物是黄曲霉毒素、伏马菌素、真菌感染和粪便污染。

随着不同高光谱数据融合或传感器组合的创新检测技术的发展,高光谱应用的检测精度有望继续提高。因此,预计高光谱技术会在不久的将来适用于更多的食品安全应用领域。

参 考 文 献

Allen MJ, Edberg SC, Reasoner DJ (2004) Heterotrophic plate count bacteria—what is their significance in drinking water? Int J Food Microbiol 92(3):265–274

Ariana DP, Lu R (2008) Quality evaluation of pickling cucumbers using hyperspectral reflectance and transmittance imaging: part I. Development of a prototype. Sens Instrumen Food Qual Saf 2(3):144–151

Armstrong PR (2006) Rapid single-kernel NIR measurement of grain and oil-seed attributes. Appl Eng Agric 22(5):767–772

Arora P, Sindhu A, Dilbaghi N, Chaudhury A (2011) Biosensors as innovative tools for the detection of food borne pathogens. Biosens Bioelectron 28(1):1–12

Atas M, Temizel A, Yardimci Y (2010) Using hyperspectral imaging and artificial neural network for classification of aflatoxin contaminated chili pepper. In: IEEE 18th signal processing, communication and applications conference

Ataş M, Yardimci Y, Temizel A (2011) Aflatoxin contaminated chili pepper detection by hyperspectral imaging and machine learning. SPIE defense, security, and sensing (Sensing for Agriculture and Food Quality and Safety III)

Bauriegel E, Giebel A, Geyer M, Schmidt U, Herppich WB (2011a) Early detection of Fusarium infection in wheat using hyper-spectral imaging. Comput Electron Agr 75(2):304–312

Bauriegel E, Giebel A, Herppich WB (2011b) Hyperspectral and chlorophyll fluorescence imaging to analyse the impact of *Fusarium culmorum* on the photosynthetic integrity of infected wheat ears. Sensors 11(4):3765–3779

Behravesh CB, Mody RK, Jungk J, Gaul L, Redd JT, Chen S (2011) 2008 outbreak of *Salmonella saintpaul* infections associated with raw produce. N Engl J Med 364(10):918–927

Bennett JW, Klich M (2003) Mycotoxins. Clin Microbiol Rev 16(3):497–516

Besser RE, Lett SM, Weber JT, Doyle MP, Barret TJ, Wells JG, Griffin PM (1993) An outbreak of diarrhea and hemolytic uremic syndrome from *Escherichia coli* O157:H7 in fresh pressed apple cider. J Am Med Assoc 269(17):2217–2220

Berardo N, Pisacane N, Battilani P, Scandolara A, Pietri A, Marocco A (2005) Rapid detection of kernel rots and mycotoxins in maize by near-infrared reflectance spectroscopy. J Agric Food Chem 53(21):8128–8134

Beyer M, Pogoda F, Ronellenfitsch FK, Hoffmann L, Udelhoven T (2010) Estimating deoxynivalenol contents of wheat samples containing different levels of Fusarium-damaged kernels by diffuse reflectance spectrometry and partial least square regression. Int J Food Microbiol 142(3):370–374

Bisha B, Brehm-Stecher BF (2009) Flow-through imaging cytometry for characterization of *Salmonella* subpopulations in alfalfa sprouts, a microbiologically complex food system. Biotechnol J 4:880–887

Birth GS, Hecht HG (1987) The physics of near-infrared reflectance. In: Near-infrared technology in the agricultural and food industries. American Association of Cereal Chemists, St. Paul, pp 1–16

Brown RL, Chen ZY, Menkir A, Cleveland TE, Cardwell K, Kling J, White DG (2001) Resistance to aflatoxin accumulation in kernels of maize inbreds selected for ear rot resistance in west and central Africa. J Food Prot 64(3):396–400

Burtscher C, Wuertz S (2003) Evaluation of the use of PCR and reverse transcriptase PCR for detection of pathogenic bacteria in biosolids from anaerobic digestors and aerobic composters. Appl Environ Microbiol 69(8):4618–4627

Carnaghan RBA, Hartley RD, O'kelly J (1963) Toxicity and fluorescence properties of the aflatoxins (*Aspergillus flavus*). Nature 200:1101

Carrasco O, Roper WE, Gomez RB, Chainani A (2003) Hyperspectral imaging applied to medical diagnoses and food safety. Proc SPIE 5097:215–221

CDC (1996) Outbreak of *E. coli* O157:H7 infections associated with drinking unpasteurized commercial apple juice-October 1996. Morbid Mortal Weekly Rep 45:975–982

CDC (1997) Outbreaks of *Escherichia coli* O157:H7 infection and cryptosporidiosis associated drinking unpasteurized apple cider-Connecticut and New York, October 1996. Morbid Mortal Weekly Rep 46(1):4–8

CDC (2011a) Increase in Salmonella infections, according to CDC report 2011. Food Safety Magazine 17(4): 10, 79

CDC (2011b) Multistate foodborne outbreaks. http://www.cdc.gov/outbreaknet/outbreaks.html

Chao K, Yang CC, Chen YR, Kim MS, Chan DE (2007a) Hyperspectral-multispectral line-scan imaging system for automated poultry carcass inspection applications for food safety. Poult Sci 86(11):2450–2460

Chao K, Yang CC, Chen YR, Kim MS, Chan DE (2007b) Fast line-scan imaging system for broiler carcass inspection. Sens Instrumen Food Qual Saf 1(2):62–71

Cheng X, Tao Y, Chen YR, Luo Y (2003) NIR/MIR dual-sensor machine vision system for online apple stem-end/calyx recognition. Trans ASAE 46(2):551–558

Cho BK, Chen YR, Kim MS (2007) Multispectral detection of organic residues on poultry processing plant equipment based on hyperspectral reflectance imaging technique. Comput Electron Agr 57:177–180

Cody SH, Glynn MK, Farrar JA, Cairns KL, Griffin PM, Kobayashi J, Fyfe M, Hoffman R, King AS, Lewis JH, Swaminathan B, Bryant RG, Vugia DJ (1999) An outbreak of *Escherichia coli* O157:H7 infection from unpasteurized commercial apple juice. Ann Internal Med 130 (3):202–209

Cogdill RP, Hurburgh CR Jr, Rippke GR, Bajic SJ, Jones RW, McClelland JF, Jensen TC, Liu J (2004) Single-kernel maize analysis by near-infrared hyperspectral imaging. Trans ASAE 47 (1):311–320

Collison E, Ohaeri G, Wadul-Mian M, Nkama I, Negbenebor C, Igene J (1992) Fungi associated with stored unprocessed cowpea and groundnut varieties available in Borno State, Nigeria. J Hyg Epidemiol Microbiol Immunol 36(4):338–345

Conde OM, Garcia-Allende PB, Cubillas AM, Gonzalez DW, Madruga FJ, Lopez-Higuera JM (2006) Industrial defects discrimination applying imaging spectroscopy and neural networks. ECNDT; Poster 74

Del Fiore A, Reverberi M, Ricelli A, Pinzari F, Serranti S, Fabbri AA, Bonifazi G, Fanelli C (2010) Early detection of toxigenic fungi on maize by hyperspectral imaging analysis. Int J Food Microbiol 144(1):64–71

Delwiche SR, Kim SM (2000) Hyperspectral imaging for detection of scab in wheat. Proc SPIE 4203:13–20

Delwiche SR (2003) Classification of scab and other mold-damaged wheat kernels by near-infrared reflectance spectroscopy. Trans ASAE 46(3):731–738

Delwiche SR, Hareland GA (2004) Detection of scab-damaged hard red spring wheat kernels by near-infrared reflectance. Cereal Chem 81(5):643–649

Delwiche SR, Gaines CS (2005) Wavelength selection for mono chromatic and bichromatic sorting of Fusarium-damaged wheat. Appl Eng Agric 21(4):681–688

Delwiche SR, Pearson TC, Brabec DL (2005) High-speed optical sorting of soft wheat for reduction of deoxynivalenol. Plant Dis 89(11):1214–1219

Delwiche SR (2008) High-speed bichromatic inspection of wheat kernels for mold and color class using high-power pulsed LEDs. Sens Instrumen Food Qual Saf 2(2):103–110

Deshpande SS, Cheryan M, Gunasekaran S, Paulsen MR, Salunkhe DK (1984) Nondestructive optical methods of food quality evaluation. Crit Rev Food Sci Nutr 21(4):323–379

Dowell FE, Ram MS, Seitz LM (1999) Predicting scab, vomitoxin, and ergosterol in single wheat kernels using near-infrared spectroscopy. Cereal Chem 76(4):573–576

Dowell FE, Pearson TC, Maghirang EB, Xie F, Wicklow DT (2002) Reflectance and transmittance spectroscopy applied to detecting Fumonisin in single corn kernels infected with *Fusarium verticillioides*. Cereal Chem 79(2):222–226

Dubois J, Lewis EN, Fry FS Jr, Calvey EM (2005) Bacterial identification by near-infrared chemical imaging of food-specific cards. Food Microbiol 22(6):577–583

Escoriza M, VanBriesen J, Stewart S, Maier J, Treado P (2006) Raman spectroscopy and chemical imaging for quantification of filtered waterborne bacteria. J Microbiol Meth 66(1):63–72

EC (2004) European Commission. Commission recommendation of 19 December 2003 concerning a coordinated programme for the official control of food stuffs for 2004. Off J Eur Union L6:29–37

Farsaie AL, McClure WF, Monroe RJ (1978) Development of indices for sorting Iranian pistachio nuts according to fluorescence. J Food Sci 43(5):1550–1552

FDA/CFSAN (1978) Guidance for industry: fumonisin levels in human foods and animal feeds. Final guidance. US FDA, Washington, DC, 2001

FDA (2001) Hazard analysis and critical control point (HAACP); procedures for the safe and sanitary processing and importing of juices. Fed Regist 66:6137–6202

FDA (2007) Food protection plan. Department of Health and Human Services. U.S. Food and Drug Administration, College Park

Fernández-Ibañez V, Soldado A, Martínez-Fernández A, de la Roza-Delgado B (2009) Application of near infrared spectroscopy for rapid detection of aflatoxin B1 in maize and barley as analytical quality assessment. Food Chem 113(2):629–634

Food Safety News (2011) http://www.foodsafetynews.com/sections/foodborne-illness-outbreaks/

Gat N (2000) Imaging spectroscopy using tunable filters: a review. Proc SPIE 4056(1):50

Giordano G (2011) Germany's E. Coli nightmare. Food Qual 18(4):12–13, 21

Goryacheva IY, Rusanova TY, Pankin KE (2008) Fluorescent properties of aflatoxins in organized media based on surfactants, cyclodextrins, and calixresorcinarenes. J Anal Chem 3(8):751–755

Gowen AA, O'Donnell CP, Cullen PJ, Downey G, Frias JM (2007) Hyperspectral imaging-an emerging process analytical tool for food quality and safety control. Trends Food Sci Technol 18(12):590–598

Gowen AA, O'Donnell CP, Taghizadeh M, Gaston E, O'Gorman A, Cullen PJ, Frias JM, Esquerre C, Downey G (2008) Hyperspectral imaging for the investigation of quality deterioration in sliced mushrooms (Agaricus bisporus) during storage. Sens Instrumen Food Qual Saf 2(3):133–143

Haff RP, Pearson T (2006) Spectral band selection for optical sorting of pistachio nut defects. Trans ASABE 49(4):1105–1113

Haff RP, Pearson TC, Toyofuku N (2010) Sorting of In-shell pistachio nuts from kernels using color imaging. Appl Eng Agr 26(4):633–638

Heitschmidt GW, Park B, Lawrence KC, Windham WR, Smith DP (2007) Improved hyperspectral imaging system for fecal detection on poultry carcasses. Trans ASABE 50(4):1427–1432

Hernandez-Hierro JM, Garcia-Villanova RJ, Rodríguez Torrero P, Toruño Fonseca IM (2008) Aflatoxins and ochratoxin A in red paprika for retail sale in Spain: occurrence and evaluation of a simultaneous analytical method. J Agric Food Chem 56(3):751–756

Hirano S, Okawara N, Narazaki S (1998) Near infra red detection of internally moldy nuts. Biosci Biotechnol Biochem 62(1):102–107

Hiroaki I, Toyonori N, Eiji T (2002) Measurement of pesticide residues in food based on diffuse reflectance IR spectroscopy. IEEE Trans Instrum Meas 51(5):886–890

Hu Y, Guo K, Suzuki T, Noguchi G, Satake T (2008) Quality evaluation of fresh pork using visible and near-infrared spectroscopy with fiber optics in interactance mode. Trans ASABE 51(3):1029–1033

International Commission on Microbiological Specifications for Foods (ICMSF) (2005) Spices, herbs, and dry vegetable seasonings. In: ICMSF (ed) Microorganisms in foods 6, microbial ecology of food commodities, 2nd edn. Kluwer Academic/Plenum, London

Jian J, Tang L, Hruska Z, Yao H (2009) Classification of toxigenic and atoxigenic strains of Aspergillus flavus with hyperspectral imaging. Comput Electron Agric 69(2):158–164

Jiang L, Zhu B, Rao X, Gerald B, Tao Y (2007) Discrimination of black walnut shell and pulp in hyperspectral fluorescence imagery using Gaussian kernel function approach. J Food Eng 81(1):108–117

Jin SS, Zhou J, Ye J (2008) Adoption of HACCP system in the Chinese food industry: a comparative analysis. Food Control 19:823–828

Jun W, Kim MS, Lee K, Millner P, Chao K (2009) Assessment of bacterial biofilm on stainless steel by hyperspectral fluorescence imaging. Sens Instrumen Food Qual Saf 3(1):41–48

Kalkan H, Beriat P, Yardimci Y, Pearson TC (2011) Detection of contaminated hazelnuts and ground red chili pepper flakes by multispectral imaging. Comput Electron Agr 77(1):28–34

Kavdir I, Lu R, Ariana D, Ngouajio M (2007) Visible and near-infrared spectroscopy for nondestructive quality assessment of pickling cucumbers. Postharvest Bio Technol 44(2):165–174

Kay D, Crowther J, Fewtrell L, Francis CA, Hopkins M, Kay C (2008) Quantification and control of microbial pollution from agriculture: a new policy challenge? Environ Sci Policy 11(2):171–184

Kim MS, Chen YR, Mehl PM (2001) Hyperspectral reflectance and fluorescence imaging system for food quality and safety. Trans ASAE 44(3):721–729

Kim MS, Lefcourt AM, Chao K, Chen YR, Kim I, Chan DE (2002a) Multispectral detection of fecal contamination on apples based on hyperspectral imagery: part I. Application of visible and near-infrared reflectance imaging. Trans ASAE 45(6):2027–2037

Kim MS, Lefcourt AM, Chen YR, Kim I, Chan DE, Chao K (2002b) Multispectral detection of fecal contamination on apples based on hyperspectral imagery: part II. Application of hyperspectral fluorescence imaging. Trans ASAE 45(6):2039–2047

Kim MS, Lefcourt AM, Chen YR (2003a) Multispectral laser-induced fluorescence imaging system for large biological samples. Appl Opt 42(19):3927–3933

Kim MS, Lefcourt AM, Chen YR (2003b) Optimal fluorescence excitation and emission bands for detection of fecal contamination. J Food Prot 66(7):1198–1207

Kim MS, Lefcourt AM, Chen YR, Kang S (2004) Uses of hyperspectral and multispectral laser induced fluorescence imaging techniques for food safety inspection. Key Eng Mat 270–273:1055–1063

Kim MS, Lefcourt AM, Chen YR, Yang T (2005a) Automated detection of fecal contamination of apples based on multispectral fluorescence image fusion. J Food Eng 71(1):85–91

Kim MS, Lefcourt AM, Chen YR (2005b) Multispectral laser induced fluorescence imaging techniques for nondestructive assessment of postharvest food quality and safety. In: Proceedings of 5th international postharvest symposium, vol 682, pp 1379–1386

Kim MS, Chen YR, Cho BK, Chao K, Yang CC, Lefcourt AM, Chan D (2007) Hyperspectral reflectance and fluorescence line-scan imaging for online defect and fecal contamination inspection of apples. Sens Instrumen Food Qual Saf 1(3):151–159

Kim MS, Cho BK, Lefcourt AM, Chen YR, Kang S (2008a) Multispectral fluorescence lifetime imaging of feces-contaminated apples by time-resolved laser-induced fluorescence imaging system with tunable excitation wavelengths. Appl Opt 47(10):1608–1616

Kim MS, Lee K, Chao K, Lefcourt AM, Jun W, Chan DE (2008b) Multispectral line-scan imaging system for simultaneous fluorescence and reflectance measurements of apples: multitask apple inspection system. Sens Instrumen Food Qual Saf 2(2):123–129

Kim MS, Chao K, Chan DE, Yang C, Lefcourt AM, Delwiche SR (2011) Hyperspectral and multispectral imaging technique for food quality and safety inspection. In: Cho Y, Kang S (eds) Emerging technologies for food quality and food safety inspection. CRC, New York, pp 207–234

Kise M, Park B, Lawrence KC, Windham WR (2008) Development of handheld two-band spectral imaging system for food safety inspection. Biol Eng 1(2):145–157

Kourti T (2006) The process analytical technology initiative and multivariate process analysis, monitoring, and control. Anal Bioanal Chem 384(5):1043–1048

Lawrence KC, Park B, Heitschmidt GW, Windham WR, Mao C (2003a) Calibration of a pushbroom hyperspectral imaging system for agricultural inspection. Trans ASABE 46(2):513–521

Lawrence KC, Windham WR, Park B, Jeff Buhr R (2003b) A hyperspectral imaging system for identification of fecal and ingesta contamination on poultry carcasses. J Near Infrared Spectrosc 11:269–281

Lawrence KC, Smith DP, Windham WR, Heitschmidt GW, Park B (2006) Egg embryo development detection with hyperspectral imaging. Int J Poult Sci 5(10):964–969

Lawrence KC, Park B, Heitschmidt GW, Windham WR, Thai CN (2007) Evaluation of LED and tungsten-halogen lighting for fecal contaminant detection. Appl Eng Agric 23(6):811–818

Lazcka O, Campo FJD, Muñoz FX (2007) Pathogen detection: a perspective of traditional methods and biosensors. Biosens Bioelectron 22(7):1205–1217

Leemans V, Destain MF (1998) Defect segmentation in 'golden delicious' apples by using colour machine vision. Comput Elec Agric 20(2):117–130

Lefcourt AM, Kim MS, Chen YR (2003) Automated detection of fecal contamination of apples by multispectral laser-induced fluorescence imaging. Appl Opt 42(19):3935–3943

Lefcourt AM, Kim MS, Chen YR (2004) Portable multispectral fluorescence imaging system for food safety applications. Proc SPIE 5271:73–84

Lefcourt AM, Kim MS, Chen YR (2005a) A transportable fluorescence imagining system for detecting fecal contaminants. Comput Electron Agric 48(1):63–74

Lefcourt M, Kim MS, Chen YR (2005b) Detection of fecal contamination in apple calyx by multispectral laser-induced fluorescence. Trans ASAE 48(4):1587–1593

Lefcourt AM, Kim MS, Chen YR (2005c) Detection of fecal contamination on apples with nanosecond-scale time-resolved imaging of laser-induced fluorescence. Appl Opt 44(7):1160–1170

Lefcout AM, Kim MS, Chen YR, Kang S (2006) Systematic approach for using hyperspectral imaging data to develop multispectral imagining systems: detection of feces on apples. Comput Electron Agr 54(a):22–35

Lefcourt AM, Kim MS (2006) Technique for normalizing intensity histograms of images when the approximate size of the target is known: detection of feces on apples using fluorescence imaging. Comput Electon Agr 50(2):135–147

Lipp M (2011) A closer look at chemical contamination. Food Safety Magazine pp 28–31

Liu Y, Chen YR, Wang CY, Chan DE, Kim MS (2006) Development of hyperspectral imaging technique for the detection of chilling injury in cucumbers spectral and image analysis. Appl Eng Agric 22(1):101–111

Liu Y, Chen YR, Kim MS, Chan DE, Lefcourt AM (2007) Development of simple algorithms for the detection of fecal contaminants on apples from visible/near infrared hyperspectral reflectance imaging. J Food Eng 81(2):412–418

Lu R (2003) Detection of bruises on apples using near-infrared hyperspectral imaging. Trans ASAE 46(2):523–530

Lu R (2007) Nondestructive measurement of firmness and soluble solids content for apple fruit using hyperspectral scattering images. Sens Instrumen Food Qual Saf 1(1):19–27

Lu R, Ariana DP (2011) Detection of fruit fly infestation in pickling cucumbers using hyperspectral imaging. In: Proceedings of SPIE, vol 8027: 80270K

Maertens K, Reyns P, De Baerdemaeker J (2004) On-line measurement of grain quality with NIR technology. Trans ASABE 47(4):1135–1140

Mahlein AK, Steiner U, Dehne HW, Oerke EC (2010) Spectral signatures of sugar beet leaves for the detection and differentiation of diseases. Precision Agric 11(4):413–431

Maki DG (2009) Coming to grips with foodborne infection—peanut butter, peppers, and nation-wide salmonella outbreaks. N Engl J Med 360:949–953

Maki DG (2006) Don't eat the spinach—controlling foodborne infectious disease. N Engl J Med 355:1952–1955

Mao C (2000) Focal plane scanner with reciprocating spatial window. U.S. Patent No. 6,166,373

Marsh PB, Simpson ME, Ferretti RJ, Merola GV, Donoso J, Craig GO (1969) Mechanism of formation of a fluorescence in cotton fiber associated with aflatoxin in the seeds at harvest. J Agric Food Chem 17(3):468–472

Maupin LM, Clements MJ, White DG (2003) Evaluation of the MI82 Corn Line as a source of resistance to aflatoxin in grain and use of BGYF as a selection tool. Plant Dis 87(9):1059–1066

McGlone VA, Martinsen PJ (2004) Transmission measurements on intact apples moving at high speed. J Near Infrared Spectrosc 12(1):37–42

Mehl PM, Chao K, Kim M, Chen YR (2002) Detection of defects on selected apple cultivars using hyperspectral and multispectral image analysis. Appl Eng Agr 18(2):219–226

Mehl PM, Chen YR, Kim MS, Chan DE (2004) Development of hyperspectral imaging technique for the detection of apple surface defects and contaminations. J Food Eng 61(1):67–81

Mucchetti G, Bonvini B, Francolino S, Neviani E, Carminati D (2008) Effect of washing with a high pressure water spray on removal of *Listeria innocua* from Gorgonzola cheese rind. Food Control 19(5):521–525

Muhammed HH, Larsolle A (2003) Feature vector based analysis of hyperspectral crop reflectance data for discrimination and quantification of fungal disease severity in wheat. Biosyst Eng 86(2):125–134

Muhammed HH (2005) Hyperspectral crop reflectance data for characterising and estimating fungal disease severity in wheat. Biosyst Eng 91(1):9–20

Naganathan GK, Grimes LM, Subbiah J, Calkins CR, Samal A, Meyer GE (2008) Partial least squares analysis of near-infrared hyperspectral images for beef tenderness prediction. Sens Instrumen Food Qual Saf 2(3):178–188

Nakariyakul S, Casasent DP (2011) Classification of internally damaged almond nuts using hyperspectral imagery. J Food Eng 103(1):62–67

Park B, Lawrence KC, Windham WR, Buhr RJ (2002) Hyperspectral imaging for detecting fecal and ingesta contaminants on poultry carcasses. Trans ASAE 45(6):2017–2026

Park B, Lee S, Yoon SC, Sundaram J, Windham WR, Hinton A Jr, Lawrence KC (2011) AOTF hyperspectral microscope imaging for foodborne pathogenic bacteria detection. SPIE Proc 8027:1–11

Pasikatan MC, Dowell FE (2001) Sorting systems based on optical methods for detecting and removing seeds infested internally by insects or fungi: a review. Appl Spectrosc Rev 36(4):399–416

Pearson TC, Schatzki TF (1998) Machine vision system for automated detection of aflatoxin-contaminated pistachios. J Agric Food Chem 46(6):2248–2252

Pearson TC (1999) Spectral properties and effect of drying temperature on almonds with concealed damage. Food Sci Technol-Leb 32(2):67–72

Pearson TC, Wicklow DT, Maghirang EB, Xie F, Dowell FE (2001) Detecting aflatoxin in single corn kernels by transmittance and reflectance spectroscopy. Trans ASAE 44(5):1247–1254

Pearson TC, Wicklow DT, Pasikatan MC (2004) Reduction of aflatoxin and fumonisin contamination in yellow corn by high-speed dual-wavelength sorting. Cereal Chem 8(4):490–498

Pearson TC, Wicklow DT (2006) Detection of corn kernels infected by fungi. Trans ASABE 49(4):1235–1245

Pearson TC (2009) Hardware-based image processing for high-speed inspection of grains. Comput Electron Agric 69(1):12–18

Peiris KHS, Pumphrey MO, Dowell FE (2009) NIR absorbance characteristics of deoxynivalenol and of sound and Fusarium damaged wheat kernels. J Near Infrared Spectrosc 17:213–221

Peiris KHS, Pumphrey MO, Dong Y, Maghirang EB, Berzonsky W, Dowell FE (2010) Near-infrared spectroscopic method for identification of Fusarium head blight damage and prediction of Deoxynivalenol in single wheat kernels. Cereal Chem 87(6):511–517

Peng Y, Lu R (2006) An LCTF-based multispectral imaging system for estimation of apple fruit firmness: part I. Acquisition and characterization of scattering images. Trans ASABE 49(1):259–267

Peshin SS, Lall SB, Gupta SK (2002) Potential food contaminants and associated health risk. Acta Pharmacol Sin 23(3):193–202

Pettersson H, Aberg L (2003) Near infrared spectroscopy for determination of mycotoxins in cereals. Food Control 14(4):229–232

Polder G, van der Heijden GWAM, Waalwijk C, Young IT (2005) Detection of Fusarium in single wheat kernels using spectral imaging. Seed Sci Technol 33(3):655–668

Qin J, Lu R (2005) Detection of pits in tart cherries by hyperspectral transmission imaging. Trans ASAE 48(5):1963–1970

Qin J, Burks TF, Kim MS, Chao K, Ritenour MA (2008) Citrus canker detection using hyperspectral reflectance imaging and PCA-based image classification method. Sens Instrumen Food Qual Saf 2(3):168–177

Rahaie S, Emam-DjomehI Z, RazaviI SH, Mazaheri M (2010) Immobilized Saccharomyces cerevisiae as a potential aflatoxin decontaminating agent in pistachio nuts. Braz J Microbiol 41(1):82–90

Rasch C, Kumke M, Löhmannsröben HG (2010) Sensing of mycotoxin producing fungi in the processing of grains. Food Bioprocess Technol 3:908–916

Reese D, Lefcourt AM, Kim MS, Lo YM (2009) Using parabolic mirrors for complete imaging of apple surfaces. Bioresour Technol 100(19):4499–4506

Rietjens IM, Alink GM (2003) Nutrition and health-toxic substances in food. Ned Tijdschr Geneeskd 147(48):2365–2370

Riordan OCR, Sapers GM, Hankinson TI, Magee M, Mattrazzo AM, Annous BA (2001) A study of U. S. orchards to identify potential sources of *Escherichia coli* 01 57:H7. J Food Prot 64(9):1320–1327

Robens J, Cardwell K (2003) The costs of mycotoxin management to the USA: management of aflatoxins in the United States. Toxin Rev 22(2–3):139–152

Robens J (2008) Aflatoxin—recognition, understanding, and control with particular emphasis on the role of the agricultural research service. Toxin Rev 27(3–4):143–269

Ruan R, Li Y, Lin X, Chen P (2002) Non-destructive determination of deoxynivalenol levels in barley using near-infrared spectroscopy. Appl Eng Agric 18(5):549–553

Sagoo SK, Little CL, Greenwood M, Mithani V, Grant KA, McLauchlin J, de Pinna E, Threlfall EJ (2009) Assessment of the microbiological safety of dried spices and herbs from production and retail premises in the United Kingdom. Food Microbiol 26(1):39–43

Schatzki TF, Haff RP, Young R, Can I, Le LC, Toyofuku N (1997) Defect detection in apples by means of x-ray imaging. Trans ASAE 40(5):1407–1415

Schatzki TF, Ong MS (2001) Dependence of aflatoxin in almonds on the type and amount of insect damage. J Agric Food Chem 49(9):4513–4519

Schrenk D (2004) Chemical food contaminants. Bundesgesundheitsblatt Gesundheitsforschung Gesundheitsschutz 47(9):841–847

Schmilovitch Z, Shenderey C, Shmulevich I, Alchanatis V, Egozi H, Hoffman A (2004) NIRS detection of mouldy core in apples. In: 2004 CIGR international conference, Beijing

September DJF (2011) Detection and quantification of spice adulteration by near infrared hyperspectral imaging. Master Thesis. Stellenbosch University

Shahin MA, Symons SJ (2011) Detection of Fusarium damaged kernels in Canada Western Red Spring wheat using visible/near-infrared hyperspectral imaging and principal component analysis. Comput Electron Agr 75(1):107–112

Shotwell OL, Hesseltine CW (1981) Use of bright greenish yellow fluorescence as a presumptive test for aflatoxin in corn. Cereal Chem 58:124–127

Singh CB, Jayas DS, Paliwal J, White NDG (2007) Fungal detection in wheat using near-infrared hyperspectral imaging. Trans ASABE 50(6):2171–2176

Siripatrawana U, Makinob Y, Kawagoeb Y, Oshitab S (2011) Rapid detection of *Escherichia coli* contamination in packaged fresh spinach using hyperspectral imaging. Talanta 85(1):276–281

Steele BT, Murphy N, Arbus GS, Rance CP (1982) An outbreak of hemolytic uremic syndrome associated with the ingest ion of fresh apple juice. J Pediatr 101(6):963–965

Umali-Deininger D, Sur M (2007) Food safety in a globalizing world: opportunities and challenges for India. Agric Econ 37:135–147

Uljas HE, Lngham SC (2000) Survey of apple growing, harvesting, and cider manufacturing practices in Wisconsin: implications for safety. J Food Saf 20(2):85–100

USDA (2002) USDA aflatoxin handbook. Grain Inspection Service Publication, Washington, DC

Van DE, Ieven M, Pattyn S, Van Damme L, Laga MJC (2001) Detection of *Chlamydia trachomatis* and *Neisseria gonorrhoeae* by enzyme immunoassay, culture, and three nucleic acid amplification tests. J Clin Microbiol 39:1751–1756

Vargas AM, Kim MS, Tao Y, Lefcourt AM, Chen YR (2004) Safety inspection of cantaloupes and strawberries using multispectral fluorescence techniques. ASAE paper no. 043056. ASAE, St. Joseph

Vargas AM, Kim MS, Tao Y, Lefcourt AM (2005) Detection of fecal contamination on cantaloupes using hypersepctral fluorescence imagery. J Food Sci 70(8):471–476

Velusamy V, Arshak K, Korostynska O, Oliwa K, Adley C (2010) An overview of foodborne pathogen detection: in the perspective of biosensors. Biotechnol Adv 28(2):232–254

Wang D, Dowell FE, Ram MS, Schapaugh WT (2004) Classification of fungal-damaged soybean seeds using near-infrared spectroscopy. Int J Food Prop 7(1):75–82

Wegulo SN, Dowell FE (2008) Near-infrared versus visual sorting of Fusarium-damaged kernels in winter wheat. Can J Plant Sci 88:1087–1089

Wen Z, Tao Y (2000) Dual-camera NIR/MIR imaging for stem-end/calyx identification in apple defect sorting. Trans ASAE 43(2):449–452

WHO (2007) Food safety & food-borne illness. Fact sheet no. 237 (reviewed March 2007). World Health Organization, Geneva

Wild CP, Turner PC (2002) The toxicology of aflatoxins as a basis for public health decisions. Mutagensis 17(6):471–481

Williams P, Manley M, Fox G, Geladi P (2010) Indirect detection of *Fusarium verticillioides* in maize (Zea mays L.) kernels by near infrared hyperspectral imaging. J Near Infrared Spectrosc 18(1):49–58

WTO (2007) International trade statistics. World Trade Organization, Geneva

Xing J, Guyer D, Ariana D, Lu R (2008) Determining optimal wavebands using genetic algorithm for detection of internal insect infestation in tart cherry. Sens Instrumen Food Qual Saf 2(3):161–167

Yang CC, Jun W, Kim MS, Chao K, Kang S, Chan DE, Lefcourt A (2010) Classification of fecal contamination on leafy greens by hyperspectral imaging. SPIE Proc 7676:76760F

Yang IC, Delwiche SR, Chen S, Lo YM (2009) Enhancement of Fusarium head blight detection in free-falling wheat kernels using a bichromatic pulsed LED design. Opt Eng 48(2):1

Yao H, Hruska Z, Kincaid R, Brown RL, Cleveland TE (2008) Differentiation of toxigenic fungi using hyperspectral imagery. Sens Instrumen Food Qual Saf 2(2):215–224

Yao H, Hruska Z, Kincaid R, Brown RL, Cleveland TE, Bhatnagar D (2010a) Correlation and classification of single kernel fluorescence hyperspectral data with aflatoxin concentration in corn kernels inoculated with *Aspergillus flavus* spores. Food Addit Contam 27(5):701–709

Yao H, Hruska Z, Kincaid R, Ononye A, Brown RL, Cleveland TE (2010b) Spectral angle mapper classification of fluorescence hyperspectral image for aflatoxin contaminated corn. In: Proceedings of IEEE 2nd workshop on hyperspectral image and signal processing: evolution in remote sensing, Iceland

第 6 章　植物产品的安全检测　　　　　　　　　　　　　　　　　　　　　　　　　　· 129 ·

Yao H, Lewis D (2010) Spectral pre-processing and calibration techniques. In: Sun D-W (ed) Hyperspectral imaging for food quality analysis and control. Academic, San Diego, Chapter 2

Yao H, Hruska Z, Kincaid R, Ononye A, Brown RL, Bhatnagar D, Cleveland TE (2011a) Development of narrow-band fluorescence indices for the detection of aflatoxin contaminated corn. In: Proceedings of SPIE conference, "Sensing for Agriculture and Food Quality and Safety III", 8027-12, April 26–27, Orlando, FL

Yao H, Hruska Z, Kincaid R, Ononye A, Brown RL, Bhatnagar D, Cleveland TE (2011b) Selective principal component regression analysis of fluorescence hyperspectral image to assess aflatoxin contamination in corn. In: Proceedings of IEEE 3rd workshop on hyperspectral image and signal processing: evolution in remote sensing conference, Lisbon

Yoon SC, Lawrence KC, Smith DP, Park B, Windham WR (2008) Bone fragment detection in chicken breast fillets using transmittance image enhancement. Trans ASABE 50(4):1433–1442

Yoon SC, Lawrence KC, Line JE, Siragusa GR, Feldner PW, Park B, Windham WR (2009) Hyperspectral reflectance imaging for detecting a foodborne pathogen: campylobacter. Trans ASABE 52(2):651–662

Yoon SC, Lawrence KC, Siragusa GR, Line JE, Park B, Feldner PW (2010) Detection of Campylobacter colonies using hyperspectral imaging. Sens Instrumen Food Qual Saf 4(1):35–49

Yoon SC, Park B, Lawrence KC, Windham WR, Heitschmidt GW (2011) Line-scan hyperspectral imaging system for real-time inspection of poultry carcasses with fecal material and ingesta. Comput Electron Agr 79:159–168

Zavattini G, Vecchi S, Leahy RM, Smith DJ, Cherry SR (2004) A hyperspectral fluorescence imaging system for biological applications, 2003. IEEE Nucl Sci Symp Conf Record 2:942–946

Zhang H, Paliwal J, Jayas DS, White NDG (2007) Classification of fungal infected wheat kernels using near-infrared reflectance hyperspectral imaging and support vector machine. Trans ASABE 50(5):1779–1785

Zhang M, Zhang Q, Liu X, Ustin SL (2003) Detection of stress in tomatoes induced by late blight disease in California, USA, using hyperspectral remote sensing. Int J Appl Earth Obs 4(4):295–310

Zhu B, Jiang L, Jin F, Qin L, Vogel A, Tao Y (2007) Walnut shell and meat differentiation using fluorescence hyperspectral imagery with ICA-kNN optimal wavelength selection. Sens Instrumen Food Qual Saf 1(3):123–131

第7章 食源性病原体检测

Seung-Chul Yoon[①]

7.1 简　介

当人类食用被微生物病原体污染的食物时，食源性病原体会引起各种疾病甚至死亡。虽然食源性病原体的来源非常广泛，如动物、环境甚至人类，但其中动物源性食品是许多食源性致病菌的主要来源，例如，沙门氏菌来源于家禽、鸡蛋、肉类和农产品，弯曲杆菌来源于家禽，大肠杆菌来源于碎牛肉、绿叶蔬菜和生牛奶，耶尔森氏菌属来源于猪肉，弧菌属来源于鱼，以及李斯特菌来源于熟肉、未经高温消毒的软奶酪和农产品。根据美国疾病预防控制中心(Centers for Disease Control and Prevention，CDC)2011 年 FoodNet 报告，从患病率来看，上述 6 种病原体是造成大多数食源性疾病的罪魁祸首(CDC)。

食源性病原体的快速检测和鉴定对于食品行业监管机构制定干预及验证策略日益重要。传统基于培养基的直接平板法仍然是阳性病原体筛查的"黄金标准"(Dwivedi and Jaykus 2011；Beauchamp and Sofos 2009；Meng and Doyle 1998；Gracias and McKillip 2004)。直接平板法以相对较低的成本提供了良好的特异性、灵敏度，以及关于食物样品、肉汤培养基或液体培养基中活细胞数量的信息。然而，一个主要的挑战是竞争性微生物菌群经常与琼脂培养基上的靶微生物一起生长，并且两者可能在形态上相似。在实际情况中，专业的技术人员在微观、生物化学、血清学和分子确认测试中通过反复试验，以视检的方式选择假阳性菌落。

尽管大量的研究致力于开发和使用光学、生物化学、血清学与分子方法来鉴定阳性菌落，如乳胶凝集和聚合酶链反应(PCR)，但目前只有较少的研究研发了对培养基上假阳性菌落进行非侵入性筛选的方法和技术(Gracias and McKillip 2004；Lazcka et al. 2007；Velusamy et al. 2010；Mandal et al. 2011)。这些对假阳性菌落无损检测的研究主要集中在测量菌落的光散射(Bayraktar et al. 2006；Hirleman et al. 2008；Banada et al. 2009)和吸收特征(Yoon et al. 2009，2010，2013a，b；Windham et al. 2012)方面。高光谱成像是一种非破坏性和非接触式的光学成像技术，结合了传统成像和振动光谱学技术，因此其数据可以提供关于菌落形状的二维空间信息和每个被测菌落中每个像素点的光谱信息。由高光谱成像提供的细菌光谱"指纹"可用于检测和鉴定病原体。美国农业部(USDA)

① S.-C. Yoon (✉)

U.S. Department of Agriculture, Agricultural Research Service, US National Poultry
Research Center, 950 College Station Road, Athens, GA 30605, USA

e-mail: seungchul.yoon@ars.usda.gov

农业研究局(Agricultural Research Service，ARS)的研究人员已经证明了高光谱成像在检测和鉴定包括弯曲杆菌(Yoon et al. 2009，2010)与大肠杆菌(*E. coli*)(Windham et al. 2012；Yoon et al. 2013a，b)在内的致病菌落方面的潜力及效力。

本章介绍了利用可见近红外(VNIR)高光谱成像对病原体菌落检测和分类的研究进展。第一部分介绍了高光谱成像在检测病原体菌落的研究中经常遇到的重要问题，包括细菌培养，VNIR 高光谱成像系统，以及图像采集和预处理。第二部分分别介绍了对弯曲杆菌和大肠杆菌菌落检测的两个研究案例。

7.2　高光谱成像用于病原体检测

本节对常见病原体和通用琼脂培养基进行了概述，并介绍了两个研究案例中根据需要使用和改进的实验方案。通用流程包括样品制备、成像系统、图像采集和预处理。

7.2.1　病原体和琼脂培养基

弯曲杆菌和大肠杆菌通常分别存在于家禽和碎牛肉中。弯曲杆菌在用于食品生产的温血动物体内广泛存在，在美国等发达国家中，动物源性食品中存在的弯曲杆菌已成为细菌性人体肠胃炎(腹泻性疾病)的最常见原因。在引起人类疾病的十多种弯曲杆菌中，最常见的是空肠弯曲杆菌(*Campylobacter jejuni*)，其次是大肠弯曲杆菌(*C. coli*)，然后是其他种类[国家食品微生物标准咨询委员会(National Advisory Committee on Microbiological Criteria for Foods，NACMCF)2007]。大肠杆菌是生活在温血动物和人类肠道内的细菌。许多大肠杆菌菌株不会导致人类疾病，然而，有一组致病性大肠杆菌会产生志贺氏毒素。食用产志贺氏毒素的大肠杆菌(Shiga toxin-producing *Escherichia coli*，STEC)会引起腹泻、胃痉挛、呕吐，以及一种潜在致命的肾脏并发症，称为溶血性尿毒症综合征(hemolytic uremic syndrome，HUS)。最普遍和公认的 STEC 血清型是大肠杆菌 O157:H7；非 O157 STEC 血清型，如 O26、O45 和 O103 也越来越被认可(Bosilevac and Koohmaraie 2011；Griffin 1998)。美国疾病预防控制中心(CDC)估计，仅在美国，每年就有多达 265 000 例 STEC 感染，其中非 O157 STEC 感染约占 64%(Scallan et al. 2011)。根据之前的一项研究，在 1983~2002 年，约 70%的非 O157 STEC 感染是由 O26、O45、O103、O111、O121 和 O145(称为"Big Six")六大血清型引起的(Brooks et al. 2005)。

细菌的检测和分离通常是在实验室中通过在液体或固体培养基中培养来完成的。液体培养(或称为生长)培养基通常用于培养大量悬浮在营养肉汤中的孢子。生长在营养肉汤中的一些孢子被转移到固体生长培养基，如琼脂平板(培养皿)中。琼脂平板通常用于检测、分离和计数平板上以单个菌落形式出现的纯细菌培养物。琼脂培养基的常见类型有选择性培养基、鉴别培养基和非选择性培养基。选择性培养基是指一类具有特定抗生素或营养素的生长培养基，仅支持某些类型微生物的生长，同时抑制其他微生物的生长。选择性培养基广泛用于确定样品中是否存在特定的生物体。鉴别培养基通过添加染料或化学物质，如改变 pH，从而造成外观或生长模式的特征变化，来区分某些类型的生物体与其他生物体。非选择性培养基也很受欢迎，通过允许平板中所有微生物的无限制生长，来收获许多不同类型的细菌。显色琼脂培养基是一种鉴别培养基，能使某些菌落产生不同颜色。血琼脂(blood agar，BA)培养基是一种非选择性生长培养基，主要用于培养多种细菌。合适的琼脂培养基的选择通常取决于研究的病原体类型。

表 7.1 总结了用于检测弯曲杆菌和 STEC 的常见琼脂培养基的类型，以及每种琼脂培养基上的菌落颜色。尽管大多数琼脂培养基都具有选择性和差异性，但不同琼脂类型间的选择性和差异性程度变化很大。例如，Campy Line 琼脂比 Campy-Cefex 琼脂更具选择性。Campy-Cefex 琼脂是从食物来源中分离弯曲杆菌的常用琼脂培养基之一。Campy-Cefex 比补血琼脂更具选择性。在山梨醇麦康凯琼脂和彩虹琼脂(Rainbow agar，RBA)上的 STEC O157:H7 菌落具有非常高的选择性与差异性，因此即使背景微生物群存在于同一块平板上，也很容易辨别 STEC O157:H7 菌落。然而，一般而言，琼脂培养基对于弯曲杆菌和非 O157 型 STEC 在靶向病原体的选择与区分方面不是非常有效，特别是当背景微生物菌群在相同平板上共同存在时。

表 7.1 琼脂培养基的类型和典型菌落形态

病原体	培养基	特性	菌落颜色
弯曲杆菌	Campy-Cefex 琼脂	选择性、差异性	无色至浅灰色或淡奶油色
弯曲杆菌	Campy Line 琼脂	选择性、差异性	粉红
弯曲杆菌	血琼脂	非选择性、差异性	灰色
STEC O157:H7	山梨醇麦康凯琼脂	选择性、差异性	浅白
STEC O157:H7	Rainbow 琼脂 O157	选择性、差异性	黑色或灰色
STEC 非 O157:H7	Rainbow 琼脂 O157	选择性、差异性	粉红色、洋红、灰色或黑色

7.2.2 高光谱成像系统与图像采集

在实验室环境中使用的推扫式线扫描 VNIR 高光谱成像系统通常包括一个光谱范围为 400～1000nm 的高光谱相机、主动照明光源和可控制的移动平台或镜头。用于本章所述研究的 VNIR 高光谱成像系统具有一组可移动镜头(ITD，Stennis Space Center，密西西比州，美国)。该系统配备了一个用于连接高光谱相机的支架、一台用于运动控制和图像采集的计算机、卤钨灯和一个培养皿支架。图 7.1 所示的 VNIR 图像系统规格如下。

- 棱镜-光栅-棱镜摄谱仪(ImSpector V10E，Specim，奥卢，芬兰)的推扫式线扫描。
- 12 位相机(SensiCam QE SVGA，Cooke Corporation，奥本山，密歇根州，美国)。
- C-卡口物镜。
- 光谱范围在 400～1000nm，标称光谱分辨率为 2.8nm，带通为 2.95nm。
- 探测器——具有 1280×1024 像素分辨率的 17mm(2/3in)硅基 CCD。
- 连接在光谱仪的狭缝末端的移动平台(STGA-10，Newmark System，Mission Viejo，加利福尼亚州，美国)。移动平台由运动控制器(NCS-1S，Newmark System，Mission Viejo，加利福尼亚州，美国)驱动。因此，电动平移台移动镜头组件，以便对保持静止的培养皿进行连续的线扫描。

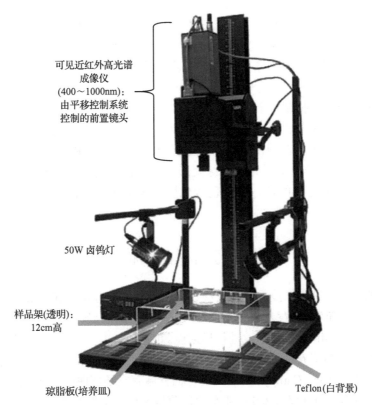

图 7.1　平板成像系统(彩图请扫封底二维码)

对于反射成像，从左侧和右侧用两个色温为 4700°K 的 50W 卤钨灯以约 45°指向培养皿来侧向照明。将白色聚四氟乙烯(Teflon)板置于培养皿支架下以增加半透明琼脂上薄层菌落的表观反射率。

7.2.3　高光谱图像预处理

对获取的高光谱图像进行预处理以减小图像尺寸并抑制光谱噪声。所有图像都在空间和光谱维度上被处理。Savitzky-Golay 平滑滤波器(窗口大小为 25；阶数为 4)分别应用于每个像素位置处的光谱以减少随机噪声。

使用 75%反射率 Spectralon®标准板(13cm×13cm，SRT-75-050，Labsphere，北萨顿，新罕布什尔州，美国)将每个图像像素处的反射强度值校准为相对反射率值 R。通过下面的反射校准模型获得每个像素和每个波段处的相对反射率值 R：

$$R(x, y, z) = \frac{I_m(x, y, z) - I_d(x, y, z)}{I_r(x, y, z) - I_d(x, y, z)} \times C$$

式中，I_m 是原始测量值，I_r 是参考对象的原始测量值，I_d 是覆盖镜头盖时测得的暗电流值，C 是案例研究中设定为 75%的标准目标材料的平均反射率。使用 HyperVisual 软件进行百分比反射率校准、空间和光谱裁剪及 Savitzky-Golay 平滑滤波(ITD，Stennis Space Center，密西西比州，美国)。

　　校准的图像被排列拼接成单个镶嵌图像。由于镶嵌图像可以被视为单个高光谱图像，因此采用图像拼接方法以便于数据分析和算法开发。在镶嵌图像中，同一日期测量的图像被垂直堆叠。再将堆叠的图像按日期顺序添加到镶嵌图像中（最新的位于图右侧）。重复实验的平板被排列在相邻的行中。

　　制作二进制掩模以抑制每个培养皿外缘和周围的背景噪声。这些二进制掩模被用于测试分类算法的有效区域（即分类算法的交叉验证），辅助包括图像处理和分析在内的其他任务。此外，以此方式获得的标准感兴趣区（ROI）使得在 ROI 中只包含被选择的单菌种微生物。ROI 中排除了反光和边缘阴影区域。在沿侧向照明的方向上，菌落边缘处常出现反光。如果可能的话，可能包含琼脂培养基和微生物混合光谱的像素也被排除在外。

7.3　弯曲杆菌的检测

　　本节介绍了高光谱成像技术在区分滴试板上点接种并分别培养 48h 和 24h 的弯曲杆菌与非弯曲杆菌污染物（即背景微生物群落）的进展。第一项研究在培养 48h 的条件下，第二项研究在培养 24h 的条件下，进行早期检测的研究。

　　在 48h 和 24h 的培养中，共使用了 17 种不同的细菌，包括 11 种弯曲杆菌（Campy.）和 6 种非弯曲杆菌（non-Campy.）。所用的弯曲杆菌有空肠弯曲杆菌（5 株）、大肠弯曲杆菌（5 株）和红嘴鸥弯曲杆菌（1 株）。非弯曲杆菌是家禽中常见的细菌，如鞘氨醇单胞菌、鲍曼不动杆菌、缺陷短波单胞菌、苍白杆菌和气味黄杆菌。除了美国菌种保藏中心（ATCC）的 3 株弯曲杆菌菌株（1 株空肠弯曲杆菌、1 株大肠弯曲杆菌和 1 株红嘴鸥弯曲杆菌）外，从家禽样品中分离出了其他 14 种细菌培养物，这些样品包括来自常规饲养的肉鸡或加工厂的动物躯体冲洗液或粪便样品（Line 2001；Siragusa et al. 2004；Stern et al. 2001）。菌株保存在冷冻培养基中，并于装有 9mL 浓缩肉汤的培养管中繁殖。将培养管放置在可重复密封的塑料袋内，用气体混合物冲洗 3 次并重新填充，然后将培养管于 42℃ Campy-气体环境（85% N_2、10% CO_2、5% O_2）中培养 72h。在最初的 3 天液体培养后，将 5μL（研究初期 10μL）菌悬液点接种到相应琼脂平板的表面上，并在 42℃ 的 Campy-气体环境中培养 48h 以用于第一次研究，培养 24h 用于第二次研究。弯曲杆菌培养时间为 48h（NACMCF2007）。因此，第二项研究旨在调查使用高光谱成像对弯曲杆菌早期检测的可能性。使用的琼脂是血琼脂（BA；5%绵羊血琼脂，Remel 公司，莱内克萨，堪萨斯州）、Campy-Cefex（Cefex）（Stern et al. 2001）和 Campy-Line 琼脂（CLA）（Line 2001）。在琼脂表面已知且间隔良好的位置进行单点接种。使用单点接种主要是为了更简单地构建纯光谱特征波谱库并将其用于检测算法的开发，可与本章后面的大肠杆菌检测研究中描述的涂布平板法相比较。通过避免菌落之间的融合生长和交叉污染，点接种也可简单构建每个像素对象的标准信息。17 个点分别接种在两个具有 9 个点和 8 个点的平板上。图 7.2 显示了一个点接种平板（Campy-Cefex 琼脂）的实例图，其中 8 个接种点上有生长成熟的微生物（顶部和底部行接种点为弯曲杆菌，中间行接种点为非弯曲杆菌），图 7.2b 为相应的 ROI。

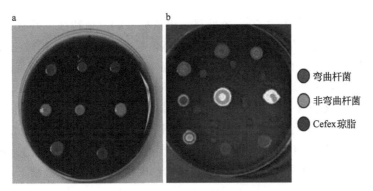

图 7.2 (a)点滴板和(b)ROI 的实例图:Campy-Cefex 琼脂上的弯曲杆菌(顶部和底部行)
和背景微生物群(中间行)(彩图请扫封底二维码)

用于弯曲杆菌培养 48h 和 24h 研究的高光谱成像系统基本上与图 7.1 中的相同(Yoon et al. 2009,2010)。通过 2(空间)×4(光谱)像素的合并获取二维光谱图像(即线扫描图像),曝光时间为 90ms。一个高光谱图像数据的分辨率是 640(空间)×475(扫描线)×256(光谱)。然后,将图像进一步裁剪到 421(宽度:空间)×475(高度:扫描线)×194(光谱)。保留了在 400～900nm 的 193 个光谱波段。反射率校准和光谱去噪后,进行图像镶嵌操作。

7.3.1 在点滴板培养 48h 的弯曲杆菌检测

用于鉴别弯曲杆菌和背景微生物群的第一个高光谱成像研究,其设计使用了点接种平板上培养 48h 的单菌种培养物。4 个月间进行了 8 次重复实验,其中每个实验从样品制备(72h+48h)到平板成像共花费 5 天时间。在 4 个月的时间内,共准备了 108 个点接种平板(包含 3 种琼脂培养基类型:BA、Cefex 和 CLA)。图 7.3 显示了 Cefex 培养基的拼接图像,其中为了便于显示创建了彩色合成图像。

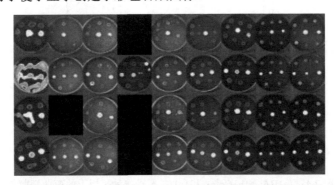

图 7.3 高光谱拼接图像(Cefex 培养基)。显示的是彩色合成图像(彩图请扫封底二维码)

由 400～900nm 的平均反射光谱和它们的标准差构成的光谱库,是从 3 种琼脂培养基上生长的全部 17 种微生物的标准 ROI 掩模内的像素点获取的,如图 7.4 所示。第一,弯曲杆菌菌株之间的光谱响应没有显著差异。第二,除 CLA 以外,不同琼脂类型之间的光谱响应也没有显著差异。在 BA 和 Cefex 培养基条件下,弯曲杆菌在低于 650nm 的范围内显示出低反射率响应(约 5%),在 700nm 以外的近红外范围内显示出高反射率(约

35%)。第三，非弯曲杆菌在约 500nm 处显示出特征性的反射特征，并且其在 500nm 区域的反射率远高于弯曲杆菌。对于 Cefex 培养基，特定的非弯曲杆菌微生物鞘氨醇单胞菌的平均光谱与弯曲杆菌的非常相似。在 400nm 和 650nm 的可见光谱范围内，CLA 培养基上的非弯曲杆菌的平均光谱与在 BA 和 Cefex 培养基上的差别很大。通过分析光谱库，很显然在 BA 和 Cefex 平板上的弯曲杆菌与非弯曲杆菌可以在 500nm 附近被较好地分离开，而从 CLA 培养基上获得的光谱不能提供相同水平的可分离性。因此，假设 BA 和 Cefex 平板上的靶生物在 450～550nm 的近似范围内在统计上是可分离的。通过估计由主成分分析(PCA)-波段权重分析确定的几个波长的巴氏距离来评估该假设。

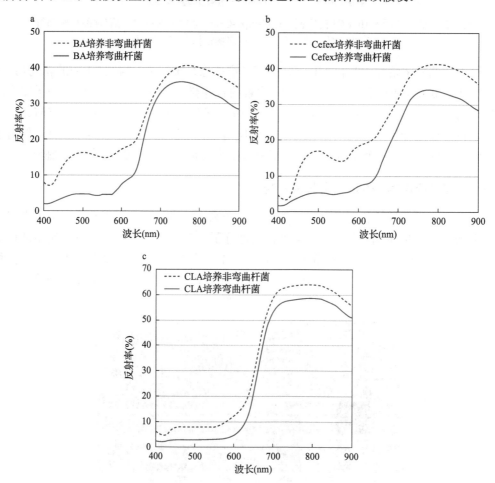

图 7.4　(a)BA、(b)Cefex 和(c)CLA 点接种平板上的弯曲杆菌与
背景微生物群的平均反射光谱(彩图请扫封底二维码)

根据 PCA-波段权重分析，研究者发现 503nm 和 578nm 两个波段(BA 培养基)、501nm、606nm 和 827nm 3 个波段(Cefex 培养基)为局部峰。这些波段中每一组的可分性通过测量两个种群之间的巴氏距离来计算。在 BA 培养基条件下，503nm 波长处显示出弯曲杆菌与非弯曲杆菌之间的最大统计可分离性。在 Cefex 培养基条件中，501nm 处的波段是最好的。在 CLA 培养基条件中，整体可分离性比其他琼脂小，这与光谱分析所预

测的结果一致。因此，该研究证实了弯曲杆菌和非弯曲杆菌在 BA 培养条件的 503nm 处和在 Cefex 培养条件的 501nm 处在统计学上有良好的可分离性。基于这一统计分析，研究者开发了仅用于在 BA 和 Cefex 平板上区分弯曲杆菌与背景微生物群的分类算法。下面介绍的检测方法被设计为 3 种分类算法，将 ROI 中每个像素标记为 3 类：弯曲杆菌、非弯曲杆菌和琼脂。

对于 BA 培养基，研究者设计了一种使用单一波长的分类算法。该算法应用于 503nm 波段进行三分类，并使用预定义的 ROI 像素进行评估。该算法基于以下分类规则：①如果反射率值低于3%(T_1=3)，像素点被判定为 BA 培养基；②如果反射率值大于7%(T_2=7)，像素点被判定为背景微生物群落（即非弯曲杆菌）；③其他情况判定为弯曲杆菌。ROI 总像素数为 136 370，整体分类准确率为 98.07%（133 740 像素/136 370 像素）。Kappa 系数为 0.9703。琼脂像素的检测准确率为 100%。当准确度计算中剔除琼脂像素时，弯曲杆菌和非弯曲杆菌的分类精度为 96.60%（74 723 像素/77 353 像素）。将伪彩色分类结果映射到图像域中。

对于 Cefex 培养基，研究者通过①采用上述使用 T_1=3 和 T_1=10 的单波段三分类算法；以及②使用马氏距离测量的两类最小距离分类器，该分类器使用了所有 193 个光谱带，开发了两步检测算法。马氏距离分类器仅应用于预测为弯曲杆菌的像素，以便找到非弯曲杆菌菌株[鞘氨醇单胞菌(*Sphingomonas paucimobilis*)]。得到的分类结果再次根据选定 ROI 中的像素进行定量评估，并在图像空间上进行预测。选定 ROI 的总像素数为 264 984。包含琼脂像素时单波段算法（第一步）的分类准确率为 96.81%（256 529 像素/264 984 像素），而计算中不包括琼脂像素时准确率为 94.99%（160 157 像素/168 612 像素）。经过第二步后，包含琼脂像素的两步算法的整体分类准确率变为 99.29%（263 104 像素/264 984 像素），计算中排除琼脂像素的准确率为 98.58%（166 221 像素/168 612 像素）。Kappa 系数为 0.9893。图 7.5 显示了 Cefex 培养基条件下通过两步算法获得的分类图像的镶嵌图。

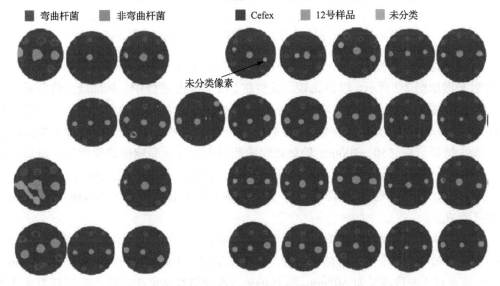

图 7.5 Cefex 琼脂上的弯曲杆菌和背景菌群的分类结果。
12 号样品是指非弯曲杆菌污染物：鞘氨醇单胞菌(彩图请扫封底二维码)

在单菌落层面，除了一个菌落的预测错误以外，所有菌落都被正确分类。在像素层面，弯曲杆菌和鞘氨醇单胞菌的单菌落上也存在被错误分类的像素，虽然并没有太多错误。总之，分类结果显示，高光谱成像技术在弯曲杆菌的早期检测和琼脂培养基上生长的其他病原体的检测方面有广阔的应用前景。

7.3.2　在点滴板培养 24h 的弯曲杆菌的早期检测研究

尽管在诸如食品安全检验局（Food Safety and Inspection Service，FSIS）基准研究（FSIS 2006）和国际标准化组织（International Organization for Standardization，ISO）等的各项研究中经常以培养 48h 作为检测弯曲杆菌的标准（ISO 2006），但仍需要对培养时间低于 48h 的情况进行高光谱成像研究，以达到快速检测弯曲杆菌的目的。

在 6 个月的时间内进行了 5 次重复实验。整个实验中用于样品制备的实验方案和成像系统与 48h 培养研究中的保持相同。每个琼脂类型和每次实验制备两个重复平板。因此，总共有 40 个培养皿用于成像。使用的琼脂培养基是 BA 和 Cefex。图 7.6 为便于清晰显示而使用了 RGB 彩色合成的高光谱镶嵌图像。

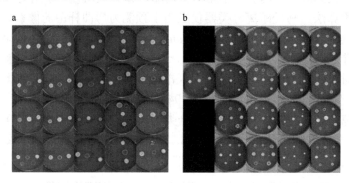

图 7.6　在(a)血琼脂和(b)Cefex 琼脂上点接种培养 24h 的镶嵌图像。
为了清晰显示使用了 RGB 彩色合成图像（彩图请扫封底二维码）

同时构建了一个光谱库用于光谱分析。血琼脂和 Cefex 琼脂上培养 24h 与 48h 的平均反射光谱如图 7.7 所示，以供比较。虽然在 24h 和 48h 培养中，局部最大值和最小值的位置没有太大差别，但随着培养时间从 48h 减少到 24h，整体反射率趋于下降。在400～650nm 的可见光谱范围内，特别是在 425nm 和 460nm 附近，存在显著的局部最小和最大特征。在 650～700nm 的红光谱段范围内，反射率响应急剧增加。最后，在700～900nm 的近红外范围内，血琼脂上培养 24h 的条件下，除了在 760nm 处出现一个弱吸收之外，没有观察到显著的特征。但是，这种弱吸收特征在培养 48h 的平均光谱中并不存在。

对培养 48h 的弯曲杆菌的高光谱成像研究发现，有一个波长具有较大的统计可分性，足以区分弯曲杆菌和非弯曲杆菌微生物。根据该研究，血琼脂对应的该波长为 503nm，Cefex 琼脂对应的该波长为 501nm。同样的单波段阈值算法也在培养 24h 的研究中作为参考算法进行了评估。

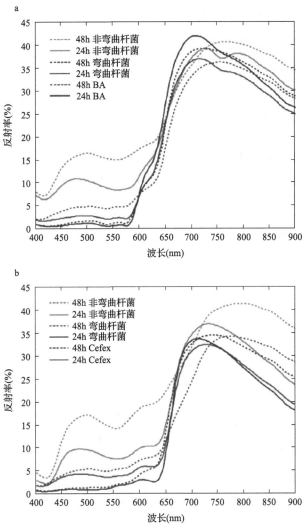

图 7.7　在(a)血琼脂和(b)Cefex琼脂上点接种生长的弯曲杆菌与
非弯曲杆菌的平均反射光谱(彩图请扫封底二维码)

　　应用于 24h 培养图像的单波段阈值算法的参数略有变化,具体如下:对于 BA 培养基,$T_1=2$ 和 $T_2=5$(对于培养 48h,$T_1=3$ 和 $T_2=7$);对于 Cefex 培养基,$T_1=3$ 和 $T_2=7$(对于培养 48h,$T_1=3$ 和 $T_2=10$)。在 BA 培养基培养 24h 时,像素水平的整体分类准确率为 94.54%,比 BA 培养基培养 48h 的 98.07%准确率下降了约 4%。对于 Cefex 培养基培养 24h,像素水平的整体分类准确率为 85.95%,比 Cefex 培养基培养 48h 的 96.81%下降了大约 11%。在单菌落水平上,BA 平板上的 169 个单菌落中有 158 个(93%)被正确分类(至少大部分)。同样,在单菌落水平上,Cefex 平板上的 124 个单菌落中有 107 个(86%)被正确分类(至少大部分)。当培养时间减少到 24h 时,与 Cefex 琼脂相比(像素和单菌落水平的分类准确率分别为 85.95%和 86%),血琼脂(像素和单菌落水平的分类准确率分别为 94.54%和 93%)培养基可更好地区分弯曲杆菌菌落和非弯曲杆菌污染物。尽管 BA 培养基条件下的检测准确率超过 90%,但仍需要进一步提高检测准确率。因此,研究者开发了一种新算法，该算法使用了去包络线(continuum removal，CR)光谱的波段比特征。

去包络线分析旨在量化偏离共同基线的吸收波段(Clark and Roush 1984)。公共基线(即包络线)定义为包围反射光谱数据点的凸包。换句话说，包络线由连接反射光谱的局部最大值点的分段连续线组成(图 7.8a)。包络线去除是一个通过将每个波长的反射光谱除以相应波长的包络线，来分离出用于分析特定吸收特征的程序：$R_{CR}=R/C$，其中 R_{CR} 是去包络线光谱，R 是反射光谱，C 是包络线(图 7.8)。去包络线后的光谱值范围为 0~1。反射光谱中的第一个和最后一个点总是包络线的局部最大值。因此，第一个和最后一个点在包络线去除的光谱中为 1(图 7.8b)。应用包络线去除后，可以通过计算波段深度、宽度和波长位置来量化吸收波段的特征参数(Kruse 1988；Kokaly and Clark 1999)。如图 7.8b 所示，每个波段的波段深度 D 可以通过从 1 中减去包络线去除的反射光谱来计算：$D=1-R_{CR}$(Kokaly and Clark 1999)。因此，可利用去包络线光谱的斜率信息来增强弯曲杆菌和非弯曲杆菌微生物间吸收特征的差异。这个斜率信息由一个波段比表示(图 7.8b)。

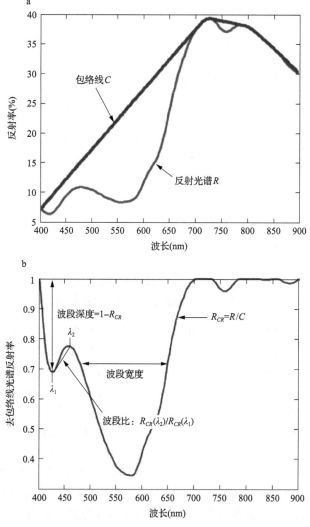

图 7.8　包络线去除和吸收特征的例子。(a)包络线示例和(b)去包络线后的光谱(彩图请扫封底二维码)

对于去包络线光谱的波段比计算，并不总是需要对所有波长应用包络线去除。例如，如图 7.8 所示，$\lambda_1$nm 和 $\lambda_2$nm 处的包络线波段比计算可能只需要 401nm（极值）、$\lambda_1$nm、$\lambda_2$nm 和 701nm（极值）4 个波长处的反射率值，其中 $\lambda_1$nm、$\lambda_2$nm 将在稍后确定。只要 700nm 处的值是连续曲线的局部最大值，并且 $\lambda_1$nm、$\lambda_2$nm 处的值不是局部最大值，那么在这 4 个点处的包络线去除不会影响去包络线后的光谱。包络线计算中减少输入波长对于多光谱成像是有益的。高光谱（全部 193 个波段）和多光谱（401nm、$\lambda_1$nm、$\lambda_2$nm 和 701nm 4 个波段）去包络线后的结果被进行了比较。

图 7.9 显示了在两种不同的琼脂培养基（血琼脂和 Cefex）上培养的弯曲杆菌和非弯曲杆菌（24h 和 48h）的去包络线后的平均反射光谱，该原始平均反射光谱是图 7.7 所示的光谱。从包络线去除后光谱中观察到的血琼脂培养基上弯曲杆菌与非弯曲杆菌之间最突出的特征是斜率差异。具体而言，在血琼脂培养物光谱的大约 420nm 至 465nm 范围内，非

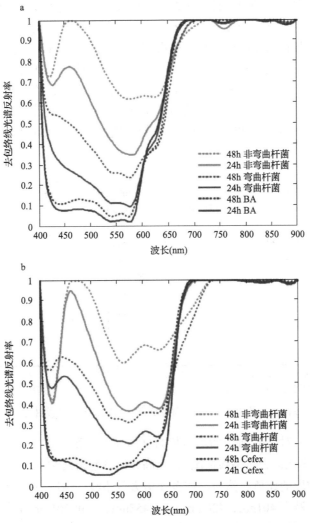

图 7.9　在（a）血琼脂和（b）Cefex 琼脂平板上培养 24h 与 48h 的包络线
去除后的平均反射光谱（彩图请扫封底二维码）

弯曲杆菌的斜率为正，而弯曲杆菌的斜率为负(图 7.9a)。从这个观察结果来看，可简单采用两个波段的波段比算法。用于波段比的波长是从非弯曲杆菌光谱的局部极值所对应的波长中选择的。极值位于 426nm(λ_1，最小值)和 458nm(λ_2，最大值)处。但是，在 Cefex培养基条件下没有观察到同样的效果。尽管如此，相同的波长选择策略适用于 Cefex 培养基培养 24h 的情况，其中非弯曲杆菌包络线去除后光谱的局部极值位于 423nm(最小值)和 461nm(最大值)。

为了找到波段比算法的最佳阈值，研究使用了直方图分析方法。图 7.10 显示了去包络线后获得的波段比数据的直方图。在血琼脂上培养 24h 的弯曲杆菌和非弯曲杆菌的波段比值数据的直方图显示单峰分布，没有明显重叠。因此，从图 7.10a 中，选择了划分两个分布的最佳阈值(0.92)。选定的阈值(0.92)非常接近测量的波段比数值的平均值(0.93)。如图 7.10b 所示，由于所培养的非弯曲杆菌为双峰分布，Cefex 培养的情况并不简单。从图形上来看，这种双峰性表明在 Cefex 培养的情况下使用波段比并不有效。因此，使用该波段比特征来区分 Cefex 培养 24h 的数据是不可取的。对于 Cefex 培养条件来说，基于对弯曲杆菌检测准确率更高的准则本研究选择了 1.4 作为阈值。可以从数学上获得使分类误差最小的最佳阈值，或从理论上使用接收机工作特性(receiver operating characteristic，ROC)曲线，该曲线是真阳性率和假阳性率图形的二元分类器系统中的区分阈值函数。然而，在尝试使用选择值附近不同阈值的实验之后，研究发现不需要使用ROC 曲线和贝叶斯分类器之类的理论优化框架来选择真正的最优阈值。最佳阈值通过这些初步实验确定。

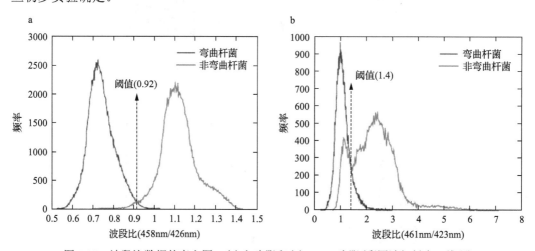

图 7.10　波段比数据的直方图。(a)血琼脂和(b)Cefex 琼脂(彩图请扫封底二维码)

开发的带比算法对 24h 血琼脂培养基的总体分类准确率为 99.38%(高光谱去包络线情况)和 97.21%(多光谱去包络线情况)。在高光谱去包络线情况下，从去包络线光谱波段直接获得两个波段的比值。然而，在多光谱去包络线的情况下，请注意，首先获得未去除包络线的高光谱在 401nm、426nm(λ_1)、458nm(λ_2)和 701nm 4 个波段下的反射值，然后对这 4 个波段下的反射光谱应用去包络线算法。使用 503nm 波段处的图像来区分血琼脂、生长的菌落和培养皿。然后，通过波段比数据的单个阈值进行分类。结果表明，

所开发的波段比技术对于培养 24h 的弯曲杆菌和非弯曲杆菌污染物的检测准确率为
97%～99%。

图 7.11 显示了高光谱 CR 模式下开发的波段比算法的分类结果图。所有 169 个单菌
落都完全或至少绝大多数(100%)被正确分类。4 个弯曲杆菌单菌落(在第三列中用三角形
包围)显示少量非弯曲杆菌像素。全部 4 个交叉污染的弯曲杆菌单菌落(圈出)都被正确
分类。

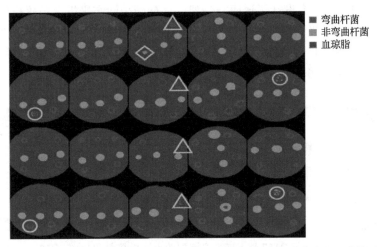

■ 弯曲杆菌
■ 非弯曲杆菌
■ 血琼脂

图 7.11　在血琼脂上培养 24h：使用去包络线高光谱(193 个波段)上的两个波段开发的波段比算法的分
类结果。错误分类的菌落用相应标记表示(弯曲杆菌的用三角形标记，非弯曲杆菌的用菱形标记)。
用圆圈标记交叉污染的单菌落。(彩图请扫封底二维码)

总之，研究开发了一种用于检测培养 24h 的弯曲杆菌和非弯曲杆菌污染物菌落的高
光谱图像处理算法。血琼脂培养基的去包络线平均反射光谱的斜率在 426～458nm 存在
显著差异。检测技术的关键是使用去包络线光谱在 426nm 和 458nm 处的波段比算法。去
包络线波段比方法显示了 97%～99%的分类准确率。就弯曲杆菌检测的准确性而言，血
琼脂是比 Campy-Cefex 琼脂更好的培养基。实验结果表明，对于培养 24h 的情况，开发
的波段比算法检测弯曲杆菌和非弯曲杆菌污染物的准确率可以达到 99%。开发的成像方
案适用于鸡肉胴体冲洗或其他病原体检测研究中采用的涂布平板法。

7.4　非大肠杆菌 O157 型 STEC 的检测

本节介绍了用于区分在 Rainbow 琼脂平板上涂布培养的"六大"非大肠杆菌 O157
型 STEC 血清型的高光谱成像技术。按照之前提到的用于弯曲杆菌检测研究的相似方案，
研究进行了点接种培养非大肠杆菌 O157 型 STEC 的检测研究(Windham et al. 2012)，
并开发了平板单点接种 5μL 单菌种培养条件下用于区分六大 STEC 血清型的预测模型。
然而，当将点接种平板样品校准的模型应用于从涂布法平板获得的独立测试组时，模型
对 STEC 种群的变化和涂布法接种生长条件的差异敏感。这个问题的部分原因在于模型

对于许多不同菌落群的光谱和空间数据采样不足。在这方面，涂布平板提供了更多样化和真实的菌落群。因此，有必要对涂布平板法的高光谱成像进行研究。本节描述了两个使用涂布平板法的研究。第一项研究是关于分别在每块平板上涂布接种单菌种培养物的高光谱成像。第二项研究是混合培养的高光谱成像。

在点滴板培养方法中，琼脂上的阴影不是一个大问题，因为阴影对 ROI 的选择影响不大。然而，对于涂布平板法并非如此，因为半透明琼脂上的菌落投射出很多阴影，如图 7.12 所示。因此，研究设计了透明样品架以尽量减少涂布平板上菌落投射出的阴影。除了新样本架之外，高光谱图像采集使用了与弯曲杆菌研究中相同的推扫式线扫描 VNIR 高光谱成像系统(图 7.1)。从物镜到培养皿的工作距离约为 40cm。相机合并的参数设置为 2(空间)×2(光谱)，积分时间为 30ms。

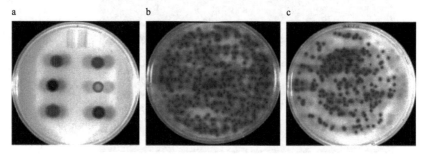

图 7.12　(a)六大非大肠杆菌 O157 型 STEC 血清型的点滴板培养和(b)纯 O103、(c)纯大肠杆菌 O145 型 STEC 的涂布平板培养的 RGB 彩色合成图像。图像具有早期系统配置造成的阴影。
(b、c)是显示 STEC 菌群相似性的实例(彩图请扫封底二维码)

获得的高光谱图像用 Spectralon 75%反射率标准板进行校准，并且每幅图像的尺寸得以减小。然后，为了降低反射率测量中的非线性，将相对反射率值 R 转换为吸光度 $[\log_{10}(1/R)]$，并使用吸光度开发模型。通过去除 400~1000nm 之外的波长，每幅图像的光谱维度减少到了 473 个。因此，得到的图像尺寸变为 $688(W) \times 500(H) \times 473(\lambda)$。最后，通过在每个像素位置应用 Savitzky-Golay 平滑滤波器(窗口大小为 25；矩的阶数为 4)(Savitzky and Golay 1964)减少了光谱噪声。在上述操作之后，所有的高光谱图像被拼接成单个镶嵌图像。

为了获得菌落的吸收光谱，使用 Fiji(http://fiji.sc，基于 ImageJ 的开源图像处理软件包)中提供的交互式阈值工具半自动地获得感兴趣区(ROI)。因为 428nm 处的图像在菌落和背景琼脂像素之间具有良好的对比度，所以 428nm 处的图像被用于菌落 ROI 的分割。具有镜面反射的闪烁像素不包括在 ROI 中。使用 ENVI 软件中的 ROI 工具(Exelis Visual Information Solutions，博尔德，科罗拉多州，USA)将相连的分割对象进一步分开。

在高光谱图像的监督分类中，采样与像素子集的选择有关。通过在每个菌落 ROI 上进行重采样，总共获得 6 个额外的 ROI 集合，以表征每个菌落的像素群体中的空间和光谱变化。图 7.13 显示了一个菌落 ROI 及其相应 ROI 子集的例子，子集包括几何中心(即质心)和由 Dx(x=1,2,3,4)定义的 4 个 ROI，即距每个菌落 ROI 几何中心的欧氏距离 x(以像素为单位的半径)内的 ROI 像素集。当从 ROI 定义的像素位置提取光谱数据时，数据

被重新整形成 $M×N$ 的数据矩阵 X，其每行为 M 个观测值（样本），每列为 N 个变量（波长）。同时也创建了 6 个类别标签的响应向量 y。

对于模型开发，使用保留法将数据矩阵 X 和响应向量 y 划分为训练集与验证集，而没有使用随机抽样法，因为使用随机抽样的常规交叉验证倾向于在每个菌落内划分均质样本，从而导致过度乐观的结果。在这个方案中，镶嵌图像列的所有组合被用于将数据分割成训练集和验证集。

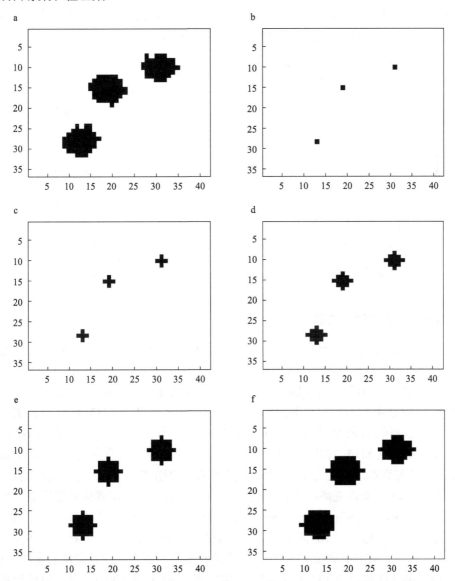

图 7.13　菌落 ROI 及其子集的例子。Dx ($x=1,2,3,4$) 包括 (a) 中距离每个菌落 ROI 几何中心的欧氏距离为 x 的所有像素。(a) 菌落 ROI，(b) 中心，(c) D1，(d) D2，(e) D3，(f) D4

应用数据预处理方法作为预处理的一部分被用于预测因子 X。使用的预处理方法包括无预处理（仅吸光度）、多元散射校正（MSC）、标准正态变量和去趋势（standard normal variate and detrending，SNVD)、11 点间隔宽度的一阶导数、微分前使用 11 点间隙宽度的移动平均平滑、MSC 校正的一阶导数与 SNVD 校正的一阶导数。当使用所有的方法时，预处理方法的应用顺序为 MSC(或 SNVD)、移动平均和微分。此外，利用主成分分析(PCA)对预处理的光谱数据进行变换，以减少特征空间的维数，并使用 PC 得分的马氏距离(MD)分类器或 k 最近邻(KNN)分类器进行监督分类。因此，用于分类的主成分(PC)的数量也被认为是一个重要的执行参数。在之前的研究(Yoon et al. 2013a)中研究者研究了 PC 的最佳数目，最少是 6 个，12 个 PC 以上预测性能达到最大。图 7.14 总结了非大肠杆菌 O157 型 STEC 检测的成像方法、预处理和分类算法的示意框图。

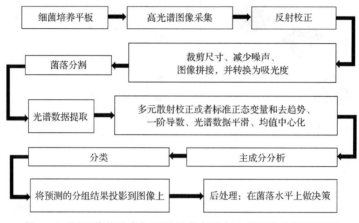

图 7.14　用于菌落分类与预测的多变量高光谱图像分析流程图

7.4.1　涂布平板上的纯菌培养

　　细菌培养物是从美国农业部食品安全检验局(FSIS)东部实验室的菌种收集处获得的。共选择了 6 个非 O157 型 STEC 菌株，其中每个菌株来自各个代表性的 O-血清群(O26、O45、O103、O111、O121 和 O145)。具体的每个 STEC 菌株为：O26:H2 菌株 4，O45:H2 菌株 8，O103:H2 菌株 D，O111:H1 菌株 16，O121:H19 菌株 A 和 O145:H-菌株 K。所有测试菌株的致病性由两个基因目标的存在证实：两个 *stx* 基因(stx_1 和 stx_2)之一和 intimin(*eae*)基因(USDA 2012)。将每种培养物储存在 4℃ 的营养琼脂斜面上(Becton Dickinson，斯帕克斯，马里兰州，美国)。在 37℃ 血琼脂(BA，含 5% 绵羊血的胰蛋白胨大豆琼脂，Remel，莱内克萨，堪萨斯州，美国)上生长一夜的培养细菌被提取出来制备菌悬液。使用 Dade Behring MicroScan 浊度计(Dade Behring，西萨克拉门托，加利福尼亚州，美国)，将细胞以约 10^9 菌落形成单位(colony forming unit，CFU)/mL(0.50 浊度)的初始浓度悬浮于无菌盐水(0.85%)中。在无菌盐水中制备每种细胞悬液的连续稀释液。然后将大约 50CFU 和 100CFU(10^3CFU/mL 稀释液的 50μL 和 100μL 试样)通过涂布法接种到含有 10mg/L 新生霉素与 0.8mg/L 亚碲酸钾(RBA，Biolog，Inc.，海沃德，加利福尼亚州，美国)的 Rainbow 琼脂平板(100mm 直径)上。所有平板在 37℃ 培养 24h。

　　遵循上述方案，在 2 个月的时间内进行两次重复实验。因此，本研究共制备了 24 个平板(2 个稀释度×2 个重复×6 个血清组)。所有平板除去重复 1 的 O121 和 O145，均为纯培养物。仅与 O121 和 O145 培养物混合的 4 块涂布平板被用于重复 1 实验。所有校准过的 24 幅高光谱图像被拼接在一起成为一个单一的镶嵌图像，如图 7.15 所示。高光谱数据立方体每行排列不同的血清组，每列表示两个连续稀释(重复)和数据收集日期(重复)。镶嵌文件大小约为 15GB。

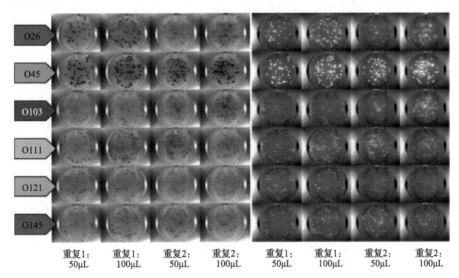

图 7.15　非 O157 型 STEC 的镶嵌图像(彩色复合图像)：(a)反射率(R)和(b)吸光度[$\log_{10}(1/R)$]图像(彩图请扫封底二维码)

　　菌落 ROI 总数为 1421。所有菌落 ROI 中的像素总数(即观察结果或样本)为 51 173。图 7.16 举例显示了 6 个非 O157 型 STEC 血清型菌落模糊的颜色和形态图，以及改善图像质量后的 RGB 彩色图像。第一行为每个血清型的彩色合成反射率图像，第二行为吸光度，第三行为带有颜色的菌落 ROI。与图 7.12 相比，虽然由于高光谱成像仪中光学元件的局限性，每个菌落的边界仍然模糊，但大多数阴影被去除。反射图像的快速目视观察显示 O26 和 O145 菌落生长为两种色调(淡品红和深品红)，O103 和 O121 菌落显示相似的粉红色，而 O45(接近黑色)和 O111(灰色)与其他菌落相比颜色及形态均有些不同。

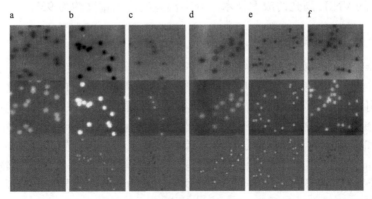

图 7.16　"六大"非 O157 型 STEC 菌落的 RGB 彩色图像示例：第一行为反射率，中间行为吸光度，第三行为菌落 ROI。(a)O26，(b)O45，(c)O103，(d)O111，(e)O121，(f)O145(彩图请扫封底二维码)

　　每个血清型的平均 ROI 光谱如图 7.17 所示。血清型 O26(红色)和 O145(品红色)彼此具有大体相似的光谱特性,吸收(或反射率)在 470～650nm 存在一些差异。这种相似性也与之前所述的视觉评估一致(图 7.16a、f)。血清型 O103(蓝色)和 O121(青色)在400～540nm 具有几乎相同的光谱曲线,但在 540～650nm 显示出细微的差异。对人眼来说,O103(蓝色)和 O121(青色)的光谱相似性在色带(如 450nm、550nm、650nm)处产生了相似的色调,如图 7.16c、e 所示。同样有趣的是,该研究观察到 O121 的吸收峰在 550nm附近(图 7.7b),除了光谱平缓的 O111 之外,其他血清型的吸收峰均向右偏移了约 10nm。

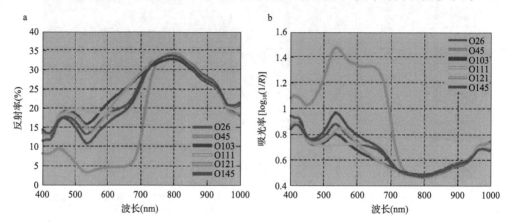

图 7.17　来自标准菌落区(即 ROI)的 6 个非 O157 型 STEC 血清型的
(a)平均反射和(b)吸收光谱(彩图请扫封底二维码)

　　通过马氏距离和 KNN 分类器获得的分类结果被映射到琼脂平板图像上(未显示)。无论采用哪种分类算法和预处理方法,血清型 O111 和 O121 的准确率始终超过 99%。然而,血清型 O26、O45、O103 和 O145 对于所采用的不同预处理方法,其分类准确率为84%～100%。由于散射校正而提高的分类精度平均约为 10%。对于每个菌落 ROI 质心周围定义 5 像素点的 ROI 集合,SNVD、11 点间隙的一阶导数和 11 点间隙的移动平均预处理有最佳平均分类性能(95.06%)。

　　总之,通过构建光谱库和分类模型,研究者开发了用于检测琼脂平板上非 O157 型STEC 血清型的 VNIR 高光谱成像技术。分类模型的检测精度约为 95%。

7.4.2　涂布平板上的混合培养

　　混合培养物是一种实验室培养物,其含有两种或多种已鉴定的微生物物种或菌株。尽管混合培养物仍然是实验室控制的样品,但混合培养物的涂布平板可产生多样和真实的菌落群,用以模拟受污染食物样品的实际微生物种群。然而,在混合培养菌落的高光谱成像中,分类模型的性能比单一菌种培养物更难以验证,由于液体培养细菌的扩散和细菌在生长和存活中的竞争,特定细菌在琼脂平板上的生长位置是未知的(Fredrickson1977;Hibbing et al. 2010),因此仅仅为了验证分类模型,用遗传和/或生物化学确认方法来鉴别每个菌落几乎是不切实际的。造成这个困难的部分原因是每个平板有太多(通常50～300 个)的菌落。

　　由单独的 STEC 血清型系列稀释液制备包含相等体积(10^3CFU/mL 的 500μL 试样)O45、O111 和 O121 血清型的细菌悬液混合物。将同等浓度的第四种血清型(O26、

O103 或 O145)接种到 3 种菌株混合物中。之所以用 3 种简单血清型的混合物加上 3 种复杂血清组 O45、O111 和 O121 中的一种来配制混合培养基，是因为所研制的分类器性能验证简单。上述混合规则被用于从测量的图像构建标准图。对于每种混合物，将 50μL 和 100μL 试样分别涂布到单独的 Rainbow 琼脂平板上。所有平板在 37℃培养 24h。

研究者遵循上述方法进行了一项实验。使用具有混合培养细菌的 6 个平板(2 个细菌浓度×3 种类型混合物)和具有单菌种培养细菌的 12 个平板(2 个细菌浓度×6 种血清型)来评估所开发的分类模型。采用与模型创建过程中相同的算法处理采集的高光谱图像(图 7.15)。所有采集的数据都用作独立测试数据(与验证互换)，用于前一部分提到的基于纯菌培养数据训练的预测模型。图 7.18 和图 7.19 显示了混合培养物和纯培养物的镶嵌图像，即测试(验证)集。

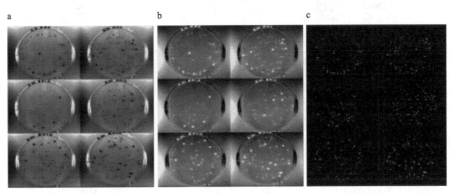

第一行：O26、O45、O111、O121　　　第一列：50μL 试样
第二行：O103、O45、O111、O121　　　第二列：100μL 试样
第三行：O145、O45、O111、O121

图 7.18　混合培养物：(a)反射率(R)，(b)吸光度[$\log_{10}(1/R)$ 图像]，(c)ROI(红色：O26，绿色：O45，蓝色：O103，黄色：O111，青色：O121，品红色：O145)镶嵌图像(彩色合成)(彩图请扫封底二维码)

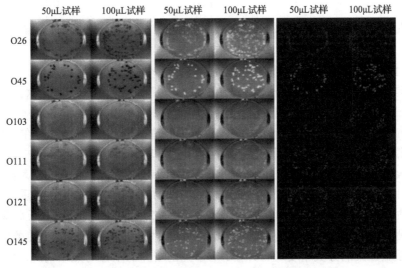

图 7.19　纯培养物：镶嵌图像(彩色合成)。(a)反射率(R)，(b)吸光度[$\log_{10}(1/R)$ 图像]，(c)ROI(彩图请扫封底二维码)

　　所有菌落经观察为圆形(即菌落形状)。O121 菌落的外部边界比其他菌种更具特色且不太模糊。O45 菌落的颜色几乎是黑色的,并且与其他血清型在视觉上差异较大。图 7.20 显示了从测量的反射率和吸光度(从反射率转换得到)图像观察到的菌落外观的例子。除 O45(深绿色至黑色)和部分 O111 菌落(类似于琼脂背景的灰蓝色色调)外,其他所有菌落的颜色都是不同亮暗程度的紫色。每个菌落的中心区域比周边更暗。对于琼脂平板上的 O111 菌落,浓度较低的菌落呈浅灰色(镶嵌的左栏图像),浓度较高的呈淡紫色(镶嵌的右栏图像)。有必要进一步研究以找到造成菌落外观差异的纹理、表面等重要因子,并将其纳入多变量分类模型中。

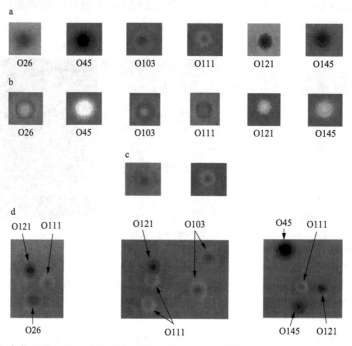

图 7.20　彩色复合菌落的例子。(a)反射率(复合色),示例菌落;(b)吸光度(复合色),示例菌落;(c)变异性,O111 菌落色差;(d)菌落外观差异(彩图请扫封底二维码)

　　图 7.21 显示了从训练集和验证集 ROI 获得的每个血清型的平均光谱,包括纯菌培养和混合培养。除 O26 以外,两个验证集的光谱响应比训练集更加相似,这证实了之前的研究发现,实验的复现性是分类模型预测性能的最大不确定性。纯 O26 培养时在光谱 600~700nm 处的肩峰,在 O26 混合培养时消失。造成 O26 混合培养时在 600~700nm 表现出光谱差异的一个可能原因是,细菌在生存和生长中的竞争(Fredrickson 1977;Hibbing et al. 2010)。虽然没有进行定量分析以测量训练集和验证集之间的差异或变异性,但从图 7.21 中可以推断,训练集和验证集之间的平均光谱响应差异不足以重新训练模型。

　　4 个预处理方法(MSC1、MSC2、SNV1 和 SNV2)、两个分类器(马氏距离和 KNN)和两个检测水平(像素和菌落)组成的共 16 个预测模型(或分类模型),由纯菌培养和混合培养的两组验证集的分类精度进行评估。对于纯菌培养的阳性对照组情况,所有 16 个预测模型的预测性能大于 95%,范围为 96%~99.88%。平均分类准确率为 98.31%。菌落水平决策算法的准确率为 99.42%,比像素水平决策精度高约 2%。4 种预处理方法对

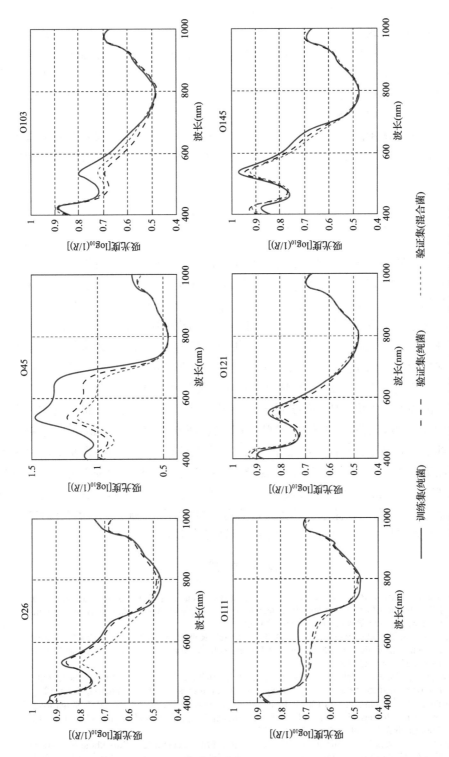

图7.21　非O157型STEC在纯菌和混合培养中的平均吸收光谱(彩图见清扫封底二维码)

应模型的性能之间差异小于 1%。两个分类器之间的性能差异是微不足道的(0.23%)。最佳模型为采用 SNV1 或 SNV2 作为预处理方法，进而采用 kNN 分类，以及菌落层次的决策方法。在混合培养的情况下，采用 SNV2(SNVD 校正的一阶导数，间隙宽度为 11 个点，移动平均的间隙宽度为 11 个点)和 KNN(k=3)的模型具有最佳性能。像素水平的整体分类精度约为 95.6%，Kappa 系数为 0.9457。混合培养平板的 311 个菌落中仅有 8 个被错误分类(因此，单菌落水平决策的准确率为 97.58%)。

总之，基于单菌种涂布平板训练集开发的多变量分类模型对纯菌培养和混合培养的两个独立测试集进行了验证。就测量的菌落水平的分类准确率而言，模型的预测能力超过 97%。

7.5　结　　论

在本章中，VNIR 高光谱成像技术被用于检测琼脂平板上的食源性病原体，如弯曲杆菌和非 O157 型 STEC。对 Campy-Cefex 琼脂在 501nm 处，或对血琼脂在 503nm 处数据使用阈值算法，可以有效区分培养 48h 条件下弯曲杆菌和常见背景微生物群，准确率超过 99%。去包络线反射光谱的波段比算法，是早期检测血琼脂中培养 24h 弯曲杆菌菌落的最有效方法。这些研究的局限性在于使用点接种平板。因此，未来的研究将需要探索高光谱成像检测，以及区分涂布法接种平板上的弯曲杆菌和背景微生物群。利用高光谱成像技术，研究者建立了 24 个单独 Rainbow 琼脂平板上 1421 个非 O157 型 STEC 纯菌培养的预测模型。采用主成分得分的 k 最近邻分类器的预测模型，最佳整体平均分类准确率达到 95.06%。所开发的模型分别用涂布接种在 6 个和 12 个 Rainbow 琼脂平板上的混合与纯菌培养物进行验证。结果显示像素水平的整体检测准确率为 95%，菌落水平的整体检测准确率为 97%。未来的研究需要应用模型来检测和识别侵入食品样品中的非 O157 型 STEC。开发的高光谱成像技术能够提高直接平板法筛查阳性食源性病原体的速度和准确率。完全开发的成像系统预计会自动定位和识别培养皿上生长的食源性病原体，并可扩展到检测琼脂培养基上生长的沙门氏菌等其他病原体。

参 考 文 献

Banada PP, Huff K, Bae E, Rajwa B, Aroonnual A, Bayraktar B, Adil A, Robinson JP, Hirleman ED, Bhunia AK (2009) Label-free detection of multiple bacterial pathogens using light-scattering sensor. Biosens Bioelectron 24:1685

Bayraktar B, Banada PP, Hirleman ED, Bhunia AK, Robinson JP, Rajwa B (2006) Feature extraction from light-scatter patterns of Listeria colonies for identification and classification. J Biomed Opt 11:34006

Beauchamp CS, Sofos JN (2009) Diarrheagenic Escherichia coli. In: Juneja VK, Sofos JK (eds) Pathogens and toxins in foods: challenges and interventions. ASM, Washington, DC, p 82

Bosilevac JM, Koohmaraie M (2011) Prevalence and characterization of non-O157 Shiga toxin producing Escherichia coli isolates from commercial ground beef in the United States. Appl Environ Microbiol 77(6):2103–2112

Brooks JT, Sowers EG, Wells JG, Greene KD, Griffin PM, Hoekstra RM, Strockbine NA (2005) Non-O157 Shiga toxin-producing Escherichia coli infections in the United States, 1983–2002. J Infect Dis 192(8):1422–1429

Centers for Disease Control and Prevention http://www.cdc.gov/foodborneburden/trends-in-foodborne-illness.html

Clark RN, Roush TL (1984) Reflectance spectroscopy: quantitative analysis techniques for remote sensing applications. J Geophys Res 89:6329

Dwivedi HP, Jaykus LA (2011) Detection of pathogens in foods: the current state-of-the-art and future directions. Crit Rev Microbiol 37:40

Food Safety and Inspection Service (FSIS) (2006) Detection and enumeration method for Campylobacter jejuni/coli from poultry rinses and sponge samples. http://www.fsis.usda.gov/PDF/Baseline_Campylobacter_Method.pdf

Fredrickson AG (1977) Behavior of mixed cultures of microorganisms. Annu Rev Microbiol 31:63–87

Gracias KS, McKillip JL (2004) A review of conventional detection and enumeration methods for pathogenic bacteria in food. Can J Microbiol 50:883

Griffin PM (1998) Epidemiology of Shiga toxin-producing Escherichia coli infections in humans in the United States. In: Kaper JB, O'Brien AD (eds) Escherichia coli 0157:H7 and other Shiga toxin-producing E. coli strains. ASM, Washington, DC

Hibbing ME, Fuqua C, Parsek MR, Peterson SB (2010) Bacterial competition: surviving and thriving in the microbial jungle. Nat Rev Microbiol 8:15–25

Hirleman ED, Guo S, Bae E, Bhunia AK (2008) System and method for rapid detection and characterization of bacteria colonies using forward light scattering. U.S. Patent No. 7,465,560

International Organization for Standardization (ISO) (2006) Microbiology of food and animal feeding stuffs—horizontal method for detection and enumeration of Campylobacter spp.—part 1: detection method. ISO 10272-1

Kokaly RF, Clark RN (1999) Spectroscopic determination of leaf biochemistry using band-depth analysis of absorption features and stepwise multiple linear regression. Remote Sens Environ 67:267

Kruse FA (1988) Use of airborne imaging spectrometer data to map minerals associated with hydrothermally altered rocks in the northern Grapevine mountains, Nevada and California. Remote Sens Environ 24:31

Lazcka O, Campo F, Muñoz FX (2007) Pathogen detection: a perspective of traditional methods and biosensors. Biosens Bioelectron 22:1205

Line JE (2001) Development of a selective differential agar for isolation and enumeration of Campylobacter spp. J Food Protect 64(11):1711–1715

Mandal PK, Biswas AK, Choi K, Pal UK (2011) Methods for rapid detection of foodborne pathogens: an overview. Am J Food Technol 6:87

Meng J, Doyle MP (1998) Microbiology of Shiga toxin-producing Escherichia coli in foods. In: Kaper JB, O'Brien AD (eds) Escherichia coli 0157:H7 and other Shiga toxin-producing E. coli strains. ASM, Washington, DC, p 97

National advisory committee on microbiological criteria for foods (NACMCF) (2007) Analytical utility of Campylobacter methodologies. J Food Protect 70(1):241–250

Savitzky A, Golay MJE (1964) Smoothing and differentiation of data by simplified least squares procedures. Anal Chem 36:1627

Scallan E, Hoekstra RM, Angulo FJ, Tauxe RV, Widdowson MA, Roy SL, Jones JL, Griffin PM (2011) Foodborne illness acquired in the United States-major pathogens. Emerg Infect Dis 17(1):7–15

Siragusa GR, Line JE, Brooks LL, Hutchinson T, Laster JD, Apple RO (2004) Serological methods and selective agars to enumerate Campylobacter from broiler carcasses: data from inter- and intralaboratory analyses. J Food Protect 67(5):901–907

Stern NJ, Fedorka-Cray P, Bailey JS, Cox NA, Craven SE, Hiett KL, Musgrove MT, Ladely S, Cosby D, Mead GC (2001) Distribution of Campylobacter spp. in selected U.S. poultry production and processing operations. J Food Protect 64(11):1705–1710

USDA, FSIS (2012) Detection and isolation of non-O157 Shiga-toxin producing Escherichia coli (STEC) from meat products, Microbiology Laboratory Guidebook, MGL 5B.02 http://www.fsis.usda.gov/PDF/Mlg_5B_02.pdf

Velusamy V, Arshak KI, Korostynska O, Oliwa K, Adley C (2010) An overview of foodborne pathogen detection: in the perspective of biosensors. Biotechnol Adv 28:232

Windham WR, Yoon SC, Ladley SR, Heitschmidt GW, Lawrence KC, Park B, Narang N, Cray WC (2012) The effect of regions of interest and spectral pre-processing on the detection of non-O157 Shiga-toxin producing Escherichia coli serogroups on agar media by hyperspectral imaging. J Near Infrared Spectrosc 20:10

Yoon SC, Lawrence KC, Siragusa GR, Line JE, Park B, Feldner PW (2009) Hyperspectral reflectance imaging for detecting a foodborne pathogen: campylobacter. Trans ASABE 52:651

Yoon SC, Lawrence KC, Line JE, Siragusa GR, Feldner PW, Park B, Windham WR (2010) Detection of Campylobacter colonies using hyperspectral imaging. J Sens Instrum Food Qual Saf 4:35

Yoon SC, Windham WR, Ladely SR, Heitschmidt GW, Lawrence KC, Park B, Narang N, Cray WC Jr (2013a) Hyperspectral imaging for differentiating colonies of non-O157 Shiga-toxin producing Echerichia coli (STEC) serogroups on spread plates of pure cultures. J Near Infrared Spectrosc 21:81–95

Yoon SC, Windham WR, Ladely SR, Heitschmidt GW, Lawrence KC, Park B, Narang N, Cray WC Jr (2013b) Differentiation of big-six non-O157 Shiga-toxin producing Escherichia coli (STEC) on spread plates of mixed cultures using hyperspectral imaging. J Food Meas Charact 7(2):47–59. doi:10.1007/s11694-013-9137-4

第8章　食品光学特性的测量[①]

Renfu Lu 和 Haiyan Cen[②]

8.1　简　　介

术语"光学特性"(optical properties)在科学界具有许多不同的含义或解释。对于许多食品和农业研究人员来说,光学特性通常被称为反射率或透射率测量。反射率和透射率,如力或压力,虽然与内在属性有关,但由于它们取决于仪器类型、传感模式及其设置,以及样本大小和形状,因此属于外在测量。基于这种测量原理的光学技术在本书中被称为经验性的,以便区别于那些基于基本辐射传输理论的其他类技术。因此,广泛用于食品和农产品的成分分析、质量检验,以及过程监控和控制的近红外光谱(near-infrared spectroscopy,NIRS)是一种经验技术,因为它提供了从样品反射回来或透过样品的光线的外在测量。

第二个更严格的"光学特性"定义基于光与混浊或扩散介质相互作用的基本原理和辐射传输理论[广义上说,也可以包括那些现象学模型,如 Kubelka 和 Munk(1931)开发的著名模型]。根据这个定义,光传输主要取决于两个基本或固有的光学参数:吸收和散射系数(当各向异性因子可以结合到散射系数中时,这将在以下部分中更详细地讨论)。这种光学特性的基本定义在生物医学研究领域广泛采用,并导致完全不同的测量原理和技术(Wang and Wu 2007)。在本章中,我们主要关注测量食品和农产品光谱吸收与散射特性的基本方法。

通过基本方法,我们尝试测量和分离吸收与散射特性。原则上,与 NIRS 等经验技术相比,这种方法可让我们更完整地描述生物材料的光学特性。然而,因为基本方法通常需要更复杂的仪器和计算算法,所以在从完整的生物组织或食品中实现准确、一致的测量方面仍然存在相当大的技术挑战。在生物医学领域,过去 30 年中,研究人员在开发用于测量生物组织光学性质的非侵入性技术方面已经进行了较深入的研究(Bykov et al.

---

① 本章中提及的商业产品或商品名称仅用于提供事实信息,并不意味着美国农业部的推荐或认可

② R. Lu (✉)

U.S. Department of Agriculture, Agricultural Research Service, East Lansing, MI, USA

e-mail: renfu.lu@ars.usda.gov

H. Cen

Department of Biosystems and Agricultural Engineering, Michigan State University,

East Lansing, MI, USA

College of Biosystems Engineering and Food Science, Zhejiang University, Hangzhou, China

e-mail: hycen@zju.edu.cn

2006；Welzel et al. 2004；Wilson and Patterson 2008）。过去开发的方法包括：时间分辨（Patterson et al. 1989）、频域（Patterson et al. 1991）和空间分辨（Groenhuis et al. 1983b）。时间分辨技术基于测量光子在高散射介质中传播期间由于吸收和散射事件引起的短光脉冲的衰减、展宽与延迟。它试图利用逃逸时间所隐含的路径长度信息来估计或确定光子所传播（行进）组织的光学特性。另外，频域技术提供与时域所获信息等效的信息。在频域中，光的传播和测量是通过正弦调制源完成的。空间分辨技术需要测量由连续波（或稳态）光源产生的漫反射的空间分布轮廓，从中提取散射和吸收系数。这 3 种方法都得到了广泛的研究，每种方法都有其优缺点（Tuchin 2000；Wang and Wu 2007）。总的来说，时间分辨和频域方法需要更复杂的仪器并仅有有限的波长范围可供选择，但它们更适合于在较大深度测量组织的光学性质。另外，空间分辨方法在选择具有更宽波长范围的仪器方面更为容易，但其测量可能更多地受介质表面层的影响。

截至目前，测量食品和农产品的光吸收与散射特性方面仅有有限的研究报道。在早期研究中，研究人员使用现象学模型，如 Kubelka-Munk 模型（Kubelka and Munk 1931），来确定食品和农产品的光吸收与散射特性（Birth 1978；Birth et al. 1976；Law and Norris 1973）。这些早期研究显示使用吸收和散射系数来预测食品品质是有希望的。但在 20 世纪 80 年代末和 90 年代几乎没有更进一步的研究报道。在这段时间内，有两个因素可能导致人们对测量食品和农产品基本光学特性的兴趣减弱。第一，虽然像 Kubelka-Munk 模型这样的现象学模型被广泛接受，但它们缺乏通用性，只能在具有特定样品制备程序的限制性实验条件下应用。第二，也许更重要的是，在精确测量食品和农产品的光吸收与散射特性的仪器开发及算法实现方面，它更具挑战性。

过去 10 年中，由于光学和计算机技术的最新进展，我们已经看到了对表征和测量食品与农产品光学特性的兴趣的回归。Cubeddu 等（2001）在意大利应用最初开发用于非食品应用的时间分辨反射光谱，以测量水果的光学性质。多年来，这个意大利小组与园艺家一起进行了广泛的研究，以推广时间分辨技术作为园艺产品质量评估的新手段（Rizzolo et al. 2010）。Nicolai 等（2008）使用该组开发的时间分辨技术来预测梨的可溶性固形物含量（soluble solids content，SSC）和硬度。虽然观察到 900nm 处折减的散射系数与硬度之间的高度非线性关系，但在吸收系数光谱和 SSC 之间不能建立令人满意的校准模型。来自美国密苏里大学哥伦比亚分校的另一个研究小组进行了一系列原创性研究，使用空间分辨方法和 NIRS 与光纤探针测量牛肉肌肉的光吸收及散射特性，以进行嫩度预测（Xia et al. 2007）。该小组还开发了一种基于成像的技术，用于量化肉类似物中的光散射模式，以评估肉的结构或纹理特征（Yao et al. 2004）。其他研究人员使用破坏性技术（即总反射率和透射率）来测量苹果果实在 350～2200nm 光谱范围内的光谱特性（Saeys et al. 2008）。

在过去几年中，我们研究团队一直采用不同的方法来测量食品和农产品的光学特性（Cen and Lu 2010；Qin and Lu 2006，2008）。该方法基于空间分辨原理，结合高光谱成像技术，实现 400～1000nm 区域的吸收和衰减散射光谱的快速有效测量。结合了传统成像技术与光谱技术的高光谱成像可同时采集样品的空间及光谱信息，非常适合测量样品在宽光谱区域的空间分辨漫反射光谱。通过广泛的研究（Cen and Lu 2010；Cen et al. 2009；

Qin and Lu 2006，2007，2008)，我们证明了基于高光谱成像的空间分辨技术可以准确测量食品和农产品的光谱特性。并且它对园艺产品和食品的无损质量评估很有用(Cen and Lu 2012；Qin and Lu 2008)。

　　本章概述了我们最近在开发和应用基于高光谱成像的空间分辨技术测量食品光吸收与散射特性方面的研究。首先介绍空间分辨光谱技术的原理和理论。其次，介绍了一种新的光学性能测量仪器的开发，以及使用光学性质评估水果产品成熟度/质量的应用实例。最后，为进一步研究食品和农产品光学特性的测量提供了建议。

8.2　空间分辨光谱技术的原理和理论

8.2.1　光吸收和散射

　　光由一束称为光子的粒子组成，它携带电磁能和动量，但没有静止质量。混浊或扩散生物组织或食品中的光传递是一种复杂的现象，其涉及吸收和散射(Tuchin 2000)。混浊生物材料的基本光学参数包括吸收系数、散射系数和各向异性因子。吸收系数(μ_a)对转换为其他形式能量(如热能、电能或化学能)的光能进行量化。吸收或电磁辐射量的减少与入射光强度和在纯吸收介质中吸收发生的距离(单位 mm^{-1} 或 cm^{-1})成正比(图 8.1a)。可以建立吸收和化学组成之间的关系，以用于评估农产品和食品的质量、成熟度与缺陷。散射是当光与散射介质相互作用时发生的物理过程，光子的行进路径不再是直射的，如图 8.1b 所示。散射系数(μ_s)是对单位路径长度光子散射概率的量化，并且是光在散射事件之间传播的平均距离的倒数。μ_s 表示每单位长度被散射光子的概率，其与 μ_a 具有相同的单位，mm^{-1} 或 cm^{-1}。组织中的光散射取决于许多变量，包括散射粒子的大小、光波长和各种组织成分折射率的变化。在农业和食品中，散射与细胞结构和特征密切相关，因此它可以提供有关其状况和质量的有用信息。各向异性因子(g)定义为在单次散射事件之后保持向前方向的光子数量的量度。在许多生物材料中，散射在光传输过程中占主导地位，这被称为扩散机制。因为光子在吸收事件发生之前的小步骤中会遇到许多散射事件，所以总散射可以被认为是各向同性的。因此，对于组织中光传播的描述不再需要各向异性因子的精确值，并且通常使用折减(或约化)的散射系数 $\mu_s' = (1-g)\mu_s$。因此，μ_a 和 μ_s 是扩散机制中仅有的两个光学参数。

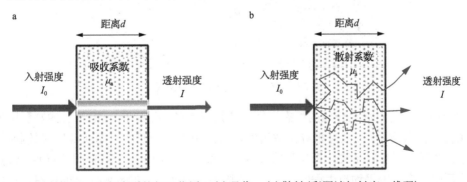

图 8.1　光与介质的相互作用：(a)吸收，(b)散射(彩图请扫封底二维码)

8.2.2　扩散理论

生物材料中的光传播受辐射传输方程控制。只有在几个非常有限的条件下才能找到方程的精确解。对于散射占优势的大多数生物材料(即 $\mu'_s \gg \mu_a$),扩散近似是有效的(Durduran et al. 1997;Ishimaru 1978)。如果我们进一步假设源-探测器距离大于传输平均自由程[mfp',它是总衰减系数的倒数,或 $1/(\mu'_s + \mu_a)$,表示交互作用之间的平均自由程],并假设源项 $Q(\mathbf{r}, \hat{s}, t)$ 是各向同性的,即在所有固体角上的散射概率与净通量相同,那么辐射传输方程可以简化为下面的扩散方程(Haskell et al. 1994):

$$\frac{1}{c}\frac{\partial \Phi(\mathbf{r},t)}{\partial t} - D\nabla^2 \Phi(\mathbf{r},t) + \mu_a \Phi(\mathbf{r},t) = S(\mathbf{r},t) \tag{8.1}$$

式中, $\Phi(\mathbf{r},t) = \int_{4\pi} L(\mathbf{r},\hat{s},t)d\Omega$ 是积分通量率, $D = [3(\mu_a + \mu'_s)]^{-1}$ 是扩散系数, $S(\mathbf{r},t) = \int_{4\pi} Q(\mathbf{r},\hat{s},t)d\Omega$ 表示各向同性源。

在稳态条件下(即光源随时间保持恒定或为时间的连续波),式(8.1)左侧的第一项为零,当介质中不存在光源时式 8.1 右侧项也为零。这就引出了稳态扩散方程,此即空间分辨技术的理论基础。Reynolds 等(1976)首先使用空间分辨理论来量化混浊介质中的光传播。后来,Langerholc(1982)和 Marquet 等(1995)指出空间分辨测量可用于确定生物组织的光学性质。图 8.2 显示了空间分辨技术的原理。当小的连续波光束垂直照射样品表面时,光子会向不同的方向散射或被介质吸收。一些光子将从靠近光入射点的区域发射出去。通过测量离光源不同距离处的反射光,我们可以利用适当的扩散方程解析解和逆算法来提取光学系数。

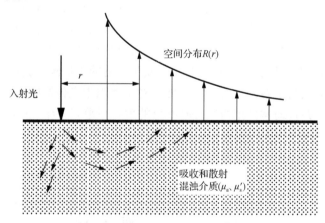

图 8.2　空间分辨技术的测量原理

对于均质半无限混浊介质的稳态空间分辨反射率的情况,Farrell 等(1992)利用外推边界条件从扩散方程(式 8.1)推导出解析解,通过引入一个负的"图像源",强制通量为零。来自介质的漫反射系数计算为跨越边界的电流,它起源于一个各向同性点源,该点源位于介质中一个传输平均自由程的深度。半无限混浊介质表面的反射率 R 的最终表达式为

$$R(r) = \frac{a'}{4\pi} \left[\frac{1}{\mu_t'} \left(\mu_{\text{eff}} + \frac{1}{r_1} \right) \frac{\exp(-\mu_{\text{eff}} r_1)}{r_1^2} + \left(\frac{1}{\mu_t'} + \frac{4A}{3\mu_t'} \right) \left(\mu_{\text{eff}} + \frac{1}{r_2} \right) \frac{\exp(-\mu_{\text{eff}} r_2)}{r_2^2} \right] \quad (8.2)$$

式中，r 是源-探测器的距离；$a' = \mu_s' / (\mu_a + \mu_s')$ 是传输反照率；$\mu_{\text{eff}} = \left[3\mu_a (\mu_a + \mu_s') \right]^{1/2}$ 是有效衰减系数；$\mu_t' = \mu_a + \mu_s'$ 是总衰减系数；$r_1 = (z_0^2 + r^2)^{1/2}$ 和 $r_2 = \left[(z_0 + 2z_b)^2 + r^2 \right]^{1/2}$ 是从界面处的观察点到各向同性源和图像源的距离，$z_0 = (\mu_a + \mu_s')^{-1}$，$z_b = 2AD$，其中 D 是扩散系数，n=1.35（大多数生物材料的典型值）时 A=0.2190（大多数生物材料的典型值），是与组织-空气界面相对指数 n 相关的内反射系数，可由 Groenhuis 等（1983a）开发的经验公式计算。

后来，Kienle 和 Patterson（1997）基于 Haskell 等（1994）的研究提出了一种改进的解析解，他们将反射率表示为后半球辐射的积分。在这种情况下，辐射率可以表示为各向同性注量率和通量之和，如下所示

$$R(r) = \frac{C_1}{4\pi D} \left[\frac{\exp(-\mu_{\text{eff}} r_1)}{r_1} - \frac{\exp(-\mu_{\text{eff}} r_2)}{r_2} \right]$$
$$+ \frac{C_2}{4\pi} \left[\frac{1}{\mu_t'} \left(\mu_{\text{eff}} + \frac{1}{r_1} \right) \frac{\exp(-\mu_{\text{eff}} r_1)}{r_1^2} + \left(\frac{1}{\mu_t'} + 2z_b \right) \left(\mu_{\text{eff}} + \frac{1}{r_2} \right) \frac{\exp(-\mu_{\text{eff}} r_2)}{r_2^2} \right] \quad (8.3)$$

式中，对于外推边界条件，$z_b = 2D(1 + R_{\text{eff}})(1 - R_{\text{eff}})^{-1}$；$R_{\text{eff}}$ 是有效反射系数，折射率 n=1.35 时其等于 0.4498。关于计算 R_{eff} 的详尽讨论可以在 Haskell 等（1994）中找到。$C_1 = \frac{1}{4\pi} \int_{2\pi} [1 - R_{\text{fres}}(\theta)] \cos\theta d\Omega$ 和 $C_2 = \frac{3}{4\pi} \int_{2\pi} [1 - R_{\text{fres}}(\theta)] \cos^2\theta d\Omega$ 是由组织-空气界面处的相对折射率失配决定的常数，其中 $R_{\text{fres}}(\theta)$ 是当光子入射角相对于边界法线为 θ 时的菲涅耳反射系数，Ω 是立体角。对于 n=1.35，在等式 8.3 中 C_1=0.1277 并且 C_2=0.3269。

在实践中，空间分辨测量采用点光源或具有恒定强度的窄准直光束和匹配不同源-探测器距离的多个探测器。光纤阵列和非接触反射成像是空间分辨测量系统中常用的两种传感配置（Doornbos et al. 1999；Fabbri et al. 2003；Jones and Yamada 1998；Pilz et al. 2008）。前者需要多个光谱仪或单个成像光谱仪来测量距光入射点不同距离的漫反射率。使用该方法可以获得多个波长或特定光谱区域的光学性质。然而，测量需要检测探针和样品之间具有良好的接触，这可能不适合农产品和食品。第二种方法通常使用电荷耦合器件（CCD）相机获取由点光束作用产生的散射介质中的漫反射。该方法可以在不接触被调查介质的情况下实现测量，出于安全和卫生要求，这对于食品和农产品特别有利。然而，大多数关于非接触反射图像模式的研究只能提供单个或数个波长的光学特性信息。

8.3　测量光学特性的仪器

散射和吸收参数的精确测量取决于算法实现及仪器设计中的许多因素。需要开发扩散方程（式 8.2 或式 8.3）的适当逆算法并对其进行优化。该系统应能够测量 500~1000nm

的可见光和短波近红外光谱区域内混浊食品与生物材料的光学特性。对于食品和农产品而言，500～1000nm 光谱范围是一个包含丰富食品化学成分和品质信息的光谱区域。由于光束的形状和尺寸可以直接影响测量精度，因此检查和优化光束非常重要。而且，适当的源-探测器距离，包括最小源-探测器距离和最大源-探测器距离，对于确定空间分辨反射率剖面的范围是至关重要的。

8.3.1　逆算法和光学设计的优化

研究者进行了广泛的研究以评估和优化逆算法与光学设计，用于开发基于高光谱成像的空间分辨系统（Cen et al. 2009；Cen and Lu 2010）。

直接求解扩散方程（式 8.2 或式 8.3），称为前向问题，提供光与生物材料相互作用的定量描述，而从扩散方程估计光吸收和散射特性是一个反向问题（或参数估计）。逆向光传输问题比前向问题复杂得多，有时它们是病态的（译者注：例如，可能逆运算根本不存在，或者方程对噪声特别敏感）。因此，有必要研究扩散方程的内在性质，开发合适的逆算法，并评估估算所有参数的可行性和解的唯一性。基于扩散方程确定光学性质被公式化为非线性最小二乘优化问题，其基于若干统计假设来实现，即误差是恒定的、不相关的且符合高斯分布。测量的许多生物材料的空间分辨反射率曲线随源-探测器距离的增加显示出显著降低，这可能违反应用非线性最小二乘逆算法对高斯分布误差和常数方差的假设。我们的优化研究表明，合理的数据转换和加权方法可以克服违反假设的问题，因为这些方法可以在不改变最佳拟合曲线性质的情况下改变数据的表达模式（Cen et al. 2009）。采用对数变换、积分变换和相对加权等方法，对 29 种典型的食品和园艺产品吸收系数与散射系数组合进行了测试，在曲线拟合前对原始反射率曲线进行了预处理。结果表明，当数据转换和加权方法应用于 29 组 μ_a 与 μ'_s 时，估计 μ_a 和 μ'_s 的误差显著降低。对数变换给出最佳结果，估计 μ_a 和 μ'_s 的平均误差分别为 10.4%和 6.6%。此外，通过计算灵敏度系数（Cen et al. 2009）进行灵敏度分析，以确定估计两个参数和/或其独特性的可行性。研究发现相比于吸收系数 μ_a，可以更精确地估计折减的散射系数 μ'_s。

在另一项研究（Cen and Lu 2010）中，研究者对基于高光谱成像的空间分辨系统进行了光束优化和源-探测器距离优化。在实际系统设计中，通常使用具有有限尺寸的光束来照射样品，这偏离了由无限小光束导出的扩散方程的解。因此，研究入射光束对光学性质测定的影响是很重要的。使用蒙特卡罗模拟进行光束优化研究的结果表明，对于小于 0.5mm 的光束尺寸，有限光束相对于无限小光束产生的误差<1%（Cen and Lu 2010）。然而，当光束尺寸>0.5mm，误差会随着光束尺寸的增大而线性增加。通常，与无限小光束相比，1mm 光束会为参数 μ_a 和 μ'_s 的估计引入约 5%的误差。因此，为了将误差控制在 5%以内，系统中光束的尺寸应<1mm。研究者进行了实验室测试以表征实际光束的尺寸和轮廓（Cen and Lu 2010）。图 8.3 显示了实验室某一光学性能测量系统在 650nm 和 950nm 波长下测量的 3-D 光束轮廓与 2-D 强度等高线图。可见光和短近红外区域的光束具有良好的高斯分布，其形状为圆形，圆度 Rd=0.986（约为 1）。基于普遍接受的定义高斯光束尺寸的方法，该系统所用光束尺寸为 0.83mm，这在估计 μ_a 和 μ'_s 时会产生<4%的误差。研究者使用由磷脂散射材料和两种染料组成的 12 个模型液体样品，对源-探测器距离（包括最大和

最小源-探测器距离)进行了进一步的优化研究(Cen and Lu 2010)，发现最佳的最小源-探测器距离应约为 1.5mm，最佳的最大源-探测器距离应相当于 10～20 个传输平均自由程或由最小信噪比 20 来确定。

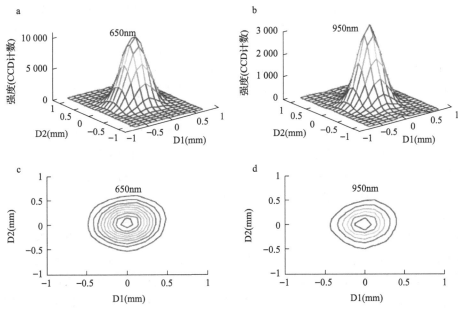

图 8.3　波长为 650nm 和 950nm 的入射光束的三维轮廓(a、b)与二维(c、d)等高线图，其中 D1 为沿光学系统扫描线的方向，D2 为垂直于扫描线方向(Cen and Lu 2010)(彩图请扫封底二维码)

8.3.2　仪器开发

结合最优算法和优化的光学设计参数，研究者组装了一种名为"光学性能分析仪"(OPA)(图 8.4)的光学性能测量仪器。

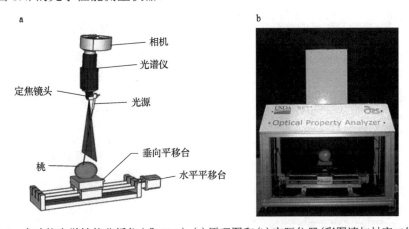

图 8.4　多功能光学性能分析仪(或 OPA)：(a)原理图和(b)实际仪器(彩图请扫封底二维码)

OPA 是一种多功能光学仪器；它可以测量食物和生物材料的光学特性，或作为获取高光谱图像的常规高光谱成像系统。这是通过使用两个单独的光源实现的：线光源用于高光谱图像采集，另一个点光源专门用于光学特性测量。由于本章主要关注光学特性测量，因此我们将跳过高光谱成像采集设计的特征/功能这些内容。

OPA 的硬件包括 3 个主要部分：成像、照明和样品定位单元(图 8.4b)。成像单元以线扫描模式操作，由高性能电子倍增 CCD(即 EMCCD)相机(Luca^{EM} R604，Andor Technology plc.，南温莎，康涅狄格州，美国)，成像光谱仪(ImSpector V10E，Spectral Imaging Ltd.，奥卢，芬兰)，以及一个定焦镜头组成。连接到 DC 调节控制器芯片的输出功率为 20W 的卤钨灯泡(HL-2000-HP，Ocean Optics，达尼丁，佛罗里达州，美国)用于提供点光源，可覆盖 369～2000nm 的宽波长范围。与特殊设计的聚焦透镜耦合的光纤用于传送在焦点处直径为 1mm 的圆形光束。入射光束布置在距扫描线 1.5mm 处，与纵轴成 15° 角，并且平行于扫描线。这种照明布置允许在光入射点和扫描线位置之间保持恒定的偏移距离，即使在扫描期间样品高度轻微变动时或者当样品没有精确地放置在预定高度时也是如此。样品定位单元包括电动线性水平平移台、可手动调节的垂向平移台和用于将样品定位到预定位置的样品架。测量期间，每个样品首先通过垂向平移台移动到预定高度，然后开始与成像系统的图像采集同步地水平移动。为提高测量的可重复性，系统默认设置为每个样品进行 19 次扫描，扫描过程中样品随着水平台进行增量为 0.5mm 和总距离为 9mm 的水平移动。该仪器为水果几何形状变动和非均匀仪器响应提供自动暗减与校正。

使用 Microsoft Visual C#开发 OPA 软件。它提供系统控制(光源、相机和移动平台)，图像采集，实时数据分析，二维图像和一维散射轮廓的屏幕显示，以及吸收光谱和折减的散射系数光谱的测量功能。图 8.5a 显示了用于设置与光学特性测量的相机、平台、照明和图像保存功能相关参数的窗口。软件的用户友好界面允许用户从两种扩散模型中选择一种，即 Farrell 模型(式 8.2)和改进的 Kienle 模型(式 8.3)，以计算吸收光谱和折减的散射系数光谱。用户首先在"Optical Properties Computation Dialog"的左栏中设置所有参数，然后在对话框的右栏中选择输出目录和文件名。通过单击"Compute OP"按钮，使用处理消息窗口触发光谱属性计算功能。

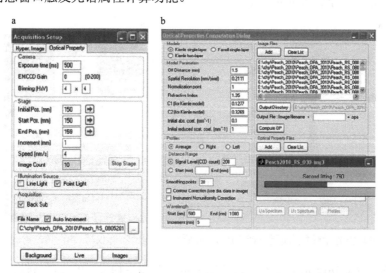

图 8.5　光学性能分析仪(OPA)的显示窗口，用于(a)成像采集设置和(b)光学特性计算(彩图请扫封底二维码)

图 8.6a 显示了通过 OPA 获得的桃子典型高光谱反射图像。图 8.6b 显示了图 8.6a 所示空间维中心垂线所对应的原始反射光谱。从图像中获取的每条水平线代表某一特定波长的空间分辨反射率轮廓(图 8.6c)，因此整个图像实际上由波长范围为 500~1000nm，以 5nm 为间隔的 101 个特定波长的空间分辨反射率轮廓组成。

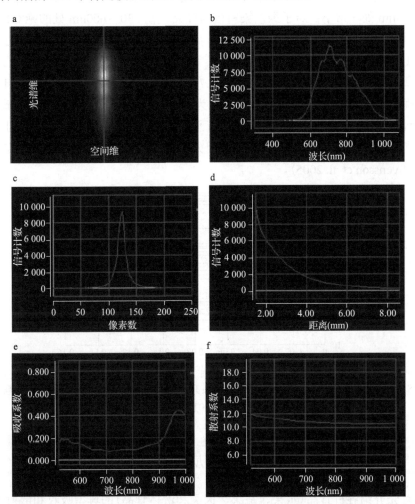

图 8.6　桃样品的高光谱反射图像和光吸收与散射光谱：(a)原始反射图像的 2-D 显示，(b)图(a)所示空间维中心垂线所对应的原始光谱，(c)(a)水平线所指示波长所对应空间分辨反射率轮廓，(d)在所选波长处经预处理或平均的空间分辨反射率分布，(e)吸收系数(μ_a)的光谱，(f)折减的散射系数的光谱(μ'_s)
(彩图请扫封底二维码)

由于空间分辨的反射率剖面与光入射点对称，因此在提取光学性质时首先对两侧进行平均(图 8.6d)。使用每个轮廓的峰值进行的平滑和标准化也应用于各平均轮廓中，以降低噪声并避免进行绝对反射率测量。然后，使用最小二乘逆算法，通过所选择的扩散模型拟合每个波长的经预处理的空间分辨反射率轮廓曲线，从中获得吸收光谱和折减的散射系数的光谱。最终的 μ_a 和 μ'_s 光谱是每个样品的 19 次扫描测量的平均值(图 8.6e，f)。

通过使用液体模型样品并遵循 Cen 和 Lu(2010)中描述的流程评估 OPA 的准确性、稳定性、精密度/再现性与灵敏度。所有模型样品在530~850nm 处的平均估计误差对于 μ_a 为24%，对于 μ'_s 为7%。对于 μ_a 和 μ'_s，555nm 处吸收峰的系统再现性(或精密度)和变异系数(或 CV)分别小于10%和4%。应该提到的是，对于蓝色染料模型样品，μ_a 的绝对值在 700~850nm 处非常小；对于绿色染料模型样品，在 530~600nm 处的绝对值非常小。因此与 μ'_s 相比，μ_a 估计值的误差相对较大。根据我们对逆算法和光学设计的优化研究(Cen and Lu 2010；Cen et al. 2009)，估算 μ_a 和 μ'_s 的主要误差可能来自光束、源-探测器距离和逆算法。μ_a 的灵敏度测量结果如图 8.7 所示。μ_a 的最小可检测值为 0.0117cm^{-1}。由 CV 值确定的 μ'_s 的灵敏度总是小于3%，因为对于 7.0cm$^{-1} \leqslant \mu'_s \leqslant$ 39.9cm^{-1} 的研究范围，μ'_s 远大于 μ_a。这些结果表明 OPA 已经达到了测量吸收和折减的散射系数的可接受准确度，这与使用时间分辨、频域或其他类型空间分辨仪器的其他研究相当或更优(Spichtig et al. 2009；Svensson et al. 2005)。

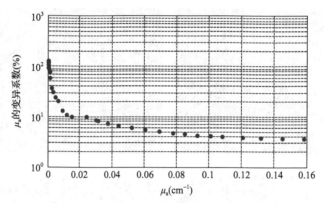

图 8.7　不同波长下模型样本的变异系数与按升序排列的模型样品不同波长的吸收系数及其变异系数的相关图(Cen 2011)(彩图请扫封底二维码)

8.4　水果成熟度/质量的光学评估

本节首先介绍各种食品(水果、蔬菜、肉类和液体食品)的典型吸收和散射光谱，然后展示了两个应用实例，其中基于高光谱成像的空间分辨系统或 OPA 用于评估桃子和苹果的成熟度与品质。

图 8.8 显示了 5 种水果和蔬菜样品、3 种肉类样品和 3 种液体食品样品的吸收系数光谱与散射系数光谱。金冠、蛇果、澳洲青苹，以及红星桃果实的 μ_a 光谱(图 8.8a)在 675nm 处具有吸收峰，这对应于叶绿素吸收波段，μ_a 在该波长下的范围为 0.10~0.48cm^{-1}。Granny Smith 苹果因其绿色皮肤和果肉而具有最高的叶绿素吸收值。成熟的番茄在 675nm 处没有显示出吸收峰，因为完全成熟的番茄中的叶绿素大大减少甚至完全消失。在完全成熟的番茄中，花青素成为主要的色素，它吸收 535nm 的光，如图 8.8a 所示。水果和蔬菜样品在 720~900nm 波段范围的吸收值相对较小且一致，但是由于水吸收，它们在 900nm 以上急剧增加并在 970nm 处达到峰值。对于牛肉、鸡肉和猪肉样品，在 560nm

和 970nm 处观察到两个突出的吸收峰(图 8.8b)。560nm 处的吸收峰可归因于肌红蛋白、氧合肌红蛋白和高铁肌红蛋白的联合作用(Xia et al. 2007),而 970nm 处归因于肉样品中的水吸收。对于两个橙汁样品,550~900nm 波段范围的吸收光谱相对平坦,仅在 970nm 处发现一个显著的水吸收峰;而对于牛奶样品,存在几个由吸水引起的小的吸收峰和 970nm 处的显著吸收峰。

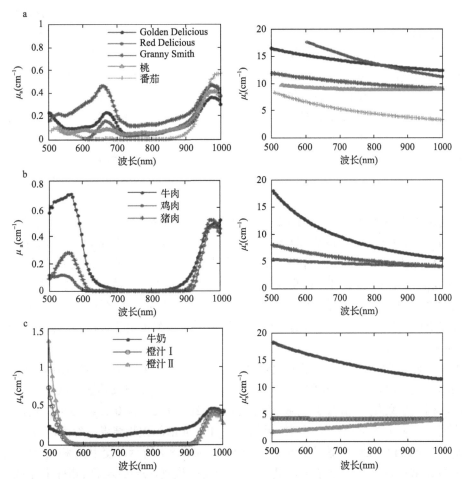

图 8.8 吸收(左窗格)和折减的散射系数(右窗格)光谱:(a)3 个品种的苹果、桃和番茄;(b)牛肉、鸡肉和猪肉;(c)全脂牛奶样本和不同来源的两份橙汁样本(彩图请扫封底二维码)

与 μ_a 光谱相比,这些样品的折减的散射系数光谱相对平坦,特征不明显。对于大多数测试样品,其 μ_s' 值随着波长的增加而稳定下降。这种变化模式与米氏(Mie)散射理论和其他已报道的研究一致,即散射具有波长依赖性(Keener et al. 2007;Michels et al. 2008)。苹果样品在 500~1000nm 的整个波段范围具有较高的 μ_s' 值(9.0~17.0cm^{-1}),而番茄具有最低的 μ_s' 值(4.5~6.0cm^{-1})(图 8.8a)。3 种肉样品在整个波长范围也具有不同的 μ_s' 值;牛肉的 μ_s' 值最高,而鸡肉样本的 μ_s' 值最低(图 8.8b)。此外,在 500~1000nm 的光谱区域内,牛奶样品具有明显高于橙汁样品的 μ_s' 值。脂肪球和酪蛋白胶束是牛奶中主要的优质散射颗粒。散射粒子散射光的能力取决于它们的密度和大小,根据经验公式

$\mu'_s = a\lambda^{-b}$，它描述了 μ'_s 和波长 λ 之间的关系，其中 a 与散射粒子的密度成正比，b 取决于粒度（Mourant et al. 1997）。因此，μ'_s 值及其随波长变化的模式可提供关于这些样品的结构和物理特征的有用信息，如果实的坚硬度、肉的嫩度和牛奶中的脂肪含量。在下文中，我们展示了两个关于使用光学特性来评估桃子和苹果的成熟度/品质的应用实例。

实验在 2010 年的夏秋收获季节进行。在密歇根州克拉克斯维尔的密歇根州立大学克拉克斯维尔园艺实验站的果园正常收获期间手工采摘桃和苹果样品。对于成熟度研究，1 周内分 3 次共收获 500 个 Redstar 桃子，同一天内进行光学和成熟度标准值测量。对于苹果品质研究，连续 6 周每周一次收获两个品种，金冠（GD）和蛇果（DL）。每次收获后第二天测试每个品种的 80 个苹果，并将剩余的苹果在 0℃的冷藏空气中储存。在最后一次收获后 1 周开始测试储存的苹果，共长达 6 周。实验中共使用了 1039 个 GD 和 1040 个 DL 苹果。首先使用 OPA 对桃或苹果样品进行光学测量，其流程与 8.3.2 节中描述的相同。此后，进行标准的破坏性测量[包括 Magness-Taylor 硬度测试，可溶性固形物含量（SSC）的 Brix 折射率测定，以及使用数字色度计测量桃皮和果肉的颜色]以提供果实成熟度/品质的标准值。实验程序与破坏性品质测量的详细描述请参考 Cen 和 Lu（2012a，2012b）。

为使用光学参数预测桃样品的成熟度参数，使用偏最小二乘（PLS）回归法为单一光学参数（μ_a 和 μ'_s）和各组合参数（即 $\mu_a \& \mu'_s$、$\mu_a \times \mu'_s$ 和 μ_{eff}）开发校准模型，其中 $\mu_a \& \mu'_s$ 是指将每个样本的两个参数光谱简单级联为一个光谱，$\mu_a \times \mu'_s$ 是两个参数的波长与波长的乘积，而 $\mu_{\text{eff}} = [3\mu_a(\mu_a + \mu'_s)]^{1/2}$ 是反映光穿透能力的有效衰减系数。考虑到水果生理过程，以及因此桃子的成熟/熟化通常伴随着吸收和散射性质的同时变化这一事实，μ_a 和 μ'_s 的组合被用于校准模型的开发。最后，校准模型被用于预测未用于校准模型建立的剩余样品（总样品的 1/4）。

表 8.1 显示了使用 μ_a、μ'_s 及其组合（即 $\mu_a \& \mu'_s$、$\mu_a \times \mu'_s$ 和 μ_{eff}）对 Redstar 桃子的硬度、SSC、皮肤和肉色的 PLS 预测结果。结果显示，μ_a 和 μ'_s 与成熟度参数有不同水平的相关性，相关系数（r）的值对于 μ_a 和 μ'_s 分别在 0.420~0.855 和 0.204~0.840 变化。在大多数情况下，从 μ_a 光谱获得的预测结果优于来自 μ'_s 光谱的预测结果。然而，与 μ_a 相比，针对 μ'_s 开发的 PLS 预测模型因子更少、更简单。如表 8.1 所示，使用 μ_a 和 μ'_s 的组合数据建立模型通常可以改善预测结果，其中，对于硬度预测，$r=0.724$（预测标准差或 SEP=18.13N）；对于 SSC，$r=0.458$（SEP=0.96°Brix）；对于皮肤颜色参数 L^*，$r=0.893$（SEP=3.54）；对于果肉颜色参数 L^*，$r=0.722$（SEP=3.32）。大多数改进的结果是使用有效衰减系数（μ_{eff}）获得的，该有效衰减系数是光穿透深度的倒数，并且描述了光可以穿透介质的程度。因此，使用 μ_{eff} 对桃成熟度参数（除了 SSC）有更好的预测就不足为奇了。

在这个实验中，我们还将 OPA 与用于测量桃子硬度的商用台式声学硬度传感器进行了比较。声学传感器（AWETA，诺特多普，荷兰）通过测量共振频率和水果质量来评估水果的硬度。图 8.9 的结果表明，OPA 比声学传感器（$r=0.639$）具有更好的硬度预测能力（$r=0.724$ 和 SEP=18.13N）。虽然桃子成熟度的预测结果仍需改进，但已经清楚地表明基于高光谱成像的空间分辨技术对评估桃子成熟度的潜在有用性。

表 8.1　用 μ_a 和 μ'_s 及它们的组合 [a] 建立偏最小二乘模型预测 Redstar 桃成熟度的结果[Cen 和 Lu (2012a)]

成熟度指数	μ_a			μ'_s			μ_a & μ'_s			$\mu_a \times \mu'_s$			μ_{eff}		
	Fact.	相关系数	预测标准差	Fact.	相关系数	预测标准差	Fact.	相关系数	预测标准差	Fact.	相关系数	预测标准差	Fact.	相关系数	预测标准差
硬度	10	0.713	18.47	6	0.494	10	12	0.720	18.38	11	0.722	18.43	10	**0.724**	18.13
SSC	15	0.420	0.99	5	0.315	13	12	**0.458**	0.96	14	0.451	0.96	13	0.419	0.99
表皮颜色															
L^*	13	0.855	4.07	6	0.837	13	15	0.884	3.65	14	0.881	3.70	13	**0.893**	3.54
$h°$	16	0.717	2.82	6	0.795	13	16	0.765	2.58	16	0.738	2.70	13	**0.778**	2.50
C^*	14	0.847	4.19	6	0.840	13	13	0.883	3.66	13	0.882	3.69	13	**0.886**	3.63
果肉颜色															
L^*	16	0.660	3.62	6	0.630	21	15	0.674	3.63	18	0.711	3.40	21	**0.722**	3.32
$h°$	8	0.457	1.99	4	0.204	6	10	0.433	2.03	7	0.447	1.99	6	**0.462**	1.98
C^*	25	0.580	5.33	6	0.575	20	10	0.640	4.87	19	0.640	4.86	20	**0.645**	4.84

[a] μ_a & μ'_s 代表每个样品的两个光学参数波长串联为一个光谱

$\mu_a \times \mu'_s$ 代表将两个光学参数波长串联为一个光谱

$\mu_{eff} = [3\mu_a(\mu_a + \mu'_s)]^{1/2}$ 是测量光穿透能力的有效衰减系数

SSC 是可溶性固形物含量

L^*, $h°$和C^*分别是亮度、色调角度和色度

Fact. 是校正模型中使用的因子或潜变量的数量

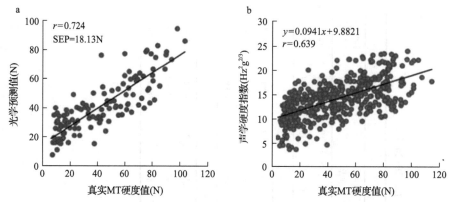

图 8.9　(a)使用有效衰减系数(μ_{eff})预测 Redstar 桃子的 Magness-Taylor(MT)硬度，
(b)声学和 MT 硬度测量之间的相关性[Cen 和 Lu(2012a)](彩图请扫封底二维码)

对于苹果研究，使用与桃子相同的校准和预测步骤。使用 μ_a、μ_s' 及其组合（即 μ_a & μ_s'、$\mu_a \times \mu_s'$ 和 μ_{eff}）对新收获的、储存后的和两者组合的 GD 与 DL 苹果硬度的预测结果如表 8.2 所示。同样地，SSC 预测结果总结在表 8.3 中。μ_a 和 μ_s' 都与每个品种的苹果硬度及 SSC 相关。对于 3 个样本组中的任意组，从 μ_a 光谱获得的硬度预测结果（GD

表 8.2　新收获的、储存后的和两者组合的 GD 与 DL 苹果硬度的预测结果 [a] [Cen 和 Lu(2012b)]

光学参数		GD 苹果			DL 苹果		
		因子数	相关系数	预测标准差	因子数	相关系数	预测标准差
新收获	μ_a	16	0.687	6.10	20	0.785	8.43
	μ_s'	6	0.630	6.49	7	0.764	8.68
	μ_a & μ_s'	12	0.651	6.37	18	0.809	7.91
	$\mu_a \times \mu_s'$	17	**0.692**	**6.06**	19	0.813	7.83
	μ_{eff}	16	0.687	6.10	22	**0.822**	**7.67**
储存后	μ_a	17	0.726	6.11	25	0.744	9.36
	μ_s'	7	0.689	6.44	7	0.702	9.90
	μ_a & μ_s'	14	0.712	6.24	17	**0.788**	**8.57**
	$\mu_a \times \mu_s'$	17	**0.734**	**6.02**	20	0.765	9.00
	μ_{eff}	18	0.730	6.07	29	0.762	9.10
两者组合	μ_a	34	0.885	8.14	34	0.844	9.56
	μ_s'	9	0.793	10.60	9	0.768	11.35
	μ_a & μ_s'	38	0.881	8.29	19	0.852	9.31
	$\mu_a \times \mu_s'$	39	**0.892**	**7.89**	35	0.857	9.12
	μ_{eff}	33	0.884	8.16	38	**0.863**	**8.94**

[a] 光学参数的解释参照表 8.1 的脚注

**表 8.3 新收获的、储存后的和两者组合的 GD 与 DL 苹果可溶性
固形物含量的预测结果 [a] [Cen 和 Lu（2012b）]**

光学参数		GD 苹果			DL 苹果		
		因子数	相关系数	预测标准差	因子数	相关系数	预测标准差
新收获	μ_a	16	0.787	0.70	17	0.823	0.76
	μ'_s	6	0.489	0.99	7	0.784	0.84
	μ_a & μ'_s	12	0.781	0.70	17	**0.842**	**0.73**
	$\mu_a \times \mu'_s$	17	**0.791**	**0.69**	20	0.816	0.78
	μ_{eff}	16	0.777	0.72	22	0.821	0.77
储存后	μ_a	18	0.713	0.95	14	0.533	0.88
	μ'_s	7	0.561	1.12	6	0.460	0.92
	μ_a & μ'_s	14	**0.741**	**0.92**	13	0.518	0.89
	$\mu_a \times \mu'_s$	18	0.732	0.93	11	0.502	0.90
	μ_{eff}	19	0.726	0.94	18	**0.536**	**0.87**
两者组合	μ_a	20	0.760	0.84	23	0.812	0.88
	μ'_s	8	0.544	1.09	8	0.750	0.99
	μ_a & μ'_s	16	0.768	0.83	19	**0.825**	**0.85**
	$\mu_a \times \mu'_s$	23	**0.778**	**0.82**	21	0.804	0.89
	μ_{eff}	22	0.773	0.83	27	0.805	0.89

[a] 光学参数的解释参照表 8.1 的脚注

为 $r=0.687\sim0.885$，DL 为 $r=0.744\sim0.844$）优于 μ'_s 光谱（GD 为 $r=0.630\sim0.793$，DL 为 $r=0.702\sim0.768$）。对于 SSC 评估也是如此。在大多数情况下，μ_a 和 μ'_s 的组合再次改善了苹果硬度与 SSC 的预测。使用 μ_a 和 μ'_s 的最佳组合，3 个测试样本组的 DL 和 GD 苹果的硬度相关性分别为 $0.692\sim0.892$ 和 $0.788\sim0.863$，SSC 分别为 $0.741\sim0.791$ 和 $0.536\sim0.842$。

对于新收获和储存后组，相关性相对较低，因为每组的硬度变化较小。然而，当汇集来自这两组的组合样本时，尽管组合组中较大的硬度变化使 SEP 值略微增加，两个品种硬度预测的相关性均得到改善。对于 SSC，新收获的样本组获得了最佳预测，GD 的 $r=0.791$（SEP=0.69°Brix）；DL 的 $r=0.842$（SEP=0.73°Brix）。由于苹果果实中的 SSC 在储存期间没有显著变化，因此采用组合组也获得了基本一致的预测结果。图 8.10 显示了使用 μ_a 和 μ'_s 的最佳组合分别对 GD 与 DL 苹果组合组的硬度及 SSC 的预测结果。GD 和 DL 苹果的硬度预测取得了较好的结果，其相关系数分别为 0.892 和 0.863，而上述两类苹果的 SSC 预测相关系数（r）则分别为 0.778 和 0.825。这些结果与使用高光谱散射技术的其他研究报道相当（Mendoza et al. 2011；Qin et al. 2009）。

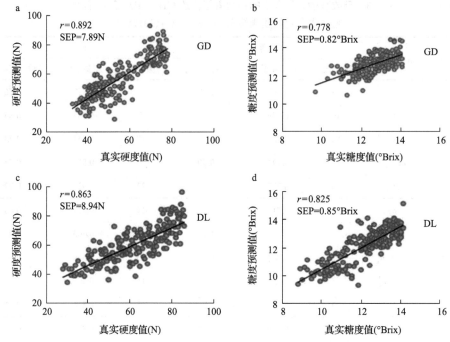

图 8.10　使用 μ_a 和 μ_s' 的最佳组合预测 GD 与 DL 苹果组合组的果实硬度(a、c)及
可溶性固形物含量(SSC)(b、d)[Cen 和 Lu(2012b)](彩图请扫封底二维码)

8.5　结　束　语

在本章中，我们描述了基于高光谱成像的空间分辨技术测量食品和其他生物材料的
光学特性。与时间分辨和频域等其他技术相比，该技术在仪器中更快更简单，并且涵盖
更宽的光谱范围，还展示了其评估桃子和苹果成熟度与品质的能力。然而，仍需进一步
的研究，以推进该新技术适用于更宽范围的食品和农产品的性能与品质评估。

使用当前系统的光学测量仍然显示针对相同样品的相对大的变动性。这种变动性与
若干因素有关，包括果实表面的粗糙度和几何不规则性及方法本身固有的缺点(例如，使
用小光束)。因此，应进行进一步的研究，以评估和提高该技术的测量精度与可重复性，
并使样品表面状况(即粗糙度、不均匀性或不规则性)对光学测量的影响最小化。此外，
扩散模型的性能还取决于样品的散射和吸收特性，因为该模型基于某些假设(即散射主
导、各向同性源和源-探测器距离大于单程平均自由程等)。因此，我们需进一步评估食
品和农产品扩散模型的局限性与应用范围。

许多生物材料，如水果，由两层独特的组织(如皮肤和肉)组成。目前的系统仅适用
于评估同质媒体。因此，需要进一步研究以开发用于测量异质或多层生物材料的光学性
质的有效方法，并降低用于估计吸收系数和折减的散射系数的计算复杂性及时间。

参 考 文 献

Birth GS (1978) Light-scattering properties of foods. J Food Sci 43(3):916–925

Birth GS, Davis CE, Townsend WE (1976) Scattering coefficient as a measure of pork quality. J Anim Sci 43(1):237

Bykov AV, Kirillin MY, Priezzhev AV, Myllyla R (2006) Simulations of a spatially resolved reflectometry signal from a highly scattering three-layer medium applied to the problem of glucose sensing in human skin. Quantum Electron 36(12):1125–1130

Cen H (2011) Hyperspectral imaging-based spatially-resolved technique for accurate measurement of the optical properties of horticultural products. Michigan State University, Biosystems and Agricultural Engineering, East Lansing Unpublished Ph.D. dissertation, 204pp

Cen H, Lu R (2010) Optimization of the hyperspectral imaging-based spatially-resolved system for measuring the optical properties of biological materials. Opt Express 18(16):17412–17432

Cen H, Lu R (2012a) Hyperspectral imaging-based spatially-resolved technique for peach maturity and quality assessment. Trans ASABE. Transactions of the ASABE 55(2):647–657

Cen H, Lu R (2012b) Analysis of absorption and scattering spectra for assessing the internal quality of apple fruit. Acta Horticulturae 945:181–188

Cen H, Lu R, Dolan K (2009) Optimization of inverse algorithm for estimating optical properties of biological materials using spatially-resolved diffuse reflectance. Inverse Probl Sci Eng 18(6):853–872

Cubeddu R, D'Andrea C, Pifferi A, Taroni P, Torricelli A, Valentini G, Dover C, Johnson D, Ruiz-Altisent M, Valero C (2001) Nondestructive quantification of chemical and physical properties of fruits by time-resolved reflectance spectroscopy in the wavelength range 650–1000 nm. Appl Optics 40(4):538–543

Doornbos RMP, Lang R, Aalders MC, Cross FW, Sterenborg H (1999) The determination of in vivo human tissue optical properties and absolute chromophore concentrations using spatially resolved steady-state diffuse reflectance spectroscopy. Phys Med Biol 44(4):967–981

Durduran T, Yodh AG, Chance B, Boas DA (1997) Does the photon-diffusion coefficient depend on absorption? J Opt Soc Am A Opt Image Sci Vis 14(12):3358–3365

Fabbri F, Franceschini MA, Fantini S (2003) Characterization of spatial and temporal variations in the optical properties of tissuelike media with diffuse reflectance imaging. Appl Optics 42(16):3063–3072

Farrell TJ, Patterson MS, Wilson B (1992) A diffusion-theory model of spatially resolved, steady-state diffuse reflectance for the noninvasive determination of tissue optical-properties in vivo. Med Phys 19(4):879–888

Groenhuis RAJ, Ferwerda HA, Tenbosch JJ (1983a) Scattering and absorption of turbid materials determined from reflection measurements. 1. Theory. Appl Optics 22(16):2456–2462

Groenhuis RAJ, Tenbosch JJ, Ferwerda HA (1983b) Scattering and absorption of turbid materials determined from reflection measurements. 2. Measuring method and calibration. Appl Optics 22(16):2463–2467

Haskell RC, Svaasand LO, Tsay TT, Feng TC, McAdams MS (1994) Boundary-conditions for the diffusion equation in radiative-transfer. J Opt Soc Am A Opt Image Sci Vis 11(10):2727–2741

Ishimaru A (1978) Wave propagation and scattering in random media, vol 1, Single scattering and transport theory. Academic, New York

Jones MR, Yamada Y (1998) Determination of the asymmetry parameter and scattering coefficient of turbid media from spatially resolved reflectance measurements. Opt Rev 5(2):72–76

Keener JD, Chalut KJ, Pyhtila JW, Wax A (2007) Application of Mie theory to determine the structure of spheroidal scatterers in biological materials. Opt Lett 32(10):1326–1328

Kienle A, Patterson MS (1997) Improved solutions of the steady-state and the time-resolved diffusion equations for reflectance from a semi-infinite turbid medium. J Opt Soc Am A Opt Image Sci Vis 14(1):246–254

Kubelka P, Munk F (1931) Ein beitrag zur optik der farbanstriche. Z Tech Phys 12:593–601

Langerholc J (1982) Beam broadening in dense scattering media. Appl Optics 21(9):1593–1598

Law SE, Norris KH (1973) Kubelka-Munk light-scattering coefficients of model particulate systems. Trans ASAE 16(5):914–917, 921

Marquet P, Bevilacqua F, Depeursinge C, Dehaller EB (1995) Determination of reduced scattering and absorption-coefficients by a single charge-coupled-device array measurement. 1. Comparison between experiments and simulations. Opt Eng 34(7):2055–2063

Mendoza F, Lu R, Ariana DP, Cen H, Bailey BB (2011) Integrated spectral and image analysis of hyperspectral scattering data for prediction of apple fruit firmness and soluble solids content. Postharvest Biol Technol 62(2):149–160

Michels R, Foschum F, Kienle A (2008) Optical properties of fat emulsions. Opt Express 16 (8):5907–5925

Mourant JR, Fuselier T, Boyer J, Johnson TM, Bigio IJ (1997) Predictions and measurements of scattering and absorption over broad wavelength ranges in tissue phantoms. Appl Optics 36 (4):949–957

Nicolai BM, Verlinden BE, Desmet M, Saevels S, Saeys W, Theron K, Cubeddu R, Pifferi A, Torricelli A (2008) Time-resolved and continuous wave NIR reflectance spectroscopy to predict soluble solids content and firmness of pear. Postharvest Biol Technol 47(1):68–74

Patterson MS, Chance B, Wilson BC (1989) Time resolved reflectance and transmittance for the noninvasive measurement of tissue optical-properties. Appl Optics 28(12):2331–2336

Patterson MS, Moulton JD, Wilson BC, Berndt KW, Lakowicz JR (1991) Frequency-domain reflectance for the determination of the scattering and absorption properties of tissue. Appl Optics 30(31):4474–4476

Pilz M, Honold S, Kienle A (2008) Determination of the optical properties of turbid media by measurements of the spatially resolved reflectance considering the point-spread function of the camera system. J Biomed Opt 13(5):054047

Qin J, Lu R (2006) Hyperspectral diffuse reflectance imaging for rapid, noncontact measurement of the optical properties of turbid materials. Appl Optics 45(32):8366–8373

Qin J, Lu R (2007) Measurement of the absorption and scattering properties of turbid liquid foods using hyperspectral imaging. Appl Spectrosc 61(4):388–396

Qin J, Lu R (2008) Measurement of the optical properties of fruits and vegetables using spatially resolved hyperspectral diffuse reflectance imaging technique. Postharvest Biol Technol 49 (3):355–365

Qin J, Lu R, Peng Y (2009) Prediction of apple internal quality using spectral absorption and scattering properties. Trans ASABE 52(2):499–507

Reynolds L, Johnson C, Ishimaru A (1976) Diffuse reflectance from a finite blood medium—applications to modeling of fiber optic catheters. Appl Optics 15(9):2059–2067

Rizzolo A, Vanoli M, Spinelli L, Torricelli A (2010) Sensory characteristics, quality and optical properties measured by time-resolved reflectance spectroscopy in stored apples. Postharvest Biol Technol 58(1):1–12

Saeys W, Velazco-Roa MA, Thennadil SN, Ramon H, Nicolai BM (2008) Optical properties of apple skin and flesh in the wavelength range from 350 to 2200 nm. Appl Optics 47(7):908–919

Spichtig S, Hornung R, Brown DW, Haensse D, Wolf M (2009) Multifrequency frequency-domain spectrometer for tissue analysis. Rev Sci Instrum 80(2):024301

Svensson T, Swartling J, Taroni P, Torricelli A, Lindblom P, Ingvar C, Andersson-Engels S (2005) Characterization of normal breast tissue heterogeneity using time-resolved near-infrared spectroscopy. Phys Med Biol 50(11):2559–2571

Tuchin V (2000) Tissue optics: light scattering methods and instruments for medical diagnosis. SPIE, Bellingham

Wang LV, Wu H-I (2007) Biomedical optics: principles and imaging. Wiley, Hoboken

Welzel J, Reinhardt C, Lankenau E, Winter C, Wolff HH (2004) Changes in function and morphology of normal human skin: evaluation using optical coherence tomography. Br J Dermatol 150(2):220–225

Wilson BC, Patterson MS (2008) The physics, biophysics and technology of photodynamic therapy. Phys Med Biol 53(9):R61–R109

Xia JJ, Berg EP, Lee JW, Yao G (2007) Characterizing beef muscles with optical scattering and absorption coefficients in VIS-NIR region. Meat Sci 75(1):78–83

Yao G, Liu KS, Hsieh F (2004) A new method for characterizing fiber formation in meat analogs during high-moisture extrusion. J Food Sci 69(7):E303–E307

第9章　植物产品的品质评价

Jasper G. Tallada、Pepito M. Bato、Bim P. Shrestha、
Taichi Kobayashi 和 Masateru Nagata[①]

9.1　简　介

高光谱成像技术或光谱成像技术将计算机视觉技术与光谱技术的优势相结合，主要适用于检测样品表面和内部的参数变化。这些参数可以是物理特征(如早期瘀伤和表面污染)，也可以是化学成分(如糖度和酸度)。虽然高光谱图像的采集遵循机器视觉图像的过程，但是增加了光谱维度信息，从而可以通过严谨的多元统计方法，找到测量值与目标参数之间的函数关系(即化学计量学)。最近，许多大学的实验室正在探索将高光谱技术应用到农业(尤其是农产品的产后加工)，以期开发出农产品品质无损检测的新技术。

高光谱成像技术为果蔬的内外部品质参数的检测开辟了新的机遇和挑战。以主要品质参数为例，作为影响水果味觉的主要成分，准确地测量甜度和酸度的空间变化，不仅可以有效地划分产品的品质等级，而且可以进一步提升产品的销售信誉。例如，日本消费者对优质水果和蔬菜的偏好正在与日俱增，这不仅出于个人的需求，而且源于文化的传统(高品质的产品常常作为礼物)。因此，保证水果的品质具有十分重要的实际意义。对于不同种类的农产品，其品质的衡量维度也不相同，而这就需要更新、更好的无损检测技术。例如，一些市场越来越意识到花青素对健康的益处，而这也促进了关于草莓、胡萝卜和甘薯中内部色素含量的定量研究工作。对于食品安全问题关注度的提高，同时也促进了更先进、更适用于在线生产的检测技术的发展。例如，水果的早期瘀伤会造成其迅速地腐烂，这不仅仅需要对可疑的水果进行剔除，甚至需要剔除整个批次的水果。

① J.G. Tallada (✉)

Cavite State University, Indang, Philippines

U.S. Department of Agriculture, Agricultural Research Service, Manhattan, KS, USA

e-mail: jtallada@gmail.com

P.M. Bato

University of the Philippines Los Baños , Los Baños , Philippines

B.P. Shrestha

Kathmandu University, Dhulikhel, Nepal

T. Kobayashi

University of Miyazaki, Miyazaki, Japan

M. Nagata

Faculty of Agriculture, University of Miyazaki, Miyazaki, Japan

e-mail: mnagata@sky.miyazaki-mic.ac.jp

而果实表面的早期瘀伤不易识别，高光谱成像及其互补技术（如多光谱成像技术）为水果瘀伤的检测提供了独特的方法。

　　本章的主要目标是提出几种用于水果和蔬菜品质无损测量的高光谱成像技术，并讨论其硬件设计、元器件选择、方案准备和分析方法。

9.2　高光谱成像装置

　　成像系统的设计和建构是研究高光谱成像技术的关键。高光谱成像系统主要有两种不同的类型，即推扫式（线阵 CCD）和框幅式（面阵 CCD）。推扫式系统以 Spectral Imaging 公司（奥卢，芬兰）的 ImSpector 装置为例，其具有棱镜-光栅-棱镜的光学组件，并采集平移台上样本中一条线上的像素。平移台的速度决定了成像系统在运动方向上的空间分辨率。而为了观察样本的每个波段，每次采集的样本的光谱数据都需要进行空间校正。框幅式系统则是将电子可变滤波器单元放置在单色相机前，每次系统获得滤波后的窄波段二维图像。这类似于流行摄影中常用的特效技术，如在相机镜头前放置绿色或远红外滤波器。电子滤波器可以由液晶可调谐滤波器（liquid crystal tunable filter，LCTF）或声光可调谐滤波器（acousto-optical tunable filter，AOTF）组成。Cambridge Research and Instrumentation 公司（沃博恩，马里兰州，美国）所生产的 Varispec 滤波器系列中的 LCTF 如图 9.1 所示。其具有两个模式：一个模式（VS-V153-10-HC-20）在 400~700nm 的可见光范围工作，具有 10nm 的半峰全宽（full width at half maximum，FWHM）；另一个模式（VS-NIR-20-10）在 650~1100nm 的可见近红外范围工作，同样具有 10nm 的 FWHM。滤

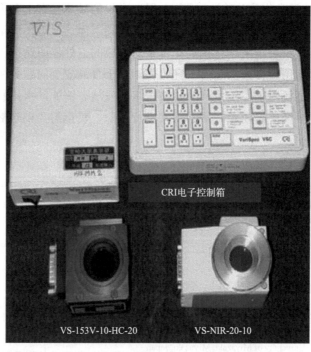

图 9.1　Varispec 液晶可调谐滤波器（彩图请扫封底二维码）

波器的中心波长则通过配套的手持式 CRI 电子控制箱来设置。此外，控制器还可以通过串行端口(RS-232 协议)与个人计算机相连接，从而对波长进行远程设置。

框幅式系统具有如下优点。首先，所采集的光谱数据数量和间隔分辨率的设置更为容易。例如，既可以获取某一样本在 400～700nm 范围间隔为 1nm 的光谱图像(301 个波段)，也可以获取该样本在 500～650nm 范围间隔为 10nm 的光谱图像(16 个波段)，这对高光谱图像立方体数据的采集速度和时间有巨大影响。其次，因为样本在整个采集过程中保持静止，所以不需要进行复杂的几何校正(Lawrence et al. 2003)。与推扫式系统的平移台相比，框幅式系统的设计整体上相对简单，部件的控制也更为容易。最后，由于中心波长是可随机选择的，因此框幅式系统可以很容易地重新配置成多光谱成像系统，这尤其适合目的是选择用于分类或测量的最佳波长的研究。

我们的实验室组装了两套 Varispec LCTF 高光谱成像系统。第一套可见光范围的高光谱系统包括了 Sony AVC-D5 CCD 摄像机，其在 Cosmicar 镜头前安装了 Varispec VS-153-10- HC-20 滤光片。照明由带有红外滤镜和冷却风扇的两个机器视觉级的卤钨灯提供。在缺乏合适的数字化板的情况下，将图像信号反馈到 Sony 数字摄像机(DCR-PC 100)中，并保存为 JPEG 格式(8 位分辨率)储存到存储卡中。在配置系统的过程中，草莓和茄子样品光泽表面的镜面反射给获取洁净图像带来了困难。这可以通过反复试验解决，如在镜头前放置偏振滤光片，通过其与光源中预先放置的偏振滤光片形成的有效互补最终消除镜面反射。整个系统的框架被黑色板材覆盖，其正面则用黑色纺织品密封，从而降低周围环境光的影响。

第二套高光谱成像系统(图 9.2)是为可视红外范围构建的，包括 Apogee 仪器公司的 AP2E 型相机(Auburn，CA，美国)，其包含 Nikkor f/1.2 光学镜头和 Varispec VS-NIR-20-10 滤光片，相机则安装在标准的摄影框架上(允许垂直和水平两个方向上的调整)。照明设备选用 Dolan-Jenner 公司的 PL950 型直流稳压光源(St. 劳伦斯，马里兰州，美国)，其内置 150W 的卤钨灯，该光源可提供从可见光到近红外范围的连续平滑的波段。通过空调冷却系统保持采集室温度(约为 22℃)，以最大限度地降低温度变化对所采集图像质量的影响。类似地，此系统也通过串口连接(RS-232)实现计算机对 Varispec 的控制，最终的图像数据则通过 Apogee 公司的 Maxim/DL 软件获得。图像文件保存为 FITS 格式普适图像传输系统(flexible image transport system)，以保持图像数据原始的 14 位分辨率。整个系统被放置在金属框架中并由暗幕包围，使其与外界杂光完全隔离。

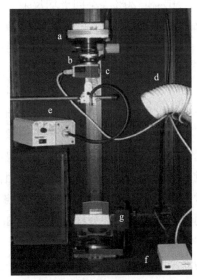

图 9.2　高光谱系统的组成：(a) AP2E 型相机、(b) Nikkor 镜头、(c) CRI NIR Varispec LCTF、(d)冷却装置、(e) Dolan-Jenner 光纤光源、(f) Varispec 控制器和(g)样本台
(彩图请扫封底二维码)

9.3　高光谱图像立方体采集步骤

高光谱成像数据采集的基本原理类似于一般光谱学的采集方法。由于除了光谱维度之外，图像中还存在两个空间维度(X 和 Y)，因此必须将一维单点的光谱采集方法扩展到空间区域。一般来说，高光谱采集程序依次遵循如下几个步骤。首先，该系统必须充分稳定，因为电子元件的性能随温度而变化(如光源、LCTF 和相机)。打开电源后，应先使元件稳定 20～60min。

其次，获取暗图像来考虑传感器的电子直流电压偏移。一般是通过关闭光源、加盖镜头盖或关闭相机快门等方式进行采集。但关闭光源的方法需要花费较长的时间来重新稳定光源强度，所以并不推荐。虽然在理论上，整个波段范围内使用一个黑参考图像是可行的，但实际上，我们还是会为所选择的每一个中心波长单独采集对应的黑参考图像。

再次，采集白参考图像，用来建立传感器中每个像素在每个波段下的参考。这不仅定义了光源的光谱图案，还定义了该光谱图案与成像系统的其他组件的相互作用(尤其是镜头系统)。采集白参考图像所使用的参照白板，通常由非常稳定的漫反射材料制成，如 Spectralon 材料或特氟龙(聚四氟乙烯)材料(Labsphere 公司，北萨顿，新罕布什尔州，美国)。这些材料通常具有 NIST 或其他标准所定义的良好反射特性。在计算过程中也应该考虑这些材料不同的灰度等级。例如，在可见近红外范围内，Labsphere 公司分别有 99.9%、80%、50%和 20%等不同平均反射率的参照白板。通常，高光谱成像使用的标准白板，其反射率为 99.9%。由于在数据采集过程中电子元件存在老化现象，因此必须定期收集黑、白参考图像以消除电子漂移等带来的影响。黑、白参考的重新采集也可以依据不同的标准，如固定时间间隔或固定样本数量。

最后，可以选择手动或者程序自动的方式采集样本的图像。样本图像的采集与黑、白参考的采集使用同样的参数(相同的曝光或积分时间)。

在实验之前，应该对所采集图像的几何参数进行优化。首先，需要检查相机和镜头的视场，以确定相机高度、焦距和快门开度。同时，平移台上放置的样本应使用正确的背景(通常为黑色)。其次，在优化相机和光源的高度时，必须考虑水果样本的大小，尤其考虑 Spectralon 板的尺寸(应该足够容纳样本的最大尺寸或者目标区域)。例如，在芒果的检测过程中，部分样本超出了 Spectralon 板的尺寸，因此我们将采集的目标区域限制在了果实赤道周围的区域。最后，必须仔细确认所采集波段的间隔，这将决定样品光谱采集的总时间和分辨率。值得注意的是，相邻波段之间的反射率值具有很高的相关性。

确定曝光时间是开始实验之前的另一个重要的优化步骤，可以有效避免传感器像素的饱和与过曝光。方法为在某一固定的曝光时间下，使用参考白板在连续波长下采集白参考图像，并使用图像预览程序选择传感器的最大值。经过反复试验，对比不同曝光时间在该中心波长下所获得的图像，最终确定最佳的曝光时间。通常，将传感器最大响应的 2/3 或 3/4 所对应的时间选为最佳曝光时间。例如，Apogee 公司 AP2E 型相机（14 位分辨率）对应的最大响应值为 16 383（2^{14}-1 或 16 384-1），因此最终选择的像素最大值是 12 000～14 000。实验期间，通常使用固定的曝光时间对所有的图像进行采集（黑、白参考和样品图像）。然而，使用单一曝光时间也存在缺点，比如传感器的动态响应仅在某个中心波长上得到优化，这会影响系统对于其他中心波长的动态响应效率。因此，需要另一种方法来在每个中心波长上建立适当的曝光时间。而这将带来大量的准备工作，因为此方法将单独检查每个波长间隔或一个短的波长范围。此外，曝光时间应该嵌入相机的控制软件中，或可以通过控制程序修改曝光时间。

9.4　一般分析方法

高光谱成像数据的一般处理过程，是图像处理、光谱学、数学和统计学等方法的组合，如图 9.3 所示。

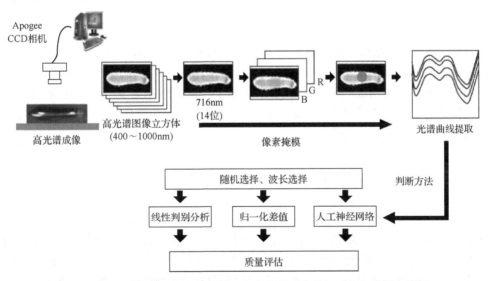

图 9.3　识别水果和蔬菜的最佳波长的高光谱图像数据采集与分析流程图

9.5　图　像　处　理

Matlab 软件中包括图像处理工具箱，这极大地方便了高光谱图像的分析。在分析过程中，图像分析的基本初始步骤是通过图像灰度阈值从背景中分割出目标对象的像素。在该步骤中，在高光谱立方体图像中选定某一波段的图像，生成用于整个立方体图像的二值掩模图像（1 表示目标对象，0 表示背景）。该掩模图像必须覆盖整个样本或感兴趣区。Sony 相机采集的图像可以使用一个平面 RGB 图像来处理，而 Apogee 相机采集的图像具有 14 位的分辨率，因此必须在阈值化之前将其转换成 8 位位图灰度图像（BMP 格式）。临界阈值则可以通过逻辑实验或通过自动计算获得（如 Matlab 的 Gryathresh 程序）。在阈值化过程中，有时必须对掩模的对象进行腐蚀处理，特别是当目标对象为整个水果时。这将有助于消除由阴影或复杂几何形状等造成的图像边缘的噪声数据。

针对水果瘀伤的研究，可以使用微软绘图程序进行手动识别，分别对瘀伤像素(红色)和完好像素(蓝色)进行着色。类似的，糖度或硬度的目标区域通常局限于水果赤道附近的圆形区域。可以通过手动着色来选择掩模区域，从而自动提取光谱数据。

9.6　光　谱　处　理

提取光谱数据是为之后的数学和统计分析做准备。在掩模图像的引导下，目标像素的 x 和 y(水平和垂直)坐标将被识别，进而计算目标像素点的相对反射率值。可以选择单个像素提取光谱数据(如用于瘀伤研究)，也可以选择所有像素一起计算平均反射率值(如用于糖度研究)。校正后的光谱相对反射率的计算公式如下：

$$I_{\text{norm}}(x,y) = \frac{I_{\text{sample}}(x,y) - I_{\text{dark}}(x,y)}{I_{\text{reference}}(x,y) - I_{\text{dark}}(x,y)} \times m \tag{9.1}$$

式中，$I_{\text{norm}}(x, y)$ 是在 (x, y) 像素位置上归一化的像素值(相对反射率)；$I_{\text{sample}}(x, y)$、$I_{\text{reference}}(x, y)$、$I_{\text{dark}}(x, y)$ 分别是在相同 (x, y) 位置上的样本、白参考、黑参考的像素值；m 是因子，依据参考白板的不同而不同(如白板的平均反射率为 99.9%，则 m 值为 1)。参考白板还有其他平均反射率。因此，m 因子也将成比例地变化。然后，光谱数据将与组分值合并以便进行后续分析。

9.7　数学与统计分析

使用化学计量学方法，从光谱数据中导出目标成分的定量或定性预测模型。对于简单的成分预测，逐步多元线性回归方法不仅可以识别波长和计算模型系数，还可以进一步定义回归预测方程。在瘀伤研究中，逐步线性判别分析方法也被用来识别重要的波长。在分析之前，可以基于早期研究的结论对光谱数据先进行预处理，如采用均值中心化、平滑、多元散射校正和导数等方法。

一般为了更好地评估预测模型的性能，数据集被分为校正集和预测集(或验证集)两个部分。验证集可以是建模过程中未使用的样本，这些独立的样本可以有效达到验证的目的。模型相关参数的计算公式如下：

$$\text{SEC} = \sqrt{\frac{\sum_{i=1}^{N_{\text{C}}}(Y_i - \hat{Y}_i)^2}{N_{\text{C}} - p - 1}} \tag{9.2}$$

$$\text{SEP} = \sqrt{\frac{\sum_{i=1}^{N_{\text{P}}}(Y_i - \hat{Y}_i - \text{bias})^2}{N_{\text{P}} - 1}} \tag{9.3}$$

$$\text{bias} = \frac{\sum_{i=1}^{N_P} Y_i}{N_P} - \frac{\sum_{i=1}^{N_P} \hat{Y}_i}{N_P} \tag{9.4}$$

$$R_C = \frac{N_C \sum_{i=1}^{N_C} Y_i \hat{Y}_i - (\sum_{i=1}^{N_C} Y_i)(\sum_{i=1}^{N_C} \hat{Y}_i)}{\sqrt{N_C \sum_{i=1}^{N_C} Y_i^2 - (\sum_{i=1}^{N_C} Y_i)^2} \cdot \sqrt{N_C \sum_{i=1}^{N_C} \hat{Y}_i^2 - (\sum_{i=1}^{N_C} \hat{Y}_i)^2}} \tag{9.5}$$

$$R_P = \frac{N_P \sum_{i=1}^{N_P} Y_i \hat{Y}_i - (\sum_{i=1}^{N_P} Y_i)(\sum_{i=1}^{N_P} \hat{Y}_i)}{\sqrt{N_P \sum_{i=1}^{N_P} Y_i^2 - (\sum_{i=1}^{N_P} Y_i)^2} \cdot \sqrt{N_P \sum_{i=1}^{N_P} \hat{Y}_i^2 - (\sum_{i=1}^{N_P} \hat{Y}_i)^2}} \tag{9.6}$$

式中，Y_i 和 $\hat{Y}_i$ 分别是第 i 个样品的实测值和模型的预测值；p 是模型中的波段数目；N_C 和 N_P 分别是校正集和预测集中的样本数。SEC 和 R_C 是校正集的标准差和相关系数；而 SEP 和 R_P 是预测集的标准差和相关系数。

9.8　水果的瘀伤检测

9.8.1　草莓

瘀伤可以直接影响水果和蔬菜的经济价值，因为消费者只会购买那些没有表面瘀伤和其他缺陷的产品。这种影响还可能是间接的，因为瘀伤可以促进真菌和细菌的生长，而这些真菌和细菌也会潜在地降低产品的品质，进而影响价格。在收获处理的早期阶段，瘀伤的检测尤为重要。这不仅有助于增加农产品的经济效益，还能减少对公共健康和消费者信心的不利影响。

草莓可以在不同成熟度进行采摘（依据农户的自身判断），而成熟度越高的草莓也越容易受到机械的损伤。而这些瘀伤并不能立刻被肉眼识别出来，因此必须使用有效的光学技术对其进行识别。

Shrestha 等（2002a，b）早期的研究表明，利用近红外成像技术而不是彩色成像技术用于草莓瘀伤的检测是可行的，他们在 Hamamatsu 型近红外相机上安装了一个 960nm 的长通滤波器。机器视觉技术缺乏一种有效的方法来区分水果表面损伤与未损伤的区域。基于该初步的工作，研究者进一步开展了高光谱成像技术应用于水果表面瘀伤检测的研究，首先是针对草莓（Tallada et al. 2006a，b；Nagata et al. 2006b），后来还应用于芒果和桃子（Tallada 2006）。

如图 9.4 所示，使用 Orientec STA-1150 型万能试验机在两个不同成熟度的草莓上进行瘀伤的模拟（选择 25mm 的球形尖端，瘀伤力控制在 0~3N）。瘀伤模拟完成之后，立刻采集样本的高光谱图像（650~1100nm，10nm 间隔）。样本在随后的 4 天中也会再次被采集同一位置的高光谱图像，以观察瘀伤随时间的动态变化。之前的研究表明，近红外图像（960nm 及之后的波段）可以揭示水果中瘀伤组织的存在。通过对所采集的近红外区的高光谱图像进行分析，980nm 的波段清楚地显示了瘀伤组织。但是，由于光照条件和图像采集的几何形状可能发生变化,因此不能单独使用该波段进行瘀伤检测。为了获得识别瘀伤的最佳波段,通过Matlab的常用图像转换方法从980nm处图像中导出彩色图像。瘀伤组织和完好组织的像素使用微软绘图程序进行标记(蓝色为瘀伤,红色为完好)。使用掩模提取目标像素的反射光谱,然后用于线性判别分析。与预期结果一致,980nm和825nm(光谱的最大值)波段是最佳的瘀伤检测波段,并最终依据这些波段,比较了3种检测算法的判别效果(线性判别分析、归一化差值和人工神经网络算法)。如图9.5所示,3种模型均具有较好的判别效果,但是神经网络模型可以较好地检测瘀伤的程度,归一化差值次之。所选定的感兴趣区(图9.5中的亮方形区域)是为了避免由水果形状而导致边缘附近的假阳性现象。瘀伤的识别则是基于完好组织在图像中呈现为均匀区域。当瘀伤发生时,渗出的细胞质集中于光吸收减弱的区域,因此瘀伤区域在近红外图像中显得更暗。先前已将980nm附近的光谱区域确定为水的吸收带。

图9.4 使用 Orientec STA-1150 型万能试验机的模拟瘀伤过程
(采用直径 25mm 的球形尖端)(彩图请扫封底二维码)

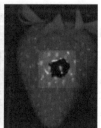

原始图像　　　　线性判别分析　　　　归一化差值　　　　人工神经网络

图9.5 使用3种方法检测草莓果实样本的瘀伤(成熟度为70%~80%、瘀伤力为2N)(彩图请扫封底二维码)

　　水果被固定在托盘中，以便采集同一位置不同天数的图像。随着时间的推移，所检测到的瘀伤区域逐渐减少，这是由相邻组织对排出水分的重新吸收或瘀伤区域的风干等原因造成的。

9.8.2　桃子和芒果

　　研究者对芒果和桃子也进行了相同的实验，如图 9.6 所示。光谱图像的处理使用 Matlab 6.5 软件的图像处理工具箱（The Mathworks 公司，内蒂克，马里兰州，美国）。通过观察，可以较为容易地从 980nm 波段的图像中识别出瘀伤区域，从而导出对像素进行掩模和分类的 8 位 RGB 图像。使用微软绘图软件，手动将瘀伤组织标记为蓝色、将完好组织标记为红色，如图 9.7 所示。

图 9.6　桃子(左图)和芒果(右图)的瘀伤模拟装置(采用直径 25mm 的球形尖端)(彩图请扫封底二维码)

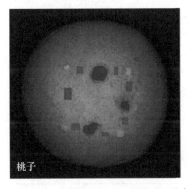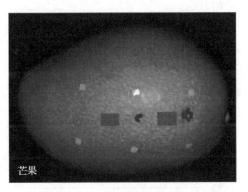

图 9.7　用绘图软件标记瘀伤(蓝色)和完好(红色)的区域(彩图请扫封底二维码)

　　桃子和芒果瘀伤与完好区域的相对反射率曲线如图 9.8 所示。通过观察，同芒果样品相比，桃子样品在 675nm 处存在更强的吸收峰，其为叶绿素的吸收峰(McGlone et al. 2002；Merzlyak et al. 2003)。瘀伤组织的相对反射率从 700nm 至近红外范围持续偏低，最大差异出现在 960～980nm 的水分吸收峰之间(McGlone et al. 2002；Shrestha et al. 2002b；Zwiggelaar et al. 1996)。组织的碰伤会导致细胞物质和水被排出到局部区域的细胞外空间，这极大地增加了 960～980nm 处的光吸收，从而使该区域比周围区域更加鲜明。与芒果相比，桃子的瘀伤和未瘀伤部位的差异更大。仅这一观察结果就表明，根据施加的力的水平来区分芒果中的瘀伤是相当具有挑战性的。

　　桃子也得到了类似的结果，这可能是因为它们的薄果皮与草莓比较相似。由于外果皮的皮革质地，芒果上的瘀伤很难被检测到。

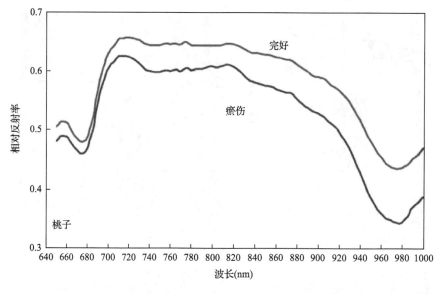

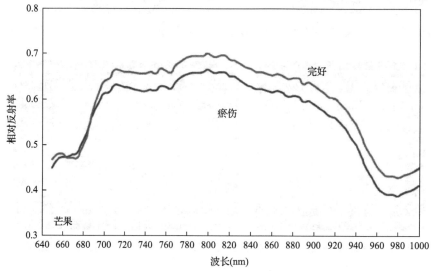

图 9.8　桃子和芒果中瘀伤与完好区域的反射光谱(彩图请扫封底二维码)

9.9　草莓坚固度的测量

草莓的果实坚固度是其成熟度、新鲜度和瘀伤可能性的间接参考度量。采集 3 个不同的成熟度组(50%~60%成熟度、70%~80%成熟度和完全成熟)的 210 个草莓的高光谱图像(650~1100nm，间隔 5nm，曝光时间 0.70~7.25s)。使用相同的 Orientec STA-1150 型万能试验机进行坚固度测量，如图 9.9 所示。

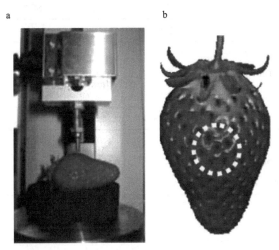

图 9.9　(a)使用直径为 3mm 的钢探针进行坚固度测量；(b)通过使用圆形掩模从
同一区域提取相对反射率光谱数据(彩图请扫封底二维码)

3 种不同成熟度草莓的近红外光谱如图 9.10 所示。光谱的强吸收峰出现在 675nm 附近的叶绿素波段、980nm 附近的水分和淀粉波段(Chen et al. 2002；McGlone et al. 2002)。

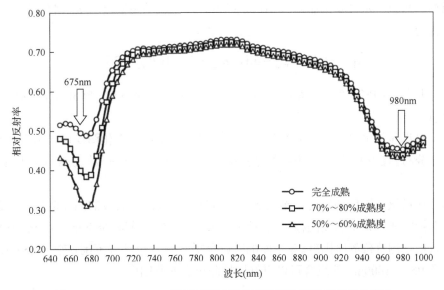

图 9.10　650~1000nm 范围不同成熟等级草莓的漫反射光谱曲线图

675nm 处反射率的变异可能是由果实的成熟度不同引起的，反射率的峰值出现在 800～840nm 附近的近红外区域。

对于两个成熟度范围的不同波段组合，逐步线性回归模型的结果如表 9.1 所示。与 70%～100%成熟度（相关性约 0.60 和标准差约 0.26MPa）相比，50%～100%成熟度的相关性更高（分别约为 0.79 和 0.35MPa）。

表 9.1　草莓坚固度的预测模型

模型	波段(nm)	SEC[a]	R_C^b	SEP[c]	R_P^d	bias
		70%至完全成熟的果实				
1	680	0.252	0.702	0.241	0.645	0.025
2	680、990	0.235	0.750	0.262	0.588	0.041
3	680、990、650	0.233	0.760	0.258	0.599	0.033
		50%至完全成熟的果实				
1	685	0.356	0.783	0.344	0.796	0.046
2	685、985	0.342	0.803	0.344	0.794	0.057
3	685、985、865	0.338	0.809	0.350	0.786	0.050

[a] 校正集标准差，MPa
[b] 校正集相关系数
[c] 预测集标准差，MPa
[d] 预测集相关系数

实验验证了 Shrestha 等(2002a)的早期研究结果，670～685nm 范围坚固度变化较大，这再次强调了叶绿素含量是成熟度和坚固度的重要指标。在模型中加入 985～990nm 范围的近红外光谱则进一步提高了模型的预测能力。附加的模型成分暗示了水分扮演了微小却重要的角色：水分是细胞膨大的决定因素，与水果的坚固度有关。整个样本范围的回归方程为

$$Y_P = -6.786R_{685} - 6.165R_{865} + 13.810R_{985} + 2.750 \tag{9.7}$$

式中，Y_P 是预测的坚固度值，R_{685}、R_{865} 和 R_{985} 分别是在 685nm、865nm 和 985nm 处的反射率值。

为了直观显示水果中坚固度的分布，使用式 9.7 生成可视化图像以显示整个果实体的坚固度分布。图 9.11 显示了伪彩色可视化图的一些例子，其有效地识别了水果上的软、硬区域。

最后通过该坚固度的研究，结果显示在可见光和近红外波段的高光谱技术适合于非破坏与非接触式水果坚固度的检测。统计分析表明，三波长模型(685nm、865nm 和 985nm)可以有效地预测草莓的坚固度。更全面的回归分析表明，3 个波长范围 670～685nm、755～870nm 和 955～1000nm 的组合可以更好地检测果实的坚固度。

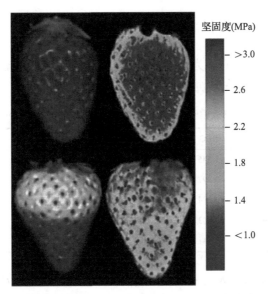

图 9.11 草莓果实坚固度分布的伪彩色图(彩图请扫封底二维码)

9.10 草莓、桃子、芒果的可溶性固形物含量的测定

可溶性固形物含量(soluble solids content,SSC)表示水果的甜度,是水果食用品质的一个重要指标。光谱检测法作为常规化学方法的替代方法,可以无损检测水果的可溶性固形物含量(Kobayashi et al. 2005)。例如,草莓、芒果和桃子中的 SSC 可以通过短波可见近红外范围的高光谱成像技术测量(Nagata et al. 2004,2005)。

9.10.1 草莓

对于草莓,使用分辨率间隔为 5nm 的光谱建立预测模型,所建逐步回归分析模型的结果显示在表 9.2 中。五波段预测模型的公式如式 9.8 所示。

表 9.2 草莓 SSC 的预测模型(光谱间隔 5nm)

模型	波段 (nm)	SEC	R_C	SEP	R_P	bias
1	915	0.533	0.548	0.797	0.320	0.322
2	915、765	0.502	0.623	0.731	0.484	0.293
3	915、765、870	0.457	0.711	0.645	0.637	0.356
4	915、765、870、695	0.383	0.811	0.586	0.712	0.259
5	915、765、870、695、860	0.288	0.900	0.430	0.870	−0.037

$$SSC(草莓) = 9.402 + 82.838R_{915} + 88.848R_{765} - 158.916R_{870} - 122.984R_{695} - 332.882R_{860}$$

$$(9.8)$$

9.10.2　桃子

对于桃子，使用分辨率间隔为 2nm 的光谱建立预测模型，所建逐步回归分析模型的结果显示在表 9.3 中。五波段预测模型的公式如式 9.9 所示。

表 9.3　桃子 SSC 的预测模型（光谱间隔 2nm）

模型	波段(nm)	SEC	R_C	SEP	R_P	bias
1	680	1.045	0.603	1.222	0.464	0.207
2	680、684	0.897	0.732	1.007	0.681	0.168
3	680、684、686	0.874	0.750	0.982	0.699	0.142
4	680、684、686、666	0.863	0.759	0.913	0.747	0.109
5	680、684、686、666、672	0.841	0.775	0.862	0.779	0.124

$$SSC(桃子) = 16.450 + 54.259R_{680} - 75.509R_{684} - 4.931R_{686} - 41.644R_{666} + 65.543R_{672} \quad (9.9)$$

9.10.3　芒果

对于芒果，使用分辨率间隔为 2nm 的光谱建立预测模型，所建逐步回归分析模型的结果显示在表 9.4 中。五波段预测模型的公式如式 9.10 所示。

表 9.4　芒果 SSC 的预测模型（光谱间隔 2nm）

模型	波段(nm)	SEC	R_C	SEP	R_P	bias
1	726	2.274	0.397	2.114	0.504	0.222
2	726、790	1.604	0.766	1.784	0.697	0.117
3	726、790、710	1.315	0.852	1.420	0.815	0.081
4	726、790、710、718	1.244	0.871	1.319	0.842	0.052
5	726、790、710、718、776	1.200	0.882	1.289	0.849	−0.041

$$SSC(芒果) = 17.053 - 46.018R_{726} + 67.241R_{790} + 43.261R_{710} - 43.875R_{718} - 22.339R_{776}$$
$$(9.10)$$

9.11　草莓、甘薯和茄子的花青素含量的测定

在日本，人们对于多酚类物质的健康益处很感兴趣。花青素是多酚类色素，常见于水果(如草莓)、蔬菜(如茄子)和根茎类作物中(如紫甘薯)。研究者基于高光谱成像技术提出了一种客观、无损的检测草莓(Kobayashi et al. 2006a)、紫甘薯(Nagata et al. 2006a)和茄子(Kobayashi et al. 2006b)中花青素含量的方法。将可见光范围的 Varispec 公司的 VS-153-10-HC-20 型 LCTF 安装在 Apogee 公司 AP2E 型相机前面，并采集间隔为 1nm 的 400～700nm 范围的高光谱图像。使用掩模，从对象中选择区域，从其中提取一个子样本

进行色素提取。首先将样品切成块，放置在 50%浓度的乙酸溶液中至少 20h，以使色素扩散出来。之后将等分的样本置于圆形比色皿中，用 Avantes Avasepc-2048 型分光光度计测定吸收光谱。而色素的相对浓度则是从吸收光谱 525nm 附近的峰值计算得到的。

在逐步线性回归分析中，通过从高光谱图像吸收光谱的二阶导数中计算获得最佳波长。

9.11.1　草莓

对于草莓，使用分辨率间隔为 1nm 的光谱建立花青素含量的预测模型，所建逐步回归分析模型的结果显示在表 9.5 中。5 个波段(508nm、506nm、507nm、531nm 和 533nm)的花青素含量模型的 SEC 和 SEP 分别为 0.165 和 0.213，相关系数为 0.932。

表 9.5　草莓、甘薯和茄子的花青素含量的预测模型

模型	模型的波段	SEC	R_C	SEP	R_P	bias
草莓	5(508、506、507、531、533)	0.165	0.957	0.213	0.932	0.032
甘薯	5(523、592、564、539、516)	0.045	0.921	0.052	0.921	0.010
茄子	1(716)	0.077	0.973	0.054	0.969	—

五波段预测模型的公式如式 9.11 所示：

$$花青素(草莓) = -0.313 - 33.699R_{508} + 22.694R_{506} - 2.935R_{507} + 48.350R_{531} - 43.790R_{533}$$

$$(9.11)$$

9.11.2　甘薯

对于甘薯，使用分辨率间隔为 1nm 的光谱建立花青素含量的预测模型，所建逐步回归分析模型的结果显示在表 9.5 中。对于两个紫薯品种(Ayamurasaki 和 Murasakimasari)，Ayamurasaki 的 5 个波段(523nm、592nm、564nm、539nm 和 516nm)模型预测效果更好，对花青素含量预测的 SEC 和 SEP 分别为 0.045 和 0.052，相关系数为 0.921。五波段预测模型的公式如式 9.12 所示：

$$花青素(甘薯) = 2.111 - 5.393R_{523} + 15.277R_{592} - 64.426R_{564} - 40.283R_{539} + 32.212R_{516}$$

$$(9.12)$$

9.11.3　茄子

对于茄子，在 716nm 下单波长模型的花青素浓度的相关系数为 0.969，SEP 为 0.054。所建逐步回归分析模型的结果显示在表 9.5 中，单波段预测模型的公式如式 9.13 所示：

$$花青素(茄子) = 3.471R_{716} + 0.596 \qquad (9.13)$$

使用该模型推导花青素浓度的伪彩色分布图，以显示整个茄子中青花素含量的空间变化。为了研究果实大小的影响，根据茄子的平均半径，相机和样品之间的垂直距离会

相应地进行调整(约 30mm)。结果表明，镜头高度的变化对果实花青素的测定值无显著影响。

9.12　进一步的工作

目前,应用在水果和蔬菜上的高光谱成像技术主要集中在可见光到短波近红外区域。而研究表明,在近红外范围内可以对更广泛的指标建立更强大的预测模型。随着传感器技术的发展,如使用铟镓砷、硫化铅或硒化铅等在中红外区域有较高灵敏度的图像检测器,光谱技术可以获得更为广泛的应用。从而对更为精细的成分含量进行检测,如样品中的氨基酸或脂肪酸等。随着电子成像技术的发展,模型的改进和开发也是必不可少的,如线性和非线性模型的使用。以上这些都将使高光谱成像技术更好地适应工业发展的需求。

参 考 文 献

Chen Y, Chao K, Kim MS (2002) Machine vision technology for agricultural applications. Comput Electron Agric 36(2–3):173–191

Kobayashi T, Tallada J, Nagata M (2005) Basic study on measurement of sugar content for citrus unshiu fruit using NIR spectrophotometer (*In Japanese*). Bull Fac Agric Univ Miyazaki 51 (1–2):1–8

Kobayashi T, Nagata M, Tallada JG, Toyoda H, Goto Y (2006a) Study on anthocyanin pigment distribution estimation for fresh fruits and vegetables using hyperspectral imaging. Part 2. Visualization of anthocyanin pigment distribution of strawberry (*Fragaria × ananassa Duchesne*) (*In Japanese*). J Sci High Technol Agric 18(1):50–57

Kobayashi T, Nagata M, Tallada J (2006b) Hyperspectral imaging based assessment of color quality of fruits and vegetables: anthocyanin contents of eggplant (*In Japanese*). Paper presented at the 2006 meeting of Agricultural Environmental Engineering Society at Hokkaido University on Sept 2006

Lawrence KC, Park B, Windham WR, Mao C (2003) Calibration of a pushbroom hyperspectral imaging system for agricultural inspection. Trans ASABE 46(2):513–521

McGlone VA, Jordan RB, Martinsen PJ (2002) Vis/NIR estimation at harvest of pre- and post-storage quality indices for 'Royal Gala' apple. Postharvest Biol Tech 25(2):135–144

Merzlyak MN, Solovchenko AE, Gitelson AA (2003) Reflectance spectral features and non-destructive estimation of chlorophyll, carotenoid and anthocyanin content in apple fruit. Postharvest Biol Tech 27(2):197–211

Nagata M, Tallada JG, Kobayashi T, Cui Y, Gejima Y (2004) Predicting maturity quality parameters of strawberries using hyperspectral imaging. ASAE Paper No. 043033. ASAE, St. Joseph

Nagata M, Tallada JG, Kobayashi T, Toyoda H (2005) NIR hyperspectral imaging for measure-ment of internal quality in strawberries. ASABE Paper No. 053131. ASAE, St. Joseph

Nagata M, Kobayashi T, Tallada JG, Toyoda H, Goto Y (2006a) Study on anthocyanin pigment distribution estimation for fresh fruits and vegetables using hyperspectral imaging. Part 1. Visualization of anthocyanin pigment distribution of purple-fleshed sweet potato (*Ipomoea batatas Poir*) (*In Japanese*). J Sci High Technol Agric 18(1):42–49

Nagata M, Tallada JG, Kobayashi T (2006b) Bruise detection using NIR hyperspectral imaging for strawberry (*Fragaria × ananassa Duch.*). Environ Control Biol 44(2):133–142

Shrestha BP, Nagata M, Cao Q (2002a) Study on image processing for quality estimation of strawberries (part 1): detection of bruises on fruit by color image processing. J Sci High Technol Agric 13(2):115–122

Shrestha BP, Nagata M, Cao Q (2002b) Study on image processing for quality estimation of strawberries (part 2): detection of bruises on fruit by NIR image processing. J Sci High Technol Agric 13(2):115–122

Tallada JG (2006) Post-harvest quality determination in fruit and fruit-vegetables using NIR hyperspectral imaging. Ph.D. Dissertation, United Graduate School of Agricultural Science of Kagoshima University

Tallada JG, Nagata M, Kobayashi T (2006a) Detection of bruises in strawberries by hyperspectral imaging. ASABE Paper No. 063014. ASAE, St. Joseph

Tallada JG, Nagata M, Kobayashi T (2006b) Non-destructive estimation of firmness in strawberries (*Fragaria × ananassa Duch.*) using NIR hyperspectral imaging. Environ Control Biol 44(4):245–255

Zwiggelaar R, Yang QS, Garcis-Pardo E, Bull CR (1996) Use of spectral information and machine vision for bruise detection on peaches and apricots. J Agric Eng Res 63:323–332

第10章 牛肉和猪肉的品质评估

Govindarajan Konda Naganathan、Kim Cluff、
Ashok Samal、Chris Calkins 和 Jeyamkondan Subbiah[①]

10.1 简　　介

　　肉品业是美国最大的食品产业。为了促进市场营销，有必要应用客观、无损的系统来对肉品品质进行分级。高光谱成像能同时采集肉表面的空间(结构)和光谱(生物化学)信息，因而具有能满足此需求的巨大潜质。本章将重点介绍牛肉和猪肉的高光谱成像。

10.2 牛　　肉

　　牛肉业是美国农业中的最大组成部分(NCBA 2009)。2008 年，美国牛肉业的零售额达到了 760 亿美元，且出口额也有 29.8 亿美元(USDA 2008)。该产业的驱动力是顾客的满意度，不满意即会影响到再次的购买。研究发现，顾客对于牛肉嫩度的不一致感到不满意，大概有 15%～20%的消费者购买的牛排肉是老的(Miller et al. 2001)，而且消费者能够区分嫩肉和老肉(Boleman et al. 1997)，此外，如果牛排能保嫩，消费者情愿多付钱(Lusk et al. 2001)。消费者的这种可为保嫩肉多付钱的意愿对于嫩牛肉胴体的增值是一个机会，可使牛肉业获利并提高消费者的满意度。实际上，考虑到在肉品质分级中没有测量过嫩度，那么嫩度不一致的情况也就并不意外了。

　　测定嫩度的难点之一是其测量具有内在的破坏性。此外，唯一准确的嫩度测量方法就是使用训练有素的感官小组(Shackleford et al. 2005)，然而这并不是在牛肉加工厂中测量嫩度的合理方法。第二种最好的方法是使用 Warner-Bratzler 剪切(Warner-Bratzler shear，

———————————————

① G. Konda Naganathan • K. Cluff

Department of Biological Systems Engineering, University of Nebraska–Lincoln,
Lincoln, NE, USA

A. Samal

Computer Science and Technology, University of Nebraska-Lincoln, Lincoln, NE, USA

C. Calkins

Animal Science, University of Nebraska–Lincoln, Lincoln, NE, USA

J. Subbiah (✉)

Department of Biological Systems Engineering, University of Nebraska–Lincoln,
Lincoln, NE, USA

Department of Food Science and Technology, University of Nebraska–Lincoln,
Lincoln, NE, USA

e-mail: jsubbiah2@unl.edu

WBS)力(AMSA 1995)或片层剪切力(slice shear force，SSF)测量剪切肉样品时所需的力(Shackleford et al. 1999)。牛肉业大多遵循测定 SSF 的步骤方法，因其比测量 WBS 的过程要快。在 SSF 测定过程中，先从牛肉胴体上切下一块 1in 厚的牛排，煮熟后切片，然后用质构分析仪进行剪切(图 10.1)，剪切样品所需的力随即被记录为 SSF 值。不幸的是，这些方法因其破坏性而不适合在肉类包装厂中应用。因此，行业内需要一种无损、快速、准确且在线的方法来预测嫩度，而基于光学的非破坏性技术可能会提供解决方案。

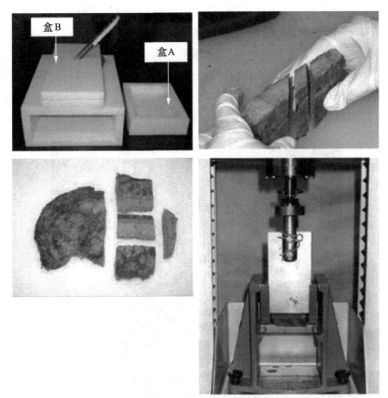

图 10.1　片层剪切力(SSF)测定牛肉嫩度步骤(Subbiah 2004；Shackleford et al. 1999)(彩图请扫封底二维码)

牛肉嫩度是关乎消费者满意度的一项重要特征。事实上，已形成了以改善消费者的饮食体验为首要目的的委员会、组织及协会。据 2000 年进行的美国国家牛肉品质审计，嫩度是肉品质的最大挑战之一(McKenna et al. 2002)。在 20 世纪 50 年代后期，牛肉业开始认识到肉类的嫩度、多汁性和风味等适口性的重要性(Webb et al. 1964)。为了控制和监测肉类质量，美国在 1955 年成立了美国肉牛性能登记协会(American Beef Cattle Performance Registry Association，ABC-PRA)(Lipsey 1999)。之后也成立了如美国无角海福特和安格斯牛协会，以及牛肉改良联合会(Beef Improvement Federation，BIF)等其他组织，而每个组织都旨在为消费者提升牛肉品质。客户满意度被视为推动市场改善的最终力量，在牛肉业中，研究人员几十年来一直在努力改善消费者的最终感受。然而，在嫩度上的不一致性且缺乏快速、可靠的牛肉嫩度评估手段仍然是问题。此情况已引发美国牛肉业内的一些科学家呼喊"我们的行业将永远束缚在所有生产的牛肉对消费者来说还不尽如人意的困境之中吗？"(Lipsey 1999)。因此，毫不保守地说，极有必要建立一个能够准确、快速及有效地监测嫩度的系统。

10.2.1 视频图像分析

视频图像分析(video image analysis，VIA)已尝试用于预测牛肉嫩度，VIA 及从 VIA 系统中获得的 RGB 图像显示在图 10.2 和图 10.3 中。由科罗拉多州立大学开发的 BeefCam®系统可获取牛排的 RGB 图像，并从图中提取出 L^*、a^* 和 b^* 值(Lab 色空间)(Belk et al. 2000)，然后利用这些颜色特征来探索其与牛肉嫩度的相关性。Wyle 等(1999，2003)和 Vote 等(2003)评估了这套系统，发现其预测 Warner-Bratzler 剪切(WBS)力值的 R^2 小于 0.21。他们的结论是 BeefCam®有助于降低消费者买到老牛排的可能性，但该系统还需进一步改进(Belk et al. 2000)。使用简单 VIA 的缺点之一是它的光谱分辨率较低，通常只显示红、绿、蓝波段。因此，它并不能提供嫩度的生物化学依据。

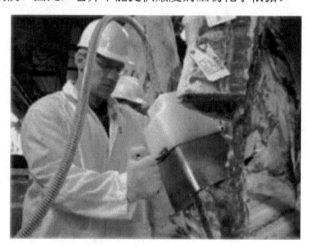

图 10.2　用于获取牛肉 RGB 图像的视频图像分析系统(Research Management Systems，
USA Inc.，柯林斯堡，科罗拉多州)(彩图请扫封底二维码)

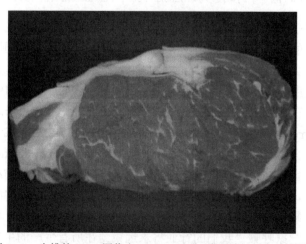

图 10.3　牛排的 RGB 图像(Subbiah 2004)(彩图请扫封底二维码)

10.2.2　近红外光谱

光谱的采集是通过测量非常小的空间区域内的光的反射率或吸收率进行的，而后在空间区域内对光反射率或吸收率取平均值，且光谱的曲线为强度 vs.波长。因此，光谱学上可以通过显示吸光度相对于波长的变化而得到高的光谱分辨率。图 10.4 展示了一台用于采集牛眼肉光谱反射信号的光谱仪，相比于老牛肉，嫩牛肉会反射更多的光(图 10.5)(Subbiah 2004)。

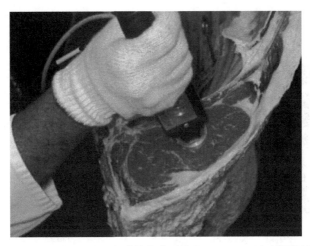

图 10.4　用于采集牛肉样品近红外光谱的光谱系统(Subbiah 2004)(彩图请扫封底二维码)

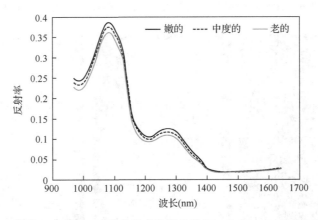

图 10.5　嫩的、中度的、老的牛眼肉典型光谱(Konda Naganathan et al. 2008)

近红外光谱(NIR)已被用于预测嫩度(Byrne et al. 1998；Hildrum et al. 1994，1995；Mitsumoto et al. 1991；Naes and Hildrum 1997；Park et al. 1998)。Shackleford 等(2005)进行了一项研究，采集了 292 块最长肌牛排光谱，他们用 146 块牛排验证这套系统并且预测片层剪切力(SSF)的结果为 $R^2=0.22$。他们的结论是近红外光谱可能有助于识别出美国农业部精选的嫩肉胴体。用光谱测量的一些缺点是它只能从有限的样本区域采集信号并且测量结果会受到脂肪斑点的影响。

10.2.3　高光谱成像

高光谱成像技术也被认为是预测牛肉嫩度的一种方法。高光谱成像在本质上是结合了光谱和视频图像分析的一种成像模式。具体而言，高光谱图像是一系列图像的汇编，其中每张图像展示的是全波长中一个窄波段的反射光。高光谱成像的独特之处在于它能够在高分辨率下获取空间和光谱信息。在高光谱图像中，可以获得每个像素点的光谱（图 10.6），并且在每个波长下都能获取一个灰度图像（图 10.7）。

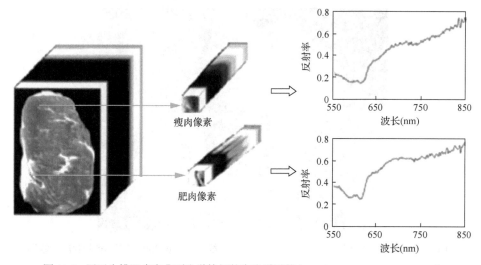

图 10.6　展示牛排肥瘦肉典型光谱特征的高光谱图像（Konda Naganathan et al. 2008）

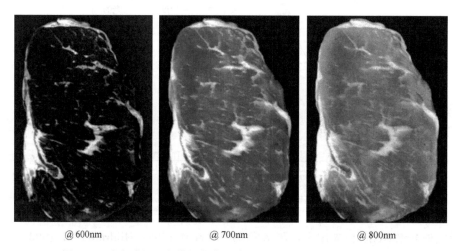

图 10.7　选定波长下牛排的灰度图像（Konda Naganathan et al. 2008）

高光谱成像系统（图 10.8）通常由具有 2D 传感器阵列的相机和图像光谱仪组成。光谱数据是通过只允许一条细线进入光谱仪上的狭缝而获得的。光谱仪将光分散到不同波长下，然后将光投射到相机的 2D 传感器阵列中。因为光线在不同的波长下均显现，所以结果显示的是不同波长下光线的图像。在线扫描高光谱成像系统中，使样品以预设速度移动通过高光谱相机，一张高光谱图像即编制完成。编译后的图像由一个完整的二维空间图像组成，第三轴表征该图像中每个像素的光谱维。因此，高光谱成像系统可以达到非常高的空间和光谱分辨率。通常来说，高光谱成像系统能够实现从宏观尺度上超大的成像目标(如地球)及从微观尺度上超小的成像目标(如人体组织)的光谱分辨率。

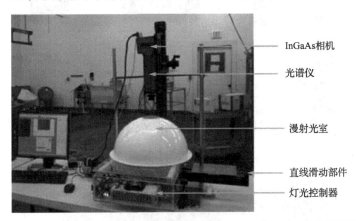

图 10.8　基于光谱仪的台式高光谱成像系统(Konda Naganathan et al. 2008)(彩图请扫封底二维码)

高光谱成像系统能从图像中提取出结构特征和生化特征(Konda Naganathan et al. 2006b)。因高光谱图像保存了完整的空间框架，可以从其上提取出结构和纹理特征。同样，由于高光谱图像能够提供图像中每个像素点的光谱信息，且特征波长都是与特定的生化成分相关的，故生化指纹信息也能从中提取(Konda Naganathan et al. 2006a)。

Konda Naganathan 等(2008)为了预测背最长肌牛排的嫩度而开发了一套推扫式高光谱成像系统(图 10.8)。他们的系统由 CCD 数字摄像机、直线滑动部件、漫射光室和 400～1000nm 光谱区间的光谱仪组成。他们应用主成分分析和灰度共生矩阵分析从成像的超立方体中提取了图像纹理特征(图 10.9)。最终，他们利用典型判别分析建立了模型，将嫩度的类别和提取的纹理特征进行关联。通过"留一法"交叉验证，模型判别嫩度类别的准确率可达 96.4%。他们的结论是该方法可将当前状态下的牛排划分到 3 种嫩度类别，但仍需进一步对熟化后牛肉的嫩度进行预测研究。

Konda Naganathan 等(2008)对熟化 14 天后的煮熟牛肉嫩度进行了大样本量($n=319$)的进一步研究。他们开发了一套由 InGaAs 相机、近红外波段($\lambda=900\sim1700$nm)光谱仪、直线滑动部件及漫射光室组成的系统。在他们的研究中，在宰后 3～5 天采集眼肉牛排的图像，之后将其熟化至宰后 14 天。他们利用偏最小二乘和灰度纹理共生矩阵分析预测宰后 14 天的煮后牛肉片层剪切力值。借助于"留一法"交叉验证，他们能够将嫩的、中度的和老的牛肉样品区分开，总体准确率为 77%。当样品仅划分成嫩和老两个类别时，可准确分类 96.3%的嫩样品及 62.5%的老样品，总体准确率达 94.5%。他们的结论是高光谱成像在牛肉嫩度预测方面大有前途，但应进行基于更广泛样本的进一步研究以验证模型。

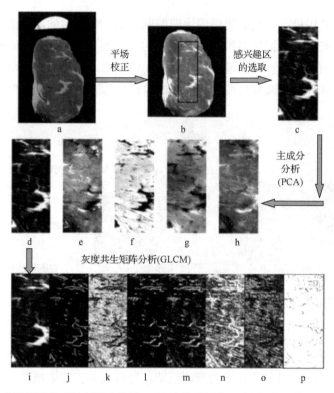

图 10.9　高光谱图像纹理特征提取方法。(a)未校准图像；(b)校准图像；(c)感兴趣区；
(d~h)第 1~5 的主成分图像。(i~p)纹理图像：(i)均值；(j)协方差；(k)同质性；(l)对比度；
(m)差异性；(n)熵；(o)二阶矩；(p)相关性(Konda Naganathan et al. 2008)

　　由于高光谱图像是在间隔的窄波段下采集获取的，往往会有冗余信息。因此，高光谱图像的分析应涉及如主成分分析等降维方法。降维的步骤是首先计算出特征值和特征向量(图 10.10)，特征向量与高光谱图像相乘得以创建如主成分图像的变换后的图像，特征向量的峰和谷对应着重要的生化特性。在图 10.10 中，突出显示了与蛋白质、脂肪和水对应的峰及谷。

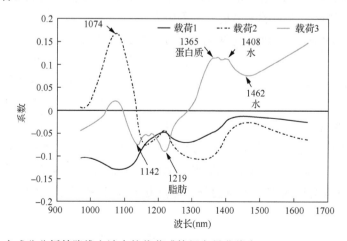

图 10.10　主成分分析等降维方法中的载荷或特征向量曲线(Konda Naganathan et al. 2008)

10.2.4　光的散射

遇到生物材料的电磁波会与带电粒子产生复杂的相互作用(Pedrotti 2007)。光具有作为能量波和粒子的双重能力，它的复杂性使我们很难理解光与特定介质中带电粒子相互作用的确切性质。尽管对光的确切性质缺乏认知，但很明显，发光物体辐射的电磁能之间的相互作用能够用来鉴定生化成分的特性(Burns and Ciurczak 2001)。具体而言，紫外和近红外区域的光线对于鉴定有机化合物极其有效。由于光的能量会被吸收，因此在分子水平上生物化学物质与光的相互作用会导致光能量状态的改变。吸收的能量会诱发电子从一个轨道变换至另一个轨道上。

当一束入射光通过散射介质，光能量被吸收后部分能量会继续向很多方向二次发射，也就是发生了光的散射(Pedrotti 2007)。当与电磁辐射的波长相比散射中心是小颗粒时，散射更加明显。瑞利散射是一种粒子尺度显著小于辐射波长的散射(Wolfson 1999)。因此，瑞利散射不是牛肉肌肉组织中散射的主要形式。太阳光与大气中氧氮分子相互作用时产生的散射是瑞利散射的一个例子(Wolfson 1999)。研究已经发现，在更短的波长及更高的频率下的散射更有效(Pedrotti 2007)。天空是蓝色的，这是显而易见的，就是由于高频率的蓝光比低频率的红光散射得更多。实际上，紫光($\lambda=400nm$)的散射能力几乎是红光($\lambda=700nm$)的 10 倍(Pedrotti 2007)。

当粒子尺度相对于光波长更大时，此时由大粒子产生的光的散射称为米氏散射。牛肉肌肉组织中产生的光散射主要是米氏散射。主要发生米氏散射的材料的散射中心具有较低的散射能量，然而振荡器的密度导致重要的信号散射，可能有助于表征这些材料(Pedrotti 2007)。

10.2.5　光散射测量预测嫩度

到目前为止，对牛肉肌肉组织上光散射相互作用的研究还很有限。电磁辐射与混浊生物体的相互作用会产生包括散射和吸收等现象(Xia et al. 2008)。光能够渗透牛排表面几毫米。来自光的能量激发肌肉组织内的生物分子成分，使它们上升到更高的电子态。因为化合物喜欢以尽可能低的能量状态存在，所以它们在从激发态返回基态时，会向许多方向重新发射光。因此，如图 10.11 所示，入射光束周围的照明区域是由光散射引起的。

Xia 等(2007)进行了一项研究，他们使用空间分辨光散射和光谱来预测 32 份熟牛肉样本的 Warner-Bratzler 剪切力。在他们的研究中，使用了两个光纤探针，一个用于以斜入射角投射入射光束，另一个用于收集背散射光。他们利用 Wang 和 Jacques(1995)提出的斜入射理论，从牛肌肉组织沿光散射方向的 13 个点提取吸收和散射系数(Wang and Jacques 1995; Lin et al. 1997)。他们利用光的扩散方程中的第一个参数，即吸收系数，是散射光在肌肉组织中的有效衰减函数。散射系数之后被推导为吸收系数的函数。散射和吸收系数在本质上代表光子在牛肉肌肉组织内被散射和吸收的概率。如肌红蛋白及其衍生物这类化合物影响着牛肉的吸收系数，而如肌节长度及胶原含量等肌肉的结构信息影响着散射系数(Xia et al. 2006, 2007)。借助这两个参数他们预测了嫩度的 WBS 值，训练集中决定系数为 0.59。

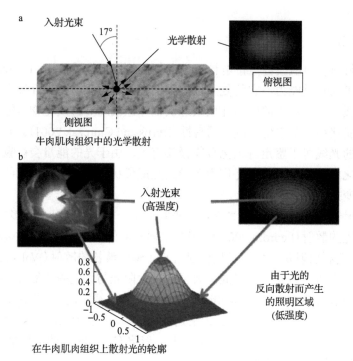

图 10.11　光线能够(a)穿透牛排表面几毫米，(b)入射光束周围的被照明区域是由光的散射造成的
(Cluff et al. 2008)(彩图请扫封底二维码)

　　在 Peng 和 Wu(2008)进行的另一项研究中，他们应用高光谱散射的方法来预测牛肉嫩度，通过高光谱成像系统来测量牛肉肌肉组织内光的散射。他们利用实验室高光谱成像系统，该系统由高性能 CCD 相机和光谱分辨率为 2.8nm 的成像光谱仪组成。该系统对 400～1000nm 波长的电磁波谱敏感。他们将直径 3mm 的入射光束投射在准备好的外脊肉样品上(4cm×6cm×2.5cm)，共采集了 21 个牛排样品的高光谱散射图像。在高光谱散射图像上，他们对每个像素的光谱数据取平均，用平均后的反射光谱表示每个牛排样品，随后将经一阶导变换后的平均反射光谱转化成吸收光谱。通过绘制 WBS 得分和平均反射光谱一阶导相关系数之间的关系，确定了 4 个关键波长，随后利用多元线性回归建立模型以预测 WBS 得分。在他们的研究中，仅使用了 21 个样品，其中 15 个用来训练、6 个用来验证。他们的模型训练集预测 WBS 得分($n=15$)的相关系数 $r=0.92$。最后，他们用 6 个样品预测其 WBS 得分验证了模型，得到的相关系数 $r=0.94$。他们总结预测结果令人满意，但仍需使用更大的样品量和具有更大范围的 WBS 得分来进行进一步的研究。

　　Cluff 等(2013)开发了一种利用光散射高光谱成像获取鲜牛肉组织图像以划分煮熟牛肉嫩度的无损方法。图 10.12 展示了一种线扫描高光谱成像系统($\lambda=922\sim1739$nm)，它可用于采集背最长肌($n=472$)高光谱散射图像，修正后的洛伦兹方程用来拟合在每个波长下的光的散射曲线(图 10.13)。当从洛伦兹方程中去除掉提取的高度相关的参数后，他们对其进行了主成分分析，应用 4 个主成分得分建立线性判别模型用来划分牛肉嫩度。在验证集($n=118$)，模型以 83.3%和 75%的准确率成功地划分了老肉和嫩肉样品。通过移除各种水平下(0、25%、50%和75%)的高强度脂肪的散射特征，他们也研究了脂肪斑点对于嫩度分类准确率的影响(图 10.14)。他们总结脂肪斑点的出现对于牛肉嫩度分类准确率并没有显著的影响，结果论证了高光谱散射成像是牛肉嫩度分类的一种可行的技术。在牛排中影响光散射的主要因素是肌肉纤维的超微结构、脂肪含量、胶原蛋白和其他有机的官能团。类似地，影响牛排嫩度的主要因素也是肌肉纤维的超微结构、脂肪含量和胶原蛋白。因此，用高光谱成像测量的光的散射能够作为牛肉嫩度的一个潜在指标。

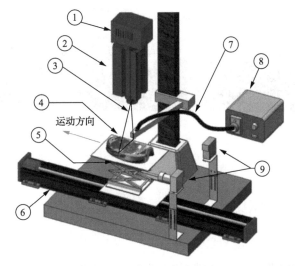

图 10.12　用于采集背最长肌牛排高光谱散射图像的线扫描高光谱成像系统示意图。
(1)InGaAs 相机；(2)光谱仪；(3)偏离入射光束中心的线扫描相机视场；(4)牛排样品；
(5)自动垂直平移台；(6)直线滑动模块，沿行进方向移动样品进行线扫描；(7)入射光纤；
(8)卤钨灯光源；(9)光电开关(Cluff et al. 2013)(彩图请扫封底二维码)

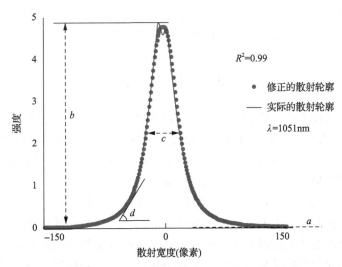

图 10.13　在 λ=1051nm 波长下光散射轮廓与修正的洛伦兹分布(modified Lorentzian distribution，MLD)
方程的拟合曲线；提取拟合后散射曲线的 MLD 参数 a、b、c、d 建立模型预测嫩度(来源：Cluff et al. 2013)
(彩图请扫封底二维码)

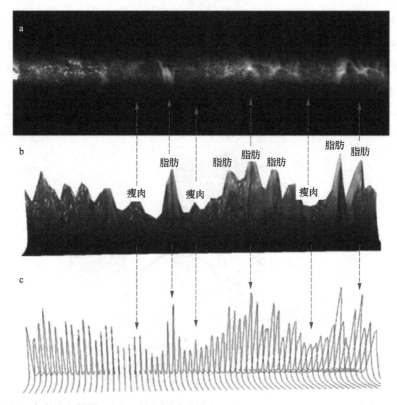

图 10.14　脂肪和瘦肉的光散射。(a)入射光划过牛排表面(λ=1158nm)；(b)脂肪和瘦肉的光散射表面纹
　　理图；(c)脂肪和瘦肉的散射廓线——直纹的 XZ 线框图(Cluff et al. 2013)(彩图请扫封底二维码)

　　应用视频图像分析和近红外光谱的无损检测装置来预测牛肉嫩度已经进行了广泛研
究，但是这些系统还未能达到牛肉行业期望达到的嫩度预测精度。高光谱成像是一项相
对较新的技术并且刚刚开始成为可以评估农产品质量的工具。在所有开发的非破坏性测
量牛肉嫩度的仪器中，高光谱成像仪似乎是最有前途的。

10.3　猪　　肉

　　猪肉在美国是仅次于牛肉和鸡肉的第三高消费量肉类。猪肉行业对美国经济的影响
大，其总零售金额为 517 亿美元(USDS-ERS 2011)。在过去的近 10 年里(2000~2008 年)，
美国人猪肉消费量平均为每人 50.3lb(译者注：1lb=0.453 592kg)(USDA-ERS 2010)。从
历史上看，美国的猪肉消费量只有轻微的波动，然而综合美国种族及民族形势改变、老
龄化人口的增加、健康意识的整体提高等因素，猪肉消费量预计会下降(Lin et al. 2003)。
因此，有必要在猪肉行业内改进产品以减少经济损失，保证质量标准。

　　了解影响猪肉消费量的潜在因素能够促进猪肉行业提供令人满意的产品。目前，猪
肉还没有按美国农业部的品质等级标准进行分级，且购买新鲜猪肉时消费者习惯性地以
接收到的包括颜色、质地和渗出物等质量特征作为首要的考虑因素。据美国国家猪肉委
员会公布的猪肉品质标准(NPB 2002)，猪肉质量大体上可被表征为 4 个等级，即 RFN(淡

红、坚实、无渗出)、PFN(苍白、坚实、无渗出)、RSE(微红、柔软、有渗出)、PSE(淡粉灰、柔软、有渗出)和 DFD(深紫红、非常坚硬、干燥)。划分为 RFN 类别的猪肉具有良好的色泽和持水力;划分为 PFN 类别的猪肉具有所需的坚实度和良好的质地,但具有不合格的色泽;划分为 RSE 类别的猪肉具有优质肉要求的良好肉色,但缺乏理想的坚实度和持水力;划分为 PSE 类别的猪肉具有不受欢迎的外观,缺少坚实度并且有过多的滴水损失;类似地,划分为 DFD 的猪肉也是不受欢迎的,因为它们表面有黏性并且非常的干。图 10.15 展示了一系列不同品质猪肉的图像。

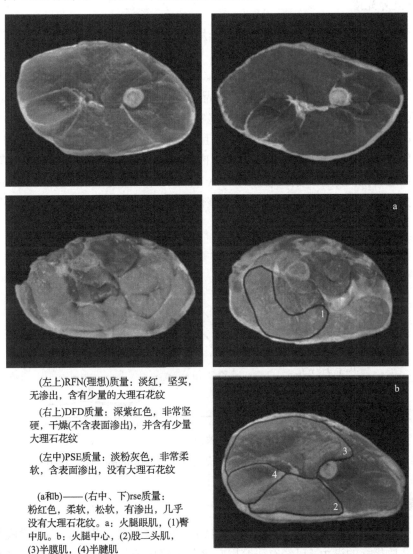

(左上)RFN(理想)质量:淡红,坚实,无渗出,含有少量的大理石花纹

(右上)DFD质量:深紫红色,非常坚硬,干燥(不含表面渗出),并含有少量大理石花纹

(左中)PSE质量:淡粉灰色,非常柔软,含表面渗出,没有大理石花纹

(a和b)——(右中、下)rse质量:粉红色,柔软,松软,有渗出,几乎没有大理石花纹。a:火腿眼肌,(1)臀中肌。b:火腿中心,(2)股二头肌,(3)半膜肌,(4)半腱肌

图 10.15　猪肉品质分类(Kauffman et al. 1993)(彩图请扫封底二维码)

10.3.1　猪肉品质的客观评价

为了辅助猪肉品质评价,研究者已经尝试了很多客观的度量指标。Van Laack 等(1994)

就 *L* 值将这 5 种猪肉进行质量分类，然而，他们发现亮度并不是一个可靠的品质预测指标，但其表格中展示 *L* 值与猪肉品质等级是有关系的。酸碱度(pH)的测量一直是一种常见的重要品质属性，但 Channon 等(2000)得出结论，仅 pH 不足以表征猪肉质量，他们建议为了建立符合要求的模型以将猪肉划分成不同食用品质等级，有必要测量额外的其他品质指标。此外，他们还开发了基于实验室的先进技术(用于分析持水力、蛋白质和脂肪的化学方法)，但这些并不能适用于肉类生产设备中大批量和高速处理。

10.3.2 近红外光谱

光谱学研究的是根据光线与物质相互作用时分子振动能量的变化，从而产生唯一的吸收光谱。可见/近红外(visible/near infrared, vis-NIR)光谱研究的是发生在可见近红外区域(350~2500nm)电磁波谱的光谱相互作用。Xing 等(2007)进行了一项研究，他们应用可见光谱(400~700nm)将猪肉划分成 4 个品质类别，即 RFN(红色、坚实、无渗出)、RSE(红色、柔软、有渗出)、PFN(苍白、坚实、无渗出)和 PSE(苍白、柔软、有渗出)。他们能够成功地从红色肉中分离出苍白肉，且能区分 PFN 和 PSE 肉，尽管他们确实发现可见光反射光谱比 L^*、a^*、b^* 值能更好地对肉品质进行划分，然而却不能对所有 4 个品质类别的肉进行准确划分。紧接着，Monroy 等(2010)利用更广的 350~2500nm 的光谱波段来对猪肉划分品质等级，得到 79% 的整体分类准确率，图 10.16 展示了不同等级猪肉的反射光谱。

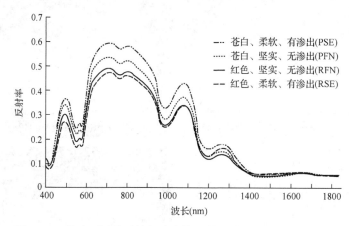

图 10.16　代表不同品质等级猪肉的反射光谱(Monroy et al. 2010)

10.3.3 高光谱成像

如高光谱成像这种新兴技术可同时采集物理和生化特征。因此，高光谱成像具有能测量很多品质指标的潜力。已经有研究用它来预测猪肉的品质等级，如 RFN、RSE、PFN 和 PSE，大理石花纹等级、滴水损失、pH、颜色和嫩度。

10.3.3.1 大理石花纹评分

根据美国国家猪肉委员会制定的猪肉大理石花纹标准，有 7 个级别，即 1.0(全无)

到 6.0 和 10.0（丰富）。图 10.17 展示了由美国国家猪肉生产者委员会发布的大理石花纹标准。在一项 Qiao 等（2007a）进行的研究中，他们在 400～1000nm 光谱范围及 2.8nm 光谱分辨率的条件下采集了猪脊肉（n=40）的高光谱图像。经过分析瘦肉和大理石花纹对比度最高的高光谱波段后，他们用 661nm 波段来预测大理石花纹得分。在 661nm 波段图像上定义了矩形的感兴趣区（ROI），而且计算了纹理特征二阶矩用来预测大理石花纹。他们得出二阶矩能用来划分除 10.0 等级以外的所有大理石花纹得分，他们也表示需要应用更大的样本量进一步验证和改进大理石花纹预测。

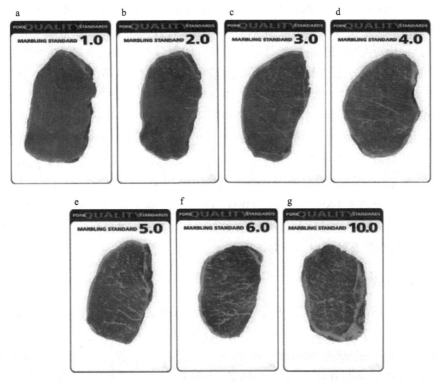

图 10.17　美国国家猪肉委员会公布的代表不同肌肉脂肪含量的猪肉大理石花纹标准：
(a) 1%、 (b) 2%、 (c) 3%、 (d) 4%、 (e) 5%、 (f) 6%和 (g) 10%（彩图请扫封底二维码）

10.3.3.2　滴水损失、pH 和颜色

同一研究组在其另一项研究中（Qiao et al. 2007b），采集猪脊肉的高光谱图像来预测猪肉滴水损失、pH 和颜色。在猪肉的高光谱图像上，定义了围绕图像中心的 10 000 个像素点作为圆形 ROI。在定义 ROI 之前，用黑白参考图像对图像反射率进行了校正。对每个波段下的 ROI 中像素点平均强度进行了计算。此外，通过将一个能带强度除以所有能带强度之和来计算归一化强度。原始的和归一化后的强度值分别作为神经网络模型的输入用来预测猪肉的 pH、滴水损失与颜色。而后，以逐波段的方式检验强度值与品质指标之间的关系，发现了预测每个指标的一系列的相关峰：滴水损失为 459nm、618nm、

655nm、685nm、755nm 和 953nm，pH 为 494nm、571nm、637nm、669nm、703nm 和 978nm，颜色为 434nm、494nm、561nm、637nm、669nm 和 703nm。归一化后的强度值与滴水损失、pH 和颜色的相关系数值分别为 0.77、0.55 和 0.86，归一化强度值给出了比原始强度值略好的预测结果。

10.3.3.3　品质等级

Qiao 等(2007a)在 400～1000nm 光谱范围下采集了 40 个猪肉的高光谱图像，其中 RFN、RSE、PFN 和 PSE 等级各 10 个样品。在每个图像上，他们定义了包含 10 000 个像素点的圆形 ROI，通过对 ROI 中像素点的平均进行计算得到了平均反射光谱，而后，通过主成分分析对光谱数据进行了降维，主成分的得分在神经网络算法中作为输入以得到最终分类结果。该方法使用前 5、10 和 20 个主成分得分时分别得到 75%、75% 和 80% 的总体准确率。基于相同的数据集，结合 Gabor 特征后将交叉验证准确率提高至 84%(Liu et al. 2010)。同一研究组用 80 个猪肉样品进行了另一项研究(Qiao et al. 2007c)，每个品质等级各 20 个，他们通过主成分分析和逐步选择对谱维数进行压缩，并用一阶导数光谱重复了同样的分析。一阶导数和主成分分析的综合分类准确率为 87.5%。另外，Barbin 等(2012)采集了 75 个猪肉样品的近红外高光谱图像(900～1700nm)，提取了光谱反射值，应用其二阶导数光谱对 PSE、RFN 和 DFD 进行分类，他们得到了 96% 的总体分类准确率。他们也发现这些不同品质等级样品在 960nm、1074nm、1124nm、1147nm、1207nm 和 1341nm 处具有显著的反射率差异。

10.3.3.4　嫩度

嫩度是与消费者满意度相关的一项重要指标。Barbin 等(2011)用 900～1700nm 光谱范围的高光谱成像系统来预测猪肉的感官嫩度，他们采集了 30 个猪脊肉的高光谱图像并应用偏最小二乘回归预测感知的嫩度和多汁性。利用交叉验证分析，他们分别得到多汁性和嫩度的预测 R^2 值为 0.49 和 0.54 的结果。当他们根据嫩度来将样品划分成两组(即嫩肉和老肉)时，R^2 的值提升到 0.82；类似，根据多汁性对样品进行分类(即多汁和发干)时，R^2 值达到了 0.67。2013 年，同一研究组使用 90 块猪脊肉进行了一项研究，对近红外反射光谱(900～1700nm)及离散小波变换获得的纹理特征与猪肉嫩度进行关联，当分别使用近红外反射光谱和小波纹理特征时，他们得到的 R^2 值为 0.63 和 0.48；当结合使用这两组测量值时，R^2 的值提升到了 0.75(Barbin et al. 2013)。

虽然上述两项研究均使用反射模式下的高光谱成像，然而 Tao 等(2012)应用 400～1100nm 范围下的散射高光谱成像来测量猪肉嫩度。在获取散射信号后，他们使用三参数的洛伦兹函数来拟合散射曲线。使用这 3 个拟合参数 a(渐进值)、b(峰值)和 c(半波带宽)，他们建立了多元线性回归模型来预测猪肉嫩度。在交叉验证分析中，参数组合 a、b、$(b-a)$ 和 $(b-a)/c$ 获得的 R^2 值分别为 0.83、0.86、0.86 和 0.93。他们对于 $(b-a)/c$ 参数的模型也识别出一系列最优波长：612nm、632nm、708nm、770nm、786nm 和 814nm。

10.4 结 论

高光谱成像具有能表征肉类肌肉组织的潜力。牛肉中，嫩度是一个主要的指标。牛肉业正在寻找一种能够应用在牛肉包装厂中，通过扫描屠宰后 2～3 天的悬挂胴体上裸露出的眼肉，预测熟化 14 天的煮熟牛肉嫩度的非破坏性的工具。由于高光谱成像可从眼肉上提取空间(结构)和光谱(生化)信息，因此它有能评估有关于熟化的肌肉结构和生化信息的潜力。在实验室条件下，高光谱成像已被证明是可以预测牛肉嫩度的。有必要建立一个可以在牛肉包装厂使用的商业化的系统，以线扫描速度获取图像并实时预测牛肉嫩度。高光谱成像也具有可预测猪肉等级、颜色、持水力和嫩度的能力。

参 考 文 献

Barbin D, Elmasry G, Sun DW, Allen P (2011) Prediction of pork sensory attributes using NIR hyperspectral imaging technique. In: The sixteenth annual biosystems engineering research review, University College Dublin

Barbin D, Elmasry G, Sun DW, Allen P (2012) Near-infrared hyperspectral imaging for grading and classification of pork. Meat Sci 90:259–268

Barbin D, Valous N, Sun DW (2013) Tenderness prediction in porcine longissimus dorsi muscles using instrumental measurements along with NIR hyperspectral and computer vision imagery. Innov Food Sci Emerg Technol 20:335–342

Belk KE, Scanga JA, Wyle AM, Wulf DM, Tatum JD, Reagan JO (2000) The use of video image analysis and instrumentation to predict beef palatability. Proc Recip Meat Conf 53:10–15

Burns DA, Ciurczak EW (eds) (2001) Handbook of near-infrared analysis, 2nd edn. Marcel Dekker, New York

Byrne CE, Downey G, Troy DJ, Buckley DJ (1998) Non-destructive prediction of selected quality attributes of beef by near-infrared reflectance spectroscopy between 750 and 1098 nm. Meat Sci 49(4):399–409

Channon HA, Payne AM, Wamer RD (2000). Halothane genotype, pre-slarghter haneling and Stunning method all influence bork quality. Meat Sci 56(3):291–299

Hildrum KI, Nilsen BN, Mielnik M, Næs T (1994) Prediction of sensory characteristics of beef by near-infrared spectroscopy. Meat Sci 38(1):67–80

Hildrum KI, Isaksson T, Næs T, Nilsen BN, Rodbotten M, Lea P (1995) Near infrared reflectance spectroscopy in the prediction of sensory properties of beef. J Near Infrared Spectrosc 3:81–87

Kauffman RG, Cassens RG, Scherer A, Meeker DL (1993) Variations in pork quality: history, definition, extent, resolution. Swine Health Prod 1:28–34

Konda Naganathan G, Grimes LM, Subbiah J, Calkins CR (2006a) Predicting beef tenderness using hyperspectral imaging. In: 2006 ASABE annual international meeting. Paper No. 063036

Konda Naganathan G, Grimes L, Subbiah J, Calkins C, Samal A (2006b). VNIR imaging for beef tenderness prediction. In: Annual ASABE international meeting, OR. Paper No. 063036

Konda Naganathan G, Grimes LM, Subbiah J, Calkins CR, Samal A, Meyer GE (2008) Visible/near-infrared hyperspectral imaging for beef tenderness prediction. Comput Electron Agric 64(2):225–233

Lin SP, Wang LH, Jacques SL, Tittel FK (1997) Measurement of tissue optical properties by the use of oblique incidence optical fiber reflectometry. Appl Optics 36:136–143

Lin BH, Variyam J, Allshouse J, Cromartie J (2003) Food and agricultural commodity consumption in the United States: looking ahead to 2020. Agr. Econ. Report No. 820. U.S. Department of Agriculture, Economic Research Service, Washington, DC, p 820

Lipsey J (1999) Development of multibreed genetic evaluation. In: Proceedings, the range beef cow symposium XVI

Liu L, Ngadi MO, Prasher SO, Gariépy C (2010) Categorization of pork quality using Gabor filter-based hyperspectral imaging technology. J Food Eng 99:284–293

Liu L, Ngadi MO, Prasher SO, Gariépy C (2012) Objective determination of pork marbling scores using the wide line detector. J Food Eng 110:497–504

McKenna DR, Roebert DL, Bates PK, Schmidt TB, Hale DS, Griffin DB, Savell JW, Brooks JC, Morgan JB, Montgomery TH, Belk KE, Smith GC (2002) National Beef Quality Audit—2000: survey of targeted cattle and carcass characteristics related to quality, quantity, and value of fed steers and heifers. J Anim Sci 80(5):1212–1222

Mitsumoto M, Maeda S, Mitsuhashi T, Ozawa S (1991) Near infrared spectroscopy determination of physical and chemical characteristics in beef cuts. J Food Sci 56:1493–1496

Monroy M, Prasher S, Ngadi MO, Wang N, Karimi Y (2010) Pork meat quality classification using visible/near-infrared spectroscopic data. Biosyst Eng 107:271–276

Naes T, Hildrum KI (1997) Comparison of multivariate calibration and discriminant analysis in evaluating NIR spectroscopy for determination of meat tenderness. Appl Spectrosc 51:350–357

NPB (National pork board) (2002) Pork quality standards. Des Moines

Park B, Chen YR, Hruschka WR, Shackelford SD, Koohmaraie M (1998) Near-infrared reflectance analysis for predicting beef longissimus tenderness. J Anim Sci 76:2115–2120

Peng Y, Wu J (2008) Hyperspectral scattering profiles for prediction of beef tenderness. In: ASABE annual international meeting. ASABE Paper No. 080004

Qiao J, Ngadi MO, Wang N, Gariépy C, Prasher SO (2007a) Pork quality and marbling level assessment using a hyperspectral imaging system. J Food Eng 83:10–16

Qiao J, Wang N, Ngadi MO, Gunenc A, Monroy M, Gariépy C, Prasher SO (2007b) Prediction of drip-loss, pH, and color for pork using a hyperspectral imaging technique. Meat Sci 76:1–8

Qiao J, Wang N, Ngadi MO, Gunenc A, Monroy M, Gariépy C, Prasher SO (2007c) Pork quality classification using a hyperspectral imaging system and neural network. J Food Eng 3(1):6

Shackleford SD, Wheeler TL, Koohmaraie M (2005) On-line classification of US Select beef carcasses for longissimus tenderness using visible and near-infrared reflectance spectroscopy. Meat Sci 69:409–415

Subbiah J (2004) Nondestructive evaluation of beef palatability. Dissertation, Biosystems Engineering, Oklahoma State University

Tao F, Peng Y, Li Y, Chao K, Dhakal S (2012) Simultaneous determination of tenderness and Escherichia coli contamination of pork using hyperspectral scattering technique. Meat Sci 90:851–857

USDA-ERS (2010) Economic Research Service (ERS), U.S. Department of Agriculture (USDA). Food availability (per capita) data system. http://www.ers.usda.gov/Data/FoodConsumption/. Accessed 4 July 2011

USDS-ERS (2011) United States Department of Agriculture, Economic Research Service. http://www.ers.usda.gov/Data/MeatPriceSpreads/. Accessed 4 July 2011

Vote DJ, Belk KE, Tatum JD, Scanga JA, Smith GC (2003) Online prediction of beef tenderness using a computer vision system equipped with a BeefCam module. J Anim Sci 81:457–465

Van Laack RLJM, Kauffman RG, Sybesma W, Smulders FJM, Eikelen boom G, Pinheiro JC (1994) Is colour brightness(L-value) a reliable indicator of water-holding capacity in porcine musde? Meat Sci 38(2):193–201

Wang LH, Jacques SL (1995) Use of a laser beam with an oblique angle of incidence to measure the reduced scattering coefficient of a turbid medium. Appl Optics 34:2362–2366

Webb NB, Kahlenberg OJ, Naumann HD (1964) Factors influencing beef tenderness. J Anim Sci 23:1027–1031

Wyle AM, Cannell RC, Belk KE, Goldberg M, Rifle R, Smith GC (1999) An evaluation of the prototype portable HunterLab video imaging system (BeefCam) as a tool to predict tenderness of beef carcasses using objective measure of lean and fat color. Research reports. Department of Animal Science, Colorado State University, Fort Collins

Wyle AM, Vote DJ, Roeber DL, Cannell RC, Belk KE, Scanga JA, Goldberg M, Tatum JD, Smith GC (2003) Effectiveness of the SmartMV prototype BeefCam System to sort beef carcasses into expected palatability groups. J Anim Sci 81:441–448

Xia J, Weaver A, Gerrard DE, Yao G (2006) Monitoring sarcomere structure changes in whole muscle using diffuse light reflectance. J Biomed Opt 11(4):040504

Xia JJ, Berg EP, Lee JW, Yao G (2007) Characterizing beef muscles with optical scattering and absorption coefficients in VIS-NIR region. Meat Sci 75(1):78–83

第11章 植物健康的检测与监测

Won Suk Lee[①]

11.1 简 介

植物健康的检测和监测是高光谱成像技术在农业中的主要应用之一，主要包括水分含量、营养状况和病虫害的检测。地载、机载和星载传感系统均可用于植物健康的检测与监测。机载和星载成像光谱技术最早建立于 20 世纪 90 年代(Ustin et al. 2004)，通过测量植物的电磁辐射，使用不同植物的光谱特征来确定植物的水分、营养和虫害等状况。

Ustin 等(2004)对应用机载和星载成像光谱系统观察与监测生态系统的进展进行了综述。结果表明，光谱系统在可见光范围内对检测光合色素(叶绿素、叶黄素、胡萝卜素和藻色素)显示出了巨大的应用潜力；在近红外范围内，水(870nm 和 1240nm)和叶类化合物(如纤维素、木质素和碳水化合物)存在较强的吸收。在 1100～2500nm 范围内，碳化合物(包括纤维素、木质素、氮、淀粉和糖)表现出很强的吸收能力。这些化学差异可以用来创建不同胁迫类型的植被图。当植物失去叶绿素时，可见光和近红外范围内波段的反射率增加，波长变短(称为"蓝移")。图 11.1 展示出了使用机载可见/红外成像光谱仪

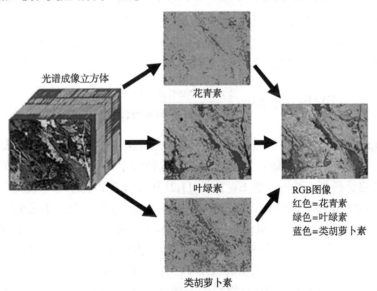

图 11.1 使用 AVIRIS 从高光谱图像系统提取植物色素的实例
(改编自 Ustin et al. 2004)(彩图请扫封底二维码)

① W.S. Lee (✉)
Agricultural and Biological Engineering, University of Florida, Gainesville, FL, USA
e-mail: wslee@ufl.edu

(airborne visible/infrared imaging spectrometer，AVIRIS)提取植物色素的实例。对于植物含水量的检测，可以使用不同的波段(1450nm、1940nm 和 2500nm)或波段比，如归一化水分指数(normalized difference water index，NDWI)和植物水分指数(plant water index，PWI)实现。

Sankaran 等(2010)对利用不同技术对植物病害的检测进行了综述。结果表明，目前植物健康状况的检测缺乏商业传感器，同时指出了市场对快速可靠的传感器系统的需求。他们报告了两种植物病害的检测方法：①直接方法，包括血清学和分子生物学方法；②间接方法，包括成像和光谱技术，如使用生物标志物(挥发性有机代谢物等)和植物特征/病害胁迫进行检测。他们指出，高光谱图像分析面临的挑战之一是选择适合疾病特性的波段和统计方法，也提出了高光谱成像技术可以与自动农业车辆一起进行自动、实时的监测。

Lee 等(2010)回顾了针对特定作物的病害检测方法，并指出任何能引起光谱特征差异的疾病都可以通过遥感进行检测。遥感检测方法可以更有效地识别植物早期的疾病感染，因为在某些情况下早期病害检测是困难且难以实现的。因此需要开展更多的研究，开发更为有效的疾病检测算法，进而满足实际农业应用中区分疾病和其他胁迫的需求。下面将介绍在农作物生产中植物健康检测的不同应用。

11.2　水分状况监测

水分对植物的生长起着非常重要的作用。因为电磁光谱中具有较强的水分吸收波段，所以高光谱成像技术适用于监测植物水分状况。Allen 等(1969)将等效水厚度(equivalent water thickness，EWT)定义为"对象中液态水的假设厚度"。根据这个定义，Jacquemoud 和 Baret(1990)计算植物生物量的 EWT 的公式如下：

$$EWT_{Biomass}(cm) = \frac{Fresh\ mass(cm^3) - Dry\ mass(cm^3)}{Leaf\ area(cm^2)}$$

Champagne 等(2003)用机载高光谱成像系统结合光谱匹配技术和查表法开发了一个物理模型来估算植物的等效水厚度。他们通过使用不同作物(小麦、油菜、玉米、菜豆和豌豆)来验证模型，对估算的 EWT(图 11.2)和实际的作物水分状况进行比较，其均方根误差(root mean square errors，RMSE)为 0.052cm。结果表明，该模型对叶片含水量的敏感性优于对整株植物含水量的敏感性。此外，Cheng 等(2006)利用 3 种不同冠层结构的冠层辐射传输模型(封闭结构、行结构和森林冠层结构)研究了冠层含水量与 EWT 的关系。他们根据 AVIRIS 图像估算 EWT，并发现 EWT 与作物的增强型植被指数(enhanced vegetation index，EVI)有很好的一致性。但是在针叶林研究中，EWT、NDWI 和短波红外水分胁迫指数(shortwave infrared water stress index，SIWSI)之间有更好的一致性，而 EVI 却没有。这表明在估算 EWT 时应考虑植物的冠层结构。Kim 等(2010)利用高光谱图像的光谱指数对温室中苹果幼树的水分胁迫进行监测，并指出 705nm 和 750nm 的红边归一化植被指数(normalized difference vegetation index，NDVI)及 680nm

和 800nm 处的 NDVI 与水分胁迫的相关性最高。

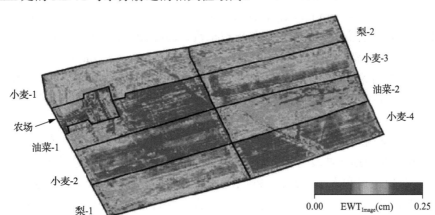

图 11.2　机载高光谱图像的等效水厚度实例(改编自 Champagne et al. 2003)(彩图请扫封底二维码)

11.3　营养状况监测

植物营养监测也是高光谱成像技术在农作物生产中的重要应用,主要包括氮含量和叶色素的估算(如叶绿素和类胡萝卜素)。

Zarco-Tejada 等(2002)用荧光-反射率-透射率(fluorescence-reflectance-transmittance,FRT)和 PROSPECT 模型来估算叶绿素荧光的特性与叶绿素 a+b 的含量。基于反射光谱导数的双峰特征,建立了导数叶绿素指数(derivative chlorophyll index,DCI)(DCI=D_{705}/D_{722},其中 D 是反射率的导数),用来估算植物胁迫。进一步,Zarco-Tejada 等(2003)在可控的环境中进行了天然叶绿素荧光的观测实验,并且识别出在 688nm、697nm 和 710nm 之间的冠层导数反射双峰特征是由叶绿素荧光所导致的(图 11.3)。这些双峰特征可通过检测色素和冠层结构的变化来监测植物胁迫。

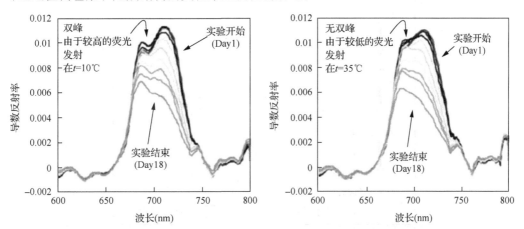

图 11.3　由天然叶绿素荧光引起的作物反射光谱导数在 688nm、697nm 和 710nm
之间的双峰特征(改编自 Zarco-Tejada et al. 2003)

在另一项研究中，Haboudane 等(2004)研究了不同植被指数(vegetation indices，VIs)对绿色叶面积指数(leaf area index，LAI)的影响。有两种新开发的植被指数(VIs)很好地预测了 LAI 参数，它们分别为改进三角植被指数(modified triangular vegetation index，MTVI2)和改进叶绿素吸收率指数(modified chlorophyll absorption ratio index，MCARI2)。Blackburn(2007)讨论了叶绿素和类胡萝卜素等叶色素的重要性、测量它们的不同遥感平台、测量色素的各种问题、分析高光谱数据的新方法，以及包括确定作物氮需求在内的新应用，高产基因型的鉴定和田间作物产量变动的制图。

Goel(2003)利用星载高光谱成像技术检测了玉米和大豆中的氮素状态与杂草状态，并发现 498nm 和 671nm 波段与氮含量高度相关，701nm 和 839nm 对于建立预测模型十分重要，同时决策树和人工神经网络算法在农业遥感应用中显示出巨大潜力。Min 和 Lee(2005)研究了不同氮(N)浓度的柑橘叶片的反射特性，并使用逐步多元线性回归(stepwise multiple linear regression，SMLR)和偏最小二乘(partial least squares，PLS)回归确定氮检测的重要波长(448nm、669nm、719nm、1377nm、1773nm 和 2231nm)。进一步，Min 等(2008)开发了一种便携式高光谱传感系统(620~950nm 和 1400~2500nm)用于测量柑橘氮浓度，系统包括阵列探测器、线性可变滤波器、卤素灯和数据采集卡。该传感器系统具有良好的线性和稳定性，所估计的柑橘氮含量的均方根差(root mean square difference，RMSD)为 1.69g/kg。

11.4　植物的病虫害检测

植物的病虫害检测是高光谱成像技术在农业的主要应用。植物病害的检测主要包括真菌侵染、茎腐病、冬小麦黄锈病、水稻褐斑病、柑橘溃疡病、柑橘黄龙病、苹果黑星病，此外还有水稻、马铃薯和番茄等的多种病害。Lee 等(2010)描述了针对植物叶面病害不同感染阶段的不同测量技术，如图 11.4 所示。

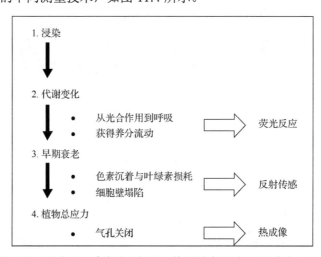

图 11.4　基于叶面疾病不同感染阶段的不同检测技术的说明(改编自 Lee et al. 2010)

对于真菌病害检测，Muhammed(2002)对健康和患病植物进行了鉴别，通过简单的预处理和最近邻分类等步骤，并利用参考光谱与未知光谱的相关性和平方差总和来估计真菌侵染植物的感染水平。Laudien 等(2003)研究了利用地面高光谱辐射计对真菌感染的甜菜病害进行检测，并能够使用红边(750nm 和 700nm 处反射比)和改进的叶绿素吸收积分(mCAI)指数(545nm 和 752nm 之间反射曲线围成的梯形的面积)来识别病害。

$$mCAI = \frac{(R_{545} + R_{752})}{2} \times (752 - 545) - \sum_{R_{545}}^{R_{752}}(R \times 1.158)$$

以茎腐病检测为例，Vigier 等(2004)利用窄波段光谱仪检测了大豆菌核病，并指出红色波段(R_{675}–R_{685})对大豆病害的预测作用最大。

对冬小麦黄锈病的检测，Moshou 等(2005)研究了地载多光谱和高光谱荧光成像技术的融合，以早期无可见症状的冬小麦黄锈病检测为例，指出可以通过对比 550nm 和 690nm 处的荧光图像来检测该疾病的存在。使用自组织映射(self-organizing map，SOM)神经网络进行数据融合后，健康与患病植物之间的总体分类误差降低到 1%。Huang 等(2007)评估了光化学反射指数(photochemical reflectance index，PRI)[PRI=$(R_{531}-R_{570})/(R_{531}+R_{570})$]用来对冬小麦的黄锈病进行定量研究，并指出 PRI 与测量的光谱数据之间的 R^2 为 0.97，与机载高光谱数据之间的 R^2 为 0.91。

对于柑橘溃疡病的检测，Qin 等(2008)利用主成分分析(principal component analysis，PCA)在便携式高光谱成像单元获取的高光谱图像中实现柑橘溃疡病的检测，总体检测精度为 92.7%，并确定了 4 个重要波长(533nm、677nm、718nm 和 858nm)。进一步，Qin 等(2009)应用光谱信息散度(spectral information divergence，SID)分类方法，对柑橘的溃疡病及其他表面状况进行检测，总体判别准确率为 96.2%。Balasundaram 等(2009)指出，在 500~800nm 范围的光谱对西柚溃疡病的区分能力最高，而 1100nm 以上则不存在与西柚溃疡病相关的特征波长。

因为目前尚无根治柑橘黄龙病的方法，所以该病在佛罗里达州是一种灾难性疾病。在美国，这种疾病最早于 2005 年在佛罗里达州发现并逐渐蔓延到其他各州。目前常规使用的检查方法是通过地面检查确认植物感染，这种方法具有主观、耗时与劳动密集型等特点。而星载高光谱成像可以提供广阔区域的快速检测，因此它可以很好地应用于黄龙病的检测。作为疾病检测的第一步，Mishra 等(2007)用 350~2500nm 范围的手持式光谱仪(FieldSpec UV/VNIR，Analytical Spectral Devices，Boulder，CO)对被感染黄龙病的植物进行测量，并指出一些对健康和被感染的植物之间具有较高鉴别能力的波段(如 530~564nm、710~715nm、1041nm 和 2014nm)。然后，Lee 等(2008)比较了健康和受黄龙病感染的柑橘的光谱(实验室和田间测量)，指出在 550nm 处健康、疾病和缺锌植物的反射率存在差异。730nm 附近的一阶导数特征峰可以用来检测被黄龙病感染的植物。ANOVA 结果表明，健康和受感染的植物之间存在显著差异。然而，健康和被感染植物的变异性与地理信息的误差是黄龙病检测的主要障碍。Kumar 等(2009)利用 400~1000nm 的机载高光谱图像配合图像衍生光谱库、混合调谐匹配滤波(mixture tuned match filtering，

MTMF)、光谱角制图(spectral angle mapping，SAM)和光谱特征拟合(spectral feature fitting，SFF)等对黄龙病的检测进行了研究。其中SAM的总精度为60%，这主要由地面实况的不确定性造成。此外，Kumar 等(2010)采用星载多光谱和高光谱图像来检测柑橘黄龙病，构建了健康和黄龙病感染植物的光谱库，对验证集图像分别应用 SAM、MTMF和线性混合像元分解(linear spectral unmixing，LSU)等方法进行分析，检测准确率分别为60%～87%、73%～80%和53%～73%。Li 等(2011)研究了几种基于机载多光谱和高光谱图像检测黄龙病的分类算法，并指出在可见光范围内黄龙病感染的植株反射率更高，检测精度为 55%～95%。然而，同 SAM 和 SID 等算法相比，一些简单的算法如最小距离法和马氏距离法具有更好的效果。图 11.5 显示了机载高光谱成像系统获得的健康、感染黄龙病的植株和柑橘林中其他对象的平均反射光谱。

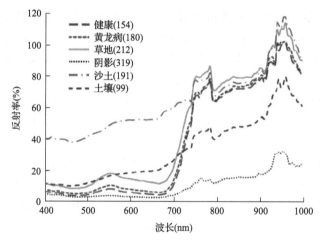

图 11.5　健康、感染黄龙病的柑橘和其他对象的光谱特征
(括号中的数字表示使用的样本数)(改编自 Li et al. 2011)(彩图请扫封底二维码)

对于高光谱成像技术在苹果上的应用，Delalieux 等(2009)使用高光谱图像检测苹果黑星病，并指出 R_{440}/R_{690} 和 R_{695}/R_{760} 的反射率比对于健康与染病的样本之间具有良好的区分效果。在早期检测中，水分对于检测疾病十分重要，如 570nm、1460nm、1940nm和 2400nm 等波段能够较好地反映水分信息。

高光谱成像技术可用于甜菜的病害检测。Mahlein 等(2010)分别通过 3 种不同的 VIs对甜菜病害进行检测，依次为 NDVI、花青素反射指数[ARI=$(1/R_{550})-(1/R_{700})$]和修正叶绿素吸收积分[mCAI=$(R_{545}+R_{752})/2\times(752-545)-\sum_{R_{545}}^{R_{752}}(R+1.423)$]，结果表明，这些 VIs的组合能够评估甜菜的不同病害。此外，Rumpf 等(2010)采用支持向量机(support vector machine，SVM)和 VIs 检测甜菜叶片病害，并指出使用径向基核函数的 SVM 可较好实现早期病害的检测。结果表明，健康和患病叶片之间的检测准确率为 97%，对于不同类型和程度的感染的准确率为 65%～90%。

除此之外，高光谱成像技术还可应用于水稻、马铃薯和番茄等作物的病害检测。对于水稻病害的检测，Liu 等(2007)采用逐步回归、主成分回归(principal component regression，PCR)和 PLS 等方法识别水稻褐斑病的严重程度，3 种方法的均方根误差依次为 5.8%、13.9%和 2%。Liu 等(2010a)使用 350～2500nm 的高光谱图像，应用神经网络和 PCA 对水稻的真菌病进行检测，结果表明其对 4 种不同感染程度的分类精度为 86%～100%。Liu 等(2010b)采用主成分分析(PCA)和支持向量机(SVM)对健康与感染稻曲病(*Ustilaginoidea virens*)的水稻进行分类，在实验室获得可见光和近红外波段的高光谱图像，并利用原始光谱数据、一阶导数和二阶导数对光谱图像进行分析，获得了 96%的准确率。对于马铃薯病害的检测，Ray 等(2011)采用 325～1075nm 光谱范围的手持光谱仪对马铃薯晚疫病进行了检测，并采用逐步判别分析和不同的 VIs[NDVI、简单比率(simple ratio，SR)、土壤调节植被指数(soil adjusted vegetation index，SAVI)等]进行分析，指出适于该疾病检测的最佳波长是 540nm、610nm、620nm、700nm、710nm、730nm、780nm 和 1040nm。而对于番茄，Zhang 等(2003)采用星载高光谱成像检测番茄晚疫病的不同感染水平，并指出同可见光范围相比，近红外波段的健康与病变果实的反射率差异更大。他们利用最小噪声分数(minimum noise fraction，MNF)和 SAM 对疾病进行检测，并指出这种方法对于严重感染检测效果较好，而对于轻度感染效果不佳。他们预计，如果开发出合适且快速的图像处理算法，高光谱成像技术将更多地用于大农场中植物病害的检测。同样，Jones 等(2010)利用紫外、可见光和近红外(NIR)反射光谱来检测番茄病害，并采用了带 B 矩阵的 PLS、相关系数和 SMLR 等分析方法。结果表明，病害最佳预测模型的 R^2 为 0.82，RMSE 为 4.9%。

高光谱成像还可以应用于虫害检测。Carroll 等(2008)使用机载高光谱成像技术研究了不同的 VIs 对欧洲玉米螟虫害的检测。他们指出，随着病情的发展，检测效果会越来越好，且与花青素和类胡萝卜素的 VIs 相比，和叶绿素相关的 VIs 与虫害的检测更为密切相关。同样，Singh 等(2009)使用从 PCA 中选出的 1101nm 和 1305nm 波长下对应的图像的统计图像特征与直方图特征来研究遭受虫害的小麦籽粒。结果表明，对于遭受虫害的小麦籽粒的判别准确率为 85%～100%。

11.5 其 他 应 用

高光谱成像技术还被应用于其余有关植物健康的监测和检测，如重金属污染、杂草、果实品质、酸雨胁迫、发芽、果实缺陷和成熟度的检测。

对于重金属污染的检测，Schuerger 等(2003)研究了在重金属(锌)污染胁迫下百喜草的生长。他们利用 4 个手持设备分别采集了高光谱成像(两个成像系统)、激光诱导荧光光谱和激光诱导荧光成像等数据。并指出，NDVI 和比值植被指数(ratio vegetation index，RVI)($RVI=R_{750}/R_{700}$，其中 R 为反射率)能够预测百喜草中的叶绿素浓度。同样，Wilson 等(2004)应用支持向量分类机(SVC)、PLS 和逻辑判别(logistic discrimination，LD)对遭受不同水平的重金属或石油胁迫的植物进行分类，结果表明 SVC 优于 PLS 和 LD。

对于杂草的检测，Williams 和 Hunt(2004)利用 AVIRIS 图像结合 MTMF 方法对多年生有害杂草与乳浆大戟(*Euphorbia esula* L.)进行了区分，其总体判别准确率为 95%。

以水果品质检测为例，Mehl 等(2002)通过使用高光谱图像识别出多个重要光谱波段，并研制相应的多光谱成像系统，最终对 3 个品种的缺陷苹果进行了检测。所研制的多光谱成像系统(705nm、460nm 和 575nm)对缺陷苹果的检测率为 76%～95%。同样，Lenk 等(2007)研究了蓝色、绿色、红色和远红色波段范围的荧光多光谱图像，以及在绿色和近红外波段范围的反射图像，并对其在果实品质、光合活性、疾病症状和不同设备下的叶组织结构检测中的应用进行了讨论。以品质检测为例，Xing 等(2010)对健康和发芽小麦籽粒进行了研究，确定了878nm 与728nm 的波段比可以作为判别籽粒发芽的指标，并指出用 PCA 载荷所确定的 4 个波长可用于评价小麦籽粒的品质。图 11.6 显示了健康和发芽小麦籽粒的主成分得分图像。

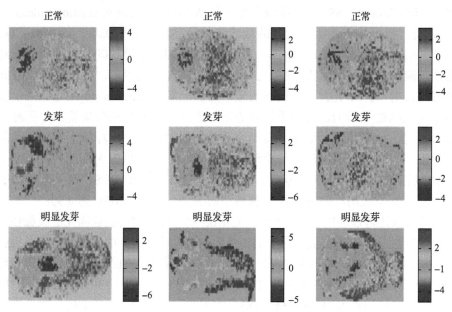

图 11.6　主成分得分值表示的正常和发芽小麦籽粒的高光谱图像
(改编自 Xing et al. 2010)(彩图请扫封底二维码)

高光谱成像技术也应用于酸雨胁迫的检测。Song 等(2008)采用地载高光谱成像技术，通过连续去除、VIs 和 PCA 等对原始森林的酸雨胁迫进行检测，并使用了两个新的指数来解释酸沉积引起的黄叶病($R_{GY}=R_G/R_Y$，$R_{GO}=R_G/R_O$，其中 R_G、R_Y 和 R_O 分别是绿色、黄色和橘黄色的波段)。

对于未成熟果实的检测，Okamoto 和 Lee(2009)利用高光谱成像系统结合像素判别函数与空间图像处理等对 3 个不同品种的绿色未成熟柑橘果实进行了检测，最终判别准确率为 80%～89%。

对于果实成熟度检测，Yang 等(2012)用 200～2500nm 的分光光度计采集了 7 个不同品种蓝莓的果实和叶片的光谱，并指出成熟果实、半熟果实、未成熟果实，以及浅绿色和深绿色叶片的光谱存在显著差异(图 11.7)，因此高光谱能够检测果实的成熟度。他们通过所建立的 NDVI 找出了不同成熟度的重要波长，采用分类树和多项式逻辑回归，对果实成熟度的预测精度达到了 95%～100%。

综上所述，高光谱成像为作物健康的检测和监测提供了广泛的应用，随着高光谱传感技术的进步和成本的降低，高光谱成像在未来的应用中会显示出更大的潜力。

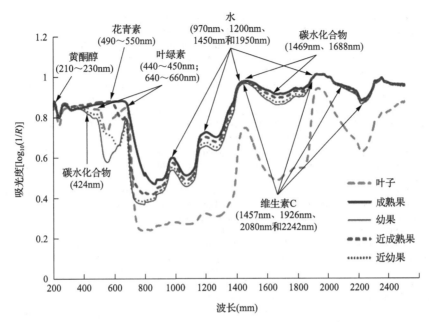

图 11.7　蓝莓果实和叶片不同生长阶段的平均光谱特征(改编自 Yang et al. 2012)(彩图请扫封底二维码)

参 考 文 献

Allen WA, Gausman HW, Richardson AJ, Thomas JR (1969) Interaction of isotropic light with a compact leaf. J Opt Soc Am 58(8):1023–1028

Balasundaram D, Burks TF, Bulanon DM, Schubert T, Lee WS (2009) Spectral reflectance characteristics of citrus canker and other peel conditions of grapefruit. Postharvest Biol Technol 51(2):220–226

Blackburn GA (2007) Hyperspectral remote sensing of plant pigments. J Exp Bot 58(4):855–867

Carroll MW, Glaser JA, Hellmich RL, Hunt TE, Sappington TW, Calvin D, Copenhaver K, Fridgen J (2008) Use of spectral vegetation indices derived from airborne hyperspectral imagery for detection of European corn borer infestation in Iowa corn plots. J Econ Entomol 101(5):1614–1623

Champagne CM, Staenz K, Bannari A, McNairn H, Deguise J-C (2003) Validation of a hyperspectral curve-fitting model for the estimation of plant water content of agricultural canopies. Remote Sens Environ 87:148–160

Cheng Y-B, Zarco-Tejada PJ, Riaño D, Rueda CA, Ustin SL (2006) Estimating vegetation water content with hyperspectral data for different canopy scenarios: relationships between AVIRIS and MODIS indexes. Remote Sens Environ 105:354–366

Delalieux S, Somers B, Verstraeten W, van Aardt JAN, Keulemans W, Coppin P (2009) Hyperspectral indices to diagnose leaf biotic stress of apple plants, considering leaf phenology. Int J Remote Sens 30(8):1887–1912

Goel PK (2003) Hyper-spectral remote sensing for weed and nitrogen stress detection. Ph.D. Dissertation, McGill University, Montreal

Haboudane D, Miller JR, Pattey E, Zarco-Tejada PJ, Strachan I (2004) Hyperspectral vegetation indices and novel algorithms for predicting green LAI of crop canopies: modeling and validation in the context of precision agriculture. Remote Sens Environ 90(3):337–352

Huang W, Lamb DW, Niu Z, Zhang Y, Liu L, Wang J (2007) Identification of yellow rust in wheat using in-situ spectral reflectance measurements and airborne hyperspectral imaging. Precis Agric 8:187–197

Jacquemoud S, Baret F (1990) PROSPECT: a model of leaf optical properties spectra. Remote Sens Environ 34:75–91

Jones CD, Jones JB, Lee WS (2010) Diagnosis of bacterial spot of tomato using spectral signatures. Comput Electron Agric 74(2):329–335

Kim Y, Glenn DM, Park J, Ngugi HK, Lehman BL (2010) Hyperspectral image analysis for plant stress detection. ASABE Paper No. 1009114. ASABE, St. Joseph

Kumar A, Lee WS, Ehsani R, Albrigo LG (2009) Airborne hyperspectral imaging for citrus greening disease detection. In: Proceedings of the 3rd Asian conference on precision agriculture (ACPA), Beijing

Kumar A, Lee WS, Ehsani R, Albrigo LG, Yang C, Mangan RL (2010) Citrus greening disease detection using airborne multispectral and hyperspectral imaging. In: 10th international conference on precision agriculture, Hyatt Regency Tech Center, Denver, 18–21 July 2010

Laudien R, Bareth G, Doluschitz R (2003) Analysis of hyperspectral field data for detection of sugar beet diseases. In: EFITA 2003 conference 5–9, Debrecen

Lee WS, Ehsani R, Albrigo LG (2008) Citrus greening disease (Huanglongbing) detection using aerial hyperspectral imaging. In: Proceedings of the 9th international conference on precision agriculture, Denver, 20–23 July

Lee WS, Alchanatis V, Yang C, Hirafuji M, Moshou D, Li C (2010) Sensing technologies for precision specialty crop production. Comput Electron Agric 74(1):2–33

Lenk S, Chaerle L, Pfündel EE, Langsdorf G, Hagenbeek D, Lichtenthaler HK, van Der Straeten D, Buschmann C (2007) Multispectral fluorescence and reflectance imaging at the leaf level and its possible applications. J Exp Bot 58(4):807–814

Li X, Lee WS, Li M, Ehsani R, Mishra A, Yang C, Mangan R (2011) Comparison of different detection methods for citrus greening disease based on airborne multispectral and hyperspectral imagery. ASABE Paper No. 1110570. ASABE, St. Joseph

Liu Z-Y, Huang J-F, Shi J-J, Tao R-X, Zhou W, Zhang L-L (2007) Characterizing and estimating rice brown spot disease severity using stepwise regression, principal component regression and partial least-square regression. J Zhejiang Univ Sci B 8(10):738–744

Liu Z-Y, Wu H-F, Huang J-F (2010a) Application of neural networks to discriminate fungal infection levels in rice panicles using hyperspectral reflectance and principal components analysis. Comput Electron Agric 72(2):99–106

Liu Z-Y, Shi J-J, Zhang L-W, Huang J-F (2010b) Discrimination of rice panicles by hyperspectral reflectance data based on principal component analysis and support vector classification. J Zhejiang Univ Sci B 11(1):71–78

Mahlein A-K, Steiner U, Dehne HW, Oerke EC (2010) Spectral signatures of sugar beet leaves for the detection and differentiation of diseases. Precis Agric 11:413–431

Mehl PM, Chao K, Kim M, Chen YR (2002) Detection of defects on selected apple cultivars using hyperspectral and multispectral image analysis. Appl Eng Agric 18(2):219–226

Min M, Lee WS (2005) Determination of significant wavelengths and prediction of nitrogen content for orange. Trans ASAE 48(2):455–461

Min M, Lee WS, Burks TF, Jordan JD, Schumann AW, Schueller JK, Xie H (2008) Design of a hyperspectral nitrogen sensing system for citrus. Comput Electron Agric 63(2):215–226

Mishra A, Ehsani R, Albrigo LG, Lee WS (2007) Spectroscopic study to identify citrus greening from other nutrient deficiencies. ASABE Paper No. 073056. ASABE, St. Joseph

Moshou D, Bravo C, Oberti R, West J, Bodria L, McCartney A, Ramon H (2005) Plant disease detection based on data fusion of hyper-spectral and multi-spectral fluorescence imaging using Kohonen maps. Real Time Imag 11:75–83

Muhammed HH (2002) Using hyperspectral reflectance data for discrimination between healthy and diseased plants, and determination of damage level in diseased plants. In: Proceedings of the 31st applied imagery pattern recognition workshop, Washington

Okamoto H, Lee WS (2009) Green citrus detection using hyperspectral imaging. Comput Electron Agric 66(2):201–208

Qin J, Burks TF, Kim MS, Chao K, Ritenour MA (2008) Citrus canker detection using hyperspectral reflectance imaging and PCA-based image classification method. Sens Instrum Food Qual 2:168–177

Qin J, Burks TF, Ritenour MA, Bonn WG (2009) Detection of citrus canker using hyperspectral reflectance imaging with spectral information divergence. J Food Eng 93:183–191

Ray SS, Jain N, Arora R, Chavan S, Panigrahy S (2011) Utility of hyperspectral data for potato late blight disease detection. J Indian Soc Remote Sens 39(2):161–169

Rumpf T, Mahlein A-K, Steiner U, Oerke E-C, Dehne H-W, Plümer L (2010) Early detection and classification of plant diseases with Support Vector Machines based on hyperspectral reflectance. Comput Electron Agric 74(1):91–99

Sankaran S, Mishra A, Ehsani R, Davis C (2010) A review of advanced techniques for detecting plant diseases. Comput Electron Agric 72(1):1–13

Schuerger AC, Capelle GA, Di Benedetto JA, Maoc C, Thai CN, Evans MD, Richards JT, Blank TA, Stryjewski EC (2003) Comparison of two hyperspectral imaging and two laser-induced fluorescence instruments for the detection of zinc stress and chlorophyll concentration in bahia grass (*Paspalum notatum* Flugge.). Remote Sens Environ 84(4):572–588

Singh CB, Jayas DS, Paliwal J, White NDG (2009) Detection of insect-damaged wheat kernels using near-infrared hyperspectral imaging. J Stored Prod Res 45:151–158

Song X, Jiang H, Yu S, Zhou G (2008) Detection of acid rain stress effect on plant using hyperspectral data in Three Gorges region, China. Chin Geogr Sci 18(3):249–254

Ustin SL, Roberts DA, Gamon JA, Asner GP, Green RO (2004) Using imaging spectroscopy to study ecosystem processes and properties. Bioscience 54(6):523–534

Vigier BJ, Pattey E, Strachan IB (2004) Narrowband vegetation indexes and detection of disease damage in soybeans. IEEE Geosci Remote Sens Lett 1(4):255–259

Williams AEP, Hunt ER Jr (2004) Accuracy assessment for detection of leafy spurge with hyperspectral imagery. J Range Manage 57(1):106–112

Wilson MD, Ustin SL, Rocke DM (2004) Classification of contamination in salt marsh plants using hyperspectral reflectance. IEEE Trans Geosci Remote Sens 42(5):1088–1095

Xing J, Symons S, Shahin M, Hatcher D (2010) Detection of sprout damage in Canada Western Red Spring wheat with multiple wavebands using visible/near-infrared hyperspectral imaging. Biosyst Eng 106:188–194

Yang C, Lee WS, Williamson JG (2012) Classification of blueberry fruit and leaves based on spectral signatures. Biosyst Eng 113(4):351–362

Zarco-Tejada PJ, Miller JR, Mohammed GH, Noland TL, Sampson PH (2002) Vegetation stress detection through chlorophyll a+b estimation and fluorescence effects on hyperspectral imagery. J Environ Qual 31:1433–1441

Zarco-Tejada PJ, Pushnik JC, Dobrowski S, Ustin SL (2003) Steady-state chlorophyll a fluorescence detection from canopy derivative reflectance and double-peak red edge effects. Remote Sens Environ 84:283–294

Zhang M, Qin Z, Liu X, Ustin SL (2003) Detection of stress in tomatoes induced by late blight disease in California, USA, using hyperspectral remote sensing. Int J Appl Earth Obs Geoinf 4(4):295–310

第12章 用于精准农业作物产量测绘的高光谱图像

Chenghai Yang[①]

12.1 高分辨率图像用于作物测产概述

机载多光谱成像系统可以提供高分辨率的图像数据(分辨率从小于一米到几米),并且在可见光到中红外的光谱范围内提供最多 12 个窄波段的光谱数据。通过机载多光谱图像数据与作物产量进行关联,进而可以生成作物的产量图(Richardson et al. 1990;Yang and Anderson 1999;Shanahan et al. 2001;Leon et al. 2003;Inman et al. 2008)。产量监测数据和遥感图像的可用性使产量和图像数据之间的关系能够比使用有限数量的产量样本更彻底地得到评价。许多研究人员已经评估了产量监测数据和航空多光谱图像之间的关系(Senay et al. 1998;Yang et al. 2000;Yang and Everitt 2002;Dobermann and Ping 2004)。根据生长季中不同日期高粱田的多光谱图像和产量监测数据,Yang 和 Everitt(2002)发现产量与图像的相关关系在植物生长高峰期时最强,此时期(大约 1 个月)所采集的图像是预测高粱产量的最佳指标。

高分辨率卫星系统(如 IKONOS、QuickBird 和 SPOT 5)所提供的图像为作物产量变化的测绘提供了新的机会。IKONOS 于 1999 年由 Space Imaging 公司发射,提供了 3 个可见光和一个近红外(NIR)范围波段组成的多光谱数据,其分辨率为 4m。DigitalGlobe 公司于 2001 年发射的 QuickBird,与 IKONOS 相似,提供了由 4 个波段组成的多光谱图像,分辨率为 2.4m 或 2.8m。SPOT 5 于 2002 年发射,其采集的多光谱数据由分辨率为 10m 的两个可见光波段(绿色和红色)和一个 NIR 波段,以及分辨率为 20m 的一个短波红外(SWIR)波段共同组成。这些卫星传感器显著缩小了星载与机载图像之间空间分辨率的差距,并已经应用于作物产量的评估(Chang et al. 2003;Dobermann and Ping 2004;Yang et al. 2006,2009)。而新的卫星系统,如 GeoEye 和 WorldView-2 可提供更高分辨率的多光谱数据,具有巨大的应用潜力。

高光谱图像传感器可以在可见光、近红外和中红外等光谱范围中收集几十到几百个连续波段的图像数据。这些系统为鉴别和评估生物物理属性等遥感应用提供了更新且更好的机会。现已开发出应用于遥感领域的许多商用机载高光谱传感器,如 AVIRIS、CASI、HYDICE、HyMap、ASIA 和 HySpex 等。电荷耦合器件(charge coupled device,CCD)相机、采集板和模块化的光学元件等元器件的发展也促进了低成本机载高光谱成像系统的

① C. Yang (✉)
Aerial Application Technology Research Unit, U.S. Department of Agriculture,
Agricultural Research Service, Southern Plains Agricultural Research Center,
3103 F and B Road, College Station, TX 77845, USA
e-mail: chenghai.yang@ars.usda.gov

发展(Mao 1999；Yang et al. 2003)。尽管机载遥感高光谱取得了重大进展，但其并不像多光谱图像那样得到广泛的使用，很大一部分原因在于高光谱图像的采集成本较高且数据处理量更为庞大。

高光谱图像可提供多光谱图像可能遗漏的额外信息，一些学者已经将机载高光谱图像应用于作物产量的估算。Goel 等(2003)使用机载高光谱图像(72 个波段)估算玉米产量和其他生物物理参数，结果表明产量与抽穗期的图像数据显著相关。Yang 等(2004a)对高粱产量的监测数据和机载高光谱图像(102 个波段)进行逐步回归分析，确定了用于产量变化测绘的最佳波段组合。他们还利用主成分分析和逐步回归选择出重要的主成分对产量变化进行解释。为了证明在作物产量估算上窄波段的高光谱优于宽波段的多光谱，Yang 等(2004b)将高光谱的波段聚集在 Landsat-7 卫星的 ETM+传感器中可见光和近红外范围的 4 个波段，结果表明窄波段组合在预测棉花产量时有更好的效果和可变性。Zarco-Tejada 等(2005)利用机载高光谱图像选定的窄波段计算了一些植被指数(VIs)，从而对棉花的产量进行了估计。

Yang 等(2007，2008)从 102 个波段的高光谱图像中得到 5151 种可能的窄波段归一化植被指数(NDVI)，并将它们与产量进行关联。他们还将光谱角制图和线性波谱分离技术应用于此 102 个波段的高光谱图像，分别生成单层光谱角度图像和植被覆盖度图像，用于作物产量变化的测绘。结果表明，与大多数来自高光谱图像的窄波段 NDVI 相比，光谱角图像和植被覆盖度图像与产量的相关系数(r)值更高，更为相关。Ye 等(2007)从机载高光谱图像中获取了柑橘树树冠特征，建立偏最小二乘(PLS)回归模型预测柑橘树的产量，并同 VIs 和多元线性回归模型进行比较。结果表明，VIs 和多元线性回归模型不能预测柑橘产量，但 PLS 模型成功地预测了柑橘产量，其决定系数 R^2 为 0.51~0.90。

本章的其余部分将对高光谱图像采集、处理的方法和步骤等进行概述，并以 Yang 等(2004a，2007，2008，2010)的工作为例说明机载高光谱图像如何应用于作物产量估算。

12.2　高光谱图像采集、处理与分析

12.2.1　图像采集

Yang 等(2003)应用于图像采集的机载高光谱成像系统，由数字 CCD 相机、棱镜-光栅-棱镜成像光谱仪及计算机组成(配有图像获取板和相机应用软件)。CCD 相机提供 1280(h)×1024(v)像素的分辨率和 12 位的动态范围。成像光谱仪通过适配器连接到相机，从而将光分散辐射到一系列光谱波段范围当中。该系统的有效光谱范围为 457.2~921.7nm。高光谱成像系统的数据分箱配置是水平方向为 2，竖直方向为 8，并在 3.63nm 的光谱间隔下获得宽度为 640 像素的图像数据和 128 个波段的光谱数据。

高光谱图像的采集需要仔细的规划和准备。首先，基于成像实验确定最佳的曝光时间和孔径设定，从而使得所有波段的图像对于地面覆盖条件不会过暗或过饱和，然后将这些最佳的参数设置应用于实际的高光谱图像采集过程之中。图像采集平台使用的是 Cessna 206 型单引擎飞机和 Cessna 404 型双引擎飞机。高光谱成像系统和三相机彩色红外(color-infrared，CIR)成像系统安装在轻型铝框架上。由于没有使用稳定器或惯性测量

装置(inertial measurement device，IMU)来抑制或测量平台的变化，因此在采集过程中应尽量减少风的影响，以及飞行速度和方向的变化。图像的采集一般选在当地时间 11：00～15：00，无风且光照充足的条件下进行。

对于高光谱图像的采集，飞机的速度和高度必须满足一定条件才能获得方形像素的图像，从而避免此类高光谱成像系统存在的跳帧现象。基于相机参数、像素尺寸和地面覆盖物等要求，成像系统最终以 150km/h 的速度飞于 1680m 的高空。当飞机在预定的高度、速度和方向时开始采集图像，系统在整个扫描过程中保持稳定。图像的画幅约为840m，每个像素所对应的地面尺寸为 1.3m。

12.2.2　图像的校正、纠正和校准

高光谱成像系统一次采集包含所有波段的一行图像，飞机作为移动平台沿飞行方向进行推扫式扫描。扫描过程中所采集的所有单行图像组合在一起，最终形成三维的高光谱图像数据。飞行的飞机有 6 个自由度，即沿飞行方向的速度变化和垂直于飞行方向的移动，以及高度、俯仰、翻滚和偏航的变化。俯仰是机头的上下移动，翻滚是机翼的上升或下降，偏航是飞行时左右方向的转向。由于没有使用 IMU 来测量平台变化，因此Yang 等(2003)使用参考线法对图像进行几何校正。首先，参考线(如田地的直线边界或近似平行于飞行方向的直线道路)被识别并覆盖在原始图像中相应失真的直线上。其次，在原始图像的每行上确定参考线与失真的直线之间的像素距离。最后，将每一行沿横移轨迹方向按所确定像素数进行移动，完成校正。虽然这种方法只能校正垂直于飞行方向上的变形，但是如果其他自由度的变化很小，则它相当于成功地对图像完成了几何校正。此外，该方法需要在成像区域存在近似平行于飞行方向的参考线。而在农作物田地这并不是一个问题，因为在大多数的田地都存在直线边界。

然后将几何校正后的图像通过通用横轴墨卡托投影(universal transverse mercator，UTM)和 1984 世界大地坐标系(world geodetic system 1984，WGS-84)进行修正，坐标系可以通过一组地面控制点获得(如使用 GPS 接收机、经过地理定位的航空照片或机载图像覆盖的高光谱图像)。在校正过程中，通常使用最近邻算法将高光谱图像重采样为 1m的分辨率。基于一阶多项式变换，高光谱图像的均方根误差(root mean square errors，RMSE)可以控制在 3～4m。如果 RMSE 超过 4 m，则应采用其余方法进行校正。

对于图像的辐射校正，在图像采集时分别在田间放置 3 个 8m×8m 的防水帆布，其标准反射率值依次为 4%、32% 和 48%。使用 FieldSpec 手持式分光光度计(Analytical Spectral Devices，Inc.，博尔德，科罗拉多州)对防水帆布在 350～1050nm 光谱范围的实际反射率值进行测量。基于 128 个与反射率值有关的线校准经验方程，图像中提取的 3块防水帆布的数字计数值被最终转化为反射率值。由于高光谱相机在近红外范围附近具有较低的量子效率，因此波长大于 845nm 的反射率值急剧下降，且在最初的几个波段也可能存在噪声(蓝色区域)。因此，从高光谱图像中去除总共 26 个波段(波段 1～5 和 108～128)，并使用剩余的 102 个波段(475～845nm)进行之后的分析。

12.2.3　产量数据收集

产量监测 2000 系统(Ag Leader Technology，艾姆斯，爱荷华州)可用于收集高粱的产量数据。产量监测器上集成了 AgGPS 132 接收器(Trimble Navigation Limited，森尼韦尔，加利福尼亚州)，以便采集 GPS 位置数据。在数据采集之前，产量监测器需要校准，以确保所采集数据的准确性。瞬时产量和 GPS 位置数据同时采集(采集间隔为 1s)，然后对所采集的数据使用 SMS Basic 软件(Ag Leader Technology，姆斯，爱荷华州)进行查看、清理并最终导出为文本格式，以便之后的分析。

12.2.4　窄带 NDVI 计算

NDVI 通常由近红外波段和红色波段形成，而高光谱图像正好可以获得大量的 NDVI。总的来说，窄波段 NDVI 指数可以由任意两个不同波段形成，并可以用以下公式计算得出：

$$\text{NDVI}_{i,j} = \frac{R_i - R_j}{R_i + R_j} \tag{12.1}$$

式中，R_i 是波段 $i(i=1, 2, \cdots, n-1)$ 的反射率，$j=i+1, \cdots, n$，n 为波段数。机载高光谱成像系统的图像包含 102 个可用的光谱波段。因此，可以从 102 个波段的高光谱图像中得到的 NDVI 的数目是 $102!/(100!2!)=5151$。

12.2.5　线性波谱解混

当一个像素由单一表面成分组成时(如纯植物或纯土壤)，纯净像素的光谱可以视为该成分的特征。然而，如果像素包含两个或更多的成分时，来自混合像素的光谱是像素中所有成分光谱的混合反映。高光谱图像可以被看作是各单波段图像的集合，并且每个像素包含图像中所有波段的光谱反射率值。如果某一成分占据整个像素，那么这些光谱可以被视为地表成分的特征，如作物或土壤。而来自混合像素的光谱可以用线性波谱解混进行分析，将混合像素中的每个光谱模拟为有限个数纯净像素的光谱的线性组合，并依据它们成分的丰度进行加权(Adams et al. 1986)。纯净像素的地表成分被称为端元，而其光谱则作为端元光谱。一个简单的线性波谱分离模型具有以下形式：

$$y_i = \sum\nolimits_{j=1}^{m} a_{ij} x_j + \varepsilon_i, i = 1, 2, \cdots, n \tag{12.2}$$

式中，y_i 是波段 i 的测量反射率，a_{ij} 是已知或测量的端元 j 在波段 i 的反射率，x_j 是端元 j 的未知覆盖率或丰度，ε_i 是波段 i 测量和模拟反射率之间的残差，m 是端元的数目，n 是波段的数目。

式 12.2 被称为无约束线性波谱分离模型。而对于完全约束的线性波谱分离，还应满足以下附加条件：①丰度合计为一个约束，$\sum_{j=1}^{m} x_j = 1$；②丰度的约束非负，$x_j \geq 0$, $j=1$, $2, \cdots, m$。假设端元不是线性相关的，则可以对数据进行光谱分离。

通过线性波谱分离确定的成分对于识别光谱定义成分的效果，可能优于波段比和NDVI，因为其使用数据中的所有波段（Bateson and Curtiss 1996）。当线性波谱分离应用于图像时，它产生一组成分图像，包含模型中每个端元。如 NDVI 图像一样，每个成分图像显示出了的光谱所定义成分的空间分布。不同类型的线性波谱分离已经与多光谱和高光谱图像一起用于绘制地质材料及植被类型的分布图（Adams et al. 1986，1995；Roberts et al. 1998；Lobell and Asner 2004）。VIs 是植物活力和冠层覆盖度的指标，而由线性波谱分离所确定的作物的成分丰度则是植被覆盖更直接的度量，并且提供了图像数据和地面观测之间更直观的联系。

线性波谱分离分析需要已知端元的光谱数据，它们可以直接从图像中获得、在地面上测量或从光谱库导出。在我们的研究中，作物和裸土被选为相关的端元。从每幅图像中提取一组纯净健康的植物和裸土的光谱，并作为端元光谱用于田间线性波谱分离的分析。具体方法如下，首先，从每张图像中识别出高产区中健康作物的 100 个像素（CIR 图像中鲜红色的区域）；其次，从每张图像中识别出纯裸土的 100 个像素；最后，通过对各自目标像素的光谱进行平均得到端元光谱。通过将无约束和约束的线性波谱解混模型同时应用到每张图像，生成该图像的 4 个丰度图像（两个无约束和两个约束）。

12.2.6　统计分析

考虑到产量数据可能存在分辨率和位置的误差，将高光谱、NDVI 和丰度图像的像素整合为 1～9m（与收割机的有效切割宽度相适应）。产量值则为每个较大像素区域内数据的均值。产量的 r 值则由每个高光谱图像的 5151 个 NDVI 和 4 个丰度图像计算得出。逐步回归算法则通过将作物产量与 102 个高光谱波段相关联，最终识别出每个图像的有效波长。

12.3　产量与机载高光谱图像的关系

12.3.1　高光谱图像与产量监测数据

图 12.1 显示了从 102 个波段的高光谱图像中提取的得克萨斯州南部 14hm^2 高粱田（26°28′55″N，98°02′28″W）的 3 个波段图像（NIR、红色和绿色）及其 CIR 复合图像。绿色、红色和 NIR 波段的中心波长分别为 560.6nm、629.6nm 和 829.2nm。高光谱图像主要是针对作物生长的高峰期，而单波段图像和 CIR 图像同时揭示了植物生长的不同空间分布。在 NIR 波段图像中，健康植物显示为浅灰色，裸土显示为深灰色；在红色和绿色波段图像中，健康植物显示为深灰色，裸土显示为浅灰色；在 CIR 图像上，健康作物显示为红色，问题区域呈现为蓝色。图中的主要问题是土壤的沙质化，因为沙质化土壤保持水分和养分的能力较低，所以这些区域的植被状况差，植被覆盖率也低。

图 12.2 显示了由田间产量监测数据生成的产量图，产量的变化范围为 0～6000kg/hm^2，而均值和标准差分别为 3440kg/hm^2 和 1480kg/hm^2。结果表明，田间产量变化范围较大。

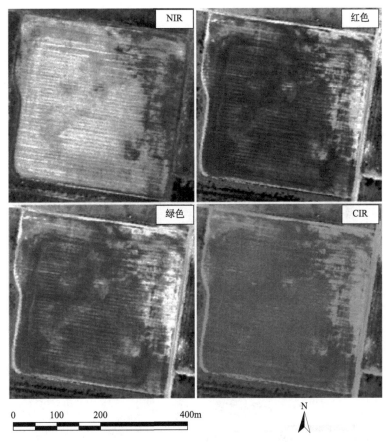

图 12.1　得克萨斯州南部 14hm² 高粱田的 102 个波段高光谱图像中提取近红外（NIR）波段、红色波段和绿色波段的黑白图像及其彩色红外（CIR）复合图像（彩图请扫封底二维码）

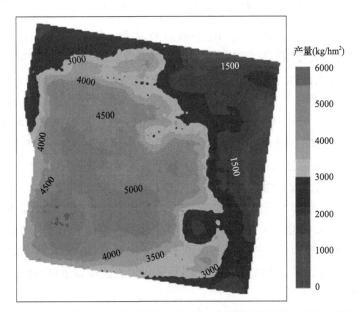

图 12.2　由高粱田的产量监测数据生成的产量图（彩图请扫封底二维码）

12.3.2　产量与窄带 NDVI 的相关性

图 12.3 显示了上述高粱田间来自 NIR 波段（800nm）和红色波段（668nm）的 NDVI 图。NDVI 的变化范围为 0.1～0.8（高 NDVI 值对应高产量）。而 NDVI 值与产量间的 r 值为 0.83。

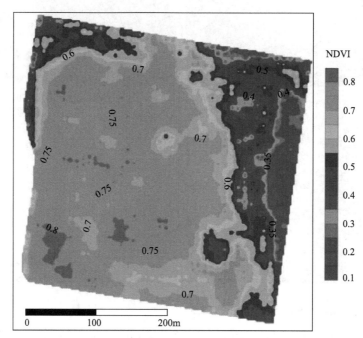

图 12.3　高光谱图像中近红外波段（800nm）和红色波段（668nm）
组合的高粱田的 NDVI 图（彩图请扫封底二维码）

图 12.4 显示了上述高粱田间从 102 个波段的图像中导出的全部 5151 种 NDVI 和产量的 r 的绝对值的等高线图。该等高线图呈对角线对称，清楚地表示了所有波段的 r 的分布。r 的绝对值的变化范围为 0～0.88（波段组合从 742nm 与 789nm 到 778nm 与 822nm）。r 的中值为 0.82，表明一半 NDVI 的 r 大于 0.82。当一个波段小于 730nm 而另一个波段大于 730nm 时，r 值一般较高（$r>0.825$）。而最佳的 r 值出现在一个波段在 730～750nm 而另一个波段大于 760nm 时（$r>0.85$）。同样，当一个波段在 550～575nm 而另一个波段在 575～690nm 时，r 值也较高（$r>0.825$）。基于 r 的等高线图可知，一个可见区域的波段与一个 NIR 区域的波段的组合所生成的 NDVI 图像效果较好。

值得注意的是，受到不同田间条件的影响，不同田间所识别的最佳 NDVI 可能也不相同。例如，Yang 等（2008）发现另一块田的最高 r 值的中心波长分别为 543nm 和 728nm。尽管如此，从可见波段和近红外波段各取一个波段计算的 NDVI，通常比从两个可见波段或两个近红外波段计算的 NDVI 更好，尽管来自可见波段或近红外波段的波段对可以产生更好的 r 值。

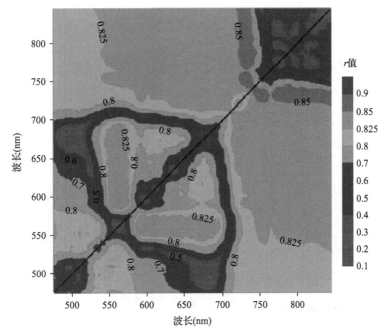

图 12.4　机载高光谱图像中高粱田产量与所有可能的窄波段 NDVI 相关系数绝对值的
等高线图（当波段 i=波段 j，$NDVI_{ij}$=0，此时不存在 r 值并表示为对角线）（彩图请扫封底二维码）

12.3.3　产量与作物丰度的关系

表 12.1 显示了来自高光谱图像的无约束和约束的作物与土壤丰度分数的单变量统计。理想情况下，丰度分数范围在 0～1，但在无约束分数图像中，其可以为负数或大于 1。例如，无约束作物丰度的范围为 0.15～1.01，无约束土壤丰度的范围为 0.02～1.16。这是因为光谱分离的结果受到端元纯度和数目的影响。线性波谱分离的线性假设最多也只是表面成分的非线性混合的近似，而完全约束分数的范围在 0～1。图 12.5 显示了从该田地高光谱图像中获得的约束作物丰度分数图像。红色区域表示作物丰度值较小，这意味着这些像素含有大量的裸露土壤且植被覆盖也较稀疏。相反的，绿色区域具有较大的作物丰度值，代表该像素具有密集的植被覆盖。

表 12.1　机载高光谱图像基于端元光谱提取的无约束和约束的作物与土壤丰度分数的单变量统计

端元分数	均值	标准差	最小值	最大值
UPF[a]	0.63	0.28	−0.15	1.01
USF	0.32	0.25	0.02	1.16
CPF	0.64	0.26	0.00	1.00
CSF	0.36	0.26	0.00	1.00

[a]UPF 代表无约束作物分数，USF 代表无约束土壤分数，CPF 代表为正数且合计为 1 的约束作物分数，CSF 代表为正数且合计为 1 的约束土壤分数

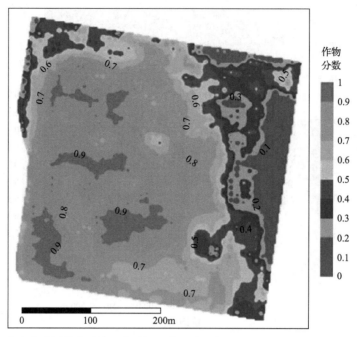

图 12.5　机载高光谱图像基于端元光谱提取的约束作物丰度分数图像(彩图请扫封底二维码)

无约束作物和土壤丰度分数的均值分别为 0.63 和 0.32，这表明在图像采集时平均植被覆盖率约为 63%。虽然无约束模型不强制两个端元成分的丰度之和为 1，但其总和为 0.95(接近于 1)，这表明无约束的端元线性解析模型适合于表征图像中作物和土壤的覆盖率。而约束的作物和土壤丰度分数的均值分别为 0.64 和 0.36(总和为 1)，结果也与预期一致。

产量与无约束和约束的作物丰度分数呈正相关，且与无约束和约束的土壤丰度分数呈负相关。无约束的作物丰度分数与产量的相关关系稍强于无约束的土壤丰度分数，而受约束的植物和土壤丰度分量具有相同的绝对相关关系，因为它们之和为 1。无约束的作物丰度分数的 r 值为 0.85，无约束的土壤丰度分数的 r 值为-0.82，而约束的作物和土壤丰度分数的 r 值均为 0.85。

与最佳的丰度分数相比，最佳的 NDVI 与产量具有更高的相关系数($r=0.88$)。然而，最佳的丰度分数的相关系数($r=0.85$)依旧高于 97.1%的 NDVI(总共 5151)的相关系数值。如果研究的目的是根据实际产量数据确定最佳相关性，则可以得出所有可能的窄带 NDVI，以确定最佳 NDVI。如果实际产量未知，研究目的是从高光谱图像中生成产量图来表征产量的空间变化，则基于作物和土壤端元光谱的无约束或约束作物成分图像将是更好的选择。虽然 NDVI 图像仅使用两个波段，但是最佳的 NDVI 只适用于产量已知的情况，并且需要计算所有可能的 NDVI。而尽管端元光谱生成的作物成分图像需要使用图像中的所有波段，但其并不需要知道实际产量。

12.3.4　产量图像波段的逐步回归

表 12.2 总结了将作物产量与 102 个波段相关联的多元线性模型的逐步回归统计。在最终的回归方程中，102 个波段有 7 个具有显著性。最佳的单波段为 782nm，其解释

了产量约 71% 的变化性。最佳的两个波段组合为 738nm 和 782nm，决定系数 (R^2) 值随着第二个波段的加入而增加了 7.6%。最好的三波段组合为 713nm、731nm 和 782nm，其解释了 80.4% 的产量变化性。随着第三个波段的加入，R^2 值仅增加了约 2%。而随后的波段贡献则更少，全部 7 个显著波长的总贡献率约为 82%。应该注意的是，这些最佳波段仅针对所采集的图像和产量数据，对于不同的图像和产量数据的结果可能并不适用。例如，在同一研究中，Yang 等 (2004a) 针对另一块高粱田所确定的 4 个显著波段就与此 14hm² 高粱田的 7 个显著波段完全不同。

表 12.2　高粱田产量与高光谱图像的 102 个波段的逐步回归结果

波段数	显著波长 [a] (nm)	模型的 R^2
1	782	0.709
2	738、782	0.785
3	713、731、782	0.804
4	481、713、731、782	0.808
5	481、543、713、731、782	0.817
6	481、543、713、731、735、782	0.819
7	481、543、713、731、735、771、818	0.824

[a] 将逐步回归应用于包含 102 个变量 (波段) 的完整线性模型。最佳的 1～7 个变量的模型如表所示 (模型中包含的所有变量都在 0.0001 水平上显著)

图 12.6 显示了由高光谱图像生成的产量图，其中回归方程将产量与 7 个显著波长进行关联。产量图上所显示的产量空间分布与产量监测数据近似 (图 12.2)。如果已知产量监测数据，回归分析可以用来确定预估产量的最佳 NDVI 和最佳的波段组合。如果产量监测数据未知，来自可见和 NIR 波段的 NDVI 图像或来自所有波段的作物丰度图像可以将高光谱图像转换为单层图像从而表示相对产量。

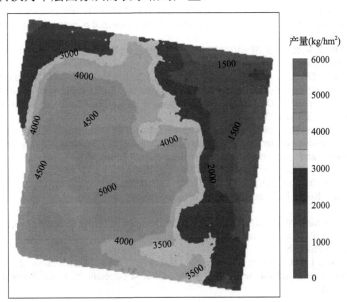

图 12.6　14hm² 高粱田基于高光谱图像中 7 个显著波段产生的产量图 (彩图请扫封底二维码)

12.4　总　　结

　　本章概述了用于作物产量变化性测绘的高分辨率遥感图像，描述了高光谱图像采集、处理和分析的方法与步骤，并基于窄波段 NDVI、逐步回归和线性波谱解混等阐述了机载高光谱图像如何用于作物的产量估算。

　　研究表明，高分辨率遥感图像可以用于田间作物产量变化的估算和测绘。多光谱和高光谱图像均可以用来确定作物收获前的生长与产量的空间分布，且高光谱图像数据可提供多光谱数据所遗漏的部分信息。根据产量监测数据的可用性，高光谱图像可以用来生成绝对或相对产量图来表征作物产量的空间变化。这些产量图在精准农业的农作物管理中有十分重要的作用。随着越来越多的高分辨率的多光谱和高光谱系统投入使用，其应用也变得越来越便宜和可行，如新推出的卫星传感器 GeoEye-1 和 WorldView-2。同时，对于产量估算和精准农业的其他应用，需要对不同类型的图像数据和分析方法进行更多研究，以适应不同作物和不同生长条件。

参 考 文 献

Adams JB, Smith MO, Johnson PE (1986) Spectral mixture modeling: a new analysis of rock and soil types at the Viking Lander 1 site. J Geophys Res 91:8098–8112

Adams JB, Sabol DE, Kapos V, Filho RA, Roberts DA, Smith MO, Gillespie AR (1995) Classification of multispectral images based on fractions of endmembers: application to land-cover change in the Brazilian Amazon. Remote Sens Environ 52:137–154

Bateson A, Curtiss B (1996) A method for manual endmember and spectral unmixing selection. Remote Sens Environ 55:229–243

Chang J, Clay DE, Dalsted K, Clay S, O'Neill M (2003) Corn (*Zea mays* L.) yield prediction using multispectral and multidate reflectance. Agron J 95:1447–1453

Dobermann A, Ping JL (2004) Geostatistical integration of yield monitor data and remote sensing improves yield maps. Agron J 96:285–297

Goel PK, Prasher SO, Landry JA, Patel RM, Viau AA, Miller JR (2003) Estimation of crop biophysical parameters through airborne and field hyperspectral remote sensing. Trans ASAE 46(4):1235–1246

Inman D, Khosla R, Reich R, Westfal DG (2008) Normalized difference vegetation index and soil color-based management zones in irrigated maize. Agron J 100:60–66

Leon CT, Shaw DR, Cox MS, Abshire MJ, Ward B, Wardlaw MC, Watson C (2003) Utility of remote sensing in predicting crop and soil characteristics. Precis Agric 4(4):359–384

Lobell DB, Asner GP (2004) Cropland distributions from temporal unmixing of MODIS data. Remote Sens Environ 93:412–422

Mao C (1999) Hyperspectral imaging systems with digital CCD cameras for both airborne and laboratory application. In: Tueller PT (ed) Proceedings of the 17th Biennial Workshop on color photography and videography in resource assessment, Reno, NV, 5–7 May 1999. American Society of Photogrammetry and Remote Sensing, Bethesda, pp 31–40

Richardson AJ, Heilman MD, Escobar DE (1990) Estimating grain sorghum yield from video and reflectance based PVI measurements at peak canopy development. J Imag Technol 16 (3):104–109

Roberts DA, Gardner M, Church R, Ustin S, Scheer G, Green RO (1998) Mapping chaparral in the Santa Monica Mountains using multiple endmember spectral mixture models. Remote Sens Environ 65:267–279

Senay GB, Ward AD, Lyon JG, Fausey NR, Nokes SE (1998) Manipulation of high spatial resolution aircraft remote sensing data for use in site-specific farming. Trans ASAE 41 (2):489–495

Shanahan JF, Schepers JS, Francis DD, Varvel GE, Wilhelm WW, Tringe JM, Schlemmer MR, Major DJ (2001) Use of remote sensing imagery to estimate corn grain yield. Agron J 93:583–589

Yang C, Anderson GL (1999) Airborne videography to identify spatial plant growth variability for grain sorghum. Precis Agric 1(1):67–79

Yang C, Everitt JH (2002) Relationships between yield monitor data and airborne multidate multispectral digital imagery for grain sorghum. Precis Agric 3(4):373–388

Yang C, Everitt JH, Bradford JM, Escobar DE (2000) Mapping grain sorghum growth and yield variations using airborne multispectral digital imagery. Trans ASAE 43(6):1927–1938

Yang C, Everitt JH, Davis MR, Mao C (2003) A CCD camera-based hyperspectral imaging system for stationary and airborne applications. Geocarto Int J 18(2):71–80

Yang C, Everitt JH, Bradford JM (2004a) Airborne hyperspectral imagery and yield monitor data for estimating grain sorghum yield variability. Trans ASAE 47(3):915–924

Yang C, Everitt JH, Bradford JM, Murden D (2004b) Airborne hyperspectral imagery and yield monitor data for mapping cotton yield variability. Precis Agric 5(5):445–461

Yang C, Everitt JH, Bradford JM (2006) Evaluating high resolution QuickBird satellite imagery for estimating cotton yield. Trans ASAE 49(5):1599–1606

Yang C, Everitt JH, Bradford JM (2007) Airborne hyperspectral imagery and linear spectral unmixing for mapping variation in crop yield. Precis Agric 8(6):279–296

Yang C, Everitt JH, Bradford JM (2008) Yield estimation from hyperspectral imagery using Spectral Angle Mapper (SAM). Trans ASABE 51(2):729–737

Yang C, Everitt JH, Bradford JM (2009) Evaluating SPOT 5 multispectral imagery for crop yield estimation. Precis Agric 10(4):292–303

Yang C, Everitt JH, Du Q (2010) Applying linear spectral unmixing to airborne hyperspectral imagery for mapping yield variability in grain sorghum and cotton fields. J Appl Remote Sens 4:041887

Ye X, Sakai K, Manago M, Asada S, Sasao A (2007) Prediction of citrus yield from airborne hyperspectral imagery. Precis Agric 8:111–125

Zarco-Tejada PJ, Ustin SL, Whiting ML (2005) Temporal and spatial relationships between within-field yield variability in cotton and high-spatial hyperspectral remote sensing imagery. Agron J 97:641–653

第13章 食品安全的实时高光谱成像

Bosoon Park 和 Seung-Chul Yoon[①]

13.1 简 介

高光谱成像(HSI)是一种新兴的平台技术，它集成了传统的成像和光谱学，以获得物体的空间和光谱信息。尽管 HSI 最初是为遥感开发的，但最近它已成为非破坏性食品分析的强大过程分析工具(Gowen et al. 2007)。该技术能够为图像中的每个像素提供在连续光谱范围上的绝对辐射测量。因此，来自高光谱图像的数据包含二维空间信息及光谱信息。这些数据被认为是三维超立方体或数据立方体，可以提供被测物体或材料的物理和/或化学信息。除化学/分子信息(如水、脂肪、蛋白质和其他氢键组分)之外，此信息还包括对于样品大小、方向、形状、颜色和纹理的物理与几何观察信息。由于高光谱成像在过去几十年中已被开发为地球遥感中的强大技术，因此该技术将继续用于医学、生物学、农业和工业领域。

尽管高光谱成像技术主要用于遥感领域，但近年来，高光谱成像技术以其独特的平台，集成了场景的光谱信息和空间信息，在食品品质(Kim et al. 2001；Ariana et al. 2006；Lu and Peng 2006；Nicolai et al. 2006；El Masry et al. 2007；Qiao et al. 2007)和安全(Park et al. 2002；Kim et al. 2004；Yoon et al. 2010)评价中的应用正在兴起。虽然高光谱成像技术具有食品安全检查和品质控制的潜力，但是在食品工业中广泛采用仍然存在一些限制。最受限制的因素是相对较长时间的数据采集、处理和仪器成本。由于食品工业中的过程控制对于保持质量和安全至关重要，因此若有能够实时地直接检测来自表面的各种化学和生物组分的空间分布的仪器将是有益的。为此，需要一种实时高光谱扫描方法。然而，高光谱相机面临的挑战是数据立方体太大而无法实时处理。因此，通过消除化学计量学模型中的冗余数据来最小化数据立方体，这直接适用于每次需要相机采集光谱的实时高光谱成像平台(Kester et al. 2011)。

对于生物高光谱成像，Fletcher-Holmes 和 Harvey(2005)展示了一种新的、受生物学启发的方法，在这种方法中，一个紧凑的高光谱中心凹嵌在传统的全色边缘内。该系统能使高光谱成像仅适用于先前使用智能扫描系统的全色边缘识别出的小的感兴趣区，从而提高目标识别的效率。他们还开发了一种实时高光谱成像内窥镜，用于解决下唇的脉管系统模

① B. Park (✉)
U.S. Department of Agriculture, Agricultural Research Service, Athens, GA, USA
e-mail: bosoon.park@ars.usda.gov
S.-C. Yoon
U.S. Department of Agriculture, Agricultural Research Service, U.S. National Poultry
Research Center, Athens, GA 30605, USA
e-mail: seungchul.yoon@ars.usda.gov

式,同时基于能够解决并行高吞吐问题的图像映射技术同步检测氧血红蛋白,使系统能够以每秒 5.2 帧的速率运行,数据立方体尺寸为 350×350×48(扫描线数×每线的像素数×波段数)。实时高光谱成像最具挑战性的障碍是如何使用传统二维探测器阵列记录三维数据立方体,以及如何通过探测器有限空间构成的信息瓶颈最有效地传输光谱数据立方体(Fletcher-Holmes and Harvey 2005)。对于另一个实时高光谱应用,Dark HORSE 1(高光谱高空侦察监视实验 1)飞行测试已经展示了利用高分辨率分幅相机的实时跟踪能力,实现地面军事目标的自主、实时可视光光谱范围的高光谱检测(Stellman et al. 2000)。

13.2　用于实时应用的成像平台

在实时高光谱成像技术之前,使用具有预选和预组装平台的多光谱成像系统(如普通光圈相机)可以实现更充分的实时处理(Park et al. 2006)。例如,需要开发一种在线实时家禽检查系统,以检测因粪便或疾病而死亡的家禽,以便通过消除或重新清洗禽肉来提高产量。研究人员研究了用于家禽粪便检测的高光谱成像方法,发现了 517nm、565nm 和 802nm 3 个关键波长,用于最大限度地提高表面粪便污染的检测精度(Park et al. 2002)。

研究人员提出了一种新的粪便检测算法,该算法选择了 567nm/517nm 的波段比,然后采用 802nm/517nm 的附加波段比,通过减少假阳性误差,以提高粪便检测的整体性能(Park et al. 2006)。然而,开发具有选定波段的实时多光谱成像系统对研究人员和实时系统设计者都提出了挑战,因为用于研究的高光谱成像系统平台不适合于高速实时多光谱成像应用。过去,研究人员开发了一种使用普通孔径相机进行预选频带的实时成像系统(Park et al. 2004)。然而,普通孔径多光谱成像平台的缺点是,一旦装配了选定波段的光学透镜,就不可能在不更换所有光学元件的情况下,用其他波段代替它们,而这些光学元件的价格昂贵。因此,实时高光谱成像平台的开发将有利于研究人员和食品工业的发展。

13.2.1　实时多光谱成像

实时多光谱成像技术是食品行业食品安全检测的候选者。例如,肉鸡胴体上的粪便污染是食源性病原体污染的主要途径,因为病原体可能存在于有可能在家禽的胃肠道和胴体外表面发现的粪便中。在屠宰和加工过程中,胴体的可食用部分可能会被细菌污染从而导致人类疾病。对于食品行业基于科学的食品安全检查,研究人员开发了用于食品加工过程中在线污染物检测的多光谱成像技术(Windham et al. 2003a, b; Park et al. 2004)。基于实时多光谱成像的原理和技术,研究人员开发了通用孔径多光谱成像系统(Park et al. 2004)和便携式多光谱成像系统(Kise et al. 2007),用于粪便污染物检测的在线应用。在对系统硬件和软件进行了多次升级之后,实时在线多光谱成像系统(Park et al. 2007a)在商业家禽加工厂开发和测试。原型实时多光谱成像系统使用普通光圈相机,将 3 个选定的光学滤光器预先安装在相机组件中。

中试试验表明,多光谱成像系统在家禽加工厂具有以每分钟 140 只家禽的商业处理速度检测粪便和摄入物污染的能力。然而,实时成像系统开发的挑战是消除由胴体的变动性和探测器的不稳定性引起的假阳性误差。为了消除假阳性误差,需要硬件和软件解决方案。对于硬件，可以添加额外的光干涉滤波片，如 802nm 滤波片(Heitschmidt et al. 2007)，其可以消除由胴体角质层引起的大多数假阳性误差。然而，将滤波器添加到现有的普通孔径相机组件中是不经济的并且具有额外的技术困难。因此，尽管它们在消除假阳性误差、提高性能方面存在局限性，但各种软件算法，包括 Fisher 线性判别分析(Park et al. 2007b)、核密度估计(Yoon et al. 2007)、对高光谱图像的纹理分析(Park et al. 2008)等动态阈值保持方法(Park et al. 2005)，均被测试以探索可能的软件解决方案。由于任务的图像处理时间有限，因此将这些算法应用于实时在线系统并不容易。最近，研究者已成功地测试了一种自适应图像处理方法，以减少假阳性误差，特别是角质层滤波(Park et al. 2009)。这种用于实时应用的图像处理方法包括波长比、数据分箱技术、角质层滤波、中值滤波及形态图像处理。厂内测试的结果表明，以每分钟 150 只的处理速度，实时多光谱成像系统的检测精度大于 91%，假阳性误差率为 3.3%。因此，通过采用具有更高信噪比的高质量相机，可以提高实时在线成像系统检测食物污染物的性能，如线扫描实时高光谱成像系统。

13.2.2　实时高光谱成像

　　研究人员开发了一种用于健康肉鸡的高速无损检测的光谱线扫描成像系统(Chao et al. 2007，2010)，以及用于家禽加工过程中粪便污染物检测的实时在线多光谱成像系统(Park et al. 2004)。由于技术和行业需求的相似性，一个能够检测卫生和污染物的通用平台成像系统(Park et al. 2011)，有利于家禽业的食品安全检查和质量控制。在完成这两个不同的任务时，线扫描高光谱成像平台可用于系统性疾病胴体检查和污染物检测，而无须在家禽加工厂进行任何系统硬件修改。因此，实时高光谱成像系统的优点在于其能够利用已经在系统中实现的简单适当的图像处理模块(或系统软件)来执行多个任务。因此，具有适当图像处理算法的线扫描高光谱成像系统具有在食品工业中实时应用的潜力。

　　通常，实时高光谱成像系统由线扫描高光谱相机(包括成像光谱仪、相机传感器、物镜)、光源(卤钨灯或 LED，取决于波长选择)、电源，以及用于相机控制和图像采集的计算机组成。线扫描实时高光谱成像系统利用电子倍增电荷耦合器件(EMCCD)传感器的数据分箱技术的独特功能，可随机访问 CCD 传感器上的用户定义区域。线扫描实时高光谱成像系统采用多任务软件，这对于适应不同应用的系统定制至关重要。系统的硬件和软件都是设计与实现实时高光谱及多光谱成像系统的主要考虑因素。系统硬件面临的挑战是如何确定给定的硬件平台是否能够生成足以满足实时应用的高质量图像和数据。相比之下，对于系统软件而言，挑战在于确定如何将离线环境中开发的算法应用于实时在线检测。

　　虽然基于线扫描高光谱成像平台的实时多光谱成像解决方案并不常见，但基于线扫描的高光谱成像系统已被用于多种应用；如工业聚合物分选(Leitner et al. 2003)、基于纤维素的材料分选(Tatzer et al. 2005)、苹果分选(Kim et al. 2007；Noh and Lu 2007)、病鸡分选(Chao et al. 2007)和家禽胴体的污染物检测(Park et al. 2011)。当开发实时高光谱成像系统时，通常需要几个必要的步骤，如实时应用要求、设计方法和策略、硬件平台、软件架构与算法实现。

13.3　高速高光谱成像系统

可以设计和组装如图 13.1 所示的便携式高光谱成像系统用于食品工业应用。具体地，对于食品加工检查应用，推扫式高光谱成像仪器的操作类似于线扫描仪，可以产生与待扫描的目标物体对齐的光谱响应。

图 13.1　带有摄谱仪的线扫描高光谱相机(彩图请扫封底二维码)

13.3.1　实时高光谱成像平台

用于扫描移动物体的实时高光谱成像的通用平台是推扫式高光谱成像仪，其可用于实时监测加工过程中在输送铁链或传送带上移动的物体。如图 13.1 所示，高光谱成像仪可以由光谱仪(HyperSpec VNIR，Headwall Photonics，Fitchburg，马萨诸塞州，美国)、电子倍增电荷耦合器件(EMCCD)探测器(Luca-R，Andor Technology，贝尔法斯特，英国)和物镜(CNG f-1.4/12mm，Schneider Optics，豪帕格，纽约，美国)组成。光谱仪和检测器通常由光谱仪制造商为最终用户预先对准，无须任何进一步调整。需要在成像系统静止的情况下，对家禽屠宰线中由传输链输送的样本进行扫描。高光谱成像仪安装在单臂吊舱的顶部，用于逐行扫描悬挂在移动传输链中的禽胴体表面。因此，光谱仪入射狭缝的长边垂直于输送链的移动方向，并且平行于扫描方向运行，使得通过狭缝的光被色散到图像传感器上，该二维图像传感器的一轴是空间维度，另一轴是光谱维度。现场应用中工业便携式计算机通常用于相机控制和软件操作。

光谱仪工作在 400～1000nm 的可见近红外(VNIR)波长范围，依据不同应用需求，也有波长范围高达 2500nm 的短波红外(SWIR)成像光谱仪可用。该光谱仪基于全息衍射光栅和像差校正，以尽量减少由笑纹效应和梯形畸变效应导致的空间与光谱图像失真。因此，为了提高空间和光谱图像的保真度，不需要对像差问题进行额外的修正。光谱仪的入口狭缝(或细线开口)可以是 18mm 高和 40μm 宽，导致光谱仪具有 4nm 光谱分辨率(以半峰全宽形式度量，FWHM)。EMCCD 探测器是单色百万像素相机，采用热电冷却(−20℃)。EMCCD 相机具有 USB 2.0 端口和 1004×1002 像素(即在 8mm×8mm 探测器上所有 8μm×8μm 规格方像等)，以及 14 位 A/D 转换器。在全帧分辨率下，相机的帧速率为 12.4 帧/s。相机的像素读出率为 13.5MHz。安装在光谱仪入口狭缝前方的镜头是一个焦距 12mm 的紧凑的 C-mount 镜头，适用于 1/2in 和 2/3in 成像仪。

13.3.2　高光谱成像仪的线扫描速率

最小扫描尺寸定义为 EMCCD 相机上的像素可以映射的最小区域的大小，这与样本大小不同。因此，最小扫描尺寸受若干因素的影响，如镜头的焦距、光谱仪的狭缝宽度及从镜头到物体的工作距离。例如，如果工作距离固定为 48cm，则焦距为 12mm 的镜头能够从上到下完全对物体进行采样。当使用 12mm 焦距、40μm 狭缝宽度和 48cm 工作距离时，高光谱成像仪沿着扫描线的视场（field of view，FOV）约为 32cm。在这种情况下，扫描线上的瞬时视场（instantaneous field of view，IFOV）约为 1.6mm。当样品在图像采集期间不移动时，成像器扫描的区域是长窄矩形，尺寸为 1.6mm（宽度）×32cm（高度）。因此，EMCCD 上的一个像素被映射到尺寸为 1.6mm（宽度）×0.3mm（高度）的区域，该区域也是最小扫描尺寸，其宽高比为 5，对应于成像器上的一个方形像素的最小扫描区域为 0.48mm^2。

当考虑到传输链中物体的横向移动时，扫描速率是系统设计的重要参数，以防止欠采样问题。例如，如果已经从样本中获知最小扫描尺寸，并且以每分钟 140 个样本计算，最小扫描速率是每个样本 95 次扫描（即每隔 1.6mm 距离进行 1 次扫描，则 15.24cm/1.6mm≈95），当扫描次数小于 95，对该区域则欠采样（扫描次数小于目标样本需求次数最低限）。在实践中，通常建议过采样，因为它将通过增加空间分辨率来增加小特征的可检测性。考虑到尺寸，通常最佳扫描速率比实际扫描多 25%。如果添加 25% 的额外扫描，则每个样本的扫描次数变为 119 次，因此每个样本的线扫描速率被控制在 95~119 次扫描。基于最佳扫描速率，可以通过减少曝光时间、数据分箱、图像处理算法和多任务策略来设计系统以满足该线扫描速率要求。

13.3.3　高光谱成像仪的帧速率

高光谱成像仪的帧速率被定义为每秒采集的 CCD 图像的数量，其包括曝光、读出、数据传输和任何延迟所需时间。例如，在每分钟 140 个样本（samples per minute，SPM）的处理速度下，所需的总处理时间是每行 4.5ms，相当于每秒 222 次行扫描。因此，相机的帧速率必须至少支持最小帧速率 222Hz（帧/s）以避免欠采样问题。由于 EMCCD 相机的帧速率为 12.4Hz，因此需要进行图像数据分箱以获得所需的帧速率。对于没有分箱的每行扫描，数据大小约为 100 万像素（1004×1002）。如果将 CCD 的全空间尺寸（1004 像素）分箱到一半分辨率（502 像素），并采用 3 个选定的非连续波段（使用随机跟踪模式选取的 $\lambda_1$nm、$\lambda_2$nm 和 $\lambda_3$nm 3 个波长）将光谱尺寸进行分箱合并，则满足帧速率需求。

通过软件开发，任何波段及其带宽都可以在光谱维度的随机处理位置被选择。在数据分箱合并后，每次扫描的光谱图像分辨率变为 3（光谱带）×502（空间像素）。如果假设要扫描的样本宽度为 N 个像素，则最终超立方体的大小变为 N（样本宽度）×512（样本高度）×3（光谱带）。基于这种方法，帧速率为 286Hz，即每行 3.5ms，每分钟 180 个样本；帧速率为 317Hz，则每分钟 200 个样本。在这种情况下，数据传输率即每个样本的 3 波段图像传输的数据量：当帧速率 286Hz 时为 16Mbps，当帧速率 500Hz 时为 28Mbps。

13.3.4 高光谱成像仪的照明系统

如图 13.2 所示，卤钨线光源是一种用于便携式实时高光谱成像系统的光源。卤钨灯已被证明是可视光-近红外光谱范围内的可靠光源。白光发光二极管(LED)可能是替代照明光源，虽然白光 LED 照明不会产生近红外(NIR)光谱范围内的光能，因此在近红外光谱范围内如有必要则需要额外的近红外 LED 照明。用于可移动成像系统的卤钨灯光源使用两个聚焦于待扫描线的 150W 光纤线路照明模块(Fiber Lite A-240L 和 A-240P，Dolan-Jenner Industries，博克斯堡，马萨诸塞州，美国)。

图 13.2 用于家禽安全检查的可移动实时高光谱成像系统(彩图请扫封底二维码)

图 13.3 显示了工业级线扫描高光谱成像系统设置，用于获取肉鸡胴体表面污染物的实时在线图像数据。除了照明和监视器之外的成像系统组件被封闭以便系统能在恶劣的食品加工环境中运行。两个高强度 LED 线灯(LL6212，Advanced Illumination，罗切斯特，弗若尼亚州)连接到系统，用于分配均匀的光强以获得高质量的图像。每个线灯有 12 个 LED 元件。灯的最佳工作距离在 15～60cm。

图 13.3 带有 LED 灯的实时高速高光谱成像系统(彩图请扫封底二维码)

图 13.4 显示了机箱内的设备，包括 EMCCD 相机(Luca，Andor Technology Inc.，CT，美国)，它具有 1004 像素×1002 像素、8μm 像素大小和 12.4 帧/s 的探测器，加上一块

14 位和具有 13.5MHz 读出率的 A/D 转换电路板。机箱中的成像光谱仪(400～1000nm，Hyperspect-VNIR，Headwall Photonics Inc.，菲奇堡，马萨诸塞州)和 C-mount 透镜(1.4/23mm，Schneider，德国)连接到 EMCCD 相机上。

图 13.4　带有光谱仪的封闭线扫描高光谱相机(彩图请扫封底二维码)

13.4　实时高光谱图像处理

　　实际应用中的高光谱成像需要对由高光谱成像仪记录的大量数据进行实时处理。图形处理单元(graphics processing units，GPU)是实时处理应用的候选者(Tarabalka et al. 2009)。特别是，使用 GPU 进行实时处理对于高光谱异常检测算法是有效的，该算法基于背景光谱分布的正态混合建模，是一项计算量很高的任务，与目标检测等众多应用相关。总的来说，GPU 实现的运行速度要快得多，特别是对于高度数据并行和算术密集型算法。对实际数据集的检测结果表明，GPU 提供的总加速比能够使具有高空间和光谱分辨率的机载高光谱成像仪运用正态混合模型进行实时异常检测。

　　实时图像处理需要光电系统获得高计算和输入/输出(input/output，I/O)吞吐量。研究者提出了一种新的基于焦平面光电区域 I/O[具有精细纹理、低内存、单指令多数据(single-instruction-multiple-data，SIMD)处理器阵列]的实时高光谱图像处理算法。焦平面 SIMD 架构能够支持实时性能，持续运行吞吐量在每秒 500～1500kM 次操作(Chai et al. 2000)。针对高光谱图像中的目标检测和分类问题，研究者提出了一种线性约束最小方差波束形成的实时处理算法。其想法是设计一个有限脉冲响应(FIR)滤波器，使用一组线性约束来通过目标，同时最小化未知信号源的方差(Chang et al. 2001)。实时增强飞行场景图像中的局部异常，可以方便操作员进行决策。在这个框架内，最终的研究兴趣之一是设计具有复杂性的异常检测算法体系结构，该体系结构能够用快速决策算法保证实时处理(Acito et al. 2013)。为适应地面实时分析和可视化系统不断变化的光照条件与地形，研究者提出了一种实时、并行的光学实时自适应光谱识别算法(Bowles et al. 1997)。一种加速实时实现高光谱图像远程检测目标的有效方法可以通过采用简化的硬件，以降低计算复杂度的方式使用一小部分像素(Du and Nekovei 2009)。

　　此外，研究者还提供了一种用于高光谱图像检测和分类的约束线性判别分析（constrained linear discriminant analysis，CLDA）方法及其实时实现。CLDA 的基本思想是设计一个最优变换矩阵，它可以最大化类间距离与类内距离的比率，同时施加不同类别中心的约束，在变换之后，可以更好地分离不同的方向。CLDA 方法对检测和分类问题都很有用。利用 CLDA，可以在实时数据评估非常关键的情况下开发实时实现，以满足在线图像分析的要求（Du and Ren 2003）。对于高光谱图像的实时处理，已经研究了两种用于目标检测的人工智能算法。两种算法都基于人工神经网络在高光谱数据中的应用。第一种神经网络算法应用于图像内的各个像素，第二种算法是一种基于多分辨率的尺度不变目标识别方法，采用层次人工神经网络结构（Heras et al. 2011）。研究者报道了两种主要针对光谱图像实时分析的主成分分析算法的优化程序实现。对这些实现进行评估，并与由优化编译器编译的多线程 C 程序实现进行比较，结果显示速度提高了大约 10 倍，允许在 RGB 和光谱图像上实时使用 PCA（Josth et al. 2012）。研究者报道了基于图像映射技术的新型实时高光谱内窥镜（简称图像映射光谱内窥镜）的研制。该技术的并行高吞吐量特性使该装置能够以每秒 5.2 帧的速度运行，数据立方体大小为 350×350×48（样本宽度×样本高度×光谱带数）。使用该技术，对体内组织进行成像，以解决下唇的脉管系统模式，同时检测氧血红蛋白（Kester et al. 2011）。近年来，研究者已经进行了若干努力以将高性能计算（high-performance computing，HPC）系统架构结合到实时遥感研究中。为了概述用于遥感应用的并行和分布式系统，研究者研究了 3 种基于 HPC 的有效实现像素纯度指数（pixel purity index，PPI）算法的范例。几种不同的并行编程技术被用来提高 PPI 在各种并行平台上的性能，包括一组基于消息传递接口（message passing interface，MPI）的实现（Plaza et al. 2010）。

　　高光谱图像分析算法在多个层次上表现出固有的并行性，并能很好地映射到高性能系统，如大规模并行集群和计算机网络。可编程图形硬件的出现是这一领域一个令人兴奋的新发展。Setoain 等（2008）研究了基于图形处理单元（GPU）的形态端元提取算法的实现，该算法用于联合空间/光谱技术进行高光谱分析。在商品图形硬件上实现高光谱成像算法，定量比较和评价了端部构件提取精度与并行效率。针对军用地面目标的实时可见高光谱探测，研究者研制了一种以可见高光谱传感器和实时处理器为核心的系统硬件组件。对现场实验的结果进行了描述，并对收集到的数据进行了分析，证明了同时运行两种检测算法所获得的改进性能（Stellman et al. 2000）。N-finder 算法（N-finder algorithm，N-FINDR）（Wu et al. 2010）也被广泛用于高光谱图像的端元提取中。在实际应用中，需要考虑 4 个主要的障碍，包括端元的数量、N-FINDR 的初始化、维数的减少和计算成本。因此，实时图像数据处理是高光谱遥感研究的热点。尤其是目标检测监视，它要求实时或至少近实时处理。然而，大量的高光谱图像数据限制了处理速度，因此快速高光谱图像处理需要一种由波段选择和样本协方差矩阵估计组成的空间光谱信息提取（spatial-spectral information extraction，SSIE）策略（Zhang et al. 2012）。波段选择利用了光谱图像中的高光谱相关性，而样本协方差矩阵估计则充分利用了高光谱图像中的高空间相关性。为了克服随机分布的不一致和不可再现的不足，可以使用标量方法选择样本像素，并在数字信号处理器的硬件上实现基于 SSIE 策略的目标检测算法。

13.4.1 实时高光谱成像的软件体系结构

使用随机跟踪模式，将所选 $\lambda_1$nm、$\lambda_2$nm 和 $\lambda_3$nm 波长从相机缓冲器传送到计算机内存。采用乒乓存储技术和软件中嵌入的循环缓冲技术，可以实现实时图像处理。乒乓存储架构使得能够同时执行图像采集和处理。Microsoft Visual C++ 6.0（微软基础类库或 MFC）的多线程可用于实现乒乓存储。线程被分配给图像获取模块，而另一个线程处理来自循环缓冲器新获取的图像。在第一次采集开始之前，有一个对象的延迟。采集开始后，处理模块处理上一个对象，采集模块获取下一个对象。循环内存缓冲区允许在获取新数据时访问以前扫描的最多 8～10 个对象的数据。循环缓冲器的大小是 $1004 \times 1004 \times M$，其中 M 是随机磁道的数量（即所选波长的数量）。OpenCV™是用于实时计算机视觉的开源 C/C++编程函数库，可用于实现诸如中值滤波器等基本图像处理操作。

13.4.2 高光谱图像校准

光谱校准通常由当今的高光谱成像仪器的制造商完成。对于校准任务，通常首先对暗电流和具有 99%反射率的面板（SRT-99-120，Spectralon，北萨顿，新罕布什尔州，美国）进行成像，以便对测量图像进行校准并获取其百分比反射率。对于数据分析，手动获得感兴趣区（ROI）作为基础事实，并用于评估图像处理算法的性能。

13.4.3 实时图像采集软件

可以使用由相机制造商提供的基于 Microsoft Visual Basic 编程环境的软件开发工具包（software development kit，SDK）来开发用于相机控制和图像获取的软件。在 EMCCD 的垂直（横向）方向上收集每个像素的光谱信息。虽然基于推扫线扫描方法获得了全范围的高光谱图像，但是可以获取具有少量所选波长的多光谱图像以实现实时在线应用。在多光谱模式下，光谱间隔和分辨率是通过垂直分块（箱）来确定的。对于多光谱模式的实时应用，EMCCD 的垂直像素移动率是限制因素之一，其随曝光时间和扫描样本的行数而变化。

13.4.4 基于图像的轮询算法

可以开发一种基于图像的轮询算法来确定对象的起始和结束位置。该算法基于对扫描线的监控，以确定物体是否进入或离开视场。轮询的基本假设是对象之间必须有间隙或空间。在活动传输链中，通常在物体的一端和另一端观察到相邻物体之间的接触。轮询算法的实现方案如下。轮询算法通常使用一个选定的频段。反射校准完成后，从当前扫描行中选择像素位置。选择视野中间和顶部之间的位置，最好从顶部向下 40%。然后，检查从所选像素位置向上和向下的几个像素的反射率校准值，以在先前选择的范围内轮询深色背景像素的数量。阈值用于确定像素是否为背景。如果检查的线条大于阈值，则对象开始的轮询结束，然后对对象进行成像。对象末端的轮询是相反的，即如果检查的位置区域从亮变暗，则对象末端的轮询结束，然后完成对对象的成像。亮或暗的确定基于从具有适当校准的位置开始搜索范围内明暗像素的计数。

13.4.5　污染物检测的高光谱图像处理算法

粪便检测的基本算法基于 λ_2/λ_1 的带比算法。增强的粪便检测算法是双带比算法，即各具阈值的 λ_2/λ_1 和 λ_3/λ_1。双带比算法用于去除假阳性错误，尤其是样本上的浅表层引起的误判。校准后的 λ_1 波段图像用于背景屏蔽和轮询。掩模和轮询阈值均为反射率的 1.5%。可以应用和比较不同技术，以消除或减少误报误差，这些误差是双波段成像系统中假阳性误差的主要原因。在家禽污染物检测应用的情况下，算法可以是带阈值的两带比 (λ_2/λ_1)，无需进一步滤波；三带比，即各具阈值的 (λ_2/λ_1) 和 (λ_3/λ_1)，无需进一步滤波；以及带有角质层滤波器的双波段比 (λ_2/λ_1)，以 40% 反射率作为 λ_1 的阈值，且无须进一步滤波。对于检测污染物的最佳算法，基本的和增强的带比算法均可用于以实时多光谱成像模式工作的高光谱成像系统中，并对其性能进行对比。

13.5　实时高光谱成像系统的性能

13.5.1　速度性能

为了测量成像系统作为曝光时间函数的帧速率，考虑以下变量：来自相机制造商软件的触发模式（内部或外部）和随机跟踪模式（两个波长或 3 个波长）。在帧传输模式开启之后，从对应于 λ_1 和 λ_2 的频带中选择两个随机磁道（即光谱波长），或者从 λ_1、λ_2 和 λ_3 处的频带中选择 3 个磁道。两个波长的带宽只占用一个磁道；而 3 个波长的带宽分别占用以 λ_1、λ_2 和 λ_3 为中心的 13 个、13 个和 26 个磁道。需要进行若干实验以理解相机系统的帧速率限制，并找到满足最小帧速率要求的曝光时间范围，如在 140SPM 下为 222Hz，在 180SPM 下为 286Hz。使用外部触发模式，由 4MHz 扫描函数发生器（4003A，B&K Precision，约巴林达，加利福尼亚州，美国）生成的脉冲可用于单个连续图像采集模式。实际帧速率由软件自动计算，并且在任意时间读取数字，因为除非操作员中断图像采集过程，否则随着时间的推移，帧速率几乎是恒定的。

如表 13.1 所示，任何低于 100μs 的曝光时间都超过帧速率的最低要求（>222Hz）。外部触发具有比内部触发更快的帧速率。如果使用内部触发，适应 180SPM 的 286Hz 的最低帧速率要求则可能无法得到满足。然而，如果将空间域按照 1×2 进行数据分箱，则有可能实现 286Hz 的帧速率。

表 13.1　实时高光谱图像采集系统曝光时间与帧速率间的关系

曝光时间（μs）	帧速率（Hz）			
	外部触发		内部触发	
	两波段	三波段	两波段	三波段
10	518.1	395.3	269.5	232.0
40	510.2	390.6	267.4	230.4
50	507.6	389.1	266.7	229.8
100	495.0	381.7	263.2	227.3
1000	342.5	212.8	284.1	188.7

进行另外的实验以评估具有 200SPM 的更高处理速度的软件的性能速度。污染物检测软件用于在多任务环境下采集和处理图像。图像采集和处理时间都被测量并记录在文本文件中作为输出。对于此任务，抓取时间是指软件抓取模块用于转换 N（宽度）×512（高度）×3（波段/磁道）的三维数据立方体所花费的时间，其中 N 为每个样本 128 次或 118 次扫描。如果软件为每个样本抓取超过 95 行，并且在 300ms 内处理，则软件满足最低速度 200SPM 的要求。如果软件连续运行 1h，则创建的数据立方体数量为 12 078 个，相当于大约 201SPM 的速度。由于 128 行的抓取时间大于 300ms，并且图像抓取存在延迟，因此会出现竞争状况并导致不正确和意外的结果。另外，每个样本抓取 118 行需要 282ms。在这种情况下，处理时间在 47～86ms，导致其他任务超过 200ms。对于这种处理，在没有任何软件问题如内存泄漏的情况下，CPU 使用率为 6%～11%，内存使用大小为 92KB。因此，该软件可以 200SPM 的速度，处理 118（宽度）×512（高度）×3（波长）的高分辨率图像。

13.5.2　误报消除算法

图 13.5 演示了使用 13.4.5 节讨论的 3 种算法进行角质层去除的实时图像处理，表 13.2 总结了上述算法的性能。使用 3 个波长的双波长比算法可以完全去除角质层，仅剩下 2 个像素，如图 13.5a、b 所示。软件过滤可以去除除边界像素以外的大部分角质层，因为这些边界像素比样本中的像素更暗。除了角质层（青色）之外的假阳性（红色）沿着家禽胴体的边界分布。沿样本边界的这些孤立像素可以通过形态学腐蚀算法去除，如中值滤波器，可有效去除大多数小的假阳性像素。除了样品大小之外，角质层的光学密度主要影响相机，即角质层越厚，误报率越高。如表 13.2 所示，三波段算法在去除角质层的后处理过滤方面表现良好。为了可视化假阳性误差的去除效果，散点图用于分析角质层在二维空间中的数据分布。

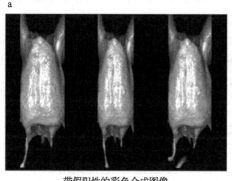
带假阳性的彩色合成图像

仅假阳性

图 13.5　3 种角质层检测算法的比较，从左到右分别为两波段、三波段和配合软件角质层滤波的两波段算法。注意：青色像素是来自表皮的假阳性，红色像素是来自边界的假阳性。
（a）带假阳性的彩色合成图像；（b）仅假阳性（彩图请扫封底二维码）

表 13.2　3 种算法的性能比较

	假阳性(像素)	角质层(像素)	假阳性中的角质层比例(%)
两波段	575	225	39.1
三波段	154	2	1.3
配合软件角质层滤波的两波段	517	66	12.8

13.5.3　假阳性误差的分布分析

为了找出假阳性误差在统计上是如何分布的,用散点图来可视化假阳性误差的统计分布。对于散点图,来自图 13.5 中的 3 个样本图像上角质层的所有 293 个像素被分配到一个组,并且来自假阳性误差的 953 个像素被分配到另一个组。图 13.6 显示了 λ_1(517nm)和 λ_3(802nm)波段的相关散点图。如图 13.6 所示,通过选择 1.5 为阈值的决策边界,可以去除角质层和大多数假阳性。角质层像素(用"红色"表示)相对均匀地分布在 0.35~0.5。然而,依赖该决策边界不能去除在 λ_1(517nm)处所显示出的低于 0.15 的像素。这些假阳性像素中的大多数来自背景和胴体轮廓,因此样本掩模图像的腐蚀处理对于消除由样本边界引起的假阳性错误是有效的。或者,通过添加如图 13.6 所示的线和中值滤波来修改决策边界(分段线性)可以去除剩余的误报。

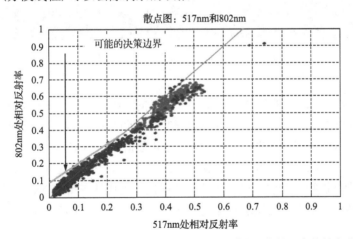

图 13.6　在 517nm 和 802nm 波段中发现的角质层(红色)和背景、身体轮廓(蓝色)的假阳性二维散点图。注意:红线是由阈值 1.5 确定的决策边界(彩图请扫封底二维码)

13.5.4　污染物检测算法

图 13.7 展示了由实时高光谱成像系统采集的三波段图像生成的伪彩色合成图像的拼接。使用 12 只家禽来检查基本和增强算法对家禽胴体粪便检测的效果。用于实验的系统参数是 118(宽度)×512(高度)×3(波长)的尺寸,曝光时间为 1.68ms,EM 增益为 4,用于收集 λ_1(517nm,13 个带宽)、λ_2(565nm,9 个带宽)和 λ_3(802nm,21 个带宽)的光谱图像。用于检测算法的样本污染物来自十二指肠、盲肠、结肠及从家禽肠道中采集的食入物。图 13.7 中顶行的图像是以 180SPM 采集速度获取的,而底行的图像是以 140SPM 采集速

度获取的。如图 13.7 所示，家禽图像的宽度差异主要由传输链的不同线速度（180SPM 和 140SPM）引起。图像轮询算法表现良好，软件处理时间满足要求。图像被感兴趣区（ROI）中的像素覆盖，这些像素的颜色编码为绿色或红色。皮肤、粪便和角质层的 ROI 大小分别为 6115 像素、3098 像素和 293 像素。

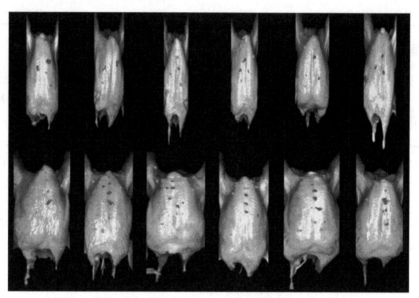

图 13.7　感染粪便的家禽的拼接图像。注意：代表粪便和干净表面的感兴趣区
（ROI）分别用红色和绿色表示（彩图请扫封底二维码）

图 13.8 显示了从图 13.7 中的样品获得的 ROI 的二维散点图。来自 ROI 的数据基于 λ_1 和 λ_2（517nm 和 565nm）与 λ_1 和 λ_3（517nm 和 802nm）的两种波长组合。此外，用于角质层-皮肤分布分析的 ROI 被添加到图 13.8a、b 的 ROI 数据中。图 13.8c、d 所示的散点图是在对图 13.8a、b 中的 ROI 附加 3×3 形态腐蚀滤波器这一图像处理之后获取的。散点图中线上方的所有像素都被视为粪便，尽管包括一些误报，尤其是在图 13.8a、b 中。13.8c、d 中被消除的假阳性像素是来自角质层和深色背景的像素，其反射率值小于 0.2。如图 13.8c、d

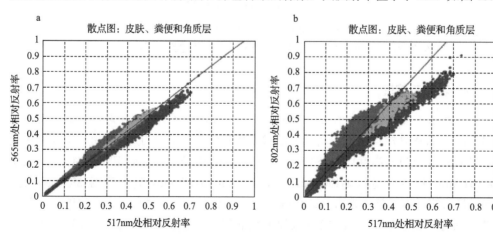

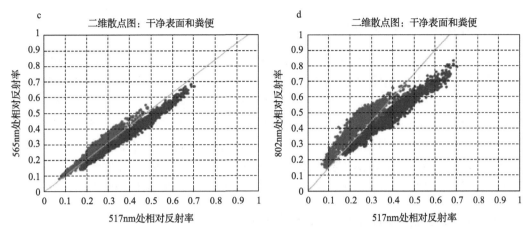

图 13.8 皮肤(蓝色)、粪便(红色)和角质层(青色)的散点图。注意：决策边界线被带比阈值覆盖(a)1.05
和(b)1.5；并且(c)和(d)中的散点图是通过对 ROI 进行 3×3 形态腐蚀算法获得的。

(a)517nm 与 565nm；(b)517nm 与 802nm；(c)腐蚀 ROI：517nm 与 565nm；

(d)腐蚀 ROI：517nm 与 802nm(彩图请扫封底二维码)

所示，形态腐蚀算法可以去除真正的粪便像素及假阳性。除角质层以外，大多数假阳性都
是从真正的粪便 ROI 的边界观察到的。由于腐蚀算法的性质，沿着粪便 ROI 边界的大多
数被消除的像素是光谱混合的。因此，使用 3 个波长的高级粪便检测算法可以利用 λ_3 和
λ_1(802nm 和 517nm)光谱图像的比率在阈值为 1.5 的情况下来分离角质层与粪便。然而，
当像素连接到光学上不透明的粪便(如十二指肠或小尺寸的粪便)时，高级粪便检测算法还
可以去除粪便周围的混合像素。因此，小粪斑的边界像素容易受到使用 λ_3(802nm)的第二
带比算法的阈值操作的影响，因为中值滤波器可能会擦除剩余的小像素。

13.6 实时高光谱成像应用的考虑

对于实时高光谱成像应用，了解硬件和软件的实时操作是非常重要的。从硬件
的角度来看，挑战在于确定给定的硬件平台是否能够以实时应用程序所需的质量和
数量生成数据。对于软件而言，挑战在于将在非实时计算环境中开发的算法实现为
实时应用。

通过对通用平台成像技术的初步可行性试验，可以将高速线扫描高光谱成像系统应
用于在线检测。在实时系统的现场应用需要解决的几个问题中，关于实验室初始测试图
像的一些观察包括系统校准，这与大多数仪器的情况一样。尽管大的污染物在 λ_2(565nm)
和 λ_1(517nm)两个波段的未校准图像比率下似乎可以被检测到，但是大约 30%的校准图
像在 λ_1(517nm)波段饱和。因此，线扫描图像采集需要更精确的校准方法，因为未校准
图像标准阈值的性能不易评估。如果样本中的空间分辨率非常低，则假阴性误差可能会
增加。为了消除假阳性和假阴性错误，需要在整个图像采集过程中确定适于线扫描相机
的最佳空间分辨率。

13.6.1　线扫描相机的校准问题

基于交互式数据语言(interactive data language，IDL)编程环境的图像分析软件的修改，使用在线反射和暗电流图像来校准样本的合成图像。由于暗电流数据中的 $\lambda_1(517nm)$ 和 $\lambda_2(565nm)$ 之间存在差异，并且从传感器的顶部到底部存在相当大的不一致性，因此校准是实时高光谱成像系统在线应用的必要步骤。例如，图像可以在 $\lambda_1(517nm)$ 波段饱和，从而导致误报，特别是在光线不足和饱和的区域。有时会有明显的阴影，而且随样本的弯曲，光线也会逐渐减弱，导致沿着样品边缘如家禽胴体的翅膀和腿会出现假阳性。因此，为了获得更好的检测精度，需要仔细考虑实时成像的精确校准程序。

13.6.2　污染物检测的实时高光谱成像系统问题

为了实现实时在线模式的污染物检测，几个因素需要在商业加工厂实施前考虑并予以解决。对于样品测量的规范，需要确定与微生物计数相关的粪便物质的最小质量。要考虑的第二个因素是粪便污染物中可检测的最小像素尺寸。根据斑点大小研究的观察结果(Windham et al. 2005)，可检测的粪便大小约为 10 个像素，其可以从 5mg 盲肠样品中产生。尽管最佳相机设置取决于主要检测模块的规格，如相机传感器和相应的光学器件，但高光谱相机可以按如下参数设置：采用 23mm 镜头，曝光时间 125ms，工作距离 27in，采用 380 线扫描 4×2 数据分箱合并，则可以覆盖整个鸡胴体范围。

照明是高质量图像采集的另一个关键子系统，特别是对于高速线扫描高光谱成像系统。卤钨灯(tungsten halogen，TH)和光发射器件(LED)都是很好的候选者，因为它们在 517nm、565nm 和 802nm 具有高激发强度特性，足以用于粪便污染物检测。对于三波段光谱图像数据采集，针对狭缝宽度小于 40μm 的线扫描高光谱成像系统，需要在 512～522nm、560～570nm 和 729～812nm 的波长范围内对高光谱成像仪的光谱范围进行优化。

13.6.3　使用不同光源的实时粪便污染物检测

图 13.9 显示了带有污染物的伪彩色合成图像和相应的二值图像，这些图像表明使用实时在线高光谱成像系统可以进行中试现场的污染物在线处理测试。在本测试中，选取 517nm、565nm 和 600nm(或 802nm)3 个波段的光谱图像用于创建彩色合成图像。由于 802nm 波段在基于光学滤波器的普通孔径相机研究中被验证可以用来进行假阳性去除 (Heitschmidt et al. 2007)，因此对 802nm 线扫描高光谱成像系统进行测试，以确定在消除由角质层引起的假阳性错误方面是否可以获得类似的结果。在这项研究中，600nm 是 802nm 的替代品，这表明卤钨线光源可以简单地用作光源，而不是额外增加 802nm 的 LED 灯。然而，需要更多的照明测试来验证哪种照明系统最适于线扫描高光谱成像系统，以获得高质量的图像采集和对于其他污染物检测的良好性能。例如，从家禽胴体中检测到各种污染物，如摄入物、结肠和盲肠，但十二指肠在合成彩色图像中不明显。结肠污染物的大小约为 $12mm^2$，同一斑点对应 600nm 波段的图像大小为 15 个像素，而对应

802nm 波段仅为 7 个像素。因此，根据不同的光源检测到的同等尺寸的污染物的大小也不同。尽管在该样品中 600nm 的结果优于 802nm，但 600nm 的总体性能与 802nm 的相似，因为主导算法仍然基于 517～565nm 波段的图像比。图 13.9b、c 中的白点表示粪便和摄入污染物，黄色标记表示受污染样品的事实情况。

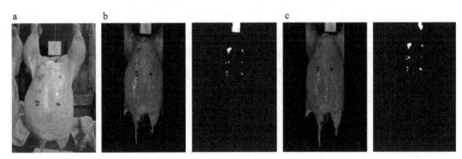

图 13.9　用线扫描高光谱成像系统检测粪便污染物的测试结果；(a) 十二指肠、盲肠、结肠和摄入物等各种污染物的伪彩色合成图像；(b) 517nm、565nm 和 600nm 3 个波段；(c) 517nm、565nm 和 802nm 3 个波段。注意：选择第三个波段进行假阳性清除，并使用黄色标记表示污染胴体的事实情况(彩图请扫封底二维码)

13.6.4　用于污染物检测的在线高光谱成像系统的技术要求

为了满足符合食品安全检验法规的加工生产线的高吞吐量、在线粪便检测仪器功能和技术规范需要的增强，以适宜商业家禽加工厂的实时处理。通过高速数据采集和实时图像处理算法，在线高光谱成像系统至少能够以 140 只/min 的速度检测斑点尺寸大于3mm (相当于大约 5mg 的粪便质量) 的粪便污染物。该成像系统包括一个 CCD 探测器、摄谱仪、透镜、电源、电子控制系统、热控制系统和用于保护家禽屠宰场恶劣环境中电子模块的外壳。建议的相机镜头为 25mm，f/2，照明系统包括 24VDC 的 LED 灯，前提条件是所有激发光谱带满足作为光源的最低要求 (517nm、565nm 和 600nm 用于粪便污染物检测)。光谱仪的光谱范围在 450～900nm，光谱分辨率为 6nm。笑纹和梯形畸变(keystone) 效应的整体图像失真必须小于 0.1 像素，高光谱成像仪的渐晕小于 5%。CCD探测器采用无冷却 1004 像素×1002 像素格式、8mm×8mm 方形像素尺寸、8mm×8mm 焦平面阵列 (focal plane array, FPA)、自定义的数据分箱选项、12 帧/s 的最小帧速度和 USB2接口功能，无须冷却。用于初始测试的软件基于 Visual Basic，但 C++编程环境对于通用平台系统配置是可行的。

13.7　结　束　语

高速线扫描高光谱成像系统在食品加工过程中具有实时在线检测的潜力。具体来说，这项技术有利于家禽业的粪便污染物和不卫生性检测。为了提高检测精度和性能，需要获取完全校准(空间和光谱)图像以进行进一步的图像处理。此外，使用适当的图像处理方法实时实现需要外部或内部触发模式的成像仪。基于对象形状的软件触发方法是在线应用的候选方法。在此过程中，从行扫描图像采集到分析识别污染点的整个处理速度应满足每分钟 140 只禽类的行业要求。对于实时应用中的高质量图像采集，照明系统无论是卤钨灯还是 LED（工业应用首选 LED）都至关重要。综上所述，高速线扫描高光谱成像系统可用于食品安全检测，如粪便污染物和不卫生性检测，也可作为一个通用的平台成像系统用于其他基于行业标准的质量检测。随着实时高光谱成像平台的不断发展，需要进一步研究，以充分验证系统的性能，从而满足行业的需求。例如，在粪便污染物检测的情况下，需要验证高检测精度和最小假阳性误差的基本事实，以获得商业意义。对于这项任务，可以测试一些作为地面真相的由人工检验员或其他仪器确认的标记，并且利用 CCD 彩色相机作为参考，可进一步研究与地面真相的自动联系。

参 考 文 献

Acito N, Matteoli S, Diani M, Corsini G (2013) Complexity-aware algorithm architecture for real-time enhancement of local anomalies in hyperspectral images. J Real-Time Image Proc 8:1–16

Ariana DR, Lu R, Guyer DE (2006) Near-infrared hyperspectral reflectance imaging for detection of bruises on pickling cucumbers. Comput Electron Agric 53:60–70

Bowles JH, Antoniades JA, Baumback MM, Grossmann JM, Haas D, Palmadesso PJ, Stracka J (1997) Real-time analysis of hyperspectral data sets using NRL's ORASIS algorithm. Proc SPIE 3118:38. doi:10.1117/12.283841

Chai SM, Gentile A, Lugo-Beauchamp WE, Fonseca J, Cruz-Rivera JL, Wills DS (2000) Focal-plane processing architectures for real-time hyperspectral image processing. Appl Opt 39:835–849

Chang CI, Ren H, Chiang SS (2001) Real-time processing algorithms for target detection and classification in hyperspectral imagery. IEEE Trans Geosci Rem Sens 39:760–768

Chao K, Yang CC, Chen YR, Kim MS, Chan DE (2007) Hyperspectral-multispectral line-scan imaging system for automated poultry carcass inspection applications for food safety. Poult Sci 86:2450–2460

Chao K, Yang CC, Kim MS (2010) Spectral line-scan imaging system for high-speed non-destructive wholesomeness inspection of broilers. Trends Food Sci Technol 21:129–137

Du Q, Nekovei R (2009) Fast real-time onboard processing of hyperspectral imagery for detection and classification. J Real-Time Image Proc 4:273–286

Du Q, Ren H (2003) Real-time constrained linear discriminant analysis to target detection and classification in hyperspectral imagery. Pattern Recognition 36:1–12

El Masry G, Wang N, El Sayed A, Ngadi N (2007) Hyperspectral imaging for nondestructive determination of some quality attributes for strawberry. J Food Eng 81:98–107

Fletcher-Holmes DW, Harvey AR (2005) Real-time imaging with a hyperspectral fovea. J Opt A Pure Appl Opt 7:S298–S302

Gowen AA, O'Donnell CP, Cullen PJ, Downey G, Frias JM (2007) Hyperspectral imaging—an emerging process analytical tool for food quality and safety control. Trends Food Sci Technol 18:590–598

Heitschmidt GW, Park B, Lawrence KC, Windham WR, Smith DP (2007) Improved hyperspectral imaging system for fecal detection on poultry carcasses. Trans ASABE 50:1427–1432

Heras DB, Arguello F, Gomez JL, Becerra JA, Duro RJ (2011) Towards real-time hyperspectral image processing, a GP-GPU implementation of target identification. In: 2011 I.E. 6th international conference on intelligent data acquisition and advanced computing systems (IDAACS), vol 1, pp 316–321

Josth R, Antikainen J, Havel J, Herout A, Zemcik P, Hauta-Kasari M (2012) Real-time PCA calculation for spectral imaging (using SIMD and GP-GPU). J Real-Time Image Proc 7:95–103

Kester RT, Bedark N, Gao L, Tkaczyk TS (2011) Real-time snapshot hyperspectral imaging endoscope. J Biomed Opt 16:056005. doi:10.1117/1.3574756

Kim I, Kim MS, Chen YR, Kong SG (2004) Detection of skin tumors on chicken carcasses using hyperspectral fluorescence imaging. Trans ASABE 47:1785–1792

Kim MS, Chen YR, Mehl PM (2001) Hyperspectral reflectance and fluorescence imaging system for food quality and safety. Trans ASABE 44:721–729

Kim MS, Lee K, Chao K, Lefcourt AM, Jun W, Chan DE (2007) Multispectral line-scan imaging system for simultaneous fluorescence and reflectance measurements of apples: multitask apple inspection system. Sens Instrumen Food Qual 2:123–129

Kise M, Park B, Lawrence KC, Windham WR (2007) Design and calibration of a dual-band imaging system. Sens Instrumen Food Qual 1:113–121

Leitner R, Mairer H, Kercek A (2003) Real-time classification of polymers with NIR spectral imaging and blob analysis. Real-Time Imaging 9:245–251

Lu R, Peng Y (2006) Hyperspectral scattering for assessing peach fruit firmness. Biosystems Eng 93:161–171

Nicolai BM, Lotze E, Peirs A, Scheerlinck N, Theron KI (2006) Non-destructive measurement of bitter pit in apple fruit using NIR hyperspectral imaging. Postharvest Biol Technol 40:1–6

Noh H, Lu R (2007) Hyperspectral laser-induced fluorescence imaging for assessing apple quality. Postharvest Biol Technol 43:193–201

Park B, Lawrence KC, Windham WR, Buhr RJ (2002) Hyperspectral imaging for detecting fecal and ingesta contaminants on poultry carcasses. Trans ASABE 45:2017–2026

Park B, Lawrence KC, Windham WR, Smith DP (2004) Multispectral imaging system for fecal and ingesta detection on poultry carcasses. J Food Process Eng 27:311–327

Park B, Yoon SC, Lawrence KC, Windham WR (2005) Dynamic threshold method or improving contaminant detection accuracy with hyperspectral images. ASAE paper no. 053071, St. Joseph, MI

Park B, Lawrence KC, Windham WR, Snead MP (2006) Real-time multispectral imaging application for poultry safety inspection. In: Electron imaging SPIE 6070-7, pp 1–10

Park B, Kise M, Lawrence KC, Windham WR, Smith DP (2007a) Real-time multispectral imaging system for online poultry fecal inspection using unified modeling language. Sens Instrumen Food Qual 1:45–54

Park B, Yoon SC, Lawrence KC, Windham WR (2007b) Fisher linear discriminant analysis for improving fecal detection accuracy with hyperspectral images. Trans ASABE 50:2275–2283

Park B, Kise M, Windham WR, Lawrence KC, Yoon SC (2008) Textural analysis of hyperspectral images for improving contaminant detection accuracy. Sens Instrumen Food Qual 2:208–214

Park B, Yoon SC, Kise M, Lawrence KC, Windham WR (2009) Adaptive image processing methods for improving contaminant detection accuracy on poultry carcasses. Trans ASABE 52:999–1008

Park B, Yoon SC, Windham WR, Lawrence KC, Kim M, Chao K (2011) Line-scan hyperspectral imaging for real-time in-line poultry fecal detection. Sens Instrumen Food Qual 5:25–32

Plaza A, Plaza J, Vegas H (2010) Improving the performance of hyperspectral image and signal processing algorithms using parallel, distributed and specialized hardware-based systems. J Sign Process Syst 61:293–315

Qiao J, Ngadi M, Wang N, Garlepy C, Prasher S (2007) Pork quality and marbling level assessment using a hyperspectral imaging system. J Food Eng 83:10–16

Setoain J, Tirado F, Tenllado C, Prieto M (2008) Real-time onboard hyperspectral image processing using programmable graphics hardware. In: Plaza AJ, Chang CI (eds) High performance computing in remote sensing, Chap 18, pp 411–451

Stellman CM, Hazel GG, Bucholtz F, Michalowicz JV, Stocker A, Schaaf W (2000) Real-time hyperspectral detection and cuing. Optical Eng 39:1928–1935

Tarabalka Y, Haavardshlom TV, Kasen I, Skauli T (2009) Real-time anomaly detection in hyperspectral images using multivariate normal mixture models and GPU processing. J Real-Time Image Proc 4:287–300

Tatzer P, Wolf M, Panner T (2005) Industrial application for inline material sorting using hyperspectral imaging in the NIR range. Real-Time Imaging 11:99–107

Windham WR, Lawrence KC, Park B, Martinez LA, Lanoue MA, Smith DA, Heitschmidt GW, Poole GH (2003a) Method andarticlet system for contaminant detection during food processing. U.S. Patent No. 6,587,575

Windham WR, Lawrence KC, Park B, Buhr RJ (2003b) Visible/NIR spectroscopy for characterizing fecal contamination of chicken carcasses. Trans ASAE 46:747–751

Windham WR, Heitschmidt GW, Smith DP, Berrang ME (2005) Detection of ingesta on pre-chilled broiler carcasses by hyperspectral imaging. Int J Poultry Sci 4:959–964

Wu CC, Chen HM, Chang CI (2010) Real-time N-finder processing algorithms for hyperspectral imagery. J Real-Time Image Proc 7:105–129

Yoon SC, Lawrence KC, Park B, Windham WR (2007) Optimization of fecal detection using hyperspectral imaging and kernel density estimation. Trans ASABE 50:1063–1071

Yoon SC, Lawrence KC, Line JE, Siragusa GR, Feldner PW, Park B, Windham WR (2010) Detection of Campylobacter colonies using hyperspectral imaging. Sens Instrumen Food Qual 4:35–49

Zhang B, Yang W, Gao L, Chen D (2012) Real-time target detection in hyperspectral images based on spatial-spectral information extraction. EURASIP J Adv Sign Proc 2012:142

第14章 用于蔬菜质量评估的 LCTF 高光谱成像技术

Changying Li 和 Weilin Wang[①]

14.1 简　　介

人们普遍认识到增加膳食中的新鲜蔬菜可以预防非传染性疾病，如癌症和心血管疾病，这些疾病造成的死亡人数占全球所有死亡人数的 2/3(Ezzati and Riboli 2012)。在一定程度上受到新鲜蔬菜有益健康的驱使，过去 40 年间，世界范围内蔬菜的产量几乎翻了两番(Food and Agriculture Organization of the United Nations 2012)。在过去 3 年(2009～2011 年)，美国新鲜蔬菜的产值始终超过 105 亿美元(USDA-NASS 2012)。前三名最有价值的新鲜蔬菜是生菜、番茄和洋葱，这些蔬菜合计占美国新鲜蔬菜总农场价值的 40%。随着消费的增加，消费者更关注蔬菜产品的质量，这使得市场更具竞争性。对新鲜蔬菜而言，五大品质要素是外观、风味、质地、营养价值和缺陷因素，这些因素在很大程度上决定了消费者的接受度和产品的价值。

在蔬菜采后处理系统中，质量检验和分类起着核心作用，并且切实地影响到所有的利益相关者。消费者需要高品质的产品，并愿为尺寸和外观一致均匀的产品支付高价。任何表面瑕疵、疾病或内部缺陷都会降低消费者的满意度。对于种植者来说，有缺陷的产品可能导致整批产品的减价甚至被拒绝，这是一个重大损失。对于加工商来说，消费者发现的潜在损害或内部缺陷可能造成经济上的损失，并且可能对品牌声誉产生长期影响。对于包装商来说，存储有瑕疵或缺陷的产品会浪费宝贵的存储空间并降低利润率。因此，保持高质量的产品对蔬菜产业的经济发展至关重要。为确保高质量，必须通过采后分拣和包装将有缺陷的产品从完好的产品中分离出来。

作为全球主要的新鲜蔬菜之一，洋葱(*Allium cepa* L.)可用于烹饪和制药，已经在地球上栽培了数千年。目前，它在美国的 20 多个州均有种植。在 2003 年和 2005 年，美国洋葱的年农场价值超过 10 亿美元，并且在过去 5 年中一直大于 8 亿美元(USDA-NASS 2006，2012；National Onion Association 2008)。洋葱的消费量在持续增长，部分原因是洋葱存在有益健康的证据和美国快餐业的蓬勃发展。

目前，只有少数洋葱包装厂配备了可以按大小或外观分类洋葱的机器视觉系统。在

① C. Li (✉)
College of Engineering, University of Georgia, 712F Boyd Graduate Studies
Research Center, Athens, GA 30602, USA
e-mail: cyli@uga.edu
W. Wang
College of Engineering, University of Georgia, 701 Boyd Graduate Studies
Research Center, Athens, GA 30602, USA
Monsanto Company, 800 North Lindbergh, St. Louis, MO 63167, USA
e-mail: wweilin@uga.edu; weilin.wang@monsanto.com

美国的大多数洋葱包装厂中,只能通过人工视觉检查评估洋葱的外部质量(如瑕疵或表面分裂)。人工视觉检查因人而异,并且由于人的疲劳而容易出错。此外,人工检查员无法评估内部质量(如干物质含量)和缺陷(如中心腐烂)。人工检查员不仅在某些情况下不起作用,而且容易出错,成本也很高。洋葱包装厂运营成本的近50%与人工和管理成本(个人通信)有关。鉴于美国劳动力紧缺的问题,这一劳动密集型处理系统应用起来变得更加困难。

　　本章以洋葱为例讨论了基于液晶可调谐滤波器(LCTF)的高光谱成像(HSI)技术及其在蔬菜质量检测中的应用。简要概述了蔬菜质量测量的破坏性和非破坏性方法。详细介绍了LCTF技术,包括系统组件和校准。介绍了两个LCTF技术用于洋葱质量评估的例子:一个是检测洋葱表面的酸皮病,另一个是使用LCTF系统预测洋葱内部质量(可溶性固形物含量和干物质含量)。本章最后提供了一个简短的结论。

14.2　洋葱品质和评价方法

14.2.1　洋葱品质因素

　　洋葱的品质因素可以分为外部因素和内部因素。洋葱的重要外部品质因素包括:尺寸、形状、颜色、均匀度和外部缺陷。关键的内部品质因素是硬度、干物质含量、可溶性固形物含量和内部缺陷(内部腐烂和空隙等)。由于外部质量检查一直是当前分拣技术的目标,而内部品质尚未得到很好的调查,因此本节只重点讨论这些内部品质因素。

　　美国的总洋葱产量中约有13%(收入超过1亿美元)进入干燥和加工市场(USDA-NASS 2012)。在干燥过程中,通过使用干物质比例高的洋葱可以获得更高的利润。为了提供干物质含量高的洋葱,洋葱育种者需要工具来快速筛选干物质含量高的洋葱品种。尽管存在用于测量洋葱大小和重量的自动化系统(电子或视觉),但仍难以无损估计洋葱内部品质。

　　目前,洋葱(和大多数蔬菜)的内在品质是通过对随机样本的破坏性测试来测量的。例如,大多数水果和蔬菜的硬度通常通过泰勒Magness-Taylor(MT)方法测量,即将钢质探针以一定的加载速度(如2mm/s)和深度(如9mm)插入到水果或蔬菜中。在此过程中记录的最大力作为产品硬度的度量。

　　可溶性固形物含量是大多数水果和蔬菜的另一重要内在品质属性,通常通过具有自动温度校正的折射计来测量。从蔬菜样品中提取一滴或两滴汁液,然后将汁液散布到折射计的载玻片上以读取可溶性固形物含量(SSC)值(以°Brix计)。

　　干物质(dry matter,DM)含量通常通过将蔬菜样品在75℃的强制通风烘箱中加热12h来测量。干物质含量为烘箱干燥后和干燥前蔬菜样品重量之间的比率。

　　显然,所有这些方法都需要破坏蔬菜样品。破坏性测试方法存在两个主要缺点:①测试样品不能在测试后使用或销售;②它只能测试有限数量的样品,并留下许多未能检测到的有缺陷的产品。相反,无损检测方法有潜力测量每个蔬菜样品且不会损害产品。因此,如果快速无损的方法可用于评估洋葱内部品质,如干物质、SSC和硬度,这将是非常有价值的。

14.2.2　洋葱采后病害

全美国将近 60%的未加工洋葱被放入储藏库，并在数周或数月后消费使用，以延长食用季节并利用更有利的市场窗口（Burden 2008；National Onion Association 2008）。通常情况下，洋葱可以在寒冷、干燥、通风良好的房间中保存数月，并能保证市场消费质量。然而，真菌和细菌疾病会影响洋葱的储存，造成大量损失。这些真菌和细菌疾病的暴发通常是由一些受损与受感染的洋葱引起的，这些洋葱最终传播病原体并在贮存中腐坏附近的健康洋葱。由于缺乏检测方法，洋葱处理人员在早期阶段不知道这些疾病的存在，直到洋葱出现可视症状，使其在储存期结束时不能出售。例如，洋葱颈腐病［由葱腐葡萄孢（*Botrytis allii*）引起］是一种几乎无法检测到的真菌病害，在某些年份会导致高达 50%～70%的储藏损失（Ceponis et al. 1986；Boyhan and Torrance，2002）。由细菌洋葱伯克霍尔德菌（*Burkholderia cepacia*）（Burkholder 1950）引起的另一种被称为酸皮的疾病是能影响大多数洋葱品种的最严重的洋葱疾病之一（Schwartz and Mohan 2008）。毫不奇怪，利益相关者将真菌和细菌疾病都视为影响洋葱产业的两个最严重问题。然而，通过人工视觉检查很难在洋葱中检测到细菌或真菌诱发的疾病，因为洋葱疾病的症状通常保持潜伏状态直到环境变得有利（Schwartz and Mohan 2008）。为了控制真菌和细菌疾病并减少大量储存损失，需要更有效的无损检测方法。

14.2.3　无损检测方法

无损测量是一种在不改变产品物理和化学性质的情况下获得质量信息的技术（Shewfelt and Prussia 1993；Florkowski et al. 2009）。有几种无损检测技术已被用于蔬菜质量和安全检测，如近红外光谱（Osborne and Fearn 1986）、X 射线成像、磁共振成像（Cho et al. 1990）、机器视觉（Liao et al. 1994；Tao 1998）和电子鼻（Li et al. 2009）。例如，X 射线成像已被用于检测维达利亚甜洋葱的内部缺陷，包括孔隙与外来夹杂物（Shahin et al. 2002）。Li 等（2009）报道了一种通过使用气体传感器阵列测量顶空气体来检测洋葱中酸皮病的方法。当使用 6 个气体传感器时，可实现 85%的分类正确率。虽然这项技术有望检测酸皮病，但气体传感器更适用于密闭环境而不是包装线。

在各种无损检测方法中，机器视觉技术的研究最为广泛并成功应用于采后处理环节，以检查水果和蔬菜的品质，如尺寸、形状、体积、颜色或质地（Cubero et al. 2011）。然而，机器视觉技术无法检测到新鲜农产品的内部质量或潜伏疾病。

近红外（NIR）光谱在 20 世纪 60 年代中期首次用于食品和制药工业（Williams and Norris 2001；Reich 2005），并且它在过去 20 年中已被越来越多地用于无损测量水果和蔬菜的内部品质（Nicolaï et al. 2007）。近红外光谱在估测水果和蔬菜的可溶性固形物与干物质含量方面特别成功，这是由于在近红外光谱区域存在糖和水的吸收。例如，近红外光谱已被发现在预测苹果（Lu et al. 2000；Park et al. 2003）、香瓜（Dull et al. 1989）、木瓜（Birth et al. 1984）、新鲜李子（Slaughter et al. 2003）、番茄（Slaughter et al. 1996）和甜樱桃（Lu 2001）的糖含量方面具有较好的结果。它还成功预测了猕猴桃（Slaughter and Crisosto 1998）、马铃薯块茎(Dull et al. 1989)和洋葱(Birth et al. 1985)的干重。

然而,传统的近红外光谱法一次只能采集一个空间点或小区域的光谱,并不能代表整个蔬菜样品的空间变化信息。这个缺点可以通过结合了机器视觉(空间信息)和光谱(光谱信息)优势的高光谱成像来克服(Lu 2003)。三维高光谱图像(二维空间和一维光谱信息)不仅提供物体的物理和几何特性,如尺寸、形状、颜色和质地,还提供化学和分子特征,如糖、蛋白质和其他氢键成分(van de Broek et al. 1995;Kazemi et al. 2005)。在过去的 10 年中,高光谱成像技术已广泛应用于水果、蔬菜和坚果的质量评估(Kim et al. 2001;Lorente et al. 2012;Park et al. 2001,2002;Qin and Lu 2005;Ariana et al. 2006;ElMasry et al. 2007,2008;Jiang et al. 2007)。大多数应用是用于定性分类或检测新鲜农产品上的某些缺陷。少数研究利用高光谱成像技术评估草莓、葡萄和香蕉的内部质量(ElMasry et al. 2007;Fernandes et al. 2011;Rajkumar et al. 2012)。Lu 的研究小组利用高光谱图像的漫反射曲线来预测水果的硬度和糖含量(Lu 2004;Lu and Peng 2006)。

在以上引用的大多数文献中使用了推扫式 HSI 系统,而基于电子可调谐滤波器的 HSI 系统仅在少数情况下被研究和使用。例如,研究者开发了基于 LCTF 的光谱成像系统(650~1050nm)来研究植物健康(Evans et al. 1998);一个类似的 HSI 系统(460~1020nm)被用来检测橘子中的腐烂(Gómez-Sanchis et al. 2008)。一组研究利用基于 LCTF 的 HSI 系统对小麦籽粒品质(如成分、硬度、颜色、昆虫损伤)进行检测(Cogdill et al. 2004;Archibald et al. 1999;Williams et al. 2009;Mahesh et al. 2008;Singh et al. 2009)。基于 LCTF 的 HSI 系统与推扫式 HSI 系统相比具有其独特的优势,这将在下面的章节中详细介绍。

14.3 基于 LCTF 的高光谱成像

液晶可调谐滤波器是多级 Lyot-Ohman 型偏振干涉滤波器,它具有一组偏振片、双折射元件和电子可调谐液晶(liquid crystal, LC)波片(Gat 2000)。由于 LCTF 的滤波元件具有光波长的选择性传输性能,因此只有窄带的光可以通过 LCTF,并且消除了带外的光。通过施加不同的电场来控制 LC 元件的延迟,可以将 LCTF 的带通调谐到期望的光谱区域。

作为固态电子可调谐带通滤波器,LCTF 由于其卓越的图像质量而成为用于高光谱成像的主要电子滤波器类型。与最新的线扫描 HSI 系统相比,基于 LCTF 的 HSI 系统在透过率和光谱分辨率方面较弱。然而,基于 LCTF 的 HSI 系统与线扫描 HSI 系统相比还有其独特的优势,因为前者有如下特点。

1. 是多光谱成像系统的自然延伸,它具有多功能性,可用于高光谱或多光谱成像应用。

2. 有一个区域视场(FOV),而线扫描 HSI 系统一次只能看到测试对象的一行。

3. 可以随机快速访问波段,因此对于需要选择性光谱信息的瞬时成像应用具有优越性。

4. 具有于扫描期间在每个光谱带上动态且可调节的配置参数(即相机的曝光时间),而线扫描系统通常必须在扫描期间保持其参数设置恒定。

5. 更容易与其他系统集成,因为它们不依赖任何移动的机械部件,如直线输送机。

特别是,基于 LCTF 的高光谱成像系统吸引了一些研究实验室,因为它可以通过在现有的相机系统上增加 LCTF 单元和扩展数据采集程序来构建,该程序为避免投资全新的 HSI 系统提供了经济有效的替代方案。

14.3.1　基于 LCTF 的高光谱成像仪的主要组成部分

开发基于 LCTF 的光谱成像系统需要复杂的系统设计、集成和校准过程。在系统设计中,关键任务是为高光谱成像仪选择合适的元件,主要包括 LCTF、透镜和相机(图 14.1)。

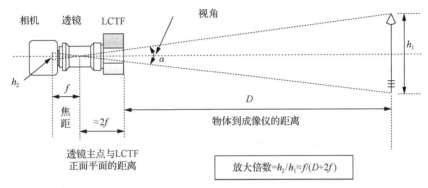

图 14.1　基于 LCTF 的光谱成像仪的示意图[转载获得 Wang 等(2012)的许可;©2012 Elsevier]

14.3.1.1　探测器

基于 LCTF 的高光谱成像仪需要面探测器。基于 LCTF 的高光谱成像仪检测器的选择标准与其他类型 HSI 系统的选择标准基本类似。在 Vis-NIR 光谱区(400~900nm)中,主要使用 CCD 相机。一个特别需要注意的问题是检测器应该具有高灵敏度,因为 LCTF 会阻挡超过 90% 的光线。因此,在低照明环境下,常规的 CCD 相机可能不适用。近年来,诸如电子倍增 CCD(EMCCD)等高性能 CCD 相机在发表的 HSI 应用中越来越多地被采用(Park et al. 2012;Kim et al. 2011;Yoon et al. 2011)。对于 NIR 高光谱成像,通常使用两种类型的高性能光电二极管探测器:铟镓砷(InGaAs)传感器和碲镉汞(HgCdTe)传感器。InGaAs 和 HgCdTe 传感器在 NIR 光谱区域都具有高量子效率。HgCdTe 探测器覆盖1000~12000nm 的宽光谱范围,但价格相当昂贵,需要在高温下运行。相比之下,InGaAs探测器的检测范围有限(900~1700nm),而成本比 HgCdTe 探测器低得多。

14.3.1.2　LCTF

可调谐光谱范围和光圈大小是 LCTF 的两个基本参数。通常,由于 LCTF 的光通量较低,因此优选大孔径 LCTF。LCTF 的另外两个重要参数是调谐速度和平均带宽,这些参数通常在不同波长之间变化。此外,LCTF 的视角(angle of view,AOV)可能会改变高光谱成像仪的 AOV。总体而言,LCTF 的现成产品仍然非常有限,用户可能不得不根据适用性选择最佳产品。

14.3.1.3　透镜

高光谱成像仪的透镜是直接决定光谱成像仪的几个基本参数[如焦距(f)、视角

（AOV）、视场（FOV）和放大倍数（magnification，M）]的关键组件。类似于传统的相机系统，这些参数可以通过相机的小孔模型来估算（图 14.1）。但是，应该意识到，高光谱成像仪的 AOV 也可能受 LCTF 的 AOV 影响。在选择镜头时还应考虑一些其他因素：由于 LCTF 吸收大量光线，因此通常首选快速镜头（具有大光圈），并且镜片应具有适当的涂层以提高通量，并在期望的光谱区域中减少图像失真。

14.3.1.4 高光谱成像仪的布局

基于 LCTF 的高光谱成像仪有两种常见布局（图 14.2）：①镜头放置在 LCTF 和相机之间，②镜头放在 LCTF 的前面。高光谱成像仪（相机、LCTF 和镜头）的组装布局应在选择镜头之前确定，因为不同的组装布局会对镜头有不同的要求。

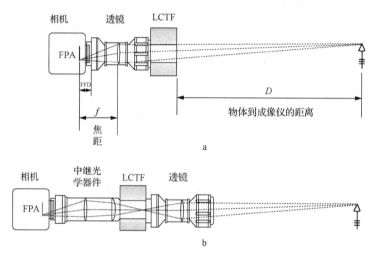

图 14.2　基于 LCTF 的光谱成像仪的两种常见布局：（a）将透镜放置在 LCTF 和相机之间；（b）透镜在 LCTF 的前方，并且使用中继光学器件来将物体的图像聚焦到相机上
[转载获得 Wang 等（2012）的许可；©2012 Elsevier]

对于布局①，由于 LCTF 内部的狭长光路，光线很容易被滤光片阻挡，因此透镜边缘的光线减少（机械渐晕）。结果可能导致所捕获图像的边缘模糊。具有大 f 的镜头可以减轻渐晕问题，但由于视角较小，因此需要较长的物体到相机的距离。因此，在某些应用中，镜头的 f 可能是最小化图像渐晕和最大化 AOV 之间的折中。

对于布局②，有必要使用长基面焦距（flange focal distance，FFD）的镜头将物体聚焦在相机的焦平面阵列（FPA）上。镜头的 FFD 是指镜头后凸缘和相机焦平面之间的距离。目前，LCTF 的厚度通常大于大多数现成透镜的 FFD。因此，这种布局通常需要定制的中继光学器件将光聚焦到检测器的 FPA 上，这将大大增加光谱成像仪的复杂性、尺寸和设计成本。

14.3.1.5 照明

基于 LCTF 的高光谱成像系统需要区域照明。高光谱成像的良好区域照明应能在照明区域提供稳定的光谱输出和均匀的照明。卤钨灯和 LED 是用于高光谱成像系统的两种最常见的光源（Lawrence et al. 2007）。除了高性能照明灯泡外，往往需要稳定的直流电源保持灯具的光谱输出稳定。类似于传统的机器视觉系统，通过以合适的几何布置多个灯，应用光学扩散器、反射器等，可以增强光照均匀性。在许多应用中，具有高反射率涂层的腔室也用于增强光照均匀性。

14.3.1.6 数据采集程序

数据采集程序是整合基于 LCTF 的 HSI 系统的另一个主要工作，该程序使相机和 LCTF 同步，从而依次采集 2D 图像，并且同时在空间 (x, y) 和光谱轴 λ 上构建三维高光谱图像立方体。可以使用许多编程语言开发 HSI 系统的数据采集程序，如 C++（Yoon et al. 2011）、Microsoft Visual Basic（Kim et al. 2001）和 LabVIEW（Wang et al. 2012）。编程语言的选择取决于许多因素，如开发人员的专业知识和硬件驱动程序的可用性。

数据采集程序的关键功能是以可以被其他 HSI 数据分析程序识别的格式构建 3-D 图像立方体。目前，有 3 种常见的光谱图像编码格式：按波段像元交叉存储（band interleaved by pixel format，BIP）格式、按波段行交叉存储（band interleaved by line format，BIL）格式和按波段顺序存储（band sequential format，BSQ）格式。BIP 格式首先存储所有波段的第一个像素的光谱，然后连续保存下一个像素的光谱直到最后一个像素。BIL 格式使用行作为处理单元：保存第一个波段图像的第一行，然后迭代地处理随后的波段图像的同一行。然后，依次保存所有波段的剩余行。BSQ 格式按顺序逐个存储每个波段下的二维空间图像。虽然所有 3 种格式都是可相互转换的，但对于基于 LCTF 的光谱成像系统而言，以 BSQ 格式对光谱图像进行编码是最有效的。

数据采集程序应该便于使用且可靠。如果需要，还可以包括数据预处理、后处理和数据分析功能。图 14.3 展示了用于基于 LCTF 的光谱成像系统（Wang et al. 2012）的 LabVIEW

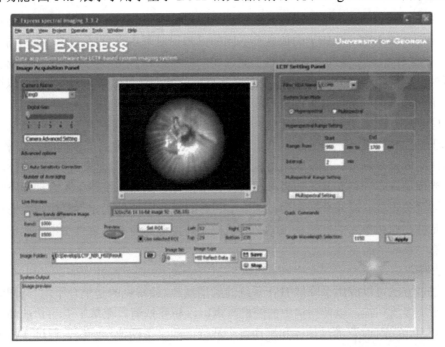

图 14.3 用于基于 LCTF 的光谱成像系统的 LabVIEW 数据采集程序（彩图请扫封底二维码）

数据采集程序,该程序设计用于采集 900～1700nm 光谱范围的高光谱或多光谱图像。该程序还提供了一些提高系统可用性的高级功能,如光谱灵敏度校正、噪声抑制、感兴趣区域选择、集成平均(协同加)和带比图像等。

14.3.2　系统校准

类似于其他类型的光谱成像系统,基于 LCTF 的高光谱成像系统应该在空间和光谱范围内进行校准。HSI 系统应该校准的主要方面包括:光谱精度、分辨率、灵敏度、线性、系统稳定性、空间分辨率、视场、空间模式噪声和图像失真等(Lawrence et al. 2003; Lu and Chen 1998; Wang et al. 2012)。

14.3.2.1　光谱维校准

• 光谱灵敏度

对于 HSI 系统,在物体具有相同光谱特性的波段处其光谱输出应该相似。实际上,系统的光谱灵敏度在整个光谱波段内都会发生变化,因为系统的每个组件在不同的波长下响应不同。对于基于 LCTF 的光谱成像系统,其光谱灵敏度由光源的光谱输出、LCTF 的透射率、透镜的透射率及相机的灵敏度决定。由于单独校准每个单元是非常困难的,因此 HSI 系统的光谱灵敏度校正通常通过将 HSI 系统视为整体单元来进行。对于线扫描 HSI 系统,光谱灵敏度校正主要依赖于平场校正。对于基于 LCTF 的 HSI 系统,除了图像后处理阶段的平场校正外,校正光谱灵敏度可以通过在数据采集期间调整相机的曝光时间和数字增益来进行。

• 线性

系统光谱线性的校准通常通过测量多步对比度标准来进行。多步对比度目标通常由多个并排子面板组成,这些子面板具有不同的已知反射率水平(百分比)。在相同的环境下(照明、位置和温度等),扫描这些子面板和白参考目标。然后,可以使用平场校正将子面板的反射率值转换为相对值(系统对这些目标的响应)。HSI 系统的线性可以通过目标在每个波段下的测量反射率值与实际值之间的线性关系来评估。

• 稳定性

基于 LCTF 的 HSI 系统的稳定性可以通过与其他光谱/成像系统相同的方法来评估:在一定时间内重复测量标准反射率材料目标(即经认证的白参考面板或特氟龙板)。然后,可以在光谱中逐点评估差异,或者按照波段评估图像。如果系统趋于不合理地不稳定,找出原因至关重要。有几个因素会对基于 LCTF 的 HSI 系统的稳定性产生很大影响:电源的稳定性、照明单元的性能及 LCTF/相机的工作温度。有时,软件中不正确的处理算法也会影响系统的稳定性。

• 去噪

有很多方法可以应用于降低 HSI 系统的频谱噪声。最常见的是集合平均(共同添加),它只是平均多次扫描,以便扫描中的随机噪声可以相互抵消。在基于 LCTF 的高光谱成像中,这可以在空间域(通过扫描和平均每个波段下的多个图像)或谱域(通过在扫描之后对像素进行分组)完成。

14.3.2.2　空间维校准

- 视角(AOV)/视场(FOV)

基于 LCTF 的高光谱成像系统的 FOV/AOV 受到多个组件(LCTF、镜头和相机)的影响。因此，对于基于 LCTF 的高光谱成像系统，不是基于元件的参数进行计算，而是根据距离测量其有效 FOV，然后计算系统的 AOV。

- 空间模式噪声

由于检测器 FPA 中的噪声和照度不均匀，HSI 系统在空间域中通常具有显著的响应变化，称为"图案噪声"。在光谱成像中，这种噪声经常在图像后处理阶段通过平场校正来去除，该平场校正使用"白参考"和"黑"图像将原始光谱图像转换为百分比光谱图像(Lu and Chen 1998)。

- 空间分辨率

该系统的空间分辨率可以通过使用标准图像分辨率目标(如 USAF 1951 和 NBS 1963A 分辨率目标)轻松测量。然而，基于 LCTF 的 HSI 系统的焦点可能在不同的波长下有所不同。散焦图像的空间分辨率可能远远低于聚焦良好的图像的空间分辨率。因此，有必要测量整个波段的系统空间分辨率。

- 图像失真和移位

在基于 LCTF 的 HSI 系统中，光谱图像中的图像失真/偏移主要由透镜的色差和几何失真引起。为了校准高光谱图像中的这些误差，一种简单的方法是将二维图像中的常规透镜畸变校正方法扩展到三维高光谱图像。通常，从不同的角度扫描具有特定图案的目标，然后可以通过使用特定算法逐个波长地测量透镜失真。通过比较这些点在不同波长下的像素位置，可以使用目标中的多个几何控制点来评估图像偏移。

14.4　基于 LCTF 的高光谱成像技术在新鲜蔬菜中的应用

14.4.1　洋葱酸皮病检测

酸皮病(洋葱伯克霍尔德菌)是洋葱采后的主要细菌疾病。由于病原体会逐渐扩散并影响其他干净的洋葱，因此洋葱暴露在酸皮病感染的贮藏室中特别危险，会导致大量的贮藏损失。此外，一些洋葱伯克霍尔德菌(*Burkholderia cepacia*)是人类病原体，它们被认为是囊性纤维化个体死亡的主要原因(Holmes et al. 1998)。因此，识别和消除洋葱分选线上酸皮病感染的洋葱是非常重要的，这样洋葱伯克霍尔德菌就不能进入储藏室并且不会被人食用。然而，传统的蔬菜自动分类系统由于洋葱外部复杂的干皮，因此不能从健康的洋葱中筛选出感染酸皮病的洋葱。

Wang 等(2012)报道了应用基于 LCTF 的光谱成像检测感染酸皮病的洋葱。该研究展示了使用基于 LCTF 的光谱成像来开发蔬菜质量检验的分类模型的效力。

14.4.1.1　NIR 高光谱成像系统

将基于 LCTF 的 NIR 光谱成像系统(Wang et al. 2012)进行整合，以获取 950~1650nm

光谱区域洋葱的高光谱反射图像。该系统主要由以下硬件组件组成。

1. 一个 LCTF（LNIR 20-HC-20，Cambridge Research & Instrumentation，剑桥，马萨诸塞州，美国）。可以选择 850～1800nm 范围的窄带通，平均带宽为 20nm。

2. 铟镓砷（InGaAs）相机（SU320KTS-1.7RT，Goodrich，Sensors Unlimited Inc.，普林斯顿，新泽西州，美国）。该相机具有 320×256 像素的焦平面阵列（FPA）、25μm 间距、60 帧/s 最大速度和 12 位数字输出。

3. 近红外镜头（SOLO 50，Goodrich，Sensors Unlimited Inc.，普林斯顿，新泽西州，美国）。该镜头（50mm 焦距，f/1.4 光圈）在 900～1700nm 的光谱范围具有高通量。

4. 4 个 12V 50W 直流石英卤素灯（S4121，Superior Lighting，劳德代尔堡，佛罗里达州，美国）提供 NIR 光源。使用磨砂玻璃扩散器来增加照明的均匀性。

5. Camera Link 图像采集卡（NI PCI-1426，National Instruments，奥斯汀，得克萨斯州，美国）。用于从 InGaAs 摄像头获取图像。

图 14.4 展示了基于 LCTF 的高光谱成像系统的硬件布局。该系统被封闭在一个 600mm×600mm×2000mm（L×W×H）的铝室中。该室被黑布覆盖以避免外部环境的光线。研究者用 LabVIEW 图形化编程语言（National Instruments，奥斯汀，得克萨斯州，美国）开发了一个

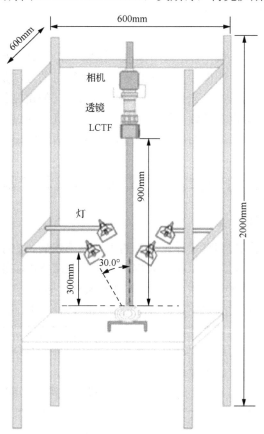

图 14.4 用于检测洋葱酸皮病的基于 LCTF 的高光谱成像系统的硬件布局

[转载获得 Wang 等（2012）的许可；©2012 Elsevier]

图像采集程序，并安装在台式计算机(Intel Duo 处理器 E8200 和 4GB RAM)上。该系统在空间和光谱两个方面进行了校准，Wang 等(2012)详细描述了校准系统的程序和技术。

14.4.1.2　样品制备和图像采集

共使用了 75 个中型/特大型甜洋葱(品种名 Savannah Sweet)。洋葱在 2010 年 5 月收获于美国佐治亚州。所有洋葱都经过人工挑选并检查以获得干净的洋葱。选择的洋葱单独存放在用整数顺序标记的塑料袋中。将洋葱随机分为两组：70 个样品(组 1)和 5 个对照样品(组 2)。在无菌自来水中制备洋葱伯克霍尔德菌的悬液作为酸皮病接种物。洋葱伯克霍尔德菌最初是从在佐治亚州收获的酸皮病感染的洋葱中分离出来的，并在马铃薯葡萄糖琼脂培养基上培养。

在第 0 天，所有 75 个洋葱样品都使用基于 LCTF 的 HSI 系统在 950~1650nm(2nm间隔)光谱区间进行扫描。每个洋葱被扫描 3 次，并使用平均后的高光谱图像。扫描后，组 1 中的 70 个洋葱用洋葱伯克霍尔德菌接种物接种。组 2 的 5 个洋葱接种灭菌自来水作为对照样品。接种的洋葱单独存放在塑料袋中以避免交叉污染。将所有样品置于(30±1)℃和 80%相对湿度的培养箱中。这种接种/培养程序旨在模拟酸皮病感染的自然过程，在第 4~5 天洋葱表面可能会出现酸皮病的早期症状。

在接种后(day after the inoculation，DAI)第五天，所有洋葱样品再次使用基于 LCTF的 HSI 系统进行扫描，扫描时配置与在第 0 天扫描时相同。在所有扫描之后，将洋葱从脖子到根部切成两半以确认真正的感染区域。总共从两天的 75 个洋葱样品中收集到 150张高光谱图像。使用平场校正将所有高光谱图像转换为相对图像。

14.4.1.3　波长选择

在对蔬菜进行无损检测时，扫描时间通常要求较短。因此，对于使用高光谱成像进行蔬菜质量检测的许多应用，应该进行波长选择以确定有助于分类的关键波长。换言之，应该消除不具有或具有弱辨别能力的波长，以提高数据处理的效率。

在这个应用中，选择接种洋葱伯克霍尔德菌的 5 个洋葱用于波长选择。利用所选洋葱第 0 天的高光谱图像提取健康洋葱的光谱，并用 5DAI 洋葱获取酸皮病感染洋葱的光谱。从每个洋葱的颈部区域和肩部鳞茎区手动选择 4 个感兴趣区(ROI)(6×6 像素)。使用 ENVI软件(ITT Visual Information Solutions，博尔德，科罗拉多州，美国)分别从选定的 ROI 提取光谱。提取的反射光谱被平均化并通过使用 $\log_{10}(1/R)$ 转换成吸收光谱(图 14.5)，其中 R是指该类型洋葱组织的平均反射光谱。

当洋葱感染酸皮病时，颈部组织的吸收光谱在 950~1650nm 处比健康的高 26%~62%。在 1410~1460nm 的光谱区域出现最大的差异，这主要是由健康和患病颈部组织中水分含量的差异造成的。根据对这些光谱的直接观察结果，颈部组织对于检测酸皮病更具指示性。

为了确定关键波长的最小数量，使用主成分分析(PCA)分析光谱数据。PCA 是用于特征选择和降维的经典的基于特征向量的算法，其中原始数据集的方差由多个主成分(PC)解释。PC 的载荷(系数)决定了 PC 中原始变量的权重(重要性)。

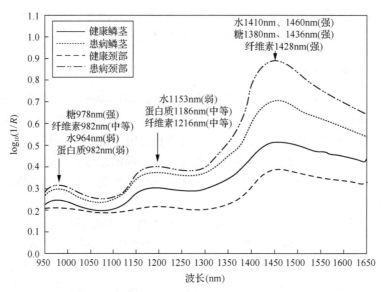

图 14.5　无病(健康)和感染酸皮病(患病)鳞茎组织与颈部组织的代表光谱
[转载获得 Wang 等(2012)的许可；©2012 Elsevier]

　　在本应用中，分别在洋葱颈部区和鳞茎区组织提取的光谱数据集上进行 PCA。对于颈部组织，第一个和第二个 PC 分别占数据集方差的 83.53%和 15.12%。对于鳞茎组织，第一个和第二个 PC 分别代表数据集方差的 95.26%和 4.24%。这意味着，对于任一 PCA 模型，大部分方差可以由前两个 PC 来描述。因此，根据第一个和第二个 PC 的载荷值进行波长选择(图 14.8)。作为一种常见的做法，PC 载荷的最大值和最小值被确定为潜在的关键光谱波段。结果分别从洋葱鳞茎组织(图 14.8a)和洋葱颈部组织(图 14.8b)的光谱 PCA 模型中鉴定出两对重要波长(1070nm 和 1420nm 及 1070nm 和 1400nm)。

　　最终选择波长 1070nm 和 1400nm，理由如下：①从图 14.5 的直接观察结果来看，颈部组织更具指示性；②洋葱组织在 1400nm 和 1420nm 波长处的光谱特征非常接近。因此，在分类中不需要同时包括 1400nm 和 1420nm 下的两个图像。

14.4.1.4　用于特征提取的图像处理

　　在确定关键波段后，应用图像处理技术提取分类特征(图 14.6)。从高光谱图像中提取两个选定波长(1070nm 和 1400nm)下的洋葱图像，然后通过应用比率的对数转换(对数比)将其合并为单个灰度图像：$I_R = \log_{10} \dfrac{I_{1070}}{I_{1400}}$。为了避免比值图像中的无限值，在 1400nm处图像中具有零值的像素被排除在计算之外，并且在对数比转换之前应用 3×3 中值滤波器来对两幅图像进行预处理。与常规波段比方法相比，使用对数比转换的优点是它可以将残留乘性散斑噪声转换为加性噪声分量(Chen 2007)。

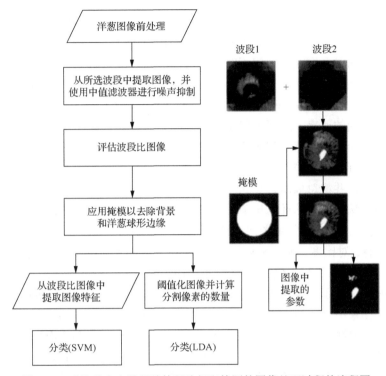

图 14.6　感染酸皮病洋葱的特征选择和检测的图像处理过程的流程图
[转载获得 Wang 等(2012)的许可；©2012 Elsevier]

图 14.7 显示了接种洋葱伯克霍尔德菌的 3 个洋葱样品和接种自来水的一个对照样品的对数比图。对于接种洋葱伯克霍尔德菌的洋葱样品，5DAI 的对数比图像上的颈部区域比身体区域明亮得多，而在接种前的图像中未观察到这种差异。相比之下，对照样品(图 14.7 中的洋葱 4)接种前和 5DAI 的对数比图像非常接近。因此，感染酸皮病洋葱的对数比图像中明亮的颈部区域(高比率值)与出现在洋葱颈部区域的酸皮病症状相关。

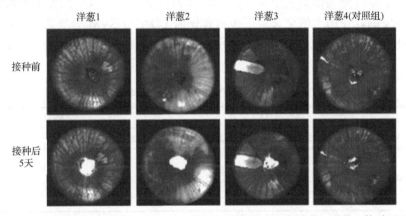

图 14.7　4 个洋葱样本的对数比图像。洋葱 1～3 接种了洋葱伯克霍尔德菌，洋葱 4 接种了无菌自来水。顶行的图像是从洋葱接种前的 HSI 图像中提取的，底行的图像是从接种后第 5 天拍摄的 HSI 图像中获得的[转载获得 Wang 等(2012)的许可；©2012 Elsevier]

洋葱鳞茎区的明亮部分也是感染酸皮病的指示。然而，在身体部位感染酸皮病的组织与健康组织的对比度并不像颈部那样明显。这可以通过洋葱鳞茎的物理结构来解释。当洋葱感染酸皮病时，腐烂洋葱组织释放的液体流入洋葱内部鳞片之间的空隙。与身体部位的干燥皮/肉鳞相比，洋葱干燥的颈部组织更容易吸收并保存液体，从而在1400nm（水的强吸光波段）处获得更高的吸光度。综上所述，在1070nm和1400nm时，酸皮的存在以不同的速率改变了反射率强度，这是通过对数比图像检测到的。因此，这些对数比图像有助于区分感染酸皮病洋葱和健康洋葱。

如图14.6所示，根据洋葱的对数比图像进一步提取两种图像特征：一种是直接分离洋葱的病变区域，并将总像素数量作为特征；另一种从对数比图像提取统计和纹理图像特征。第一种方法基本上估计了出现酸皮病症状的区域大小。至于第二种方法，其通过应用逐步判别分析从12种常见图像特征（最大值、最小值、范围、中值、均值、标准差、偏度、峰度、熵、对比度、能量和均匀性）中选择使用了3种统计或纹理图像特征：最大值、对比度和均匀性。"最大值"特征描述了1070nm和1400nm波长处的洋葱图像之间的最大强度差异。对于感染酸皮病的洋葱，该参数与感染酸皮病最严重的区域相关，该区域在对数比图像中具有最大值。"对比度"特征测量像素之间的局部灰度水平变化，最后一个参数"均匀性"测量局部灰度值的接近程度。"对比度"和"均匀性"与对数比图像上整体感染酸皮病区域的大小及感染程度有关。例如，如果一个洋葱比其他洋葱的感染面积大，感染程度高，则其对数比图像应该具有较高的"对比度"和较低的"均匀性"值。总之，"最大值"、"对比度"和"均匀性"的组合考虑了洋葱中酸皮病的感染区域大小及感染程度。

14.4.1.5　分类

研究者开发了两种监督分类器对健康洋葱和感染酸皮病洋葱进行分类。第一种分类器使用Fisher线性判别分析（LDA）基于洋葱对数比图像中分割的病变区域的像素数量进行判别。第二种分类器是基于支持向量机（SVM）从洋葱对数比图像中提取3个图像的特征而开发的。使用十倍交叉验证搜索和评估LDA与SVM分类器的最优配置，每次交叉验证中126个对数比图像用于训练，14个对数比图像用于分类。分类结果列于表14.1。

表 14.1　LDA 和 SVM 分类器的分类结果

实际	LDA			SVM		
	健康	感染酸皮病	准确率(%)	健康	感染酸皮病	准确率(%)
健康	68	2	97.14	57	13	81.43
感染酸皮病	26	44	62.86	5	65	92.86
总和	94	46	80	62	78	87.14

注：转载获得 Wang 等(2012)的许可；©2012 Elsevier

LDA：基于阈值后像素数的线性判别分析（阈值=0.45）

SVM：使用了3个图像参数的支持向量机（最大值、对比度和均匀性）

对于使用 LDA 的方法，使用全局阈值 0.45 的最佳分类器获得 80%的分类准确率，具有相对高的假阴性(70 个中 26 个)和低的假阳性(70 个中 2 个)。错误分类主要是由健康洋葱的湿肉(非干皮)像素造成的，由于其含水量高，对数比也高。例如，在图 14.7 中的洋葱 3 上，洋葱鳞茎区有一个小的干皮脱落区域。由于其高的水分含量(>80%)，暴露的肉鳞也显示出与感染酸皮病组织相似的较高的对数比。因为这些假阳性区域的存在，由 LDA 确定的全局阈值相对较高。结果造成感染面积相对较小的洋葱样本被误认为是健康的洋葱。

使用 3 个图像特征的最优 SVM 分类器[径向基函数(radial basis function，RBF)核，$\gamma=1.5$]获得了 87.14%的较高分类准确率。它比 LDA 分类器表现得好一点，因为 SVM 分类器使用 3 种图像特征考虑了洋葱酸皮病感染区域的大小和感染程度，而 LDA 方法只能计算总的酸皮病感染区域的大小。因此，SVM 分类器在假阴性(70 个中 5 个)和假阳性(70 个中 13 个)之间实现了更好的平衡。类似于 LDA 分类器，SVM 分类器的相对较高的假阳性主要是由那些健康洋葱的鳞茎区域上具有潮湿肉鳞引起的。因此，为了进一步提高该算法的性能，在分类之前应识别并排除洋葱上的湿肉鳞。

总之，这个应用举例说明了使用基于 LCTF 的 HSI 来检测感染酸皮病的洋葱。利用两个最佳波长(1070nm 和 1400nm)的对数比图像被证明可有效放大健康和感染酸皮病洋葱之间的光谱差异。此外，该应用还展示了基于 LCTF 的光谱成像系统的灵活性，其既可以作为高光谱成像系统来开发检测方法，又可作为多光谱成像系统来验证所开发的方法。

14.4.2 洋葱内部品质预测

第二个应用实例展示了使用基于 LCTF 的 HSI 系统来预测洋葱内部品质。

使用 2011 年收获于美国 3 个州的共 308 个洋葱样本开发本研究中的校准模型。所有洋葱样品都储存在佐治亚大学维达利亚洋葱实验室的冷藏室[(2±1)℃，相对湿度 70%]中，直到实验开始。数据采集前约 2h 将洋葱移至环境温度为 23.9℃的房间中。在成像之前，去除所有洋葱的表面污垢和干树叶。使用具有 11mm 直径探针的 Magness-Taylor 测试平台(FT 30，Wagner Instruments，格林威治，康涅狄格州，美国)手动测量参考硬度。用折射计(范围为 0~30°Brix)测试挤压的洋葱汁中的可溶性固形物含量。将洋葱样品置于铝杯中，并在温度为 75℃的烘箱(Model845，Precision Scientific Company，温切斯特，伊利诺伊州，美国)中加热 12h。干物质含量为烘箱干燥之后和之前的洋葱重量的比率。

基于 LCTF 的 NIR 高光谱成像系统由佐治亚大学的生物传感和仪器实验室开发，与第一个研究案例(14.4.1 小节)中使用的相同。图像采集使用漫反射模式。当根颈轴水平放置时，对洋葱在两点(间隔 180°)取样。308 个洋葱样本共保存 616 张高光谱图像。每 10 个洋葱样本间隔采集标准白板(Spectralon，Labsphere Inc.，北萨顿，新罕布什尔州，美国)的白色光谱图像和有透镜覆盖的黑光谱图像。然后对每个洋葱的光谱图像进行平场校正(图 14.8)。

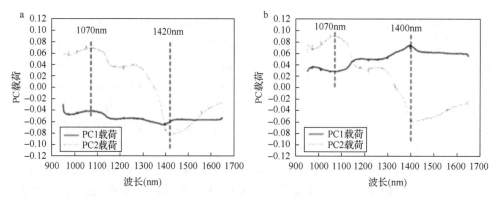

图 14.8 洋葱鳞茎组织(a)和颈部组织(b)光谱 PCA 的前两个主成分(PC1 和 PC2)的载荷值
[转载获得 Wang 等(2012)的许可；©2012 Elsevier]

从洋葱图像中的 5 个感兴趣区(ROI)中提取洋葱的光谱(图 14.9)。每个 ROI 是 10×10 像素的正方形，对应 100 个单独的光谱。为了减少数据量并提高信噪比，每个 ROI 中的 100 个光谱被平均为一个单独的光谱用于后续的分析。

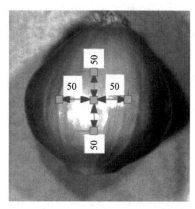

图 14.9 反射图像上的 ROI 选择。数字表示两个 ROI 之间的
距离(以像素为单位)(彩图请扫封底二维码)

偏最小二乘回归(PLSR)技术利用光谱数据实现洋葱内部品质预测。提取的光谱使用小波平滑和多元散射校正进行预处理。交互式动态语言(interactive dynamic language，IDL)编程语言(ITT Visual the Information Solutions，博尔德，科罗拉多州，美国)用于预处理光谱图像。MATLAB 2009b(the Math Works Inc.，内蒂克，马萨诸塞州，美国)用于开发 PLSR 模型。

表 14.2 列出了洋葱内部品质预测的校准和验证模型的性能。SSC 和 DM 的预测是类似的(R^2=0.81~0.83)，两者都比硬度(R^2=0.46)好得多。RPD(SEP 与 SD 的比率)是模型稳健性的指标。SSC 和 DM 验证集的 RPD 值大于 2，表明这两种模式都可以达到可接受的预测准确率(Nicolaï et al. 2007)。一些研究报道使用 NIR 光谱可以可靠地预测几种水果的 SSC，如猕猴桃(SEP=0.80°Brix)(Schaare and Fraser 2000)、苹果(SEP=0.28~0.56°Brix)(Park et al. 2003)和甜樱桃(SEP=0.65~0.71°Brix)(Lu 2001)。尽管本研究中 SSC 预测的结果不如文献中其他水果的预测结果，但它优于在洋葱上进行的类似研究(SEP=3.41°Brix)(Birth et al. 1985)。

表 14.2　使用基于 LCTF 的 HSI 系统进行洋葱内部品质预测的 PLSR 模型的校正结果

品质	因子	校正集				预测集			
		R^2	SEC	RPD	SD	R^2	SEP	RPD	SD
硬度	12	0.73	8.19	1.91	15.66	0.46	12.00	1.36	16.29
SSC	14	0.94	1.39	4.14	5.74	0.83	2.54	2.42	6.15
DM	16	0.96	1.34	4.78	6.41	0.81	2.91	2.30	6.71

注：SEC 为校正集标准差，RPD 为剩余预测偏差，SD 为标准差，SEP 为预测集标准差

鉴于 DM 与 SSC 之间的高度相关性，预测 DM 的校准模型的性能与预测 SSC 的性能相当并不奇怪。在 Birth 等（1985）的研究中，预测 DM 的 SEP 在 0.79%～1.73%，这比本研究中获得的结果好。鉴于光谱成像系统通常具有比光谱仪低的 SNR，本研究中获得的结果是可以接受的。

使用具有反射模式的近红外光谱成像系统似乎不能很好地预测硬度。这可能是由两个原因造成的：①硬度由组织细胞的结构决定，它相较化学特性更多地表现为物理特性，而 NIR 光谱的优势在于测量化学特性，如糖和含水量；②硬度的参考度量可能容易出错。正如 Lu 等（2000）承认，苹果硬度与 Magness-Taylor（MT）硬度测量（渗透试验）的最大力之间的相关性较差。此外，洋葱的多层结构也可能对准确的硬度测量构成挑战。

14.5　结　　论

基于液晶可调谐滤波器的高光谱成像系统与线扫描系统相比具有独特的优势。首先，基于滤波器的 HSI 系统没有移动部件，可以简单安装在某些应用中。其次，通过添加 LCTF 组件，现有的 CCD 或 NIR 相机系统可以被容易地改装成高光谱成像系统。因此，与其他高光谱成像系统相比，基于 LCTF 的光谱成像提供了一种具有替代性和竞争性的无损解决方案。正如本章的两个例子所证明的那样，基于 LCTF 的 HSI 系统对于检测不可见的细菌疾病并预测洋葱的内在品质显示出巨大的潜力。我们预计基于 LCTF 的 HSI 系统将在未来的蔬菜质量评估中有更多的应用。LCTF HSI 系统有许多方面可以进一步改进，如具有更快的调谐速度、更大的工作孔径和更宽的波长范围。

致谢　作者要感谢 Haihua Wang 博士在本章中介绍的某些数据方面所做的工作。

参 考 文 献

Archibald D, Thai C, Dowell F (1999) Development of short-wavelength near-infrared spectral imaging for grain color classification. Proc SPIE 3543:189–198

Ariana D, Lu R, Guyer DE (2006) Near-infrared hyperspectral reflectance imaging for detection of bruises on pickling cucumbers. Comput Electron Agric 53:60–70

Birth G, Dull G, Magee J, Chan H, Cavaletto C (1984) An optical method for estimating papaya maturity. J ASHS 109(1):62–66

Birth G, Dull G, Renfroe W, Kays S (1985) Nondestructive spectrophotometric determination of dry matter in onions. J ASHS 110(2):297–303

Boyhan GE, Torrance RL (2002) Vidalia onions–sweet onion production in southeastern georgia. HortTechnology 12(2):196–202

Burden D (2008) Onion profile. http://www.agmrc.org. Retrieved on 6 Aug 2008

Burkholder WH (1950) Sour skin, a bacterial rot of onion bulbs. Phytopathology 40(1):115

Ceponis M, Cappellini R, Lightner G (1986) Disorders in onion shipments to the New York market, 1972–1984. Plant Dis 70(10):988–991

Chen C (2007) Image processing for remote sensing. Taylor & Francis, Boca Raton

Cho SI, Krutz GW, Gibson HG, Haghighi K (1990) Magnet console design of an NMR-based sensor to detect ripeness of fruit. Trans ASAE 33(4):1043–1050

Cogdill RP, Hurburgh Jr, CR, Rippke GR (2004) Single-kernel maize analysis by near-infrared hyperspectral imaging. Trans ASAE 47(1):311–320

Cubero S, Aleixos N, Moltó E, Gómez-Sanchis J, Blasco J (2011) Advances in machine vision applications for automatic inspection and quality evaluation of fruits and vegetables. Food Bioprocess Technol 4:487–504

Dull G, Birth G, Leffler R (1989) Use of near infrared analysis for the nondestructive measurement of dry matter in potatoes. Am Potato J 66:215–225

Dull GG, Birth GS, Smittle DA, Leffler RG (1989) Near infrared analysis of soluble solids in intact cantaloupe. J Food Sci 54(2):393–395

ElMasry G, Wang N, ElSayed A, Ngadi M (2007) Hyperspectral imaging for nondestructive determination of some quality attributes for strawberry. J Food Eng 81(1):98–107

ElMasry G, Wang N, Vigneault C, Qiao J, ElSayed A (2008) Early detection of apple bruises on different background colors using hyperspectral imaging. LWT - Food Sci Technol 41:337–345

Evans M, Thai C, Grant J (1998) Development of a spectral imaging system based on a liquid crystal tunable filter. Trans ASAE 41(6):1845–1852

Ezzati M, Riboli E (2012) Can noncommunicable diseases be prevented? Lessons from studies of populations and individuals. Science 337:1482–1487

Fernandes A, Oliveira P, Moura J, Oliveira A, Falco V, Correia M, Melo-Pinto P (2011) Determination of anthocyanin concentration in whole grape skins using hyperspectral imaging and adaptive boosting neural networks. J Food Eng 105(2):216–226

Florkowski WJ, Shewfelt RL, Brueckner B, Prussia SE (2009) Postharvest handling a system approach, 2nd edn. Academic, New York

Food and Agriculture Organization of the United Nations (2012) World onion production 2010. http://faostat.fao.org/site/567/default.aspx. Retrieved 10 Nov 2012

Gat N (2000) Imaging spectroscopy using tunable filters: a review. Proc SPIE 4056:50–64

Gómez-Sanchis J, Gomez-Chova L, Aleixos N, Camps-Valls G, Montesinos-Herrero C, Molt E, Blasco J (2008) Hyperspectral system for early detection of rottenness caused by *Penicillium digitatum* in mandarins. J Food Eng 89(1):80–86

Holmes A, Govan J, Goldstein R (1998) Agricultural use of Burkholderia (Pseudomonas) cepacia: a threat to human health? Emerg Infect Dis 4(2):221–227

Jiang L, Zhu B, Rao X, Berney G, Tao Y (2007) Discrimination of black walnut shell and pulp in hyperspectral fluorescence imagery using gaussian kernel function approach. J Food Eng 81:108–117

Kazemi S, Wang N, Ngadi M, Prasher SO (2005) Evaluation of frying oil quality using VIS/NIR hyperspectral analysis. Agric Eng Int VII

Kim MS, Chen YR, Mehl PM (2001) Hyperspectral reflectance and fluorescence imaging system for food quality and safety. Trans ASAE 44(3):720–729

Kim MS, Chao K, Chan DE, Jun W, Lefcourt AM, Delwiche SR, Kang S, Lee K (2011) Line-scan hyperspectral imaging platform for agro-food safety and quality evaluationl system enhancement and characterization. Trans ASABE 54(2):703–711

Lawrence KC, Park B, Windham WR, Mao C (2003) Calibration of a pushbroom hyperspectral imaging system for agricultural inspection. Trans ASAE 46(2):513–521

Lawrence KC, Park B, Windham G, Thai CN (2007) Evaluation of LED and tungsten-halogen lighting for fecal contaminant detection. Appl Eng Agric 23(6): 811–818

Li C, Gitaitis R, Tollner B, Sumner P, MacLean D (2009) Onion sour skin detection using a gas sensor array and support vector machine. Sens Instrumen Food Qual 3(4):193–202

Liao K, Paulsen M, Reid J (1994) Real-time detection of colour and surface defects of maize kernels using machine vision. J Agric Eng 59:263–271

Lorente D, Aleixos N, Gómez-Sanchis J, Cubero S, García-Navarrete O, Blasco J (2012) Recent advances and applications of hyperspectral imaging for fruit and vegetable quality assessment. Food and Bioprocess Technol 5(4):1121–1142

Lu R (2001) Predicting firmness and sugar content of sweet cherries using near-infrared diffuse reflectance spectroscopy. Trans ASAE 44(5):1265–1271

Lu R (2003) Imaging spectroscopy for assessing internal quality of apple fruit. In: ASABE annual international meeting, Las Vegas. Paper Number 036012

Lu R (2004) Multispectral imaging for predicting firmness and soluble solids content of apple fruit. Postharvest Biol Technol 31(2):147–157

Lu R, Chen YR (1998) Hyperspectral imaging for safety inspection of food and agricultural products. Proc SPIE 3544: 121–133

Lu R, Peng Y (2006) Hyperspectral scattering for assessing peach fruit firmness. Biosyst Eng 93:161–171

Lu R, Guyer D, Beaudry R (2000) Determination of firmness and sugar content of apples using near-infrared diffuse reflectance. J Texture Stud 31(6):615–630

Mahesh S, Manickavasagan A, Jayas DS, Paliwal J, White NDG (2008) Feasibility of near-infrared hyperspectral imaging to differentiate canadian wheat classes. Biosyst Eng 101 (1):50–57

National Onion Association (2008) About onions: bulb onion production. http://www.onions-usa.org/about/season.asp. Retrieved 2 Aug 2008

Nicolaï BM, Beullens K, Bobelyn E, Peirs A, Saeys W, Theron KI, Lammertyn J (2007) Nondestructive measurement of fruit and vegetable quality by means of NIR spectroscopy: a review. Postharvest Biol Technol 46(2):99–118

Osborne B, Fearn T (1986) Near infrared spectroscopy in food analysis. Longman Scientific and Technical, Harlow

Park B, Lawrence KC, Windham WR, Buhr RJ (2001) Hyperspectral imaging for detecting fecal and ingesta contamination on poultry carcasses. In: ASAE annual international meeting, Sacramento. Paper Number 013130

Park B, Lawrence K, Windham W, Buhr R (2002) Hyperspectral imaging for detecting fecal and ingesta contamination on poultry carcasses. Trans ASAE 45(6):2017–2026

Park B, Abbott J, Lee K, Choi C, Choi K (2003) Near-infrared diffuse reflectance for quantitative and qualitative measurement of soluble solids and firmness of delicious and gala apples. Trans ASAE 46(6):1721–1732

Park B, Yoon SC, Lee S, Sundaram J, Windham WR, Lawrence KC (2012) Acousto-optic tunable filter hyperspectral microscope imaging method for characterizing spectra from foodborne pathogens. Trans ASABE 55(5): 1997–2006

Qin J, Lu R (2005) Detection of pits in tart cherries by hyperspectral transmission imaging. Trans ASAE 48(5):1963–1967

Rajkumar P, Wang N, ElMasry G, Raghavan G, Gariepy Y (2012) Studies on banana fruit quality and maturity stages using hyperspectral imaging. J Food Eng 108:194–200

Reich G (2005) Near-infrared spectroscopy and imaging: basic principles and pharmaceutical applications. Adv Drug Deliv Rev 57(8):1109–1143

Schaare P, Fraser D (2000) Comparison of reflectance, interactance and transmission modes of visible-near infrared spectroscopy for measuring internal properties of kiwifruit (actinidia chinensis). Postharvest Biol Technol 20(2):175–184

Schwartz HF, Mohan SK (2008) Compendium of onion and garlic diseases and pests, 2nd edn. The American Phytopathological Society, St. Paul

Shahin MA, Tollner EW, Gitaitis RD, Sumner DR, Maw BW (2002) Classification of sweet onions based on internal defects using image processing and neural network techniques. Trans ASAE 45(5):1613–1618

Shewfelt RL, Prussia SE (1993) Postharvest handling a system approach. Academic, San Diego

Singh CB, Jayas DS, Paliwal J, White NDG (2009) Detection of insect-damaged wheat kernels using near-infrared hyperspectral imaging. J Stored Prod Res 45(3):151–158

Slaughter D, Barrett D, Boersig M (1996) Nondestructive determination of soluble solids in tomatoes using near infrared spectroscopy. J Food Sci 61(4):695–697

Slaughter D, Crisosto CH (1998) Nondestructive internal quality assessment of kiwifruit using near-infrared spectroscopey. Semin Food Anal 3:131–140

Slaughter D, Thompson J, Tan E (2003) Nondestructive determination of total and soluble solids in fresh prune using near infrared spectroscopy. Postharvest Biol Technol 28(3):437–444

Tao Y (1998) Closed loop search method for on-line automatic calibration of multi-camera inspection systems. Trans ASAE 41(5):1549–1555

USDA-NASS (2008) 2004–2005 statistical highlight of US agriculture: crops. http://www.usda.gov/nass/pubs/stathigh//2005/cropindex.htm. Retrieved 23 July 2008

USDA-NASS (2012) U.S. Onion Statistics (94013). http://usda.mannlib.cornell.edu/MannUsda/viewDocumentInfo.do?documentID=1396. Retrieved 3 Jan 2012

van de Broek W, Wienke D, Melssen W, de Crom C, Buydens L (1995) Identification of plastics among nonplastics in mixed waste by remote sensing near-infrared imaging spectroscopy. 1. Image improvement and analysis by singular value decomposition. Anal Chem 67 (20):3753–3759

Wang W, Li C, Tollner EW, Gitaitis R, Rains G (2012) A liquid crystal tunable filter based shortwave infrared spectral imaging system: design and integration. Comput Electron Agric 80:126–134

Wang W, Li C, Tollner EW, Rains GC, Gitaitis RD (2012) A liquid crystal tunable filter based shortwave infrared spectral imaging system: calibration and characterization. Comput Electron Agric 80:135–144

Wang W, Li C, Tollner EW, Rains GC (2012) Development of software for spectral imaging data acquisition using LabVIEW. Comput Electron Agric 84:68–75

Wang W, Li C, Tollner EW, Gitaitis RD, Rains GC (2012) Shortwave infrared hyperspectral imaging for detecting sour skin (*Burkholderia cepacia*)-infected onions. J Food Eng 109 (1):38–48

Williams P, Norris K (2001) Near-infrared technology in the agricultural and food industries. American Association of Cereal Chemists, St. Pual

Williams P, Geladi P, Fox G, Manley M (2009) Maize kernel hardness classification by near infrared (NIR) hyperspectral imaging and multivariate data analysis. Anal Chim Acta 653 (2):121–130

Yoon SC, Park B, Lawrence KC, Windham WR, Heitschmidt GW (2011) Line-scan hyperspectral imaging system for real-time inspection of poultry carcasses with fecal material and ingesta. Comput Electron Agric 79(2):159–168

第15章 AOTF高光谱成像用于食源性病原体检测

15.1 简　介

高光谱成像是一种将传统成像与分光光度法和辐射测量相结合的成像技术。该技术能够为来自目标物体图像中的每个像素在连续光谱范围内提供绝对辐射测量。最初为地球遥感(Melgani and Bruzzone 2004)开发的高光谱成像目前正应用于医学诊断(Lawlor et al. 2002；Carrasco et al. 2003；Sorg et al. 2005；Dicker et al. 2006；Liu et al. 2007a)、生物学(Burger and Geladi 2006)、农业(Gowen et al. 2007)和工业(Tatzer et al. 2005)等领域。由于高光谱图像除了包含化学/分子信息如水、脂肪、蛋白质和其他近红外光谱区间中的氢键成分，还包含对可见光谱范围内的大小、方向、形状、颜色和纹理的物理与几何的观测，因此高光谱成像已被广泛研究用于食品安全检测(Kim et al. 2001；Vargas et al. 2005；Yao et al. 2006；Park et al. 2006，2007a，b；Kong et al. 2006；Liu et al. 2007b；Jun et al. 2009；Peng et al. 2011；Feng and Sun 2012)、质量评估(Mehl et al. 2004；Nagata et al. 2006)和食品加工(Park et al. 2002)。最近，研究者已经开发了用于检测或鉴定来自家禽和红肉类的食源性病原体的高光谱成像技术(Windham et al. 2012；Yoon et al. 2009，2011，2013)。

食品安全是公共卫生的一个重要问题；美国在过去的10年间暴发了大约3562次食品事件(包括家禽、蛋、牛肉、猪肉、绿叶蔬菜、水果、坚果和奶制品)(CDC 2012)，导致大量人患病。造成大多数食源性疾病的细菌和相关食品是鸡蛋、家禽、红肉类、农产品中的沙门氏菌；家禽中的弯曲杆菌；碎牛肉、绿叶蔬菜和生牛奶中的大肠杆菌O157；熟食肉类、农产品中的李斯特菌；生牡蛎中的弧菌；三明治和沙拉中的诺如病毒；以及肉类中的弓形虫。

2011年，美国发生了约4800万起食源性疾病，导致12.8万人住院，3000人死亡。据估计，美国每年因食源性疾病造成的损失约为777亿美元(Scharff 2012)。在食源性致病菌的严重暴发中，沙门氏菌的感染率和发病率最多(15.1%)，其次是弯曲杆菌(13%)(CDC 2010)。由于食品生产和供应的变化、造成食品污染的环境变化、越来越多的多州并发疫情、正在出现的新细菌、毒素和抗生素的耐药性，以及新的和不同的受污染食品如预包装的原材料，食品安全方面的挑战继续以不可预测的方式出现。

目前食源性病原体的检测方法包括ISO方法6579(ISO 6579 2002)、直接荧光抗体检测(Munson et al. 1976)、免疫检测如酶联免疫吸附测定(ELISA)(Tian et al. 1996)和聚合

① B. Park (✉)
U.S. Department of Agriculture, Agricultural Research Service, Athens, GA, USA
e-mail: bosoon.park@ars.usda.gov

酶链反应(PCR)(Correa et al. 2006)。最广泛应用的亚型分析方法之一是脉冲电场凝胶电泳(pulsed-field gel electrophoresis，PFGE)技术，该技术通过电泳分离选择细菌染色体片段，这些片段是通过将DNA切成20～25个片段的限制性酶消化产生的(Gerner-Smidt et al. 2006；Swaminathan et al. 2006；Terajima et al. 2006)。但是，所有这些方法作为现场测试工具都有限制，因为获取结果的过程耗费时间、烦琐且存在灵敏度问题。因此，传统的基于培养的方法仍然是病原体检测最可靠和最准确的"黄金标准"技术(Velusamy et al. 2010)。该方法包括培养接种物以扩增微生物细胞数量，然后在选择性或鉴别培养基上产生可基于其独特菌落形态进行检测的菌落。基于培养的方法非常敏感，具有良好的特异性并且相对便宜；并且其也可以给出食物样品中存在的微生物的菌落计数估计和定性信息。然而，基于培养的方法是劳动密集型的，至少需要2～3天的时间才能使微生物繁殖成可见的菌落，从而得出假定的阳性结果。培养方法的另一个挑战是不需要的背景微生物群与目标微生物一起在琼脂培养基上生长，并且通常看起来彼此相似。因此，需要高技能人员通过反复试验来推断假阳性菌落。但是，如果将其与高光谱成像等光学检测方法结合使用，可以改善这一限制，因为它们对于检测食源性病原体更灵敏、准确和快速。

位于佐治亚州雅典市的美国农业部(USDA)农业研究局(ARS)研究小组已开发出宏观尺度高光谱成像技术，通过从彩虹琼脂平板上每个产志贺氏毒素的大肠杆菌(Shiga toxin-producing *Escherichia coli*，STEC)血清型菌落获得的空间和光谱信息来识别产志贺氏毒素的大肠杆菌(STEC)(Windham et al. 2012；Yoon et al. 2013)。通过高光谱成像方法获得的细菌的光谱指纹可用于琼脂培养基上生长的病原体的检测和鉴定。具体而言，他们开发了具有多变量分类模型的可见/近红外高光谱成像技术用于区分非O157型STEC和弯曲杆菌的菌落(Yoon et al. 2009)。他们发现高光谱成像技术有潜力快速鉴定在接种混合培养物的彩虹琼脂平板上的非O157型STEC血清型的菌落。空间和光谱数据分析表明，非O157型STEC血清型菌落外观的差异主要是由每个菌落的吸收带和色调的差异造成的。颜色是STEC检测分类模型中利用的主要特征，分类准确率达97%(Yoon et al. 2013)。然而，这种宏观尺度的高光谱成像方法需要至少24h的培养过程，从而保证琼脂平板上用于测量的细菌菌落完全生长。随着微菌落在琼脂培养基中生长，ARS的科学家开发了一种微尺度光学方法，使用基于声光可调谐滤波器(AOTF)的高光谱显微成像技术识别食源性病原体。在本章中，我们描述了一种利用高光谱显微成像技术和分类方法来检测与鉴定食源性致病菌的新型光学方法。

15.2　高光谱显微成像技术与高光谱成像平台

使用高光谱显微镜成像的非侵入式光学方法通过最小化培养时间来减少菌落生物量或微菌落有望实现食源性病原体的实时原位检测(Park et al. 2012a, b)。高光谱显微成像(hyperspectral microscope imaging，HMI)系统可以成为一种有效的工具，用以提供细菌样本在细胞水平的空间和光谱信息(Park et al. 2011a)，帮助了解食源性致病菌的光学特性。高光谱显微术在生物学和医学上的应用已有研究(Huebschman et al. 2002；Zimmerman et al. 2003；De Beule et al. 2007；Ibraheem et al. 2006；Vermaas et al. 2008；Gehm and Brady

2009)，但是对于细菌活细胞的鉴定还没有成功的结果。

　　有多种不同的高光谱成像平台，包括推扫式、声光可调谐滤波器(AOTF)、滤波轮和液晶可调谐滤波器(LCTF)。在选择平台时，我们需要考虑的参数包括成像技术、光谱和空间分辨率、数据采集模式或速度、透射强度、滤波器的开关速度等。推扫式平台通常使用色散和光栅-棱镜-光栅的扫描方法。推扫式技术具有较高的光谱分辨率和较高的透射率及用于图像采集的可变开关速度。相比之下，AOTF 使用固态非线性晶体来生成高光谱图像。它具有动态变化的光谱分辨率和具随机存取能力的可变连续带通宽度。然而，基于 LCTF 的平台具有固定的先验限定光谱分辨率和具随机访问图像采集的固定连续带通。该平台透射率相对较低。类似于 AOTF 平台，其开关速度并不快。因此，高光谱成像平台的选择完全取决于应用。ARS 研究小组开发了两种高光谱成像平台，包括用于粪便污染物(Yoon et al. 2011)和食源性病原体检测(Park et al. 2012a,b；Windham et al. 2012；Yoon et al. 2013)的推扫式平台(Windham et al. 2012；Yoon et al. 2013)与 AOTF(Park et al. 2012a,b)。他们展示了两种不同的高光谱成像平台，即用于琼脂平板上细菌菌落的推扫式平台(Windham et al. 2012；Yoon et al. 2013)和用于琼脂平板上微菌落的活细菌细胞显微成像的 AOTF(Park et al. 2012a,b)。

15.3　AOTF 高光谱显微成像系统

　　图 15.1 显示了高光谱显微成像(HMI)系统(ChromoDynamics HSi-400，莱克伍德，新泽西州)，用于获取载玻片上的食源性细菌样品的光谱图像。

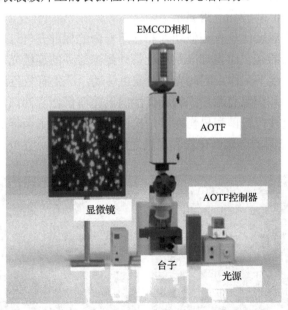

图 15.1　AOTF 高光谱显微成像系统示意图(彩图请扫封底二维码)

　　HMI 系统由一个尼康直立显微镜(Eclipse e80i，路易斯维尔，得克萨斯州)、声光可调谐滤波器(AOTF)(HSi-400，Gooch & Housego，奥兰多，佛罗里达州)、一种高性能冷却电子倍增电荷耦合器件(EMCCD)16 位相机(iXon，Andor Technology，贝尔法斯特，北爱尔兰)和暗场照明光源(CytoViva 150 Unit，24W Metal Halide，CytoViva，奥本，亚拉巴马州)组成。用于 HMI 研究的 AOTF 具有高速、高通量、随机存取固态光学滤波器，具有可调的光带通和极高的拒光水平。AOTF 可提供衍射受限的图像质量，光谱范围为450～800nm 时其可变带宽分辨率低至 2nm。基于 AOTF 的高光谱显微镜是没有移动部件的扫描分光光度计，能够在扫描样品前随机访问任意数量的波长以实现高速扫描。

15.3.1 声光可调谐滤波器的原理

对于 AOTF 模块，在外部射频(radio frequency，RF)信号的激励下，压电材料附着在晶体的一端，产生通过晶体传播的声波。声波使晶体的折射率产生周期性变化，该变化频率由 RF 信号确定。电磁波和声波的相互作用导致晶体选择性地折射一个窄波长带。衍射辐射波长(λ)与声波频率(F_a)之间的关系为 $\lambda = \dfrac{\Delta v \alpha v_a}{F_a}$，其中 Δv 是双折射晶体的折射率之差，v_a 是声波的速度，α 是一个 AOTF 设计参数。

15.3.2 显微镜光源

有(但不限于)两种不同的光源可用于高光谱显微镜，如金属卤化物和卤钨。金属卤化物灯是一种电灯，其通过电弧穿过汞蒸气和金属卤化物气体的混合物产生光。金属卤化物灯的发光效率高达 75～100lm/W，大约是汞蒸气灯的两倍，白炽灯的 3～5 倍，能产生强烈的白光。典型金属卤化物灯的输出光谱在 385nm、422nm、497nm、540nm、564nm、583nm(最高)、630nm 和 674nm 处显示谱峰。

而卤钨灯的工作温度比具有相似功率和使用寿命的标准充气灯的工作温度高，产生更高发光效率和色温的光。卤素灯产生从近紫外到深红外的连续光谱。由于灯丝可以在比非卤素灯更高的温度下工作，因此光谱向蓝色移动，产生有效色温更高的光。图 15.2显示了用金属卤化物和卤钨光源扫描的肠炎沙门氏菌与鼠伤寒沙门氏菌血清型的高光谱显微图像。来自肠炎沙门氏菌和鼠伤寒沙门氏菌的谱图因对细菌样品激发的光而不同。图 15.3 说明了作为光源的金属卤化物和卤钨之间的光谱差异。此外，在不同的电磁光谱

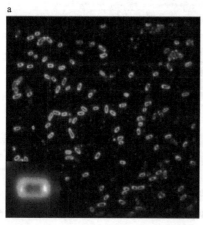
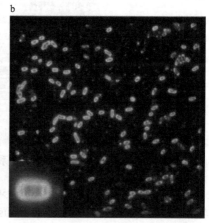

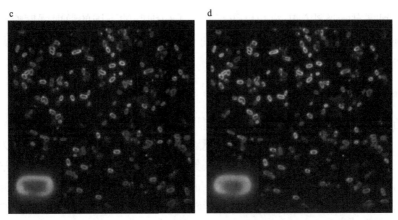

图 15.2 两种不同光源[金属卤化物(a、c)和卤钨(b、d)]的高光谱显微成像系统扫描的肠炎沙门氏菌
(a、b)和鼠伤寒沙门氏菌(c、d)的图像。注意：每个图像在左下角处包含
单个细胞的子图像(彩图请扫封底二维码)

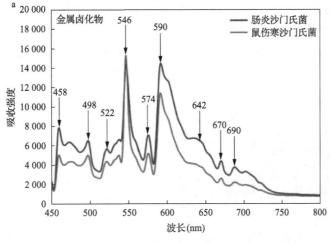

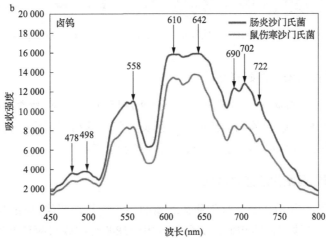

图 15.3 (a)金属卤化物和(b)卤钨光源下肠炎沙门氏菌与
鼠伤寒沙门氏菌的未校正的原始光谱图(彩图请扫封底二维码)

波段处观察到来自肠炎沙门氏菌和鼠伤寒沙门氏菌细胞的不同的散射强度峰。因此，光源的选择对于 HMI 应用是重要的，尤其是对于致病细菌的鉴定和表征，因为其光谱特性会随光源而改变。

15.3.3　明场和暗场照明

在明场、暗场和荧光显微镜方法中，暗场描述了一种用于增强未染色样品对比度的照明技术。具有明(视)场照明的光学显微镜对于生物样品测量是有用的，因为它对于活的和未染色的食源性细菌细胞生物的图像采集是有效的。此外，通过这种方法使用散射现象获得的图像的质量对于细菌检测更好，而暗场显微镜的主要限制是其低光照水平。然而，这种限制可以通过高光谱显微成像系统的电子倍增电荷耦合器件(EMCCD)检测器的灵活的增益和可控的积分时间来缓解。暗场照明技术产生黑暗的背景和明亮的物体以显示出细菌细胞。与测量目标物体吸光度的明场照明相反，暗场照明测量细菌细胞的散射强度。对于直立显微镜，光线进入显微镜照亮细菌细胞。一个专门设计的圆盘挡住了光源(金属卤化物或卤钨)的一些光线，留下的光线形成外部照明环。聚光透镜将光线聚焦在细胞上，使其进入细胞生物体。在这个阶段，大部分能量直接穿透细胞，而一部分从细胞中散射出来。散射光进入物镜，而由于直接照明阻挡，直接透射光没有被收集到透镜上。因此，只有散射光用于产生图像，而直接透射光被忽略，如图 15.4 所示。

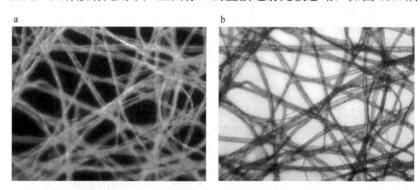

图 15.4　(a)暗场照明和(b)明场照明下的样品图(由 Google image®提供)

15.3.4　革兰氏阴性菌图像的感兴趣区

图 15.5 显示了具有肠炎沙门氏菌血清型感兴趣区(ROI)的高光谱显微图像。为了比较来自细胞内层和外层区域的光谱特征，从肠炎沙门氏菌细菌细胞中获得两个散射图像 ROI，一个来自内层细胞区域，另一个来自外层细胞区域。

15.3.5　革兰氏阳性菌图像的感兴趣区

图 15.6 显示了具有 ROI 的金黄色葡萄球菌的高光谱显微图像。与革兰氏阴性菌相反，这些种类为圆形。与沙门氏菌相似，从金黄色葡萄球菌细胞获得两种 ROI[一种来自细胞内层区域(绿色)，另一种来自细胞外层区域(红色)]，用以比较革兰氏阳性菌的内层细胞和外层细胞之间的光谱特征。

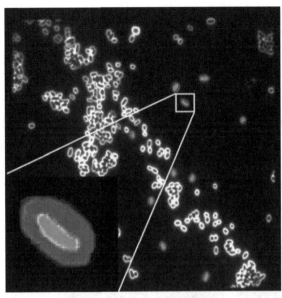

图 15.5　包含革兰氏阴性菌(肠炎沙门氏菌)细胞的(a)内层区域(绿色)和
(b)外层区域(红色)感兴趣区(ROI)的高光谱显微图像(彩图请扫封底二维码)

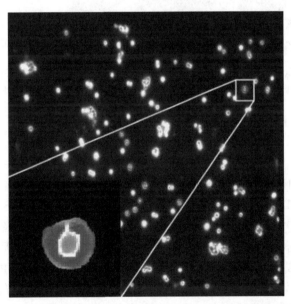

图 15.6　包含革兰氏阳性菌(金黄色葡萄球菌)细胞的(a)内层区域(绿色)和
(b)外层区域(红色)感兴趣区(ROI)的高光谱显微图像(彩图请扫封底二维码)

15.4　细菌细胞培养物的制备

为了采集高光谱显微图像,需将从家禽胴体冲洗液中获得的纯分离物接种到盛有胰
蛋白酶大豆肉汤(trypticase soy broth,TSB)的试管中,并在 35℃培养 18~24h,来制备

食源性致病菌的培养物。培养过夜的细菌以 5000r/min 离心 10min。细菌沉淀物被重新悬浮在水中。使用不同种类细菌血清型或血清群的培养物在 0.1%蛋白胨水中制备 10 倍系列的稀释液，并将 10^{-6} 的最终稀释液接种到选择性琼脂培养平板上[如亮绿色磺胺(brilliant green sulfa，BGS)琼脂平板]，一式两份分别用于沙门氏菌(革兰氏阴性)和葡萄球菌(革兰氏阳性)。在 35℃下培养 24h 的 BGS 平板中，从每种沙门氏菌血清型挑取一个菌落，重悬于 10μL 水中。将 3μL 细菌悬液涂布在显微镜载玻片上约 20mm×20mm 的区域中用于高光谱显微成像。将载玻片在生物安全柜(Nuaire，Labgard Class II，Type A2 BSC，普利茅斯，明尼苏达州)中干燥 10min。扫描样品前在盖玻片中心加入 0.8μL 水。图 15.7 显示了在选择性琼脂培养基 XLT4(木糖赖氨酸 Tergitol-4)上生长的沙门氏菌和彩虹琼脂(RBA)上生长的大肠杆菌的培养物。

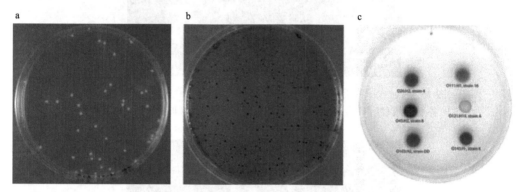

图 15.7　细菌生长示意图。在 XLT4(木糖赖氨酸 Tergitol-4)琼脂培养基上生长的(a)肠炎沙门氏菌、(b)鼠伤寒沙门氏菌和(c)彩虹琼脂(RBA)上生长的 STEC(彩图请扫封底二维码)

15.5　显微镜下的细菌样品固定

为了制备用于 HMI 扫描的细菌样品，量取 1.5mL 离心管中的 1×PBS(磷酸盐缓冲液)(无菌过滤)200μL 添加到培养物中。废弃一些菌落并重悬于 PBS 缓冲液中，然后涡旋混合 3~5s 以获得均匀的混合物。对于福尔马林固定的样品的制备，在 100μL 细菌悬浮液中加入 6μL 福尔马林(最终甲醛水溶液浓度 2%)并等待 1h，然后制作载玻片进行扫描。对于活载和湿载载玻片制备，在细菌悬液的顶部滴加 10μL 的 PBS，将盖玻片盖在载玻片上。在盖玻片上滴上油滴，然后立即在高光谱显微镜下扫描样品。对于干载玻片，将 10μL 细菌悬液涂布在载玻片上，然后在生物安全柜中干燥 15min。

15.6　活细菌细胞的固定

图 15.8 展示了使用不同固定处理获得的细菌活细胞。由于高光谱图像以 4nm 分辨率采集 450~800nm 波长范围的数据，需要比常规显微成像更长的时间，因此 HMI 方法的挑战是在图像采集过程中完全固定活细胞；否则，高光谱数据或超立方体不能表示活细

菌细胞的光谱特征。因此，活细菌细胞的固定是获得高质量显微图像的关键。

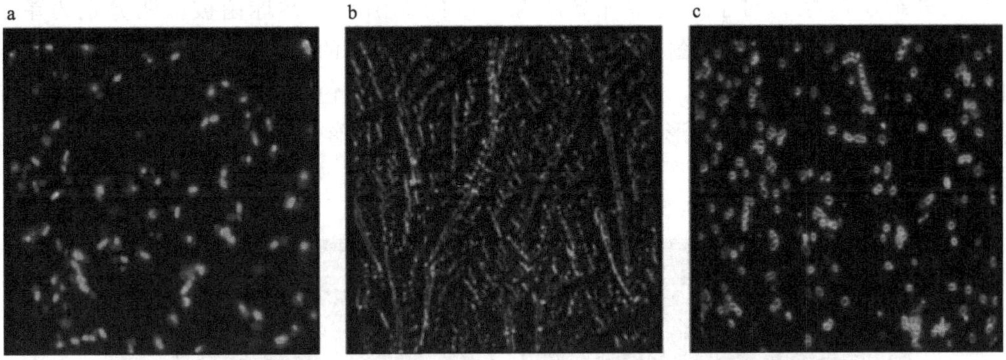

图 15.8　使用不同固定处理获得的细菌活细胞图：(a) 移动的细胞；
(b) 结晶的缓冲液；(c) 固定的细胞 (彩图请扫封底二维码)

对于玻璃载玻片上固定的细胞，可以观察到 3 种类型的细胞运动：①细菌细胞的运动；②由水分子轰击细菌引起的布朗运动 (Li et al. 2008)，即使细胞是静止的仍可引起显著的运动；③细菌随着液体介质的流动而移动。为了采集高质量的高光谱图像，我们检查了扫描期间载玻片上固定细胞的如下 5 种不同方法。

福尔马林固定：细菌细胞可以用福尔马林 (甲醛水溶液浓度 2%) 固定。通常，这种方法对细胞的移动没有影响；然而，即使细胞是不动的，布朗运动仍然导致细胞的显著移动。

带有聚 (L-赖氨酸) 涂覆玻璃载玻片粘接：聚 L-赖氨酸是用于附着细胞和将其固定到玻璃基底上的阳离子聚合物 (带正电的)。由于细菌细胞带负电荷，细胞可以黏附到带正电荷的载玻片上。但是，这种方法允许摆动和布朗运动 (图 15.8a)。

琼脂涂层的载玻片：载玻片上涂有 2%琼脂，琼脂可以吸收细胞的水。利用这种方法，细胞可以被固定，但是不清晰，并且背景在成像系统的光源下是饱和的。

干燥法：在这个过程中，将 3~10μL 的细菌悬液滴涂在载玻片上。将细胞在生物安全柜中干燥 15min，然后向样品上滴加 1μL 的油，并用盖玻片覆盖。扫描前在盖玻片上再滴一滴油。用这种方法在显微镜下只观察到小的亮点而非细胞形状，但可观察到由 PBS 缓冲液引起的结晶效应 (图 15.8b)。

改进的干燥法：除了用干燥法制备样品载玻片外，将大约 1μL 的无菌去离子 (deionized，DI) 水代替盖玻片下的油，然后将盖玻片牢固地按压 30s 以确认样品载玻片和盖玻片之间没有气泡残留。虽然有时可观察到布朗运动，但至少大部分细菌细胞在 45s 扫描过程中被完全固定。使用此方法，在扫描过程中，没有任何细菌移动，可以成功获取高光谱显微图像 (图 15.8c)。

15.7　革兰氏阴性菌和革兰氏阳性菌

传统上将细菌分为两大类，革兰氏阴性菌和革兰氏阳性菌。这个分类系统是模糊的，因为它可以指三个不同的方面，包括染色结果、细胞膜组织和分类群。与革兰氏阳性菌相比，革兰氏阴性菌对抗体的抵抗力更强，因为它们不可穿透的细胞壁来自额外的外细胞区域。对于高光谱显微成像，沙门氏菌和葡萄球菌被证明分别为革兰氏阴性和革兰氏阳性样品。图 15.9 显示了金黄色葡萄球菌（图 15.9a）和肠炎沙门氏菌（图 15.9b）的 648nm（红色）、550nm（绿色）与 436nm（蓝色）波长的高光谱显微合成图像。这些图像显示了不同的形态，革兰氏阳性菌的细胞形态为圆形，革兰氏阴性菌细胞则为椭圆形。

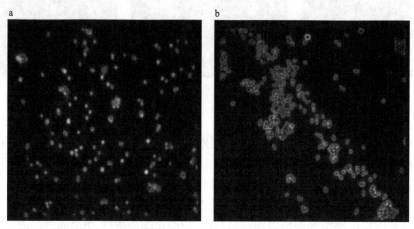

图 15.9　(a)革兰氏阳性菌（金黄色葡萄球菌）和(b)革兰氏阴性菌
（肠炎沙门氏菌）的高光谱合成图像（彩图请扫封底二维码）

15.8　高光谱显微图像的采集与分析

图 15.10 显示了活细菌细胞的高光谱显微图像的采集和分析过程。基于 AOTF 高光谱显微成像（HMI）系统获取了 5 种革兰氏阴性沙门氏菌血清型（肠炎沙门氏菌、鼠伤寒沙门氏菌、海德堡沙门氏菌、肯塔基沙门氏菌和婴儿沙门氏菌）和 5 种革兰氏阳性葡萄球菌（金黄色酿脓葡萄球菌、溶血性葡萄球菌、猪葡萄球菌、松鼠葡萄球菌和模仿葡萄球菌）的高光谱图像。可见/近红外高光谱显微图像采用 TIFF 格式采集，波长范围为 450～800nm，带宽为 2nm，光谱间隔为 4nm，扫描曝光时间为 250ms，为了获得高质量图像，优化增益参数为 9（Park et al. 2012a，b）。在光谱扫描模式下，所有图像都采用配备金属卤化物照明的暗场照明来采集，共采集 89 个连续的光谱图像（Park et al. 2012b）。使用 HSiAnalysis™软件（Gooch & Housego，奥兰多，佛罗里达州）将采集的 TIFF 格式图像转换为高光谱图像格式或超立方体，以便进一步处理和分析。

图 15.11 说明了带有 AOTF 平台的高光谱显微图像采集方案的概况。显示了大肠杆菌的 550nm、590nm 和 670nm 处的 3 个选择性光谱图像及其相应光谱。550nm、590nm 和 670nm 处的光谱图像的强度高于其相邻光谱带。这些信息可用于进一步使用其光谱特征进行多变量数据分析来识别特定的细菌血清型和细菌种类。

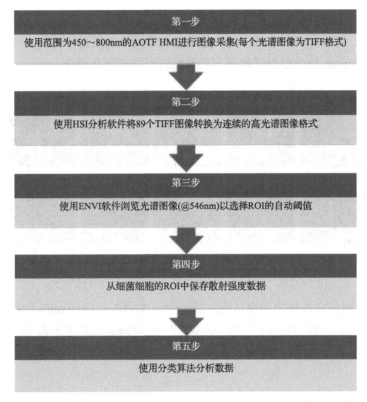

图 15.10　活细菌细胞的高光谱显微图像的采集和分析过程流程图(彩图请扫封底二维码)

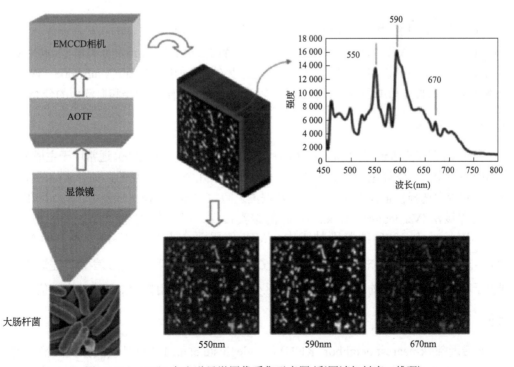

图 15.11　AOTF 高光谱显微图像采集示意图(彩图请扫封底二维码)

在图 15.12 中展示了肠炎沙门氏菌和金黄色葡萄球菌在 458nm、498nm、522nm、546nm、574nm、590nm 和 670nm 波长处选定光谱图像的散射峰强度。对于两种细菌样品，观察到在 546nm 处的散射强度高于在其他波长处的散射强度。

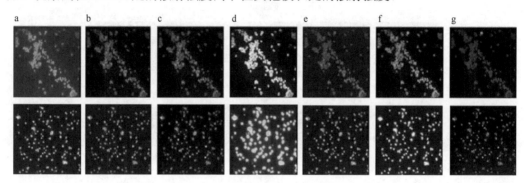

图 15.12　肠炎沙门氏菌 (上部) 和金黄色葡萄球菌 (下部) 在 (a) 458nm、(b) 498nm、(c) 522nm、(d) 546nm、(e) 574nm、(f) 590nm 和 (g) 670nm 波长处的图像比较

在从 TIFF 到超立方体的图像转换之后，使用 ENVI 软件 (Exelis Visual Information Solutions Inc.，博尔德，科罗拉多州) (版本 4.8) 在 546nm 的光谱图像 (图 15.12d) 上创建细菌细胞的感兴趣区 (ROI)。保存来自每个细胞的 ROI 的散射强度数据，用于进一步分类模型的开发。

15.9　分　类　方　法

使用开源 R 软件 (版本 3.0.1) 结合 5 种不同算法，如马氏距离 (MD)、k 最近邻 (KNN)、线性判别分析 (LDA)、二次判别分析 (QDA) 和支持向量机 (SVM) 开发分类模型，利用 HMI 系统采集的光谱特征识别不同的种类和血清型。另外，还使用 Matlab (Mathworks，内蒂克，马萨诸塞州) 软件分析细菌的光谱特征，用以开发用于鉴定细菌种类和血清型的分类模型。

15.9.1　马氏距离

马氏距离 (Mahalanobis distance，MD) (De Maesschalck et al. 2000) 通常用于主成分 (PC) 空间中的多变量化学计量技术的距离测量。MD 用于几个不同的目的，如异常值的检测、从大量测量中选择校正样本及观察两个数据集之间的差异。在模式识别中，MD 应用于如 k 最近邻域法 (Vandeginste et al. 1998) 的聚类技术，以及如线性和二次分析 (LDA 和 QDA) (Wu et al. 1996) 的鉴别技术中。MD 使用两个点的方差-协方差，即 $MD_i = \sqrt{(x_i - \overline{x})C_x^{-1}(x_i - \overline{x})^T}$，来测量距离，其中 C_x 是两个变量 x_1 和 x_2 的方差-协方差矩阵。椭圆表示朝向数据中心点的相等 MD。为了区分两个类别，使用先验知识来确定阈值。

15.9.2　k 最近邻

k 最近邻 (k-nearest neighbor，KNN) (Vandeginste et al. 1998) 是模式分类最简单的方法之一。它是基于特征空间中最接近的训练数据对对象进行分类的非参数方法。对于高维数据集(即维数多于十维)，通常在应用 KNN 算法之前进行降维。k 最近邻基于它们与训练数据集中的 k 个最接近的标记数据的接近度来分配给定的未标记数据。整数 k 表示用于测量与未知数据的距离的样本数。KNN 使用从未知数据到封闭样本的欧氏距离来测量距离。

15.9.3　线性判别分析

线性判别分析(linear discriminant analysis，LDA)(Dixon and Brereton 2009)是一种用于确定可将两个或更多类别的对象分开的特征的线性组合的方法。与主成分分析(PCA)和因子分析类似，LDA 正在寻找最能解释数据的变量的线性组合，以便明确地对数据类别间的差异进行建模。LDA 寻求减少数据矩阵的维数，同时尽可能多地保留类别识别信息。LDA 利用马氏距离(Park et al. 2007a)寻找两个类别之间的最大距离。

15.9.4　二次判别分析

二次判别分析(quadratic discriminant analysis，QDA)是线性分类器的更普遍的版本，因此它被用于统计分类，以通过二次曲面分离两个或更多类别的对象。与 LDA 类似，QDA 假设每个类的测量值是正态分布的。然而，与 LDA 不同的是，在 QDA 中没有假设每个类别的协方差是相同的。和 LDA 一样，QDA 基于马氏距离来衡量两个类别之间的差异信息(Dixon and Brereton 2009)。相反的是，即使分布是非高斯分布，在双曲空间中，QDA 投影可以保留用于分类的数据的复杂结构。

15.9.5　支持向量机

支持向量机(support vector machine，SVM)(Furey et al. 2000)是一种监督学习算法，用于分析数据和分类识别模式。SVM 可以在高维特征空间中有效地执行非线性分类，并且可以在高维空间中构造可用于分类的超平面。直观地说，通过具有与任何类别最近训练数据点最大距离的超平面实现良好的分离。SVM 通过创建两个类别边界点之间最大距离的最优超平面来解决二元分类问题。它可以用来解决线性和非线性问题。超平面被定义为

$$f(x) = x^T w + b_0 = 0$$

式中，x 是训练数据集，w 与超平面正交，$x^T w$ 是 x 与 w 之间的内积。$1/\|w\|$ 是从超平面到每个类的边界的垂直距离。

为了评估开发的分类模型，需要进行交叉验证。就目前而言，整个数据可以分为 30 个数据组进行交叉验证。对于每一次交叉验证，所有数据的 30% 用于校正，另外 70% 的数据用于验证。这个过程迭代 10 次以完成验证。

15.10　从细菌细胞收集光谱数据

使用自动阈值法从细菌细胞收集光谱图像数据以进行进一步处理和分析。图 15.13 显示了用所选阈值方法从模拟葡萄球菌物种收集的高光谱显微镜图像和 ROI。对于细胞数

据的采集，选择最佳阈值非常重要。就目前而言，在 546nm 处的光谱图像，设定最小阈值为 9000、最大值为 20 000 来选择模仿葡萄球菌的 ROI（图 15.13b）。阈值随细菌的种类和血清型而变化。对于沙门氏菌血清型，鼠伤寒沙门氏菌的最小阈值选为 4000，海德堡沙门氏菌和婴儿沙门氏菌为 5000，肠炎沙门氏菌和肯塔基沙门氏菌为 6000。从沙门氏菌收集的光谱数据的最大阈值设定为 15 000。对于葡萄球菌，溶血性葡萄球菌选择的最小阈值为 5000，金黄色酿脓葡萄球菌为 6000，猪葡萄球菌为 7000，松鼠葡萄球菌为 8000，模仿葡萄球菌为 9000。在葡萄球菌的情况下，所有种类的最大阈值选择为 20 000。

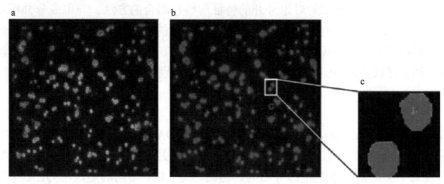

图 15.13　使用自动阈值法从模仿葡萄球菌中采集的感兴趣区（ROI）的高光谱显微图像（最小阈值为 9000，最大阈值为 20 000）：（a）合成的细胞图像；（b）用于光谱数据采集的 ROI；（c）具有 ROI 的放大的细胞（彩图请扫封底二维码）

15.10.1　沙门氏菌的光谱特征

图 15.14 显示了肠炎沙门氏菌血清型的散射强度的平均光谱和标准差（standard deviation，SD）。如图所示，来自外层细胞（图 15.14a）和内层细胞（图 15.14b）的光谱特征彼此相似，并且分别在波长 462nm、498nm、522nm、546nm、574nm、598nm、642nm、670nm 和 690nm 处观察到光谱峰。然而，每个光谱的可变性取决于肠炎沙门氏菌细菌细胞的散射波长。

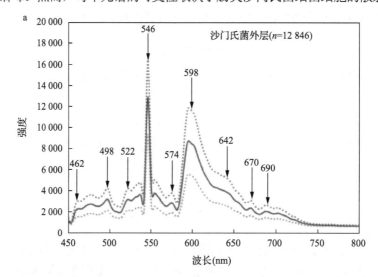

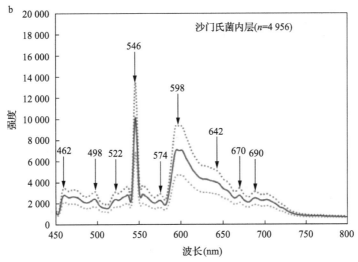

图 15.14　来自革兰氏阴性菌(肠炎沙门氏菌)细胞的(a)外层和(b)内层
区域的光谱的平均值与标准差。注意：点线表示数据的标准差(彩图请扫封底二维码)

　　基于来自肠炎沙门氏菌血清型的光谱数据可观察到，来自内层细胞的光谱变化小于来自外层细胞的光谱变化。具体而言，沙门氏菌内外层细胞的光谱变化在近红外波长范围比在可见波长范围内小得多。内层细胞的最大变化在 598nm 处，然后是 546nm 处。此外，在 598nm 处观察到外层细胞的最大变化，随后是 642nm 波长处。内层细胞的光谱变化范围在 24%~29%；而外层细胞的光谱变化范围略大于内层细胞。来自外层细胞的这种较高散射变化可能是由革兰氏阴性菌外层细胞处附加的细胞区引起的。

15.10.2　葡萄球菌的光谱特征

　　图 15.15 显示了来自金黄色酿脓葡萄球菌的散射强度的平均光谱和 SD。从中可以看出，内层和外层细胞的光谱模式彼此相似。两种情况的光谱峰分别在 458nm、498nm、

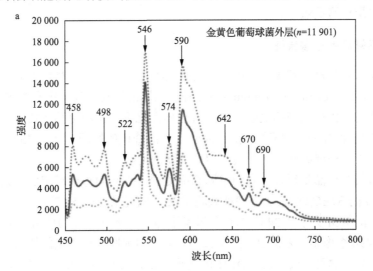

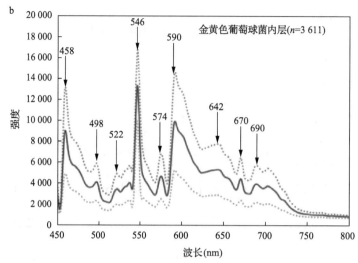

图 15.15　来自革兰氏阳性菌(金黄色酿脓葡萄球菌)细胞的(a)外层和(b)内层
区域的光谱的平均值与标准差。注意：点线表示数据的标准差(彩图请扫封底二维码)

522nm、546nm、574nm、590nm、642nm 和 690nm 波长处。然而，每个光谱的
SD 随着金黄色酿脓葡萄球菌细胞的波长而变化。

　　与革兰氏阴性菌(沙门氏菌)相比，革兰氏阳性菌(葡萄球菌)的内层和外层细胞的光
谱变化更大。基于来自金黄色酿脓葡萄球菌的光谱数据可观察到，来自内层细胞的光谱
变化比来自外层细胞的光谱变化更大。更具体地，葡萄球菌的内层细胞和外层细胞的光
谱变化在 546nm 处小得多，这代表了由金属卤化物光源产生的高光谱显微图像的最强激
发带。在 590nm 处观察到内层细胞的最大变化，之后分别为 458nm、642nm 和 670nm 处。
然而，外层细胞的最大变化在 458nm 处，接着是 642nm。对于革兰氏阳性菌，内层细胞
的其他散射峰的光谱变化范围在 40%～45%；而外层细胞的光谱变化范围(33%～44%)
比内层细胞更宽。来自外层细胞的较高散射变化可归因于革兰氏阳性菌的外层细胞对于
暗场照明比内层细胞更敏感。

15.10.3　大肠杆菌的光谱特征

　　图 15.16 显示了产志贺氏毒素的大肠杆菌(STEC)O121 血清型内层和外层细胞的平
均光谱。除了在 546nm 和超过 700nm 之后，外层细胞的散射强度比内层细胞更大。546nm
处的亮度可能是由内层细胞的更强散射或者金属卤化物光源的更强的背光照明所致。可
以使用不同的光源(如石英卤素)来确定 546nm 处的峰值的原因。除了 450～500nm 的波
长区域，在内层和外层细胞之间观察到相似的光谱曲线。

　　为了分析相同样品处理方法内和不同样品处理方法之间每个细胞的光谱变化，从每
个处理 A 和 B 的 STEC O121 血清型细胞获得 ROI 的光谱(图 15.17)。处理方法"A"样
品的每个细胞的 ROI 大小从 345～666 个像素不等；而处理方法"B"中细胞的大小更均
匀，为 408～490 个像素。无论细胞大小如何，从不同琼脂平板采集的样品之间的光谱特
征没有显著差异，这意味着 STEC O121 的光谱特征是可复现的并且与细胞大小无关。

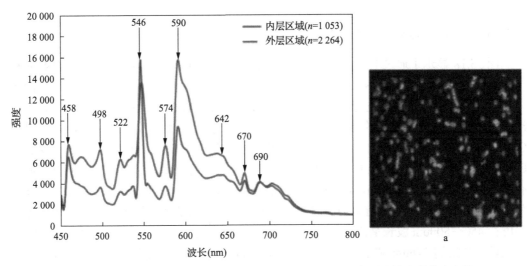

图 15.16 STEC O121 血清型的细胞内外层区域的平均光谱：(a)具有内(红)和外
(蓝)层细胞 ROI 的 O121 图像(彩图请扫封底二维码)

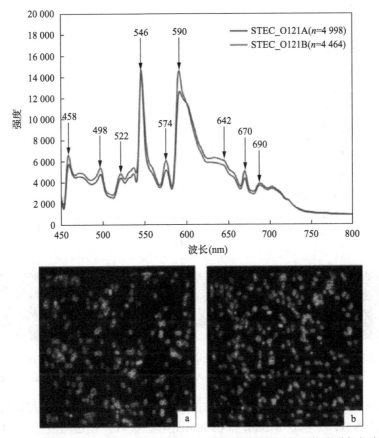

图 15.17 STEC_O121A 和 STEC_O121B 血清型的重复样品的平均光谱与相应的
感兴趣区(ROI)(彩图请扫封底二维码)

15.10.4　STEC 血清型的光谱特征

图 15.18 显示了通过 HMI 系统采集的 O26、O45、O103、O111、O121 和 O145 6 种产志贺氏毒素的大肠杆菌(STEC)不同血清型的平均光谱与相应的高光谱图像,采集的曝光时间为 250ms,相机增益为 9。每个血清型的 ROI 通过阈值从超立方体获取。每个血清型的光谱从尽可能多的细胞中产生以尽可能地减小细胞之间的差异。分别对 O26(14 652 个像素)、O45(13 755 个像素)、O103(16 797 个像素)、O111(11 955 个像素)、O121(12 253 个像素)和 O145(10 409 个像素)的光谱进行平均。总体而言,所有光谱具有相似的形状,且在 458nm、498nm、522nm、546nm、574nm、590nm、670nm 和 690nm 处有散射强度峰。O45 血清型细胞的光谱强度高于其他血清型,而 O121 血清型的光谱强度在 450～500nm 波长最低。然而,在 540～560nm 波长,6 种血清型的强度是相似的。从光谱中观察到 546nm 和 574nm 处存在明显波峰。不同细菌血清型在 546nm 处的相同峰值可以解释为实验用的金属卤化物光源的强烈激发。如果使用诸如石英卤素的另一种光源,则可以再次证实该光谱特性。

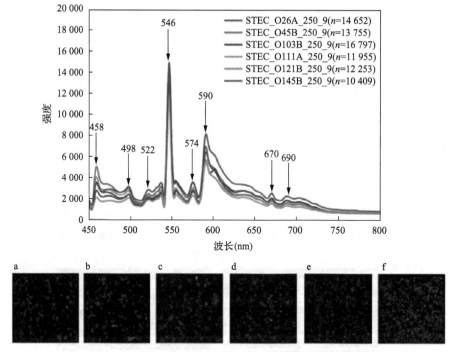

图 15.18　STEC 6 种血清型的平均光谱和通过阈值法选择的 ROI 的相应图像:
(a)O26A、(b)O45B、(c)O103B、(d)O111A、(e)O121B 和(f)O145B(彩图请扫封底二维码)

在 590nm 之后,O145 血清型光谱的散射强度比其他任何血清型都高得多。然而,光谱曲线彼此相似,分别在 670nm 和 690nm 处存在尖峰。在这些波长下,O121 血清型的强度最低。然而,750nm 之后的所有血清型中未观察到明显的图案。

由于在培养过程中每个血清型的细胞的生长模式不同,当样品固定在载玻片上进行高光谱图像扫描时，细胞的大小和数量可能不同，如图 15.18a～f 所示。同时可以观察到血清型 O45（图 15.18b）、O111（图 15.18d）和 O145（图 15.18f）细胞的聚集。

15.10.5　沙门氏菌和葡萄球菌之间光谱特征的比较

图 15.19 显示了葡萄球菌和沙门氏菌细菌内外层细胞区域光谱的对比。如图 15.19 所示，葡萄球菌内层细胞在 458nm、642nm、670nm 和 690nm 处的散射强度高于任何其他散射强度，但葡萄球菌的外层细胞在 496nm、546nm、574nm 和 590nm 处存在最高的散射强度峰。

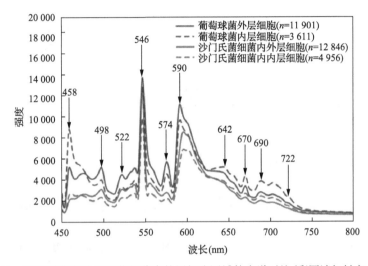

图 15.19　葡萄球菌和沙门氏菌细菌内外层细胞区域的光谱对比（彩图请扫封底二维码）

沙门氏菌的散射强度变化小于葡萄球菌。沙门氏菌的强度变化在近红外区域远小于可见区域。在 590nm 处观察到最大的变化，接着是 498nm 和 522nm。然而，葡萄球菌散射强度的最小变化在 546nm 处，其接近金属卤化物光源的最高激发强度。在 458nm 的波长下观察到最大的强度变化，接着分别是 498nm、642nm 和 670nm。

15.11　细菌种类和血清型的分类

15.11.1　革兰氏阴性菌和革兰氏阳性菌的识别准确率

对于区分革兰氏阴性菌（沙门氏菌）和革兰氏阳性菌（葡萄球菌）的分类方法，包括 KNN、LDA、QDA、SVM 和 MD 都表现出高的准确率（99% 以上）。这些分类模型具有较低的整体误差（小于 0.45%）。具体而言，LDA 和 MD 模型可将沙门氏菌与葡萄球菌完全区分开来；而 QDA 和 SVM 鉴定葡萄球菌的分类准确率为 100%。SVM 具有最高的分类准确率（99.99%），其次是 MD（99.98%）、KNN（99.98%）、LDA（99.98%）和 QDA（99.75%），相应的 Kappa 系数分别为 0.9998、0.9995、0.9995、0.9995 和 0.9937。因此，所有模型在革兰氏阴性菌和革兰氏阳性食源性细菌的分类方面都显示出卓越的性能。

15.11.2 沙门氏菌血清型的分类

图 15.20 说明了 5 种沙门氏菌血清型的光谱差异。分类准确率的范围在 MD 模型对于海德堡沙门氏菌的 73.6%至 SVM 模型对于鼠伤寒沙门氏菌的 97.6%之间。沙门氏菌血清型的最佳分类模型是 SVM，平均准确率为 93.8%。在 5 种沙门氏菌血清型中，鼠伤寒沙门氏菌的区分鉴别(准确率为 93.1%)好于其他血清型(88.5%或更低)。表 15.1 总结了每种血清型对应 5 种不同模型的分类准确率。

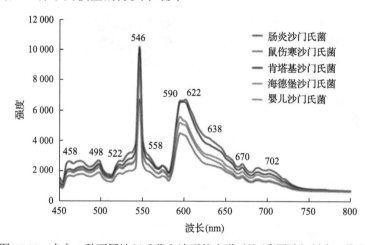

图 15.20　来自 5 种不同沙门氏菌血清型的光谱对比(彩图请扫封底二维码)

表 15.1　沙门氏菌血清型的 5 种分类算法的分类准确率(%)

血清型	MD	KNN	LDA	QDA	SVM	均值
肠炎沙门氏菌	87.9	89.7	88.1	83.6	93.6	88.5
鼠伤寒沙门氏菌	91.6	92.5	92.5	91.7	**97.6**	**93.1**
肯塔基沙门氏菌	80.7	85.9	78.2	84.7	90.7	84.0
海德堡沙门氏菌	73.6	88.4	84.7	81.1	93.0	84.1
婴儿沙门氏菌	86.4	88.0	87.3	82.8	94.2	87.7

注：马氏距离(MD)，k 最近邻(KNN)，线性判别分析(LDA)，二次判别分析(QDA)，支持向量机(SVM)

15.11.3 葡萄球菌的分类

图 15.21 显示了 5 种葡萄球菌的光谱差异。所有 5 种分类算法对葡萄球菌的表现均优于沙门氏菌。分类准确率范围在溶血性葡萄球菌的 91.3%和猪葡萄球菌的 99.7%之间。SVM 模型再次为最佳分类模型，平均准确率为 99.2%。在 5 种葡萄球菌中，猪葡萄球菌的分类效果略优于(准确率 97.0%)其他种类。表 15.2 总结了每种葡萄球菌 5 种分类模型的分类准确率。

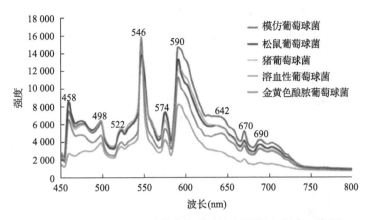

图 15.21　5 种不同葡萄球菌的光谱对比(彩图请扫封底二维码)

表 15.2　葡萄球菌种类的 5 种分类算法的分类准确率(%)

血清型	MD	KNN	LDA	QDA	SVM	均值
金黄色酿脓葡萄球菌	94.9	96.5	95.5	91.6	99.5	95.6
溶血性葡萄球菌	94.7	97.4	95.7	91.3	99.1	**95.6**
猪葡萄球菌	95.1	95.3	98.7	96.5	**99.7**	**97.0**
松鼠葡萄球菌	94.7	94.6	94.3	96.4	98.7	95.7
模仿葡萄球菌	94.0	96.5	93.5	98.1	99.1	96.2

注：马氏距离(MD)，k 最近邻(KNN)，线性判别分析(LDA)，二次判别分析(QDA)，支持向量机(SVM)

15.11.4　STEC 血清型的分类

在 STEC 血清型的分类中，SVM 算法比其他 4 种算法效果更好。O45 血清型获得最高的准确率(92%)，之后依次为 O26(89%)、O145(84%)和 O111(72%)。然而，O103(57%)和 O121(16%)的分类精度较低。结合光谱曲线(图 15.18)，O45 血清型在 450~500nm 的散射强度对分类准确率有很大贡献。对于 STEC 血清型，使用从 ROI 获得的平均光谱数据而不是来自细胞图像的单个像素有助于改善分类性能。

基于稀疏内核的集成学习(sparse kernel-based ensemble learning，SKEL)算法(Park et al. 2014)是 STEC 血清型分类的另一方法。与 SVM 结果类似，O45 血清型的准确率(92%)最高，其次分别为 O26(87%)、O145(84%)和 O111(73%)。然而，O103(57%)和 O121(16%)血清型的分类精度相对较低。低分类精度可能是由从图像像素获得的光谱图像数据的多变性引起的。为了提高分类性能，从每个血清型 ROI 获得的平均光谱数据应该用 SKEL 算法进一步测试。

15.11.5　STEC 血清型分类性能的图形化描述

为了更好地理解对 STEC O121 血清群的较差分类，图 15.22 展示了支持向量机算法对 STEC 细菌与高光谱显微镜图像的可分离性。以更好地理解 STEC O121 血清型的较差分类。在该图中，首先将 PCA 应用于训练集，并提取前二维(最大方差)数据。所有类别都投射到这两个维度上。应用 SVM，使用高斯径向基函数(RBF)内核将数据投影到更高维空间，然后建立分离超平面(在更高维空间中为线性，但在输入空间中为非线性)以分离特定样本。该分离超平面与二维空间上的数据一起绘制。在该图中，显示了 STEC O45 血清型(图 15.22a)与其他血清型的良好可分离性。根据分离超平面，STEC O121 血清型(图 15.22b)与其他血清型的可分离性非常差，这证实了该血清型的分类准确率低。

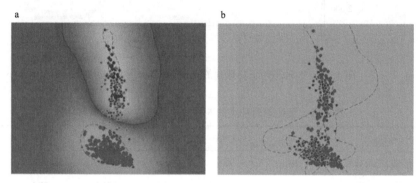

图 15.22　在二维超平面上用于(a) STEC O45(红色)和(b) STEC O121 血清型(红色)的支持向量机(SVM)算法的可分离性(彩图请扫封底二维码)

15.12　结　束　语

为了使用高光谱显微成像(HMI)技术从活细菌细胞中获取光谱信息，将活细胞固定在载玻片上直到扫描完成是非常重要且具有挑战性的。如果活细胞在扫描过程中移动，则所有超立方体数据都将无效。由于基于 AOTF 的 HMI 能够扫描不同波段的全部细胞，因此可以根据 AOTF 扫描的波长范围和所用检测器的灵敏度获得高光谱图像。获取高光谱图像的速度取决于成像系统的扫描次数和曝光时间。利用 HMI 技术，使用在载玻片上固定活细胞的方案，我们能够获取食源性细菌细胞的高质量高光谱图像。用可见光和近红外光谱范围的暗场照明获得的高光谱图像的散射强度可用于区分细菌种类和血清型。空间和光谱信息可以进一步结合适当的分类算法分析，以识别和分类食源性致病菌的特征。然而，需要进行更多研究以了解细菌细胞的光谱变化，优化包括光源在内的成像系统的参数选择。此外，需要评估其他的进行高光谱图像数据分析的算法以提高分类准确率。为了识别或分类未知的食源性病原体样品，可以选择真实数据感兴趣区作为细菌血清型和种类的"光谱纯指纹"。这些指纹可以被编译成光谱库，用于进一步识别食物基质中的未知样品。

需要注意的是，在本书中提及的商品名称或商业产品仅用于提供特定信息，并不意味着美国农业部的推荐或认可。

参 考 文 献

Burger J, Geladi P (2006) Hyperspectral NIR imaging for calibration and prediction: a comparison between image and spectrometer data for studying organic and biological samples. Analyst 131:1152–1160

Carrasco O, Gomez RB, Chainani A, Roper WE (2003) Hyperspectral imaging applied to medical diagnoses and food safety. In: Proceedings of SPIE 5097, geo-spatial and temporal image and data exploitation III 215. doi:10.1117/12.502589

CDC (2010) FoodNet surveillance report for 2008

Center for Disease Control and Prevention (CDC) (2012) National Center for Emerging and Zoonotic Infectious Diseases, Division of Foodborne, Waterborne and Environmental Diseases

Correa AA, Toso J, Albarnaz JD, Simoes CMO, Barardi CRM (2006) Detection of *Salmonella* typhimurium in oysters by PCR and molecular hybridization. J Food Qual 29(5):458–469

De Beule P, Owen DM, Manning HB, Talbot CB, Requejo-Isidro J (2007) Rapid hyperspectral fluorescence lifetime imaging. Microsc Res Tech 70:481–484

De Maesschalck R, Jouan-Rimbaud D, Massart DL (2000) The Mahalanobis distance. Chemom Intell Lab Syst 50:1–18

Dicker DT, Lerner J, Van Belle P, Herlyn M, Elder DE (2006) Differentiation of normal skin and melanoma using high resolution hyperspectral imaging. Cancer Biol Ther 5(8):1003–1008

Dixon SJ, Brereton RG (2009) Comparison of performance of five common classifiers represented as boundary methods: Euclidean distance to centroids, linear discriminant analysis, quadratic discriminant analysis, learning vector quantization and support vector machines, as dependent on data structure. Chemom Intell Lab Syst 95:1–17

Feng YZ, Sun DW (2012) Application of hyperspectral imaging in food safety inspection and control: a review. Crit Rev Food Sci Nutr 52(11):1039–1058

Furey TS, Cristianini N, Duffy N, Bednarski DW, Schummer M, Haussler D (2000) Support vector machine classification and validation of cancer tissue samples using microarray expression data. Bioinfomatics 16:906–914

Gehm ME, Brady DJ (2009) High-throughput hyperspectral microscopy. In: Proceedings of SPIE 6090

Gerner-Smidt P, Hise K, Kincaid J, Hunter S, Rolando S, Hyytia-Trees E, Ribot EM, Swaminathan B (2006) Pulsenet Taskforce. PulseNet USA: a five-year update. Foodborne Pathog Dis 3:9–19

Gowen AA, O'Donnell CP, Cullen PJ, Downey G, Frias JM (2007) Hyperspectral imaging—an emerging process analytical tool for food quality and safety control. Trends Food Sci Technol 18(12):590–598

Huebschman ML, Schultz RA, Garner HR (2002) Characteristics and capabilities of the hyperspectral imaging microscope. IEEE Eng Med Biol Mag 21(4):104–117

Ibraheem I, Leitner R, Mairer H, Cerroni L, Smolle J (2006) Hyperspectral analysis of stained histological preparations for the detection of melanoma. In: Proceedings of 3rd international spectral imaging workshop, Graz, Austria, 13 May 2001, pp 24–32

ISO 6579 (2002) Microbiology of food and animal feeding stuffs—horizontal method for the detection of Salmonella spp. Geneva, Switzerland

Jun W, Kim MS, Lee K, Millner P, Chao K (2009) Assessment of bacterial biofilm on stainless steel by hyperspectral fluorescence imaging. J Food Meas Charact 3(1):41–48

Kim MS, Chen YR, Mehl PM (2001) Hyperspectral reflectance and fluorescence imaging system for food quality and safety. Trans ASABE 44(3):721–729

Kong SG, Martin ME, Vo-Dinh T (2006) Hyperspectral fluorescence imaging for mouse skin tumor detection. ETRI J 28(6):770–776

Lawlor J, Fletcher-Holmes DW, Harvey AR, McNaught AI (2002) In vivo hyperspectral imaging of human retina and optic disc. Invest Ophthalmol Vis Sci 43:4350

Li G, Tam LK, Tan JX (2008) Amplified effect of Brownian motion in bacterial near-surface swimming. Proc Natl Acad Sci U S A 105(47):18355–18359

Liu Z, Li Q, Yan J, Tang Q (2007a) A novel hyperspectral medical sensor for tongue diagnosis. Sens Rev 27(1):57–60

Liu Y, Chen YR, Kim MS, Chan DE, Lefcourt AM (2007b) Development of simple algorithms for the detection of fecal contaminants on apples from visible/near infrared hyperspectral reflectance imaging. J Food Eng 81(2):412–418

Mehl PM, Chen YR, Kim MS, Chan DE (2004) Development of hyperspectral imaging technique for the detection of apple surface defects and contaminations. J Food Eng 61(1):67–81

Melgani F, Bruzzone L (2004) Classification of hyperspectral remote sensing images with support vector machines. IEEE Geosci Remote Sens 42(8):1778–1790

Munson TE, Schrade JP, Bisciello NB Jr, Fantasia LD, Hartung WH, O'Connor JJ (1976) Evaluation of an automated fluorescent antibody procedure for detection of salmonella in foods and feeds. Appl Environ Microbiol 31(4):514–521

Nagata M, Tallada JG, Kobayahi T (2006) Bruise detection using NIR hyperspectral imaging for strawberry (Fragaria * ananassa Duch.). Environ Control Biol 44(2):133–142

Park B, Lawrrence KC, Windham WR, Smith DP, Feldner PW (2002) Hyperspectral imaging for food processing automation. In: Proceedings of SPIE 4816, imaging spectrometry VIII 308. doi:10.1117/12.447917

Park B, Lawrence KC, Windham WR, Smith DP (2006) Performance of hyperspectral imaging system for poultry surface fecal contaminant detection. J Food Eng 75(3):340–348

Park B, Windham WR, Lawrence KC, Smith DP (2007a) Contaminant classification of poultry hyperspectral imagery using a spectral angle mapper algorithm. Biosyst Eng 96(3):323–333

Park B, Yoon SC, Lawrence KC, Windham WR (2007b) Fisher Linear discriminant analysis for improving fecal detection accuracy with hyperspectral images. Trans ASABE 50:2275–2283

Park B, Lee S, Yoon SC, Sundaram J, Windham WR, Hinton Jr A, Lawrence KC (2011a) AOTF hyperspectral microscope imaging for foodborne pathogenic bacteria detection. In: Proceedings of SPIE defense, security and sensing, vol 8027, pp 1–11

Park B, Yoon SC, Lee S, Sundaram J, Windham WR, Hinton A Jr, Lawrence KC (2012a) Acousto-optic tunable filter hyperspectral microscope imaging for identifying foodborne pathogens. Trans ASABE 55:1997–2006

Park B, Windham WR, Ladely AR, Gurram P, Kwon H, Yoon SC, Lawrence KC, Narrang N, Cray WC (2012b) Classification of Shiga toxin-producing Escherichia coli (STEC) serotypes with hyperspectral microscope imagery. In: Proceedings of SPIE defense, security and sensing 83690L, pp 1–13

Park B, Windham WR, Ladely SR, Gurram P, Kwon H, Yoon SC, Lawrence KC, Narang N, Cray WC (2014) Detection of non-O157 Shiga toxin-producing Escherichia coli (STEC) serogroups with hyperspectral microscope imaging technology. Trans ASABE 57:973–986

Peng Y, Zhang J, Wang W, Li Y, Wu J, Huang H, Gao X, Jiang W (2011) Potential prediction of the microbial spoilage of beef using spatially resolved hyperspectral scattering profiles. J Food Eng 102(2):163–169

Scharff R (2012) Economic burden from health losses due to foodborne illness in the United States. J Food Prot 75:123–131

Sorg BS, Moeller BJ, Donovan O, Cao Y, Dewhirst MW (2005) Hyperspectral imaging of hemoglobin saturation in tumor microvasculature and tumor hypoxia development. J Biomed Opt 5694(1):74–81

Swaminathan B, Gerner-Smidt P, Ng LK, Lukinmaa S, Kam KM, Rolando S, Gutierrez EP, Binsztein N (2006) Building PulseNet International: an interconnected system of laboratory networks to facilitate timely public health recognition and response to foodborne disease outbreaks and emerging foodborne diseases. Foodborne Pathog Dis 3:36–50

Tatzer P, Wolf M, Panner T (2005) Industrial application for inline material sorting using hyperspectral imaging in the NIR range. Real-Time Imaging 11(2):99–107

Terajima J, Izumiya H, Iyoda S, Mitobe J, Miura M, Watanabe H (2006) Effectiveness of pulsed-field gel electrophoresis for the early detection of diffuse outbreaks due to Shiga toxin producing Escherichia coli in Japan. Foodborne Pathog Dis 3:68–73

Tian H, Miyamoto T, Okabe T, Kuramitsu Y, Honjoh KI, Hatano S (1996) Rapid detection of Salmonella spp. In foods by combination of a new selective enrichment and a sandwich ELISA using two monoclonal antibodies against Dulcitol1-phosphate dehydrogenase. J Food Prot 59 (11):1158–1163

Vandeginste BMG, Massart DL, Buydens LMC, De Jong S, Lewi PJ, Smeyers-Verbeke J (1998) Handbook of chemometrics and qualimetrics: part B. Elsevier, Amsterdam

Vargas AM, Kim MS, Tao Y, Lefcourt AM, Chen YR, Luo Y, Song Y, Buchanan R (2005) Detection of fecal contamination on cantaloupes using hyperspectral fluorescence imagery. J Food Sci 70(8):471–476

Velusamy V, Arshak K, Korostynska O, Oliwa K, Adley C (2010) An overview of foodborne pathogen detection: in the perspective of biosensors. Biotechol Adv 28:232–254

Vermaas WFJ, Timlin JA, Jones T, Sinclair MB, Nieman LT (2008) *In vivo* hyperspecral confocal fluorescence imaging to determine pigment localization and distribution in cyanobacterial cells. Proc Natl Acad Sci 105(10):4050–4055

Windham WR, Yoon SC, Ladely SR, Heitschmidt GW, Lawrence KC, Park B, Narang N, Cray WC (2012) The effect of regions of interest and spectral pre-processing on the detection of non-O157 Shiga toxin-producing *Escherichia coli* serogroups on agar media by hyperspectral imaging. J Near Infrared Spectrosc 20:547–558

Wu W, Mallet Y, Walczak B, Penninckx W, Massart DL, Heurding S, Erini F (1996) Comparison of regularised discriminant analysis, linear discriminant analysis and quadratic discriminant analysis, applied to NIR data. Anal Chim Acta 329:257–265

Yao H, Hruska Z, Brown RL, Cleveland TE (2006) Hyperspectral bright greenish-yellow fluorescence (BGYF) imaging of aflatoxin contaminated corn kernels. In: Proceedings of SPIE 6381, optics for natural resources, agriculture, and foods 63810B. doi:10.1117/12.686217

Yoon SC, Lawrence KC, Siragusa G, Line J, Park B, Feldner P (2009) Hyperspectral reflectance imaging for detecting a foodborne pathogen: *Campylobacter*. Trans ASABE 52:651–662

Yoon SC, Park B, Lawrence KC, Windham WR, Heitschmidt GW (2011) Line-scan hyperspectral imaging system for real-time inspection of poultry carcasses with fecal material and ingesta. Comput Electron Agric 79:159–168

Yoon SC, Windham WR, Ladely SR, Heitschmidt GW, Lawrence KC, Park B, Narang N, Cray WC (2013) Hyperspectral imaging for differentiating colonies of non-O157 Shiga-toxin producing Escherichia coli (STEC) serogroups on spread plates of pure cultures. J Near Infrared Spectrosc 21:81–95

Zimmerman T, Reitdorf J, Pepperkok R (2003) Spectral imaging and its applications in live cell microscopy. FEBS Lett 546(1):87–92

索　引